材料科学与工程著作系列
HEP Series in Materials Science and Engineering

相变晶体学基础与实践

Fundamentals and Practice of Phase Transformation Crystallography

张文征　叶飞　顾新福　等　著

XIANGBIAN JINGTIXUE JICHU YU SHIJIAN

中国教育出版传媒集团
高等教育出版社 · 北京

内容简介

许多工程材料中的复相组织是通过固态相变形成的，新相的形貌、数量、尺寸和分布等组织特征是决定材料性能的重要因素。相变晶体学是定量理解两相晶体的位向关系、相变产物的形貌、相界面法向、相界面微观结构以及相变引起的应变场等晶体学特征的知识。一个相变系统的相变晶体学特征还与相变热力学、相变动力学、新相周围的约束以及界面成分等因素密切相关。因此，相变晶体学是深入理解材料组织形成，进而科学预测和控制材料组织的基础。

本书系统介绍了相变晶体学的基础知识和分析方法，注重相关知识点的物理意义和实际应用过程的具体操作步骤。本书将相界面作为分析相变晶体学的关键抓手，主要包括界面几何和数学描述、相变晶体学的表征方法、界面结构的定量分析方法和模型、界面结构的模拟与预测等内容。

本书可供从事物理、化学、材料、机械和电子等领域研究的科研人员以及高等院校高年级本科生、研究生阅读和参考。

图书在版编目（CIP）数据

相变晶体学基础与实践 / 张文征等著. --北京：高等教育出版社，2023.1

ISBN 978-7-04-058942-9

Ⅰ.①相… Ⅱ.①张… Ⅲ.①晶体学 Ⅳ.①O7

中国版本图书馆 CIP 数据核字（2022）第 113872 号

策划编辑　刘占伟　　责任编辑　刘占伟　　封面设计　姜　磊　　责任绘图　黄云燕
版式设计　王艳红　　责任校对　刘娟娟　　责任印制　韩　刚

出版发行	高等教育出版社	咨询电话	400-810-0598
社　　址	北京市西城区德外大街 4 号	网　　址	http：//www.hep.edu.cn
邮政编码	100120		http：//www.hep.com.cn
印　　刷	北京华联印刷有限公司	网上订购	http：//www.hepmall.com.cn
开　　本	787mm × 1092mm　1/16		http：//www.hepmall.com
印　　张	20.5		http：//www.hepmall.cn
字　　数	410 千字	版　　次	2023 年 1 月第 1 版
插　　页	18 页	印　　次	2023 年 1 月第 1 次印刷
购书热线	010-58581118	定　　价	99.00 元

本书如有缺页、倒页、脱页等质量问题，请到所购图书销售部门联系调换

物 料 号　58942-00

张文征愿将本书献给她的先夫胡包钢先生，
感谢他的爱及对本书写作和相关研究的长期支持

前　　言

许多工程材料都是多晶材料，这些材料组织中的很多晶体相是在热处理或其他热加工过程中由固态相变获得的。这些相的尺寸、数量、分布、形貌等组织特征是决定材料性能的重要因素。在许多材料中，这些组织特征可以用广泛普及的金相显微技术表征，但是金相显微技术不能提供晶体学信息。与自然界的晶体形貌类似，相变组织中的新生相也具有千姿百态的形貌，这与两相的晶体学特征密切相关。毋庸置疑，缺少晶体学描述的材料组织特征是不完善的。上百年前，人们对晶体形貌的好奇心和研究催生了晶体学，发展这门学科的早期科学家们没有意识到这些知识会成为物理学、化学、材料学等学科的重要基础，支撑了当今众多高科技应用的发展。晶体学的发展在科技进步中发挥的作用让我们有理由相信，对相变晶体学的深入认识同样可以带来材料科学意想不到的进步。

早期科学家巧妙地通过 X 射线检测晶体学数据并辅以金相分析，定量地表征了马氏体形貌的晶体学特征，并在实验数据的基础上，发展了马氏体相变晶体学理论，有力地促进了对马氏体相变的定量理解和应用。不过该方法局限于在金相显微镜下观察到的大块相变产物，并且数据来自两种测试仪器，造成分析的不便。电子显微镜的发展和普及使得应用同一仪器采集高精度的组织形貌和晶体学数据成为可能，特别是近几十年来扫描电子显微镜配备的电子背散射衍射仪和相关技术的推广，极大地方便了在大范围样品区域迅速地采集材料组织的晶体学数据。实验数据的积累，带来了对实验结果理解的挑战。大量测试结果表明，同一种材料中新相的晶体学形貌特征经常是可重复的，同时伴随着母相与新相晶体之间可重复的位向关系，说明这些形貌特征和位向关系是自然择优的。不同材料中的新相可能形成各种形状，例如片状、板条状、杆状、块状、透镜状、球状，等等。其中，片状、板条状或杆状的新相往往由一对或几对特定法线方向(法向)的平直界面(刻面)包围，显示这些刻面具有自然择优的面法向。这表明，千姿百态的复相组织形貌会遵循某些自然规律。那么新相与母相晶体之间是否有(有什么，为什么有)择优的位向关系？新相会形成什么形貌？它们的形貌是否由(由什么，为什么由)某些择优界面决定？择优位向关系与择优界面有什么关联？其原因是什么？这些问题均属于相变晶体学的研究范畴。具体来说，相变晶体学不但包括两相晶体的位向关系、相变产物的形貌、相界面的法向等知识，还包括相界面微观结构以及相变引起的应变场等用于定量理解相变晶体学的知识。一个具体相变系统中相变晶体学的观察结果还与相变热力学(例如温度或外场影响)、相变动力学、新相周围的约束以及界面成分等因素密切相关，这些综合的知识是理解相变晶体学特征和整体相变组织的基础。

相变晶体学是一门发展中的学科，它的理论发展明显滞后于相变热力学和相变动力学。人们为解释特定材料中的相变晶体学实验结果曾经建立了很多理论模型，每个模型往往具有特定的适用范围。目前的研究现状是，人们可以理解一些相变体系的一部分相变晶体学实验结果，还遗留一部分未能完全定量地解释。除了极简单的体系，一般模型都不能准确预测相变晶体学的实验结果。多数研究集中在分析比较简单的情况，即一种晶体结构的母相内部形成另一种晶体结构的新相。这种情况下新相在形核初期可以自由选择位向关系和界面。因为只涉及两相，所以处理起来相对简单。然而，即使对如此简单的情况，仍然有不少问题没有解决，特别是在相变热力学和相变动力学如何对相变晶体学产生影响方面。由于相变晶体学的知识仍然不完善，有关相变晶体学的专业书籍十分缺乏，较有影响的参考书籍主要是在介绍半个多世纪前发展的马氏体相变晶体学理论。由于检测技术的普及，从事或关心相变晶体学的研究人员不断增加，亟需一本较为系统地介绍现阶段相变晶体学研究方法和理论进展的专著，本书正是应这个需求而写作的。

本书将相界面作为分析相变晶体学的关键抓手，几乎每一章节都涉及相界面结构的分析。众所周知，自然生长晶体的择优表面是理解该晶体形貌的重要切入点。同理，新相的择优界面也是理解新相形貌的切入点。虽然在许多材料科学或者材料物理的教科书中均涉及界面的内容，但是多数是关于同相之间的晶界或者薄膜与基体间的相界，而关于相变形成相界的内容往往过于简化。本书内容将补充相变组织中较为复杂的相界知识，这方面的知识不仅是作为相变晶体学的基础，在材料设计上也具有重要意义。一方面，相变过程的实质就是界面推移，相界面作为相变前沿是揭示相变机制的窗口，深入的相变知识是定量解释乃至预测相变组织的基础，其对热处理工艺的指导意义再怎么强调也不过分。另一方面，相界面作为材料组织的组成部分，即通常定义的面缺陷，其化学和物理特性可以对多晶材料性能产生至关重要的影响，因此深入的相界面知识是科学地调控界面，进而优化性能的基础。相信界面知识的重要性将随着材料组织的计算设计和精确控制的发展而进一步凸显。本书介绍的分析方法和原则也可以拓展到其他相邻异相晶体的研究，比如薄膜生长和表面反应等；或者存在三相参与的情况，包括新相含两相的共晶和共析转变或相间沉淀形成的析出相，以及在已经存在的两个晶体之间界面形核的固态相变等。需要注意，在这些应用中要根据具体的情况调整建模的约束条件。

本书的作者均为在清华大学固态相变和组织设计课题组学习和工作过的成员，具有相变晶体学研究特长。长期以来，该课题组以析出相的相变晶体学为主攻研究方向，在前人工作的基础上开拓和发展了比较普适的分析方法，该方法在许多材料体系中的适用性已经得到反复验证。作者们希望将这些相变晶体学研究的体会、计算方法和实践经验进行整理总结，分享给同行。虽然本书中绝大多数内容都已经在期刊发表或来自其他学术专著，但是内容安排并不是对国内外相变晶体学相关模型进行全面的阐述，也不是对课题组研究成果的整体回顾，而是尽量提供自成体系的知识和方法。一些重要的模型将综合在相关知识里介绍和讨论，以方便读者学习其方法和相关基础。诚然，内容的取舍难免受制于作者的主观意愿。为了澄清易于造成误解的概念，有些内容可能会相对深入和细致，而有的内容则只是简要介绍。若本书能在相变晶体学发展进程中起到抛砖引玉的作用，将使作者们感到十分欣慰。各章的主要撰写人员如下：第 1 章，张文征；第 2 章，叶飞；第 3 章，孟杨和杨小鹏；第 4 章，邱冬；第 5 章，顾新福；第 6 章，黄雪飞和张敏；第 7 章，戴付志和孙志鹏；第 8 章，石章智和孙志鹏；附录 1，邱冬和顾新福；附录 2，张金宇；附录 3，戴付志；附录 4，顾新福；附录 5，谢睿勋。全书由张文征、叶飞和顾新福统稿和校正。书中出现的主要符号和专业术语汇集于符号表和中英文对照索引中。

本书尽可能呈现较为成熟的知识，同时说明其局限。尽管作者们努力确保内容的正确性，仍难免存在欠缺和谬误，恳请读者不吝指出，以便在可能的再版中纠正，作者们对此先表示诚挚的谢意。作者联系方式：张文征，zhangwz@tsinghua.edu.cn；叶飞，yef3@sustech.edu.cn；顾新福，xinfugu@ustb.edu.cn。

张文征

2021 年 11 月

于清华大学

符　号　表

本书使用的主要符号及其含义如下，并尽量保持一致。例外的符号已在书中相应位置说明。

$\mathbf{A}$，$\mathbf{A}_0$，$\mathbf{A}_i$	变换矩阵，或错配变形场矩阵(又称相变变形场矩阵或相变矩阵)，下标 0 表示初始相变矩阵，i 表示不同的位向关系变体
$\mathbf{A}^*$，$\mathbf{A}^*_0$	倒易相变矩阵，下标 0 表示倒易初始相变矩阵
a，b，c，α，β，γ，a_i，b_i，c_i	点阵常数，下标 i 可以是不同的字母，表示不同的相
$\mathbf{B}$	Bain 变形矩阵或纯变形矩阵
$\boldsymbol{b}_\mathrm{e}$	电子束入射方向
$\boldsymbol{b}$，$\boldsymbol{b}_i$，$\boldsymbol{b}^\mathrm{L}$，$\boldsymbol{b}^\mathrm{L}_i$	伯氏矢量，上标 L 表示矢量表达在晶体坐标系中，没有上标则表示矢量表达在直角坐标系中，下标 i 可以是数字或字母，表示不同的矢量或不同的相
$\boldsymbol{b}^*_i$	倒易伯氏矢量
$\mathbf{C}$，$\mathbf{C}_i$	点阵对应关系或匹配对应关系矩阵，下标 i 表示不同变体
$\boldsymbol{c}^\mathrm{O}_i$	O 胞壁倒易矢量，即 O 胞壁法向
D，D_i，d，d_i	位错间距，下标 i 可以是数字或字母，表示不同的矢量或不同的相
$\boldsymbol{d}$	位移矢量或连接两个阵点的矢量
$\boldsymbol{d}^*$	倒空间中的位移矢量
$\Delta\boldsymbol{g}$，$\Delta\boldsymbol{g}_i$	倒易矢量差或倒空间位移，下标 i 可以是数字或字母，表示不同的矢量

$\Delta \boldsymbol{x}$	正空间中的矢量差
$\Delta \boldsymbol{x}_{\beta m}$	错配位移
$\mathbf{E}$	膨胀/压缩矩阵
$\boldsymbol{e}_i$	单位长度矢量，下标 i 可以是不同的数字，表示不同的矢量
$\boldsymbol{e}_i^*$	倒空间中的单位矢量
$\mathbf{G}$	局部变形张量
$\mathbf{G}_\alpha$，$\mathbf{G}_\beta$，$\mathbf{G}^{L}_{CCSL}$，$\mathbf{G}^{L}_{CDSCL}$	含三个倒易列矢量的矩阵，下标表示 α 和 β 相或倒易 CCSL 和 CDSCL 中的矢量，上标 L 表示矢量表达在晶体坐标系中，用通常的晶面指数表达
$\boldsymbol{g}$，$\boldsymbol{g}_i$，$\boldsymbol{g}^L$，$\boldsymbol{g}_i^L$	倒易矢量，上标 L 表示矢量表达在晶体坐标系中，用通常的晶面指数表达，没有上标则表示矢量表达在直角坐标系中，下标 i 可以是数字或字母，表示不同的矢量或不同的相
$\mathbf{H}$	剪切矩阵
$\mathbf{I}$	单位矩阵
L，l_α，l_β	晶向长度
$\mathbf{M}$	位向关系矩阵
$\mathbf{M}^*$	倒易位向关系矩阵
$\mathbf{N}$	Nye 张量
$\boldsymbol{n}$，$\boldsymbol{n}^L$	面法线方向，上标 L 表示方向表达在晶体坐标系中，没有上标则表示方向表达在直角坐标系中
$\mathbf{P}_1$，$\mathbf{P}_2$	不变平面变形矩阵或切变矩阵
$\mathbf{Q}_i$	坐标变换矩阵，下标 i 可以是字母 α 和 β，表示不同的相
$\mathbf{Q}_i^*$	倒易坐标变换矩阵，下标 i 可以是字母 α 和 β，表示不同的相
$\mathbf{Q}^+$	矩阵 $\mathbf{Q}$ 的 Moore-Penrose 广义逆

$\boldsymbol{r}$	旋转轴方向
$\mathbf{R}$，$\mathbf{R}_i$	旋转矩阵，下标 i 表示不同的变体，也可以是字母 α 和 β，表示不同的相
$\mathbf{S}$，$\mathbf{S}_i$	结构矩阵，下标 i 可以是字母 α 和 β，表示不同的相
$\mathbf{S}^*$	倒易结构矩阵
S	面积
$\mathbf{S}_{\mathrm{CCSL}}^{\mathrm{L}}$，$\mathbf{S}_{\mathrm{CDSCL}}^{\mathrm{L}}$	含三个 CCSL 或 CDSCL 列矢量的矩阵，上标 L 表示矢量表达在晶体坐标系中
Σ	重位点阵密度
$\mathbf{T}$	位移矩阵
$\mathbf{T}^+$	矩阵 **T** 的 Moore-Penrose 广义逆
θ，θ_i，φ，δ	夹角或取向差
$\mathbf{U}_{\alpha i}$	旋转对称操作，下标 α 表示 α 相，i 可以是不同的数字，表示不同的位向关系变体
$\boldsymbol{u}_i$	单胞基矢，下标 i 可以是不同的数字，表示不同的矢量
$\boldsymbol{u}_i^*$	倒易晶胞基矢
V	晶胞的体积
$\boldsymbol{w}$	剪切方向
$\mathbf{X}$，$\mathbf{X}_i$，$\mathbf{X}_i^{\mathrm{L}}$	含三个列矢量的矩阵，上标 L 表示矢量表达在晶体坐标系中，没有上标则表示矢量表达在直角坐标系中，下标 i 可以是数字或字母，表示不同的变体或不同的相
$\boldsymbol{x}$，$\boldsymbol{x}_i$，$\boldsymbol{x}^{\mathrm{L}}$，$\boldsymbol{x}_i^{\mathrm{L}}$，$\boldsymbol{y}$，$\boldsymbol{y}_i$，$\boldsymbol{y}_i^{\mathrm{L}}$，$\boldsymbol{z}$，$\boldsymbol{z}_i$，$\boldsymbol{z}_i^{\mathrm{L}}$，$\boldsymbol{v}$，$\boldsymbol{v}_i$	晶体中的方向，通常表达在直角坐标系中，上标 L 表示方向表达在晶体坐标系中，也就是通常的晶向指示表达，没有上标则表示方向表达在直角坐标系中，下标 i 可以是数字或字母，表示不同的方向或不同的相
$\boldsymbol{x}^{\mathrm{g}}$	广义 O 单元矢量
x，y，z	直角坐标系的坐标轴

$\boldsymbol{x}^{*}$，$\boldsymbol{y}^{*}$	倒空间中的方向
$\boldsymbol{x}_{i}^{0}$	O 点阵矢量，下标 i 可以是不同的数字，表示不同的矢量
$\boldsymbol{x}_{i}^{0*}$	倒易 O 点阵矢量
$\boldsymbol{x}_{\mathrm{IL}}$	不变线方向
$\boldsymbol{x}_{\mathrm{IL}}^{*}$	倒易不变线方向
$\boldsymbol{\xi}_{i}$	位错线方向矢量
$\boldsymbol{t}$，$\boldsymbol{t}_{\mathrm{p}}$	平移矢量或迹线方向，下标 p 表示投影
$'$	矩阵运算符，表示矩阵转置
$^{-1}$	矩阵运算符，表示矩阵求逆
$\mid$	表示符号两边的晶向或晶面满足点阵对应关系

目　录

第1章 界面几何和界面结构基础

张文征

1.1 引言

界面结构不仅与两侧晶体结构和界面附近原子的特性有关，还与界面宏观几何密切相关。直观来讲，界面宏观几何包括两侧晶体之间的位向关系和界面法向在晶体坐标系下的描述。在当今计算和实验技术条件下，定量描述简单体系中对应某个特殊宏观几何的界面附近的原子结构已经成为可能，但是若要建立一般界面附近原子结构随界面宏观几何变化的定量关系，仍然是很有挑战性的任务。关于同相晶粒间界面（晶界）的知识远比异相晶粒间界面（相界）成熟和普及。人们对晶界的研究往往根据界面结构特征，建立不同类型的界面与界面宏观几何的关系。该分类方法在很大程度上简化了界面结构与界面宏观几何的关系，又不失反映界面结构的物理图像。这个思路将借鉴到相界结构的分析中。

晶体材料中绝大多数原子会自发“组织”形成周期性结构，也就是材料中的各种晶体相。来自不同材料的大量实验数据表明，晶间界面附近的原子也同样趋于在尽可能大的区域上形成周期性结构。O点阵理论的提出者，瑞典物理学家Bollmann[1]，将界面的低能结构统称为界面的择优态。择优态等价于由周期性分布的界面结构单元[2]组成的优选界面(favored boundary)①。Bollmann 将择优态分为一次和二次两类[1]：一次择优态的结构特征是界面两侧点阵在界面上一一匹配，故称共格结构；将两侧点阵在界面上非一一匹配的周期性结构统称为二次择优态，我们建议称重位共格结构以区别共格结构，其周期性可以用重位点阵(coincidence site lattice，CSL)模型描述(关于重位点阵的概念见第 6 章)。具有共格结构的界面具有很低的界面能是众所周知的[3]，一些具有重位共格结构的界面也是低能界面。在界面宏观几何允许的条件下，界面往往会自发形成低能择优态，并在尽可能大的区域内维持该择优态结构，从而使择优态区之间的高能区集中在狭窄的线缺陷区域里，这些线缺陷就是界面位错，位错芯也可以识别为界面上的少数结构单元列[2]。因此，对于形成择优态的界面，可以采用择优态结构加位错特征描述界面结构，这个描述既在大范围内反映了界面上绝大多数原子的结构特征，又避免了对界面上数量庞大原子位置几何的具体描述。特别是对于一次择优态的界面而言，通常可以在相当大的角度范围内改变两个晶体的位向关系而不破坏择优态，因此界面结构随界面宏观几何的改变只反映在界面位错组态的改变。这就是为什么可以仅用界面位错特征，包括位错的间距、方向、伯氏矢量等，描述小角度晶界结构随晶界宏观几何的变化。上述对小角度晶界的习惯性描述隐含着该半共格界面上位错之间的共格结构，而一些特殊大角度晶界的结构由重位共格结构区(二次择优态)及可能存在的二次位错构成。正确定义界面择优态结构是描述界面结构的关键，择优态结构既是界面结构的主要组成，也是计算位错特征的重要参照。

尽管存在形成界面择优态的趋势，界面结构是否可以形成择优态仍受制于界面的宏观几何，不是具有任何宏观几何的界面都可以形成周期性的界面结构。比如，当两个晶粒之间取向差角度较大(>15°)，并且不在某些特殊角度(满足形成 CSL 的条件)附近时，通常被称为一般大角度晶界。此时，晶界结构通常是比较混乱的，实验和计算均表明具有混乱结构的大角度晶界比含有择优态的晶界具有更高的界面能[3]。在一定范围内变化的界面宏观几何基本上不改变晶界结构特点，与界面结构相关的界面能或者界面性质也与界面几何无关，往往可以用一个常数表示。因此，以是否存在(或存在什么)择优态的特征进行分类，有利于对界面的几何、结构和性质之间关系的理解。

在新相形成的初期，新相原子有较大的自由去选择新相与母相之间的位向关系和界面法向，因此相界比晶界更容易形成择优态所需要的宏观几何，从而

① 请注意，优选界面与择优界面(preferred interface)的区别。优选界面强调其界面结构中具有在原子尺度上周期性分布的结构单元，该结构中不含位错；而择优界面是指在更大尺度可观察到形貌特征中具有择优法向的界面，择优界面上可能含位错结构。

更可能实现界面的局域择优态结构。然而，能够满足择优态形成条件的位向关系很多，而观察到的位向关系却十分有限。我们发现，将位向关系的发展分两个状态考虑，即初态和稳态，有助于建立两相间相变晶体学特征的发展与固态相变的形核生长过程的关联，从而理解有限位向关系的形成。按照 Christian 的分类[4]，少数固态相变可以不经过形核生长过程，即连续型相变。这一类相变要求两相点阵差异很小，或者有大量差异很小的共用点阵结点(简称阵点，例如 ω 相变)。为了维持所有界面上两相点阵接近完美的共格或者重位共格，必须保持匹配晶面或晶向平行。因此，这类相变中简单平行关系描述的位向关系通常是显而易见的。对这一类相变晶体学很简单的情况，我们不作进一步讨论。

绝大多数固态相变是通过形核长大的模式进行的。在该过程中，初态位向关系形成于形核阶段。根据形核理论[5]，只有那些被低能界面包围的新相晶胚才可能有较低的形核能垒，从而有较大的概率跨过能垒并实现生长。假设没有其他晶体影响形核，在那些能够长大的新相与母相之间的初始界面上，应该有低能的择优态结构。换句话说，伴随新相晶体的周期性结构的形核，在界面上也同时“形核”了具有某种周期性结构的择优态。此时形成的界面宏观几何必须满足形成这个周期性界面结构的需求，也就是说这个界面结构条件约束了两相间的初态位向关系。因为这个层次的相变晶体学结果与原子尺度的界面结构关联，所以可以根据界面周期性结构的几何条件估算可能存在的初态位向关系。

稳态位向关系成熟于生长阶段，其发展主要受择优形成的界面缺陷结构支配。界面缺陷起源于界面错配。一个界面若要全部实现完美匹配的周期性结构，不但要求该界面具有十分特殊的宏观几何，还要求该界面两侧晶体的点阵常数之间存在十分特殊的关系。如果界面上两相阵点的相对位置不满足择优态所要求的匹配，就说明存在界面错配。这里特别强调衡量错配所参照的完美匹配是界面的择优态。如果没有错配，没有理由使初态位向关系在新相生长过程中改变，于是人们可以根据择优态要求的界面宏观几何直接预测稳态位向关系和界面结构的周期性。然而，一般相变体系是存在错配的。当界面面积随着新相生长增加时，如果界面继续维持完美择优态，则体系的应变能会不断提高。在生长到一定阶段界面可能会自发产生位错，随着界面位错的不断形成，新相周围的长程应变场可以完全被位错抵消。那么，位错的产生是否导致位向关系偏离初态位向关系？多数情况下答案是肯定的。许多材料的实验结果表明，随着新相生长，位向关系逐步稳定，并且对应着新相可重复的形貌特征。这些形貌特征中往往存在面积较大并且法向稳定的择优界面，人们根据择优界面和位向关系的定量分析发现了位向关系与择优界面结构之间的规律性联系，即稳态位向关系必须至少提供一个择优界面结构形成的几何条件。择优界面上的结构主要以位错结构为特征，因此可以根据界面位错结构的分析，探索择优位错结构对界面宏观几何的约束，从而对相应的稳态位向关系进行计算或预测。

定量理解和分析界面宏观几何与择优界面结构之间的关系是相变晶体学理论研究的核心。本章将分别讨论在不同过程中支配初态和稳态位向关系形成的因素，这个区分有助于结合比较成熟的形核和生长的热力学和动力学理论，研究具体相变条件下相变晶体学的形成及其对最终相变组织的影响。本章首先介绍相界宏观几何的常用表示方法，接着介绍如何建立相变初期形成的择优态结构与界面宏观几何之间的关系，以获得初态位向关系，然后分析不同类型的择优界面结构及其对界面宏观几何的约束，以解释相变后期形成的稳态位向关系。这些定性或者半定量的分析将为后续章节中介绍的界面结构定量计算奠定基础。读者也可以在学习后面章节知识之后，进一步加深对本章内容的理解。

1.2　界面宏观几何的表达

1.2.1　界面宏观几何的自由度

界面宏观几何包括两方面信息，即界面两侧晶体之间的位向关系和界面法向。描述这些几何的独立参数的数目又称为宏观几何自由度。首先，考察描述界面法向的单位向量。在三维空间中一个选定的坐标系里，任何一个单位矢量可以用两个独立的方向余弦角来描述，所以需要用两个参数描述界面法向，习惯上称界面法向有两个自由度。当已知两个晶体之间的位向关系时，可以根据界面在一侧晶体坐标系中的法向指数，计算出其在另一个晶体坐标系下的表述。反过来，如果一个界面的法向相对于两侧晶体皆有定量描述，那么该界面的描述已经携带了两侧晶体位向关系的部分信息，即来自不同晶体的一对矢量(界面法向)必须平行。在一个晶体的坐标系里确定另一个晶体某一个单位矢量，同样需要两个独立参数，于是限定了位向关系的两个自由度。不过在上述一对矢量平行的条件下，两侧晶体仍然可以绕着这对矢量相对转动，因此需要再加上一个面内旋转角度参数才可以完全约束位向关系，也就是说位向关系总共有三个自由度。加上界面法向的两个自由度，描述界面宏观几何共需要五个自由度。这个结果与描述不考虑手性时晶界的宏观自由度一样。描述晶粒间的位向关系通常用旋转轴和旋转角[2]，但是转动描述不适用于相界的情况，除非人为规定一个转动参照的位向关系。上述分析是为了比较直观地解释界面宏观几何自由度的计算，实际研究中位向关系通常是独立于界面法向进行测量的，因此人们习惯上分别描述界面两侧晶体间的位向关系和界面法向。下面介绍定量描述相界面宏观几何的几种常用方法。

1.2.2 界面法向的描述

界面法向描述的方法比较简单，一般以界面一侧的晶体坐标系来描述界面法向指数或者与界面平行的晶面指数。如果界面平行于该晶体的低指数晶面，结果往往易于表述和理解。实际界面法向或许不能用整数指数描述，沿用马氏体相变晶体学表象理论的术语[6]，这样的界面称为无理界面，它具有无理法向，显示指数不能用整数比表示的特征。这时界面的法向总是可以用小数指数比较精确地表示，或者用数值比较高的整数近似表示。另一种表示无理界面的方法是将界面法向表达为相对于某个近邻低指数晶面偏离一定角度。该方法精确表述的前提是，必须有旋转轴的信息，主要适用于当界面和该晶面都含一个较低指数晶向的情况，这个晶向定义了旋转轴。一般情况下，如果择优界面具有无理法向，它的形成是有特定择优原因的，例如马氏体的无理惯习面，这类择优界面采用 1.4.2.5 节介绍的 $\Delta\boldsymbol{g}$ 矢量表述会比较方便。表述界面的具体指数与两相间位向关系的描述应该自洽，人们才能针对具体位向关系分析两相在界面上的匹配。除非位向关系可以维持两相的对称性元素平行，否则一相中同一晶面族中的晶面不会正好与另一相中同一晶面族中的晶面都保持平行。因此，要特别提倡同时给出参照两侧晶体的界面法向指数或晶面指数，这不但有助于对界面的理解，而且便于同行之间对界面的结果进行比较。只有在特殊情况下，相对于两相的界面法向指数或晶面指数才可能是相同的，比如两相晶体结构相同并且晶体对称轴平行的情况，这经常发生于表面外延生长薄膜与基体之间的界面。

1.2.3 位向关系的表述

两个晶体间位向关系的表述方法很多，它可以用任何三对不共面晶向(最好是互相垂直)的平行关系来定义。在规定右手坐标系的条件下也可以用两对矢量的平行关系定义。如此说来，一个位向关系可以用无限多组平行矢量表述。早期位向关系测量数据少，人们往往以最初发现或提出者命名，后续研究者继承了前人的习惯表述方法。随着现代测试方法的普及，研究体系不断增加，研究者可能根据自己的习惯独立表述位向关系，因此要注意甄别来自不同数据源的位向关系的异同。有关位向关系的测量方法见第 3 章。下面介绍相变研究中通常采用的四种位向关系表述法，简要说明每种方法的利弊及互相的关联，着重讨论最常用的平行晶面-晶向表示法。

1.2.3.1 新相晶体的基矢表示法

该方法将新相晶体的点阵基矢表示在一个母相的晶体坐标系中。例如渗碳体(C)析出相的晶体在奥氏体(A)母相的晶体坐标系下，具有下列 Thompson-Howell 位向关系[7]：

$$
\begin{aligned}
&[1\,0\,0]_C \,/\!/\, [1\,1\,8]_A \\
&[0\,1\,0]_C \,/\!/\, [1\,\bar{1}\,0]_A \\
&[0\,0\,1]_C \,/\!/\, [4\,4\,\bar{1}]_A
\end{aligned}
\tag{1.1}
$$

该方法表示的位向关系严谨且一目了然，不过当新相晶体的基矢不平行于母相的低指数方向时(如上述例子中第 1 和第 3 个平行关系)，所描述的位向关系可能会令人感到费解。

该奥氏体母相晶粒中可能存在另一个渗碳体，它与母相的位向关系表达为

$$
\begin{aligned}
&[1\,0\,0]_C \,/\!/\, [1\,8\,1]_A \\
&[0\,1\,0]_C \,/\!/\, [\bar{1}\,0\,1]_A \\
&[0\,0\,1]_C \,/\!/\, [4\,\bar{1}\,4]_A
\end{aligned}
\tag{1.2}
$$

这是 Thompson-Howell 位向关系的等价描述。当以等价的位向关系表述的两个新相晶体取向不同时，称它们的位向关系为相同位向关系的不同变体，简称位向关系变体。在金相照片中，同一个奥氏体晶粒内看到的不同方向的针状(片的截面)魏氏渗碳体可能属于相同位向关系下不同变体的渗碳体。位向关系变体的产生是由于母相对称性，因此只能通过改变母相的晶向指数对其进行表述；而新相的等价晶向指数互换不改变其相对母相的晶体学取向，因而不产生新变体。母相的对称性变换是否产生变体与具体位向关系以及新相晶体结构有关，相关内容将在第 3 章矩阵运算的基础上介绍。

1.2.3.2 平行晶面-晶向表示法

平行晶面-晶向表示法(简称平行面-向表示法)以平行的低指数晶面及(或)平行的低指数晶向表示位向关系。用这种表示方法，往往可以从测量数据直接读出位向关系，因而物理图像很直观，是最广泛采用的方法。这个表示法的常见例子有金属材料中面心立方-体心立方系统的 K-S[8] 和 N-W 位向关系[9,10]，体心立方-密排六方系统的伯格斯位向关系[11][见表 1.1，其中下标 f、b、h 分别代表面心立方(fcc)、体心立方(bcc)、密排六方(hcp)晶体结构]。

这些位向关系的共同特点是两相晶体的一组最密排面互相平行，并且在平行面上 fcc 或 hcp 的一个密排方向平行于 bcc 的密排方向$\langle\bar{1}\,1\,1\rangle_b$或次密排方向$\langle 0\,0\,1\rangle_b$。这个方法的优点是提供了界面上两侧晶体的晶面和晶向对应关系的物理图像。在表 1.1 所示的例子中，位向关系的对应关系也符合界面择优态结构中的匹配对应关系。

表 1.1 金属相之间的几种常见位向关系

	K-S	N-W	伯格斯
平行面	$\{1\,1\,1\}_f /\!/ \{1\,1\,0\}_b$	$\{1\,1\,1\}_f /\!/ \{1\,1\,0\}_b$	$\{0\,0\,0\,1\}_h /\!/ \{1\,1\,0\}_b$
平行方向	$\langle 0\,1\,\bar{1}\rangle_f /\!/ \langle \bar{1}\,1\,1\rangle_b$	$\langle \bar{1}\,1\,0\rangle_f /\!/ \langle 0\,0\,1\rangle_b$	$\langle 1\,1\,\bar{2}\,0\rangle_h /\!/ \langle \bar{1}\,1\,1\rangle_b$

平行面-向表示法局限于能够用低指数晶向或晶面平行定义位向关系的系统，这种位向关系也称为有理位向关系。与之相对应的是无理位向关系，即位向关系不能全部由低指数晶面或晶向的平行关系来定义。随着测量精度的提高，有些原来认为存在有理位向关系的相变体系被重新表征为具有无理位向关系。这种情况下，人们往往将原来的有理位向关系定义为参考位向关系，而将实际位向关系描述成相对于参考位向关系的偏离或转动。形核阶段形成的初态位向关系往往可以表述成有理位向关系，长大过程中形成的稳态位向关系则可能是无理的，因此相对于初态位向关系的转动有利于理解稳态位向关系的形成。早期，马氏体的无理位向关系通常用平行面-向表示法加旋转角偏离进行表述[6]。如果有一对有理晶向或晶面仍然严格平行，无理位向关系可以方便地表示为某两个面围绕着平行的方向转动了一个小角度，或在平行的面内某两个方向之间转动了一个小角度。需要强调的是，由于旋转角很小，不易获得无理方向旋转轴的精确测量数据。如果缺少旋转轴的数据，则不能准确定义位向关系。这种情况下，用 3.2.4 节中介绍的位向关系矩阵方法表述位向关系更为合适。

由于平行面-向表示法的应用较广，因此有必要澄清其应用的三个误区。误区之一是，认为平行的密排面就是界面。真实系统出现的界面可能如此，但未必一定如此。两相之间位向关系的测量结果可能是独立于界面的表述，如果两相之间存在描述形貌特征的界面，例如片状相的最宽面，包含该界面法向或界面上矢量关系的位向关系表述会有助于对界面的理解，是值得提倡的。平行面-向表示法的第二个误区是，认为可以通过改变新相晶面或晶向的指数来表示变体。前面已经说明，这是不正确的，变体只能通过改变母相晶面或晶向指数形成，但是目前国际期刊论文中表述 K-S 位向关系所有变体的表格中，仍然常见通过改变新相的晶体指数来表述变体，因此有必要特别提醒。注意，在表 1.1 中采用了“{}”和“〈〉”两种括号，意味着等价的位向关系可以用晶面族或者晶向族里的任何指数表示，不过要注意这种笼统的表述仅在特殊体系是允许的。当平行的晶面(或晶向)以晶面(或晶向)族表示时，这意味着该位向关系变体的表述包含了这些矢量的正向和逆向。这种使平行晶面或晶向反向的逆向操作看似保持平行元素(面或方向)晶体学等价，但是逆向操作未必是该晶体的对称操作，这导致了采用平行面-向表示法的第三个误区。

某平行元素的逆向操作导致的位向关系变化取决于该逆向操与两相对称性的关系，会出现以下三种情况[12]：

（1）如果某平行的两个元素逆向操作分别不是两相的对称操作，则在任一相的逆向操作表述将导致完全不同于操作前的位向关系；

（2）如果该逆向操作是母相的对称操作，而不是新相的，则母相的逆向操作会造成新的变体；

（3）如果该逆向操作是新相的对称操作，则母相的逆向操作不会造成新的位向关系或者变体。

虽然变体的产生是由于母相的对称性，但是一个母相的对称性操作是否形成变体还取决于这个操作是否导致新相晶体取向的差异。在表 1.1 中不论是面还是方向的平行元素逆向操作至少可以使一个晶体复原，这就是为什么在这些体系中的任何逆向操作都不会造成不同的位向关系，只能形成变体或者同样的位向关系。

在相变晶体学研究中，只有在固定变体的位向关系下描述的择优界面法向和位错的伯氏矢量才可以进行自洽的界面错配分析。换句话说，为了定量解释位向关系、择优界面和界面位错，这些特征必须采用一个具体的位向关系变体，才可以针对该位向关系计算不同法向界面上的位错结构等。人们通常随意选择平行面-向表示的位向关系变体，这使得文献中的数据不方便比较。这里，我们倡议以下位向关系表达规范：

（1）两相的晶体坐标系皆服从右手定则，用晶面指数和面内方向表示位向关系。

（2）对用三指数描述的体系，晶面指数$(h\ k\ l)$顺序为 $h \geqslant k \geqslant l \geqslant 0$。

（3）方向指数$[u\ v\ w]$中正指数尽可能地多，并且 $u>0$。例如，K-S 位向关系表示为

$$\begin{aligned}(1\ 1\ 1)_f &\parallel (1\ 1\ 0)_b \\ [1\ \bar{1}\ 0]_f &\parallel [1\ \bar{1}\ 1]_b\end{aligned} \tag{1.3}$$

1.2.3.3　位向关系矩阵表示法

该方法用矩阵联系两相中互相平行的矢量。只要输入两相中一相的任何一个矢量，便可根据该矩阵计算出另一相中与之平行的矢量。这个方法与基矢表示法可直接对应，因为一相的基矢在另一相晶体坐标系中的表示可以直接从该矩阵的列矢量或行矢量读出。位向关系矩阵表示法的优点是精确和方便计算，该方法特别方便通过母相的对称性操作转换不同的位向关系变体，并且便于建立不同位向关系表示方法之间的定量联系。由于矩阵内的元素往往携带小数，

这些数值的物理图像不直观。有关位向关系矩阵的具体计算方法和例子将在第2章中介绍。

1.2.3.4 极图表示法

近年来电子背散射衍射(electron backscattering diffraction, EBSD)测量晶体取向的方法得到了相当大程度的普及。因为该方法早期主要应用于研究变形金属材料的织构，所测量的两相间位向关系也沿用表述织构的常见极图方法。在原始数据中，来自所有晶体的取向数据以相对于样品参考坐标系的三个欧拉角表示。该方法测量的范围大，通常可以获得一个或多个母相晶粒中所有新相的相变晶体学数据，特别便于表示不同位向关系变体的统计结果。通过软件的数据处理，可以将新相所有变体的位向关系以新相的某晶向族(或晶面族)表示在极图上。该方法特别方便于表示不同位向关系变体的统计结果，具体方法和例子见第3章。同理，也可以将位向关系矩阵计算所得到的不同变体的新相取向表示在极图上，可采用附录4中介绍的PTCLab软件作图。此外，也可以按照两相之间假设或测量的一个具体位向关系构造重叠的标准极射投影图，考察特定位向关系下两相中不同晶向或晶面之间的关系，辨认接近平行的矢量。该方法有助于鉴别不同平行关系表述的位向关系是否实质上为相同或相近的位向关系，或以类似的平行面-向表示法表述的位向关系是否实质上是不同的位向关系。

1.2.4 小结

界面宏观几何是描述界面几何的基本参数，它包含五个自由度，其中两个自由度表述界面法向，三个自由度表述界面两侧晶体间的位向关系。由于母相晶体的对称性，存在取向不同但是晶体学等价的位向关系和新相形貌，称为等价位向关系的不同变体。描述位向关系的方法很多，其中新相基矢表示法比较严谨，平行面-向表示法的应用最多，其物理图像比较直观，有助于对界面匹配情况的理解，但使用该方法要注意回避三个误区。此外，矩阵表示法有利于定量计算和分析，极图表示法比较适用于全方位考察变体和两相任意矢量之间的关系。实际应用中应针对具体问题和工作条件选择恰当的一种或者多种描述方法。

1.3 满足择优态的初态位向关系

在引言中已经提到，在相变初期新相和母相之间初态位向关系的发展主要受形成低能界面结构的驱使，其结果是在一定界面范围内形成择优态，正确识别相界面上的择优态结构是相变晶体学定量分析的出发点。按照Bollmann的定义有两类择优态[1]，不论哪一种择优态，其结构中周期性重复的结构单元都可以看成以某种方式堆砌的三维原子团簇。不过目前有关择优态中结构单元的具体原子结构的知识，特别是关于相界的二次择优态结构，仍然十分欠缺。Bollmann 提出的择优态分类方法强调匹配特征和周期性，绕开了择优态未知结构的困难。界面宏观几何对择优态结构的影响不仅仅在于界面形成何种结构单元，还在于这些结构单元是否维持局部周期性。只有不存在错配时，择优态结构才具有严格的周期性，否则实际界面择优态区中的重复结构单元会由于错配而有少量畸变。允许择优态区中结构单元少量畸变等价于允许相关阵点之间存在错配。在错配允许的范围内，根据点阵间可形成近似匹配的周期性结构的条件，可以推测择优态结构对界面宏观几何的要求。本节内容正是通过几何匹配分析推测满足择优态形成的初态位向关系。

1.3.1　两类择优态的差异

Bollmann 提出将择优态区分为一次择优态和二次择优态两类[1]。为了根据不同类型择优态的特点进行分析，必须澄清两类择优态的差异。一次择优态结构的典型特征是在界面上维持界面两侧点阵之间的一一匹配并且连续。当忽略原子元素的差异后，一次择优态的周期性结构可以视为与界面两侧晶体的结构单元完全连续，因此一次择优态的结构单元可以视为与两侧晶体的结构单元类似(允许在弹性范围内的少量畸变)，两侧晶体的最小结构单元就是界面结构可以具有的最小结构单元。因为晶体的结构单元可以在晶体结构的三维空间分布，所以一次择优态的结构单元可以在任何取向的界面存在。换言之，具有一一匹配特征的一次择优态是可以在三维空间中延伸的周期性结构。比如，对于一个母相中的共格新相，包围该新相的所有界面的结构都具有相同的结构单元和周期性特征。在实际应用中，人们也将原子间一一匹配的界面称为共格界面。因为一一匹配是一次择优态的结构特征，原子层次的一一匹配也经常处理为一次择优态，例如一些长周期的有序相与简单金属相之间的原子间共格界面结构，或者是 bcc 和 hcp 之间界面上的共格区(允许特定部分原子少量简单挪动以实现界面上择优态区域的一一匹配)。

与一次择优态界面相比，关于二次择优态相界面结构的信息要少得多。相界面的二次择优态通常发生在细小化合物析出相与金属相基体之间的界面上，随着电子显微镜的广泛使用，涉及细小复杂晶体结构析出相的研究正在不断拓展，不过关于二次择优态界面的知识还在初步发展阶段。二次择优态的非一一匹配特征决定了界面上的周期性结构单元与两侧晶体的结构单元不同，它是以特定界面两侧原子弛豫形成的结构单元，所以该结构单元只能维持在特定界面上。这个面上的结构单元重复形成二维周期性结构，因此建议以二维周期性结构定义二次择优态①。这里提醒读者注意，不同于一次择优态三维周期性结构，二次择优态相界面结构有以下两个特点：

(1) 一旦界面偏离维持二次择优态的特定面，在偏离的位置，比如台阶，择优结构的周期性会中断，这意味着该台阶不包含在二次择优态结构的内部，而原子层次的台阶是可以包含在一次择优态结构中的。

(2) 一个析出相与其周围的母相之间不同取向的界面可能存在不同的二次择优态结构。本节的分析中假设存在一个起支配作用的二次择优态，其形成的几何条件决定了新相的初态位向关系，这个初态位向关系有可能同时满足其他界面形成的二次择优态。

1.3.2 几何匹配分析

给定一对新相和母相的晶体结构，真实界面能够实现具有什么周期性的择优态结构呢？这在很大程度上受两相点阵常数和界面宏观几何的约束。由于两相具有独立的点阵常数，一般情况下任何宏观几何的界面都不能实现完美匹配的周期性结构，但是实际界面仍然可能在一定区域内实现择优态结构。当实际体系中点阵之间的匹配相对于择优态规定的理想匹配之间的错配太大时，择优态便不能维持。正如众所周知的，晶界结构随晶粒之间位向差变化，当位向差逐渐增大时，界面结构会从含一次择优态的结构变成不含择优态的结构。那么，在局部维持择优态的极限错配是多大？这是建立择优态与界面宏观几何之间关系的关键参数。因为错配是可以通过几何方法计算的，所以可以通过几何方法评判给定两相之间维持某个择优态的条件。

错配的几何分析是在晶体结构刚性的假设条件下，根据两相阵点的相对位置进行分析。直观的二维方法是根据给定界面的宏观几何让两相点阵在界面相遇，而三维方法则假想两个点阵按照某位向关系在三维空间穿插。接下来就是观察或计算来自不同相的近邻阵点的关系。如果两相的阵点重合，则匹配完美；如果阵点接近，则属于匹配较好；如果阵点相距较远，则视为匹配较差。教科书或专著中许多晶界位错模型都是通过刚性模型中点阵匹配的分布演示位错结构(比如教科书常用的小角度晶界位错结构模型[13]和普适于各种界面的O点阵模型[1]，有关两相阵点匹配变化的分布可以参照第4章中有关O点阵模型的示意图，例如图4.1和图4.3)。这是因为刚性匹配形成的一定尺度范围匹

① 共格孪晶界的情况比较特殊。如果按照界面上原子一一匹配的性质，共格孪晶界属于一次择优态。如果根据共格孪晶面的结构单元与两侧晶体的结构单元不连续的特征，该结构类似二次择优态而具有二维周期性，因此通常在CSL模型基础上研究孪晶界结构。相界上的择优态区也可能出现类似的情况。我们可以根据其一一匹配特征和结构单元不连续的特征称其为准一次择优态，在建模时要加以区分。

配好的区域很可能在实际界面上弛豫从而形成择优态区，而匹配坏的区域成为择优态区之间的位错，这是许多几何模型的共同假设前提。为了鉴别可能成为择优态区的匹配好的区域，必须对匹配好坏做出合理的评估，这是定量计算的第一步。

1.3.2.1　匹配好位置及其团簇

下面让我们考察任意两相的点阵，称为 α 和 β 点阵，一般情况下两个点阵不同，这里假设 β 点阵的点阵常数较大。设想将两相点阵按照位向关系穿插在一起，并取各自一点在原点重合，便可计算出各自点阵点的位置，进而甄别出匹配好点。该计算方法是在结构台阶模型[14,15]和近重合位置（near coincidence site，NCS）模型[16]基础上的拓展。先要规定一个匹配好的判据，考察两个来自不同相的相邻阵点的间距，当该间距小于给定判据时，便称这一对阵点为匹配好位置（good matching site，GMS）[17]，用其中一个点的位置代表 GMS 比较方便。当两相点阵常数差不多时，可以用任一相的阵点；当点阵常数相差很大时，参考较大点阵 β 的阵点来考察附近 α 阵点的计算效率更高。因此规定 GMS 采用 β 阵点表示，而且这样计算出 GMS 的相对比例会更有规律[17]。

我们将临界错配距离 d_c 作为甄别匹配好坏的判据。当某个 β 阵点最近邻的 α 阵点之间的距离 d 小于 d_c 时，便可称该 β 阵点为 GMS。d_c 的计算参照了 α 点阵中的最短阵点距离 $b_{\alpha\text{-min}}$，即

$$d_c = kb_{\alpha-\min} \tag{1.4}$$

式中，k 为匹配判据系数。结构台阶模型[14,15]中 k 为 15%，并且参照两个点阵的最短阵点距离的平均值。该 k 值后来被 NCS 模型[16]延用，但是采用 $b_{\alpha\text{-min}}$ 作为参照。

其实，不论在哪个位向关系下，总是可以在给定系统中计算得到一定数量的 GMS。如果这些 GMS 是混乱的，这相当于一般大角度晶界的情况，对应的位向关系不能满足界面出现局部匹配好区的界面几何条件，在这一类位向关系下任何法向的界面上都不能形成择优态。然而，界面形成择优态是自然趋势，因此自然择优的位向关系通常会满足局部匹配好区形成的条件，这个匹配好区域由一群周期性分布的 GMS 团簇定义。如果这个区域内每一个阵点都是 GMS，则在以 GMS 团簇为中心的一定范围内很可能出现一次择优态结构。简单起见，我们用图 1.1a 所示的一维模型演示出现连续的 GMS 团簇（按 $k=15\%$）的情况。该图中两个一维点阵重叠，它们的点阵常数分别为 a_α 和 a_β（$a_\beta > a_\alpha$），错配度为 $\varepsilon=5\%$，其中 ε 由下式计算：

$$\varepsilon = \frac{a_\beta - a_\alpha}{a_\alpha} \tag{1.5}$$

这种小错配的情况与一般教科书(例如参考文献[18])常用的半共格界面示例类似，点阵弛豫后的界面上很可能存在共格区和位错，即图中 GMS 团簇将成为共格区的中心。

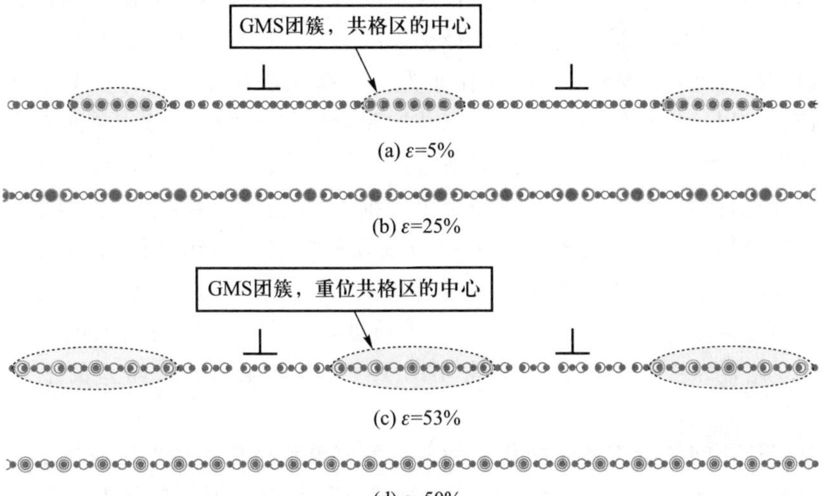

图 1.1　GMS 分布随错配度变化的一维示意图(参见书后彩图)。实心圆和空心圆表示的一维点阵的点阵常数分别为 a_α 和 a_β，$a_\beta>a_\alpha$，较大空心圆为 GMS：(a) $\varepsilon=5\%$，$k=15\%$，GMS 形成局部团簇，其内部形成 1∶1 匹配关系，为潜在的一次择优态区，团簇间为潜在的位错；(b) $\varepsilon=25\%$，$k=25\%$，两个点阵间形成 4∶5 匹配关系，可以获得具有 1∶1 匹配关系的两个周期结构单元的团簇，界面是否弛豫形成位错取决于具体材料；(c) $\varepsilon=53\%$，$k=15\%$，GMS 形成团簇，其内部形成 2∶3 匹配关系，为潜在二次择优态区，团簇间为潜在二次位错的位置；(d) $\varepsilon=50\%$的情况，两个点阵间形成理想的 2∶3 匹配关系，相当于存在无限大的非一一匹配的 GMS 团簇，可能弛豫形成完美的二次择优态结构

通过几何方法判别择优态的存在与否，是将内部含周期性分布的 GMS 团簇作为鉴别界面存在择优态的必要条件。由于是否存在 GMS 团簇与匹配判据系数选择有关，当使用某个判据得到的 GMS 团簇随着错配度增加而消失时，共格区有可能仍然存在。这是因为共格区边界上的位错芯范围很窄，实际界面的共格区会比 GMS 团簇定义的匹配好区域大。比如小角度晶界，如果采用 $k=15\%$的匹配判据系数识别 GMS，只有位向差低于 8.6°的扭转晶界上存在周期性 GMS 团簇，其结果会将 8.5°划分为具有半共格结构的小角度晶界的位向差上限，这明显小于常用的 15°小角度晶界的上限。为了让内部含周期性分布的 GMS 团簇识别尽可能符合择优态结构存在的结果，必须认真考察 k 值的选取，以减少对潜在择优态的漏判。

1.3.2.2　有关匹配判据的讨论

对 k 值的选取是以界面存在择优态的实验结果为依据的。择优态区与位错共存的条件是位错间的距离必须足够大，以容纳择优态区。一方面，择优态结构的周期性条件要求结构单元在位错限定的最窄方向至少重复两个周期；另一方面，因为要扣除位错芯的位置，择优态区的范围必须小于位错间距。让我们仍然以连续分布的 GMS 团簇的存在作为一次择优态存在的条件，考察匹配判据的选择。以一维错配为例，择优态结构周期性的条件要求结构单元至少重复两个周期，两个周期的一一匹配共格意味着位错之间要至少可以维持三个化学键可以强迫连续。这个极端情况相当于一维 4∶5 阵点匹配模型，即图 1.1b 的情况。这个情况下，若要检测出内部有周期性的最小 GMS 团簇，必须选择 k 至少为 25%。该 k 值正好等于这个例子的错配度。虽然这个错配度看起来是相当大，但是如果采用 $k=25\%$ 为上限，小角度晶界失去择优态区域的位向差约为 15°，这个结果与教科书上[18]常用的 15°为小角度晶界位向差的上限是一致的。

基于位错间最少连续匹配化学键数量的要求和小角度晶界的观察结果，我们建议允许 k 在 15%~25%范围变化。当错配不大时，不同判据都可以检测出 GMS 团簇，只是不同判据对应的团簇尺度有差别。这个尺度的物理意义不大，不能代表实际界面上择优态结构出现范围的尺度。这时采用 15%下限判据会使作图清晰，也方便与前人采用 $k=15\%$ 的结果进行比较。另外，采用不同判据不影响 GMS 团簇内部周期性结构，以及 GMS 团簇形状和分布这些可以用来进行相变晶体学分析的信息。对于错配较大的体系或应用于预测界面结构时，则建议采用上限，以免遗漏预测结果或影响 GMS 团簇分布，造成对界面结构的误判。

实际上，15°是小角度晶界的位错模型失效的位向差平均上限，晶界位错结构形成还与旋转轴、界面取向及具体材料有关。前人曾经报道非对称倾侧半共格晶界上刃型位错半原子面之间存在三个连续晶面的高分辨透射电子显微镜(transmission electron microscope，TEM)图像的观察结果，晶界两侧相邻晶粒的位向差高达 20°[19]。此外，文献中还有观察到位向差约 22°的对称倾侧晶界上位错列衍射衬度的报道[20]，位错附近应变场的衬度说明位错之间择优态区的存在。该位错间距约 0.8 nm，不到伯氏矢量长度的三倍，说明该晶界形成共格结构单元的强烈趋势。这些大于 15°的晶界上择优态区存在的事实说明，$k=25\%$的规定对于一些界面也许仍然保守。注意，这些位向差较大的半共格界面的特征是界面位错都平行于旋转轴，择优态区呈狭窄带状，类似的平行位错和带状择优态区的结构也经常出现在一些金属相之间的惯习面上(详见第 5 章)。如果已经观察到可重复的位向关系和择优界面，界面极有可能含局部择优态结构。因此，如果该界面不能用 $k=25\%$ 的判据获得内部具有周期性的 GMS 团簇，不妨进一步放宽 k 值考察(比如至 30%)，以便根据 GMS 团簇内部结构辨认可能存在的界面择优态结构。这个判据系数对应的最大错配位移 d_c 仍然足够小，可确保 GMS 中每个 β 阵点附近只有一个 α 阵点可以满足匹配对应关系。另外，上述对判据的讨论中假设了位错芯尺寸不超过两个伯氏矢量，实际材料中的位错芯尺寸会受到界面附近成分的影响。显然，位错芯尺寸的增加势必压缩位错之间择优态的“地盘”。总之，根据几何判据获得的 GMS 团簇是形成择优态的必要条件，而实际界面会形成什么择优态还取决于具体材料体系和相变条件。

当刚性模型中根据所选判据得到一一匹配的 GMS 团簇时(例如图 1.1a)，可以认为相应的界面有可能形成一次择优态结构。上述匹配判据系数范围同样适用于非一一匹配关系中匹配点的判别。当 GMS 团簇内部不是一一匹配的，那么这个区域有可能出现非一一匹配的二次择优态结构。图 1.1c 是可能出现二次择优态的例子，注意 GMS 团簇内的匹配是每三个 α 阵点与每两个 β 阵点匹配。当点阵常数比正好为整数比时，这个非一一匹配的 GMS 团簇可以无限大。图 1.1d 是维持 3∶2 匹配的 GMS 团簇无限大的特例，具有这样匹配关系的界面是完美的二次择优态结构。一般情况下，二次择优态只能在局部区域实现(图 1.1c)，二次择优态区域之间的位错，也称二次位错。在极少数情况下，一一匹配和非一一匹配的周期性结构可能在同一个界面择优，比如接近而不等于 4∶5 的情况，共格区(一一匹配)之间的一次位错和偏离二次择优态(4∶5 的精确匹配可能属于二次择优态的低能结构)的二次位错或许可以被同时观察到。例如，接近 Σ13 晶界(位向差 ~22°)上的一次位错和二次位错的应变场形成的衍射衬度可以同时在 TEM 下观察到[20]。

1.3.2.3 初态位向关系的预测

从图 1.1 中一维错配的简单例子可以看到点阵常数对择优态的影响，但是这个例子里没有涉及位向关系的自由度。让我们回到所关心的问题，即什么位向关系允许出现界面择优态。当将三维点阵互相嵌套时，GMS 团簇的出现与点阵常数和位向关系都有关。因此，对这个问题的回答是查看什么位向关系可以使 GMS 团簇存在。给定两相系统，通常总可能找到某些位向关系使某个界面局部出现非一一匹配的 GMS 二维团簇。若要出现一一匹配的三维 GMS 团簇，则要求两相中阵点的最小间距差异不大。如果某个位向关系下可以形成一一匹配的 GMS 三维团簇，我们可以认为在这个位向关系下任何取向的界面都很可能含有一次择优态结构。

那么给定一对晶体，如何寻找可能存在的 GMS 团簇及其对应的初态位向关系呢？尽管应用计算机可以快速处理大量数据，但是我们不提倡在定义位向关系的三维空间里对 GMS 团簇进行地毯式的搜寻。在尝试若干方法后，我们认为近列匹配方法可以比较高效地获得结果。下面简单介绍这个方法的基本思路，计算细节和应用实例将在第 8 章具体介绍。该方法包含两个简单步骤[21]：第一步是比较两相中较短的矢量，寻找一对匹配好的矢量。正如上节的一维例子，这一步的目标是找到一列 GMS 团簇，该团簇至少含三个 GMS 点，即原点和所得到的匹配好的矢量的正负方向所定义的一对匹配好点。这为潜在的择优态定义了含至少两个周期结构的一个方向。第二步是寻找含上述 GMS 列的二维 GMS 团簇。这一步是在一定范围内比较平行于上述 GMS 列的列间距，如果来自不同点阵的某两列的列间距之差小于一个合理判据，则让界面平行于各相中含该两列的晶面，于是我们得到了满足近列匹配条件的一个界面。近列匹配条件是界面上存在二维 GMS 的必要条件，下一步要检验界面是否存在二维的 GMS 团簇。如果存在，并且团簇内部结构是非一一匹配的，我们得到了含潜在二次择优态结构的界面。如果检测得到的二维 GMS 团簇中的匹配是一一匹配，界面可能处于一次择优态，此时需要重复进行第二步，找到另一对晶面含一一匹配的 GMS 团簇，便可得到三维的一一匹配关系。因为对匹配矢量和列间距的搜索范围都有一个上限(通常需要根据两相点阵常数和有关实验结果而设定)，上述方法的总体计算量不大。近列匹配方法的第二步也可在倒易空间(倒空间)进行，即在倒空间垂直于第一步得到的匹配列(晶带轴)的面上检查倒易点列之间的匹配[22]。如果满足近列匹配条件，则倒易点列的方向即是含近列匹配界面的法向。该方法特别方便于直接根据电子衍射花样估计或理解择优界面的大致法向。

根据点阵匹配预测和解释位向关系是文献中不少方法的共性出发点。有必要强调本节介绍的方法中初态位向关系或择优界面的核心特征是界面上存在择优态结构，搜寻目标是内部具有周期性分布的 GMS 团簇，而不是比较 GMS 总体比例。如果按照三维空间 GMS 检出率来判别①，结果会与搜寻的范围有关。当范围很大时，除非点阵正好呈 CSL 关系，GMS 总体比例数值接近恒定值，GMS 检出率只与计算模型的维数 w 相关，即与 k^w 成比例[17]。例如，除了图 1.1b 和 d 中 4∶5 和 2∶3 匹配的特例，其他两个例子中 GMS 比例都在 30%($=2k^1$)附近，而它们的错配度则差别很大。因此，大范围搜寻得到的 GMS 总体比例数值未必能显示是否存在 GMS 团簇的结果。这可以

① 可以将单位体积中 GMS 数量定义为绝对检出率，将单位体积中 GMS 数量与点阵 β 中阵点数目的比例定义为相对检出率。一个界面上的检出率可以考虑沿界面两个原子厚度薄层的单位体积，沿一个方向的检出率可以考虑沿该方向两个原子为直径的杆的单位体积。这里的分析主要关注 GMS 检出率的变化，因此不必区分绝对和相对检出率，通常可以根据 GMS 团簇的形状和分布直观地考察检出率的变化，而不需要进行计算。

通过随机模型来理解，按较大点阵的阵点随机落入较小点阵的阵点附近（即满足匹配好点判据的范围）的概率估算 GMS 比例，成为好点的概率会接近于匹配好区的范围与整体范围之比，与较大点阵的点阵常数（也就是错配）无关。只有当搜寻原点附近比较小的范围时，这个范围内是否存在 GMS 团簇才会反映出不同条件下 GMS 比例的差异，因而可用于甄别存在 GMS 团簇的位向关系。

1.3.2.4 初态位向关系的范围

不论哪一种择优态，近列匹配方法中两步分别建立的平行晶向和平行晶面的关系即可确定一个初态位向关系（平行面-向表示法）。不过对应同样的择优态，列匹配模型可能给出若干不等价的初态位向关系表述。特别是在一次择优态的情况下，满足第一步条件的 GMS 列的平行矢量很多，满足第二步条件的平行晶面也很多，此时通常选择最密排晶向平行和密排面平行。即使这样，仍然会有不同表述，例如 fcc-bcc 体系的 K-S 和 N-W 位向关系（表 1.1）。

上述初态位向关系的不唯一性，说明了对应一个择优态的位向关系存在可变范围。实际上，少量连续改变的位向关系仍可以维持内部具有相同周期性结构的 GMS 团簇存在。也就是说，在这个范围内变化位向关系不会改变择优态结构，所以存在择优态的条件只是将位向关系约束在一定范围内，而不是给出精确的位向关系要求。正如小角度晶界，特别是当位向差比较小的情况下，稍微改变位向差，只是改变位错结构，而不会影响共格区的存在。具体位向关系的可变范围与实际界面的择优态结构和点阵常数有关，可以根据其造成 GMS 消失的条件进行估算。通常情况下，一次择优态体系比二次择优态体系的位向关系可变范围要更大。研究经验告诉我们，二次择优态系统的位向关系可变范围一般不超过 2°，而一次择优态的初态位向关系范围可能大于 10°。

不同类型择优态允许位向关系变化范围的差异与晶界的情况类似，即维持择优态结构的邻位晶界位向差宽容范围（$\Delta\theta$）随代表择优态的重位点阵密度（$1/\Sigma$，定义详见第 6 章）的平方根而增加，即 Brandon 关系[23]：

$$\Delta\theta = \frac{\pi}{12} \cdot \frac{1}{\sqrt{\Sigma}} \tag{1.6}$$

式中，$\pi/12$（15°）相当于一次择优态的允许最大位向差。一次和二次择优态所允许的位向关系变化范围的差异可以理解成来自界面结构单元尺度的不同。当结构单元的尺度随界面上重位点密度的减少而增加时，相应的 GMS 团簇尺度必定随之变大。为确保较远离原点的位置被包含在 GMS 团簇里（即错配位移

$d<d_c$)，要求位向关系偏差必须更小①。

考虑到位向关系的不唯一性，我们可以用一个有理位向关系作为代表性初态位向关系，同时要记住存在一个位向关系范围。因为一次择优态界面的允许范围大，其代表性初态位向关系表述会有多个选择，正如前面提到的 K-S 和 N-W 位向关系的例子。对于错配变形场是各向异性的一次择优态体系，这种位向关系的变化是有实际意义的。设想一个埋在母相中的新相，它必须由不同法向的界面包围，如果要实现全部界面处处共格，那么在刚性模型中不可能平行的两对晶面有可能由于点阵畸变在不同法向的界面上实现平行，这会造成实际上不同法向界面附近的位向关系有差异。相对而言，由于二次择优态系统的位向关系可变范围小，二次择优态界面的代表性初态位向关系有可能是唯一的，几何方法得到的初态位向关系通常很接近实验结果。因此，可以根据实验得到的位向关系和择优界面，引导建立界面上的二次择优态的周期性结构(见第 6 章中的示例)。

上面是对应同样的择优态会出现不同初态位向关系表述的情况。最后要提醒读者注意，近列匹配方法所预测的看似相同的平行关系可能给出不同的择优态。这是由于该方法没有区别正反方向平行，正如 1.2.3 节中讨论的情况，矢量的平行和反平行可能对应不同的位向关系。如果反向平行结果得到的位向关系不等价，即使界面法向一样，得到的界面仍会含不同的择优态。此时，或许界面上 GMS 团簇内的周期性不同，即使面内二维 GMS 的周期性一样，界面上的三维结构单元也可能不一样[24]。

1.3.2.5　匹配对应关系的确定

虽然一个择优态可以对应一定范围内可变的初态位向关系，但是一个择优态中的匹配对应关系是唯一的。对于二维匹配关系，如果某个初态位向关系使一个界面上形成非一一匹配的 GMS 团簇，在包含原点的二维 GMS 团簇中任意选择两个不在原点的 GMS，将每个 GMS 中匹配对应点以一对匹配矢量表示，就可以根据两对匹配矢量的关系，建立描述上述界面上择优态中二维匹配关系的 2×2 矩阵。这个团簇内部的所有匹配矢量都服从相同的匹配关系，这是因为一个团簇内的 GMS 是周期性分布的，在同一点阵中表述的匹配矢量是线性相关的。一般情况下，两对匹配对应的矢量不会同时平行，但是初态位向关系的表述中总可以令一对匹配对应矢量平行，正如近列匹配方法的第一步(见第 8 章)。如果某个初态位向关系使原点附近形成一一匹配的三维 GMS 团簇，则可以在这个团簇中定义三对不共面的匹配矢量，并依据这些关系建立定量描述匹

① 如果令择优态界面上重位点面密度的倒数等于 Σ(按定义，Σ 是重位点体密度的倒数)，根据上述条件即可以根据小角度范围内三角函数正切值与弧度成比例的关系推导出 Brandon 关系。

配关系的 3×3 矩阵(具体方法见第 2 章)。这个方法得到的一次择优态的匹配关系与马氏体表象理论中常用的点阵对应关系(又称匹配对应关系)[6]是一致的。根据上述矢量的匹配关系，可以推导出两相晶面之间的匹配关系，也可以通过正空间矢量和倒空间矢量的变换关系计算出匹配晶面的对应关系(见第 2 章)。同理，可以根据实验得到的两相重叠衍射花样中的近邻衍射斑点(倒空间中的 GMS)之间的关系建立倒空间中的匹配关系，从而反算出正空间的匹配关系(见第 6 章)。当最终形成的择优界面是二次择优态但为不平行于二次择优态的二维周期性结构所在的平面时，界面位错计算中也需要输入三维空间的匹配关系，相关内容将在 1.4 节中讨论。

1.3.2.6　择优态的选择及影响因素

给定一对晶体，可以根据近列匹配方法计算出许多可能的择优态，对应每个择优态的错配通常不同，错配越小的方向上 GMS 团簇的尺寸越大。当新相尺寸较小时，即使存在错配，界面也可能依靠界面附近区域晶格弹性变形维持完全共格或者完全重位共格的择优态结构。这个点阵变形导致的弹性应变场是长程的，会导致应变能的提升。

错配变形场是计算应变能的核心输入。一个埋在母相中的新相是由不同法向的界面包围的，当一次择优态在不同法向的界面上维持时，界面附近原子间的错配位移不但取决于界面的宏观几何，还可能与原子所在的界面位置有关。常见简化的处理是根据两相的晶体结构计算错配变形场。如果整体错配是一维的或者界面错配是各向同性的，界面错配应变场或错配度的大小可以用一个标量描述[式(1.5)]；而在通常情况下错配分布是三维且各向异性的，这时用一个矩阵定量描述错配变形场比较方便，称为错配变形场矩阵(定量描述见第 2 章)。因为本书中讨论的是相变过程，因此该矩阵也称为相变变形场矩阵，简称相变矩阵①。计算错配变形场的关键参照是上节得到的匹配对应关系，这曾经是 O 点阵应用中最有争议的量[4]。依照 GMS 团簇内部匹配所建立的匹配对应关系是唯一的，依据该匹配对应关系的计算简称 GMS 团簇法则[25]。

在刚性模型中，若形成一个尽可能大片的连续 GMS 团簇，则意味着错配小，这符合使应变能降低对位向关系的择优。当将错配造成界面能量的提高按照应变能考虑时，择优态选择对界面能的影响主要来自择优态中结构单元能量的差异。一般来说，当择优态中结构单元尺寸小，也就是 GMS 团簇内部 GMS

---

① 当定量描述三维错配应变或相变应变时，比较方便的是用矩阵描述匹配对应阵点位置的改变，这样描述的错配称为错配变形场比较严谨。对于一次择优态的情况，匹配对应关系与择优态区内两相阵点或两相原子转移的对应关系通常等价，因此也可称相变变形场。习惯上这些矩阵也被误称为错配应变场或相变应变场。对于二次择优态的情况，匹配对应关系与两相阵点转移的对应关系往往不同，因此称错配变形场更为普适。

密度高，则界面能比较低，不过几何方法只能给出定性的估计，定量预测则要基于原子尺度模型的计算。一次择优态具有最小结构单元，所以此结构单元能量最低。形成无错配的共格界面是界面能和应变能共同择优结果，这也是众所周知的相变晶体学的典型自然择优趋势。因为一次择优态的结构单元可以由两侧晶体之一确定，所以选择是唯一的。有的界面可能会出现具有一一匹配特征但是结构单元与两侧不连续的准一次择优态结构(参阅 1.3.1 节中的脚注)，这些结构单元的能量一般也很低。二次择优态界面的结构单元通常较大，尽管可以对结构单元的尺度上限进行约束，可选的二次择优态仍然很多。由于存在错配和结构单元两方面因素的共同影响，在相同的两相体系里，多个二次择优态及其相关的位向关系并存的实例很多(见第 8 章的示例)。那么错配度和择优态中的结构单元尺寸如何影响实际系统中的择优态选择呢？以下是根据一些实验经验得到的大致规律：

(1) 一次择优态具有强烈的趋势形成。一个相变体系中两相之间只要几何匹配满足形成一次择优态的条件，即可以通过合适的位向关系得到一一匹配的 GMS 团簇。均匀形核的新相的界面上通常都可以实现一次择优态，尽管错配可能很大，并会引起相当大的应变能。这提示了界面能而不是应变能的降低对绝大多数体系的择优态选取起决定性作用。许多材料中常见的一次择优态体系的匹配关系和初态位向关系是已知的。比如，fcc-bcc 系统的一次择优态具有唯一的 Bain 匹配关系。因此，在实际研究中，近列匹配方法对匹配关系和初态位向关系的预测主要应用于二次择优态系统。

(2) 二次择优态的结构单元尺寸趋于尽可能小，这个倾向与特殊大角度晶界中高重位点密度往往对应较低界面能的倾向一致。这个趋势表现在含二维 GMS 团簇的平面经常会平行于大点阵(点阵常数较大)的低指数面，体现了界面的单位面积上可以含较高面密度的 GMS 点。同理，相对于大点阵的阵点，一对 GMS 之间的非 GMS 的阵点一般不会超过一个，这反映了二维团簇内部 GMS 的密度相对于大点阵的阵点的 GMS 密度比例(相对密度)尽可能高。

(3) 如果 GMS 团簇尺寸特别大，即界面错配很小，基本可以由点阵弹性畸变容纳，那么含二维团簇的平面也可能平行于两个点阵的较高指数面，虽然该界面上 GMS 点的面密度较低。这种情况反映了小错配也可能作为一些二次择优态形成的支配因素。

上述规律主要考虑匹配几何的影响，但是界面择优态的形成可能受其他因素的影响。关于这些因素的清楚认识会有益于通过成分或者工艺设计调控相变晶体学特征。一方面，二次择优态的选择可能与合金成分和界面偏聚有关。虽然界面匹配分析中考虑了合金元素对点阵常数的影响，但是点阵匹配分析中忽略了原子结构，而择优态中结构单元的原子结构及其对界面能的贡献很可能受界面成分的影响。不同择优态中具体结构单元拓扑几何的差异可能造成不同元素原子对各种结构单元的择优顺序不一样。不过这方面的深入知识有待于量子力学的计算和原子尺度的成分表征，遗憾的是，目前只有很少的相关研究结果。

另一方面，择优态的选择和实现还与相变温度或其他相变条件有关。根据上述规律(1)，只要几何匹配条件满足一次择优态的条件，一次择优态就具有强烈的形成趋势。当错配很大而过冷度不大时，相变体系可能没有足够的驱动力克服偏离一次择优态的错配引起的应变能，此时母相中不能发生均匀形核(有关不同缺陷等因素对非均匀形核的影响将在下节讨论)。错配较小的二次择优态通常只出现在两相的点阵常数不允许界面实现一一匹配的情况。在这种情况下，虽然相变温度不影响择优态的选择，但是可能影响择优态的实现。多种二次择优态同时存在的实验结果说明，一些择优态的结构单元择优差别可能不太大，但是它们的错配应变通常会不同。因此，在不同过冷度条件下系统可能选择不同的择优态，比如界面能低但是应变能高的择优态可能会在较高的驱动力下形成，这就意味着可以利用相变温度对界面二次择优态和析出相形貌进行调控，以得到期望的组织和性能。

1.3.2.7 缺陷附近形核对初态位向关系的影响

前面的分析只局限在新相从无缺陷的母相中形核的情况。在实际材料中母相通常不是完美的单晶，母相缺陷上的异质形核是许多材料中相变得以进行的重要途径。材料科学的教科书[13]告诉我们，不论液固相变还是固态相变，可以通过在界面上发生的异质形核减少形核引起的界面能，从而降低形核能垒。在固态相变中，在降低界面能的趋势作用下，新相仍然趋于至少与现存界面两侧之一的晶体之间形成低能界面。这里要强调，界面形核对降低应变能的贡献同样很重要。下面的分析假设新相与界面两侧晶体中的一个晶体之间的界面存在择优态。

最常见的情况是在一般大角度晶界上形核。此时新相与形核母相之间的界面可能存在择优态，而与新相接触的另一个晶粒之间很可能维持原来晶界无择优态的界面结构。这部分界面不造成错配应变场，从而使整体应变能降低，于是形核可以在比较小的驱动力条件下发生。当驱动力比较小，或者错配较大，驱动力不足以克服界面迁移可能伴随的应变能增加时，不含择优态的界面可能先迁移。于是，新相很可能朝没有择优态关系的母相(即非形核母相)方向迁移，其结果是新相和生长母相之间没有特定的位向关系，界面结构往往是各向同性的，因此新相趋于形成等轴晶形貌。如果驱动力足够大，让含择优态的界面可以迁移，则新相可能朝其形核母相生长，结果会使系统的总界面能较低。此时，形核母相也是生长母相，并且新相与该生长母相之间的位向关系会落在满足择优态的位向关系范围。因此，界面两侧皆是生长母相也是可能的，其结果是晶界看起来穿过新相。当界面结构是各向异性时，新相的形貌至少在形核母相这一侧是各向异性的。如果晶界穿过新相，新相各向异性的生长可能带动晶界局部转动。

从上述分析可见，新相选择的生长母相与错配造成的应变能密切相关。因为克服应变能的驱动力随过冷度增加，所以可以理解新相的形貌随过冷度明显变化。这可以解释为什么钢中铁素体的形貌从较高温度形成的等轴状改变为较低温度形成的针状，这是因为当过冷度较大时，钢中 fcc-bcc 体系中具有一次择优态界面自发趋于发展出强烈各向异性的、具有不变线特征的错配变形场。这种形貌变化与过冷度的敏感性以及错配度有关。同样形成一次择优态界面，并且同样借助于母相的一般大角度晶界上形核，钛合金中 α 相在不大的过冷度条件下就可以在 β 母相中形成明显各向异性的魏氏体组织。其原因就是钛合金中 bcc-hcp 界面的错配比钢中 fcc-bcc 界面的错配要小很多[26,27]，在较小的驱动力下新相便可能朝其形核母相生长。因为形成择优态界面、初态位向关系和具有不变线特征的错配变形场是自发过程，所以要在钛合金中获得等轴状 α 相，通常要通过变形破坏两相之间的位向关系使界面失去择优态区或使错配变形场尽可能各向同性。

母相晶粒内部可能存在两种相界，这些界面也可能成为新相形核位置。一种是母相与其他相(也称第三相)之间的界面。如果实现择优态的界面存在于新相与母相之间，这个界面的存在可以帮助松弛应变场，也有可能影响具体(二次)择优态的选择。如果实现择优态的界面存在于新相与第三相之间，并且母相与第三相之间不存在择优位向关系，那么新相与母相之间不会有一个可以重复的位向关系。如果母相与第三相之间存在择优位向关系，那么新相与母相之间会有一个可以重复的位向关系，但未必是基于母相和新相界面上形成择优态的位向关系，因为这是通过其他界面择优态决定的位向关系转移过来的。另一种形核位置是母相与之前形成的新相之间的界面。此时新形核相与母相之间趋于形成含择优态的界面，早先形成的新相与母相之间可能存在错配应变场，这个场通常会影响新形核相的位向关系变体的选择。此外，先后形核的新相之间的晶界择优也可能影响位向关系变体的选择[28]。对于二次择优态系统，该晶界择优甚至可能影响新形核相与母相界面上具体二次择优态的选择[29]。

除了界面之外，其他凡是能够使错配引起的应变能降低的因素都可以促进形核发生。晶内缺陷附近的应变场可以通过与新相周围的错配应变场交互作用使总应变能降低，从而使异质形核得以进行。典型的例子是母相中的位错，位错附近的应变场与新相形成应变场可以抵消。在这种情况下，母相与新相之间仍然会存在择优态决定的初态位向关系，一次择优态系统的择优态一般不受晶内位错的影响，但是具体变体的选择往往会倾向于使应变能实现最高效的抵消。同理，如果有外加应力场，也会助力一些特定变体形核。二次择优态的选择可能受位错附近的应变场和位错芯附近成分偏聚的双重影响，但是目前缺少这方面规律的研究成果。此外，实际体系的择优趋势也受母相附近约束的影响，比如表面和薄膜都可能对相变晶体学造成明显的影响。对于一次择优态体系，虽然位向关系仍然可以维持在一次择优态允许的范围内，但是薄膜中或表面附近观察到的相变晶体学结果经常与大块样品内的结果很不一样[30-32]。

1.3.3 小结

界面上由周期性低能结构单元构成的结构称为择优态。相变形核过程中，相界面趋于形成某种择优态，以尽量降低作为形核能垒的界面能。择优态根据界面两侧点阵匹配的特征分为两类：一次择优态具有一一匹配特征，其结构单元可近似等同两侧晶体的结构单元，该择优态具有三维周期性；二次择优态具有非一一匹配特征，其结构单元与两侧晶体的结构单元不同，该择优态取决于匹配面，因此具有二维周期性。可以通过刚性模型中点阵之间的匹配分析，推测择优态存在的宏观几何条件。一个界面上择优态存在的必要条件是，刚性模型中具有相同宏观几何的界面上存在内部具有周期性分布的、较为致密的GMS团簇。近列匹配方法是搜寻GMS团簇存在条件的高效方法，其结果包括含择优态界面所要求的代表性初态位向关系和位向关系的大致范围，以及择优态中的匹配对应关系。偏离择优态的错配会造成应变能提升，这强烈影响给定驱动力条件下形核是否发生和如何进行。实验表明，若几何条件允许一次择优态形成，则一般不会形成二次择优态。二次择优态界面上的结构单元趋于尽可能小，不过具体二次择优态界面的选择会受界面匹配、成分和相变条件的影响。在界面附近形核的情况下，新相仍倾向于选择与界面两侧晶体之一形成具有择优态的界面，分析母相中均匀形核的原则也适用于在缺陷上形核的情况。

1.4 择优位错结构和稳态位向关系

1.4.1 错配与界面缺陷

从上节内容已知，初态位向关系是由界面的择优态决定的。只有当两相点阵常数非常特殊时，才可能在界面上获得无限连续的一一匹配或非一一匹配的GMS分布。在这种情况下，因为匹配是完美的，每一对匹配矢量可以同时严格平行，因此满足匹配关系的初态位向关系是唯一确定的。相对于完美匹配的界面，位向关系的任何变化会使匹配偏离完美，从而使界面能和应变能同时提高。因为系统能量下降的趋势会自发阻止这些变化的发生，所以随着新相的生长，初态位向关系自然维持，并成为观察到的稳态位向关系。因此，如果存在一个没有错配的界面，稳态位向关系可以直接从择优态预测。这种特殊情况的相变晶体学结果很简单。

通常情况下，两相的点阵常数不能满足完美匹配条件，尤其是在错配各向异性的相变系统，匹配相关的矢量不能维持同时平行。假设新相体积不变，新相的形貌和位向关系的改变可能同时造成界面能和应变能的变化，体系能量降低的趋势会使形貌和位向关系自发调整到低能状态，比如一些体系观察到的共格析出相具有针状形貌，并且针的长轴方向平行于一个无错配方向，即不变线方向[33]。在第 5 章中可以看到，形成不变线的条件约束了位向关系。原则上可以输入不同的位向关系和形貌特征，计算界面能和应变能随新相体积的变化，进而考察新相生长过程中这两部分能量优化所对应的相变晶体学演化。遗憾的是，目前能够基于各向异性的界面能和应变能精确分析共格阶段新相形貌和位向关系的定量理论研究仍然是相变晶体学研究的挑战。计算应变能的经典弹性力学理论中对应变能的计算一般不包含由于转动所造成位向关系差异的影响，而且在共格阶段的析出相尺寸通常很小，经典弹性力学能否适用也是一个问题。在实验上精确测量细小共格析出相与母相之间的位向关系和形貌同样很有挑战性。前人从针状析出相长轴方向的测量结果发现，不变线方向的分布比较随机[33]，根据不变线和位向关系的对应关系，推测这个阶段形成的位向关系可能比较离散。

当新相的尺寸较大时，如果界面继续维持完全择优态，错配造成的长程应变场会使系统的应变能会随新相生长而持续增加。如果界面产生缺陷来抵消错配，可以使长程应变场减少甚至消失，从而明显降低应变能。常见抵消错配的缺陷是界面上产生位错，使择优态区维持在局域，由位错隔开。位错的引入会造成界面能提高，因此位错产生的前提条件是位错引起的界面能提升值必须小于应变能的减少量。因为总界面能随新相尺寸的增加(平方关系)比应变能的增加(三次方关系)慢，所以形成界面位错使体系总能量降低的作用会随新相尺寸的增加而愈发显著，从而使位错产生成为新相长大中的自发过程。以上考虑及后续的错配分析和计算中，都将新相和母相近似为完美晶体，界面位错作为抵消错配的主要缺陷。值得一提的是，有的相变可以通过在新相内部产生缺陷(比如孪晶、层错)来抵消错配，该情况主要发生在马氏体相变过程，其导致的稳态位向关系可以采用马氏体相变晶体学表象理论来处理(见第 5 章)。

1.4.2　界面缺陷对位向关系的影响

下面让我们以一次择优态系统为例分析界面缺陷对位向关系的影响。假设界面错配被界面位错完全抵消，原则上，在满足择优态的位向关系范围内输入任何位向关系和界面取向，都可以根据错配几何计算界面位错结构。因此，尽管择优态相同，但是存在无数种位错结构可以完全松弛错配造成的长程应变场。然而，实际观察到的位向关系往往是可重复的，意味着这些稳态位向关系所对应的位错结构可能比其他位向关系对应的位错结构更为择优。

那么对于一般相变体系，在允许择优态的宏观几何范围内，什么位错组态会被自然择优为稳定结构？此时对应什么稳态位向关系？对于这些问题，目前并没有针对一般相变体系的普适答案。一般情况下，除非极简单的系统，新相不能实现总界面能最小的平衡形状及对应的界面宏观几何，也不能用这个界面能判据来预测界面宏观几何。这是因为具体材料中位错形成有一个过程，并且通常需要多组位错才可以抵消所有错配，但是所需要的位错未必可以同时形成。新相生长过程中的位错结构发展会导致位向关系随之变化。从共格到半共格的模拟研究揭示了位向关系随位错形成发生改变并逐步稳定的过程[34]，说明稳态位向关系与界面缺陷的产生过程密切相关。各向同性系统中，不同组位错形成的顺序可能是随机的，稳态位向关系可能与位错形成顺序无关。对于各向异性的系统，稳态位向关系可能与位错形成顺序有关。不同界面位错结构对界面迁移率约束不同，所造成的能量耗散速率也不同，这个差异可能影响位错的形成顺序。关于界面位错形成和迁移性的知识目前还十分欠缺，尚有一系列未解问题。比如，新相生长到多大开始产生界面位错来抵消错配应变？产生位错前新相有什么位向关系、形貌和体积？位错如何产生？相变条件（例如温度，外场）如何影响位错的形成？不同伯氏矢量的位错产生顺序如何？为何有这样的顺序？不同过程中产生的位错抵消多少错配？产生位错的过程中新相形貌如何演化？位错的形成顺序如何影响位向关系和新相形貌的演化？对这些问题的系统研究需要综合考虑材料体系和相变条件，并需要结合相变热力学和动力学理论进行分析，所得的答案是深入认识相变过程的知识基础，值得进一步研究。在获得对上述问题的答案之前，难以对各向异性错配的体系中稳态位向关系予以准确预测。下面对稳态位向关系的认识主要是基于实验结果总结的规律和启示。

1.4.2.1 界面缺陷结构的奇异性

许多实验研究表明，稳态位向关系通常为至少一个择优界面（通常是观察到的惯习面即片状或板条状新相的最宽面）上特定位错的形成提供几何条件。在这个意义上，自然择优的位错结构对界面宏观几何的要求支配了择优界面取向和位向关系的形成。因此，我们可以根据这个要求来理解甚至预测可能的稳态位向关系。那么，下一个问题是弄清楚自然会择优什么位错结构。

假设择优界面上观察到的位错结构是自然择优的结果，虽然不同相变系统中的择优位错结构差异很大，但是它们具有共性，即位错结构的奇异性。在下面的分析中，我们先与研究更为成熟的奇异表面类比。根据乌尔夫(Wulff)图构造方法可知[4]，在晶体的平衡形状上，那些具有择优取向的表面会对应自由能的局域极小值，称为表面能具有奇异性，相应的择优表面也称为奇异表面。这个表面物理的结果已经被拓展用于理解固体材料中的择优界面[2,3]。同理，择优界面对应局域自由能极小，因此也称奇异界面。然而，自然界中晶体和材料中析出相的整体形状未必能实现理想的平衡，这是因为择优形状的形成还与生长过程有关。如果观察到刻面，说明该刻面的界面能和迁移率都可能具有奇异性。材料科学的原理告诉我们，材料的性质与结构密切相关，因此如果界面性质是奇异的，那么界面结构一定是奇异的。当观察到的奇异界面是面积较大的刻面时，该界面结构是局域稳定的，也必须是奇异的。因为界面结构是相对容易测量和计算的，以界面结构的奇异性作为关键特征来理解择优界面是比较方便的。接下去要回答的问题是：什么界面结构具有奇异性？什么界面几何允许出现奇异结构？

所谓界面结构的奇异性，表现为某种特定结构特征，一旦某个或者某些界面宏观几何发生偏离(包括位向关系或界面法向往任何方向的偏转)，就会使界面结构发生突变。比如，我们知道表面台阶位置断键较多，属于表面缺陷；无台阶缺陷的表面是对应表面能奇异点的奇异表面。通过表面上台阶的奇异性辨识这个奇异表面比较方便。无台阶的表面的结构奇异性特征表现在，当表面法向朝任何方向少量偏离时，必须在表面结构里引入台阶缺陷。根据表面台阶结构的奇异性，人们可以利用低指数晶面与晶面上原子密排结构的关系方便地识别潜在奇异表面的法向。借鉴这个方法，我们也根据界面结构奇异性来定量识别潜在奇异界面的宏观几何。

界面台阶同样是相界面上的界面缺陷，无台阶的择优界面平行于两侧晶体低指数晶面。针对台阶缺陷，界面相对于界面法向的改变是奇异的，不过相对位向关系的改变只是部分奇异的，该位向关系要求两晶面平行，但是允许面内转动，因此位向关系中还有一个自由度未被无台阶的奇异性约束。假如稳态位向关系完全由界面台阶的奇异性决定，则观察到择优界面至少有一个应该平行于两侧晶体的低指数面，但是实验事实不都是如此。台阶能否对最终形貌起支配作用与具体材料有关。正如从气相或液相中结晶的晶体表面一样，有的晶体表面倾向于形成沿低指数晶面的明显刻面，有的表面则可以含高密度台阶的曲面，这也与结晶的条件有关。类似的台阶影响差异同样适用于晶间界面。一般来说，台阶结构奇异性的影响对陶瓷相的界面法向和相关相变体系中稳态位向关系形成的权重较大，使其择优界面至少平行于陶瓷相的低指数晶面，位向关系的具体选择及其剩余的一维约束通常受界面错配影响。相反，对含简单金属固溶体相的体系，台阶缺陷的影响较小，其择优界面上位错的奇异结构对稳态位向关系的形成通常起决定性的影响。

位错结构奇异性的典型特征是位错从无到有的突变。显然，无位错的界面结构是奇异结构。受点阵常数的限制，当完全无位错的条件不能在任何宏观几何的界面得到满足时，实验观察到的择优界面上位错结构的奇异性还包括了某一组或某多组位错从无到有的突变。识别奇异位错结构的分析中有一个前提，即决定位向关系的那个择优界面上的所有错配必须由位错完全抵消①。在这个前提下，位错结构与界面几何才可以一一对应，因此一个具体奇异位错结构只能在一个特定宏观几何的界面上存在。如果界面的某个宏观几何发生偏离，该界面必须增加新的一组或多组位错才能使界面上的错配被位错完全抵消，该位错结构对应上述界面宏观几何的变化就是奇异的。

根据位错奇异性识别择优界面宏观几何的定量分析要基于位错结构的计算。第 4 章介绍的 O 点阵理论提供了计算位错结构的普适方法，以及根据奇异位错结构分析界面宏观几何的理论基础。不过 O 点阵理论被不少读者认为是一种门槛较高的理论。为了给初学者提供一个入门的铺垫，下面让我们从 GMS 团簇分布来考察位错结构奇异性与 GMS 检出率奇异性之间的关联，进而借助 GMS 团簇与 O 点阵之间的关系，介绍根据界面缺陷奇异性识别稳态位向关系的半定量方法。

1.4.2.2　GMS 检出率的奇异性与位错结构奇异性的对应关系

在 1.3.2.4 节中，根据 GMS 团簇内部的周期性结构的信息确定了择优态的匹配关系和初态位向关系及其范围。如果初态位向关系可以得到完美的匹配，GSM 团簇具有无限大的尺寸，相应体系的任何界面将不产生位错。除了上述无错配的特殊情况以外，在有错配的体系中，GMS 团簇至少在一维方向上的尺寸是有限的。一般情况下，GMS 团簇在任何方向上的尺寸都是有限的。由于两相晶体的周期性，GMS 团簇总会在三维空间重复出现，虽然不一定会呈现原子层次的严格周期性。在满足择优态存在的范围内改变位向关系，虽然不改变 GMS 团簇内的周期性结构，但是 GMS 团簇的形状、尺寸范围和空间分布等外部几何都会随位向关系变化。因为 GMS 团簇是择优态区的中心，并且 GMS 团簇外部几何的改变与择优态区边界上位错结构的变化是同步的，所以可以根据 GMS 团簇的分布考察界面位错结构。基于 GMS 的分析通常用图像显

① 这个条件意味着位向关系只由一个择优界面决定，包围新相的其他界面上错配或许同时具有某种择优界面位错结构，也可能界面错配没有被位错抵消。后一种情况与马氏体晶体学表象理论是一致的，即只有一个取向的择优界面（惯习面）上错配被完全抵消，其结果会留下一个具有宏观无应变面的长程应变场。

示，结果非常直观，这正是结构台阶模型[14]和 NCS 模型[16]的优势所在(见第 5 章的简要介绍和第 7 章中的讨论)。不过这里介绍的方法与这些模型的细节不同。

为方便起见，我们以图 1.2 的二维例子代表三维 GMS 团簇的投影，并假设垂直于纸面方向没有错配。图上的水平和竖直的两条实线各代表一个直立界面。这两个直立界面含周期性分布的密排 GMS 团簇，因此会含较高比例的 GMS，而界面法向一旦稍微偏离(例如图上的点划线方向)，界面上含 GMS 的检出率会出现断崖式的降低，显示出水平方向界面上 GMS 检出率的奇异性①。原则上只要 GMS 分布具有周期性，含任何一列周期性分布 GMS 团簇的界面(比如图 1.2 的对角线方向)都会显示 GMS 检出率的局部峰值和奇异性特征。然而，位错结构奇异性才是决定择优界面宏观几何的根本原因，单纯根据 GMS 检出率的奇异性未必能够得到具有位错奇异性的界面。

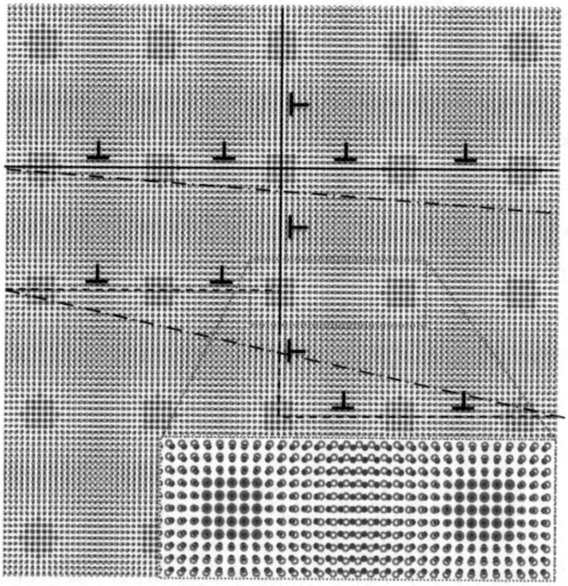

图 1.2　各向同性错配的 GMS 团簇分布与界面奇异性关系的示意图(参见书后彩图)。$\varepsilon=5\%$，$k=15\%$，点阵和 GMS 标识与图 1.1 中的相同。假设垂直于纸面方向没有错配，图上的一条线代表一个直立界面

① 在结构台阶模型中，GMS 检出率为 25%的界面比 8%的界面被认为是更择优，而本章的方法强调考察 GMS 检出率的奇异性，即出现检出率的峰值，这意味着如果对应 25%和 8%检出率的界面满足 GMS 检出率的奇异性及紧邻 GMS 团簇分布的条件，则它们都可以是潜在的择优界面。

为了建立 GMS 检出率奇异性与位错结构奇异性关系，让我们定义一个位错隔开的择优态区所对应的相邻 GMS 团簇为紧邻团簇。紧邻 GMS 团簇可以通过团簇之间匹配关系转移矢量来识别。在 1.3.2.5 节中我们已知，在包含原点的 GMS 团簇内匹配矢量之间服从一个特定的匹配对应关系，其实每一个 GMS 团簇内匹配矢量之间也都服从一个特定的匹配对应关系。在一个含奇异位错结构的界面上，每一个择优态区都与刚性模型中相同位置的 GMS 团簇一一对应，它们的匹配对应关系是一样；不同择优态区或 GMS 团簇内部的匹配对应关系是不同的，这些匹配对应关系之间的差异可以用转移矢量描述。每个转移矢量必须满足不同择优态区内部的周期性结构等价的条件。1.3.1 节已经说明，一次择优态周期性结构单元结构与晶体的结构单元等价，所以一次择优态体系中确保不同择优态区内结构等价的匹配关系转移矢量就是晶体结构的平移矢量。最短的平移矢量自然成为相邻一次择优态区匹配关系的转移矢量，而这最短的平移矢量就是定义位于相邻择优态区之间位错的伯氏矢量。同理，紧邻 GMS 团簇之间的匹配关系转移矢量就是团簇之间潜在位错的伯氏矢量，因此可以根据潜在伯氏矢量识别紧邻 GMS 团簇。下面先以一次择优态为例演示 GMS 检出率的奇异性与位错结构的奇异性的关系。

识别团簇之间匹配关系转移矢量的具体操作是，固定一个点阵，识别另一个点阵(称为参考点阵)在两个团簇匹配关系的转移。图 1.1a 中一维错配情况比较特殊，相邻团簇就是紧邻团簇。将其中任意一个点阵固定，另一个点阵即是定义伯氏矢量的参考点阵。相邻团簇之间的匹配关系正好转移了参考点阵的一个最短点阵平移矢量，这个转移的结果实际上没有改变参考点阵，因此确保紧邻团簇中的匹配对应关系等价。让我们以图 1.1a 所示简单例子来说明匹配转移矢量。假设原点放在左侧 GMS 团簇的中心，该团簇内匹配矢量之间的关系为 $k\boldsymbol{b}_\alpha$ 配 $k\boldsymbol{b}_\beta$，其中 $\boldsymbol{b}_\alpha$ 和 $\boldsymbol{b}_\beta$ 分别为连接较小点阵和较大点阵中相邻阵点指向右的矢量，k 为绝对值小于 9 的整数。在中间位置的 GMS 团簇内矢量之间的匹配则为 $(k+1)\boldsymbol{b}_\alpha$ 配 $k\boldsymbol{b}_\beta$，或者 $k\boldsymbol{b}_\alpha$ 配 $(k-1)\boldsymbol{b}_\beta$。因此，如果固定点阵 β，近邻 GMS 团簇之间的匹配转移矢量是 $\boldsymbol{b}_\alpha$；如果固定点阵 α，那么转移矢量是 $-\boldsymbol{b}_\beta$。因为这个一维例子里的紧邻团簇就是近邻团簇，当 GMS 团簇松弛为择优态区后，择优态区之间位错的伯氏矢量就是 $\boldsymbol{b}_\alpha$ 或 $-\boldsymbol{b}_\beta$。因为人为选择固定点阵存在随意性，建议同时采用匹配相关的一对伯氏矢量定义界面位错，这会有助于对界面结构的理解以及同行数据的比较。由于两个矢量属于一对匹配对应矢量，它们的长度和方向自然也相差不大。

对于一次择优态体系，界面位错的伯氏矢量与晶内位错的伯氏矢量都是晶体的短平移矢量，通常是已知的。比如图 1.2 中二维的例子，其中位错的伯氏矢量是点阵中两个最短矢量，从右下角局部放大图上可以看到，两个点阵中的伯氏矢量都是由水平和竖直方向的基矢所定义。因为图 1.2 中不同点阵的两对伯氏矢量同时平行，在任何一个伯氏矢量方向上的点阵错配皆可以视为图 1.1a 所示的一维错配，即沿伯氏矢量方向的相邻团簇就是紧邻团簇。于是，我们得到的含紧邻团簇的界面为竖直或水平方向的界面①。假设上述两个方向的直立界面上的 GMS 团簇成为共格区，界面错配可以由一组位错完全抵消。如果界面的迹线偏移竖直或水平方向，那么界面上必须增加一组位错才能让位错完全抵消错配，这显示竖直或水平方向界面上位错结构的奇异性。不过弛豫的界面通常会尽可能沿着紧邻团簇拾级而上到另一层含较高密度的 GMS 团簇的面，而形成连接位于不同位置且平行于奇异界面的台阶，在台阶位置出现的位错的伯氏矢量不同于台面位错的伯氏矢量(图 1.2 中虚线所示)。由上述例子可见，按照含紧邻团簇为条件的界面与含一组位错作为条件所得到的界面是一致的，这个界面同时具有 GMS 检出率的奇异性和位错缺陷的奇异性。

在错配场为三维的情况下，GMS 团簇在三维空间中呈周期性分布，含两个方向的紧邻团簇的面上会存在周期性分布的 GMS 团簇。这个面也定义了一层含较高密度的 GMS 团簇群的面，图 1.2 也可以看成这些团簇群投影的情况(这时假设垂直于纸面方向平行于一列紧邻团簇)。当界面法向稍微偏离含 GMS 紧邻团簇群的界面时，GMS 检出率会急速下降，直观地体现出该界面 GMS 检出率的奇异性。当这些团簇弛豫为择优态区域后，这个面上的择优态之间会形成周期性分布的两组位错。在三维错配场的情况下，一个界面至少需要两组(或伯氏矢量共面的三组)位错来抵消界面上的二维错配，这样最少组的位错结构只能存在于特殊取向的界面上，偏离该界面法向的界面上会含其他组位错，因此这个界面是具有位错奇异性的界面。因为连接 GMS 紧邻团簇的方向数是与参考点阵的伯氏矢量总数一样，所以在含紧邻团簇的条件下，根据 GMS 检出率的奇异性和位错结构的奇异性可以得到相同数量的奇异界面。该数量由含两个伯氏矢量的晶面数目决定，一般不大于 10，所以奇异位错结构的条件极大地减少了奇异界面的选择。

上述结论同样适用于二次择优态的界面，即在含紧邻团簇的条件下，根据 GMS 检出率的奇异性得到若干个分立的奇异界面。不过二次择优态的情况比较复杂，当非一一匹配的 GMS 团簇松弛为二次择优态区时，位于二次择优态区之间的二次位错的伯氏矢量必须来自完整图形平移点阵(displacement complete pattern-shift lattice，DSCL)。定量描述 DSCL 需要以 CSL 为基础[1]，

① 一般情况下，紧邻团簇的间距较短，近邻团簇就是紧邻团簇，正如图 1.2 中的情况。如果 GMS 团簇形状具有明显各向异性，就不能凭团簇间距判别紧邻团簇，此时可以借鉴无团簇区近似相等的原则来推测紧邻团簇。

这将在第 6 章结合实例进行介绍。与一次择优态的情况类似，紧邻 GMS 团簇之间的匹配关系转移矢量必须是一个短 DSCL 平移矢量，它通常是晶体平移矢量的分数。比如图 1.1c 所示的简单例子，紧邻团簇之间匹配转移矢量是小点阵的点阵平移矢量的 1/2 或大点阵的 1/3。

要注意短二次位错伯氏矢量带来的特殊性。对于一次择优态的情况，GMS 团簇之间总有一片无 GMS 的空白区(图 1.1a 和图 1.2)。这是因为一次择优态界上位错芯处的位移为 50%$b_{\alpha\text{-min}}$，总是大于匹配判据 $kb_{\alpha\text{-min}}$。但是对于二次择优态的界面，如果对应的 DSCL 平移矢量很短，以至于小于 25%$b_{\alpha\text{-min}}$判据，那么紧邻 GMS 团簇可能相交甚至相重，这将使不属于相同匹配关系的团簇重叠成团簇群。如果这个 GMS 团簇群仍然显示其检出率的奇异性，比如连成杆状或者片状，则仍然可以用来理解沿这些团簇群形成的择优界面。但是，如果 GMS 内部可以保持某种非一一匹配周期性的团簇在三维空间各方向都可以串起来，那么 GMS 分布实际上就失去了团簇特征，也不显示奇异性。当 DSCL 矢量较小，所对应的 CSL 通常较稀疏，往往不合适代表二次择优态。

1.4.2.3 奇异界面结构对稳态位向关系形成的影响

上节的分析主要是根据 GMS 团簇的周期性分布，通过 GMS 检出率和紧邻团簇的约束识别具有位错结构奇异性的择优界面。这个方法大大减少了给定位向关系下奇异界面的选择，但是这些择优界面上的位错结构或 GMS 检出率相对于位向关系未必是奇异的。在维持择优态的位向关系范围内，改变位向关系会导致 GMS 团簇的分布和形状的改变，GMS 检出率相对位向关系的奇异性主要反映在 GMS 团簇形状引起的奇异性。如果初态位向关系对应三维无错配的界面，那么 GMS 团簇尺寸在三维无限大。位向关系的任何改变都将造成 GMS 团簇尺寸从无限到有限，同时伴随着位错从无到有的界面结构的突变。因此，这个初态位向关系本身就是对应位错奇异结构的稳态位向关系。因为这个位向关系下的所有界面都不含位错，不能按照位错结构的奇异性识别奇异界面的法向，因此所有界面都是相对于位向关系为奇异的。这种情况下，观察到的择优界面可能由界面台阶的奇异性决定。同理，如果初态位向关系或其附近的某一个位向关系可以使一个界面无错配，此时 GMS 团簇是二维无限大的片状，平行于团簇片的界面具有 100%GMS 检出率，该界面不含位错。位向关系一旦改变，会导致 GMS 的检出率值的迅速下降和位错从无到有的突变，因此该位向关系就是对应位错奇异结构的稳态位向关系。同时，因为一旦这个界面法向发生偏离，界面上就需要形成位错，所以无位错界面相对于界面法向也是奇异的。上述分析说明了位向关系对界面奇异性的影响，不过无论是三维无错配还是二维无错配条件下的无位错结构都要求特殊点阵的常数，如果实际系统的点阵常数能满足该特殊要求，所形成的稳态位向关系往往符合使无位错界面结构实现的条件，但是一般相变体系未必能满足该特殊要求。

错配各向同性的体系也比较特殊。这样的体系中，初态位向关系是唯一确定的，即每一对匹配矢量可以严格平行，并且随着新相的生长，各界面会形成多组位错。正如完美匹配的体系的情况，偏离初态位向关系的任何小转动都会增加所有匹配相关矢量之间的错配，这只改变 GMS 团簇尺寸，但是不改变形状，同时所有位错间距会减小。此时通过位错结构或者 GMS 检出率的奇异性只可以识别择优界面，但是不能甄别稳态位向关系。因为位错间距减少会导致界面能增加，系统能量下降的趋势会自发阻止转动发生。因为奇异性的本质是界面能的局域最小，初态位向关系对应的间距为最大值的位错结构相对位向关系也是奇异的，因此会延续成为稳态位向关系。

大多数相变属于各向异性错配的情况。这时，一个偏离初态位向关系的转动或许会使一组位错间距增加，但可能同时使另一组位错间距减小。那么择优位错界面结构是什么呢？实现这些择优位错结构会导致什么稳态位向关系？许多实验观察表明，当三维或者二维无限大的 GMS 团簇不能在任何位向关系下形成时，如果点阵常数允许，新相生长过程所发展的稳态位向关系会使 GMS 团簇伸长为一维无限长的杆状。前面已经提到，即使在共格界面的状态，新相趋于顺着不变线方向生长，导致析出相长成杆状[33]。许多合金中的析出相具有形成不变线的趋势，其对位向关系的影响早已被关注[35]，并持续受到重视。虽然不变线的形成对两相的点阵常数也有一定要求(见第 5 章基于解析方法的定量判据)，但是许多常见的相变体系能够满足其要求。相应的择优界面上会含紧邻杆状 GMS 团簇以及团簇之间的一组位错。一旦界面取向发生任何偏离，界面将含其他组位错，因此该位错结构相对于界面法向是奇异的。如果位向关系随机变化，也会使界面增加其他组位错，但是当位向关系在特定条件下改变时，仍然可以维持一组位错的界面结构，所以位向关系不是完全奇异的。含一组平行位错的结构与宏观几何之间关系的定量分析将在第 5 章专门介绍，从该分析可见，界面含一组位错的条件约束了位向关系三个自由度中的两个，明显地约束了潜在的稳态位向关系。

上述讨论也适用于二次择优态体系中初态位向关系向稳态位向关系的发展，但是因为二次择优态是二维结构，所以有一些差别。与一次择优态的情况相同，如果含这个二维结构的界面上无错配，或者由于两相的特殊对称性可以得到三维错配各向同性的界面，则初态位向关系会被稳态位向关系继承。当二次择优态的 CSL 和 DSCL 的密排面共层时，界面上会含有合适的 DSCL 矢量作为界面二次位错的伯氏矢量，于是含位错的择优界面很可能平行于二次择优态结构决定的一对晶面。否则，界面匹配择优的结果也有可能使择优界面含台阶结构，即二次择优态结构维持在不同位置的台面上。正如一次择优态的情况，合适的位向关系可以使同属一个三维匹配关系的 GMS 团簇跨台阶无限延伸，则我们将得到沿二次不变线的杆状 GMS 团簇。前面曾经提到，因为二次位错的伯氏矢量小，二次择优态的界面上 GMS 团簇的距离可能很近。于是在合适的位向关系下，会存在跨台阶无限延伸的 GMS 团簇群，延伸的方向又称为准不变线[36]。它不同于二次不变线之处在于，一个 GMS 团簇局限在一个台面上，而台阶对应一个二次位错(参见图 6.8 和图 6.12)。因为具有二次不变线或准不变线特征的周期性位错结构只能在特殊法向的界面和特殊的位向关系下实现，所以这些界面结构不但相对于界面取向变化是奇异的，而且相对于位向关系也是奇异的。对应这些结构的稳态位向关系通常不同于初态位向关系。

原则上，可以根据 GMS 检出率奇异性和位错结构奇异性的关系，在满足择优态的范围内输入不同位向关系，考察计算出的 GMS 团簇的形状和分布，对潜在的择优界面的宏观几何做出预测。然而，这个方法计算量大且不方便开展对界面位错结构的系统研究。相反，以 O 点阵理论为基础的解析方法对开展界面位错结构与宏观几何系统分析更为高效和简洁。解析方法是开展相变晶体学定量研究的主要工具，也是本书多个章节的重点。下面通过建立 GMS 团簇与 O 点阵的关系，简要介绍奇异位错结构与满足其形成的宏观几何之间的半定量关系。

1.4.2.4 GMS 团簇与 O 单元的关联

Bollmann[1,37]建立的 O 点阵理论的核心是识别零错配的位置。所有的 O 单元都是零错配的位置，周期性分布的 O 单元便是 O 点阵，每个 O 单元被错配严重的 O 胞壁隔开，具体计算方法将在第 4 章介绍。在择优态存在的前提下①，GMS 团簇必然存在，每个 O 单元一定位于一个 GMS 团簇的中心。与 GMS 团簇形状一样，O 单元也有不同形状。它们之间的联系如下：以 O 点、O 线或 O 面为中心的 GMS 团簇的形状分别为三维有限尺寸的团状、无限长杆状和无限大片状。根据紧邻 GMS 团簇的分布，我们知道含周期性 O 点(被二或三组位错分开)、周期性 O 线(被一组位错分开)的 O 点阵面，或平行于 O 面(零组位错)的面具有 GMS 检出率奇异性，同时符合位错奇异性的要求。这些特殊的 O 点阵面被定义为主 O 点阵面。在平行于主 O 点阵面的界面上，GMS 团簇与 O 单元是一一对应的，当以 O 单元为中心的 GMS 团簇成为界面的择优态区时，界面截过 O 胞壁的位置便是位错的潜在位置。于是，我们可以基于主 O 点阵面辨识含奇异位错结构的界面。

---

① 如果不存在择优态，虽然可以建立联系两个点阵的矩阵，其形式上与错配变形场矩阵相同，计算得到的 O 单元仍然是零错配的位置，并且可以按照理论计算出 O 单元之间“数学上”的位错，但是界面实际上没有位错结构。

O 点阵计算所需要的基本输入包括错配变形场和伯氏矢量[37]。伯氏矢量取决于相邻择优态区的匹配转移，错配变形场取决于两相的点阵常数、位向关系和择优态中的匹配对应关系。可见给定两相结构和择优态，在 O 点阵和位错结构的计算中，可变的只是位向关系。因此，有可能根据位错结构奇异性的要求反推位向关系。O 点阵理论适用于一次和二次择优态体系奇异位错结构的分析，相应的 O 点阵又称一次和二次 O 点阵。下面介绍基于 O 点阵分析稳态位向关系的简单法则。虽然这些法则可以直接用来解释稳态位向关系，但是深入的理解必须基于对后续章节中相关原理和计算方法的知识。

1.4.2.5　Δg 平行法则对稳态位向关系的约束

在 O 点阵理论框架下描述具有奇异位错结构的界面的优势不仅在于 O 点阵理论严谨和计算公式简单，还因为含这些结构的主 O 点阵面可以在电子衍射花样中直接测量。下面先以一次择优态体系为例简要介绍。理论推导证明(详见第 4 章)，每一个主 O 点阵面必须垂直于至少一个特征倒易矢量 $\Delta\boldsymbol{g}_{\mathrm{p}}$①，即来自不同相(α 和 β 相)的两个匹配相关倒易矢量($\boldsymbol{g}_{\mathrm{p}\text{-}\alpha}$ 和 $\boldsymbol{g}_{\mathrm{p}\text{-}\beta}$)之差(参考图 4.5)，并且 $\boldsymbol{g}_{\mathrm{p}\text{-}\alpha}$ 或 $\boldsymbol{g}_{\mathrm{p}\text{-}\beta}$ 所定义的晶面上必须含界面上位错的伯氏矢量[38]。因此 $\Delta\boldsymbol{g}_{\mathrm{p}}$ 必须关联各相中的低指数 $\boldsymbol{g}$ 矢量，这在衍射花样中很容易辨认。由于含 O 线或者 O 面的情况存在无错配方向，这会反映在 $\Delta\boldsymbol{g}$ 的分布上(详见第 4 和 5 章中的推导)，其结果是：当主 O 点阵面含周期性 O 点时，它垂直于一个 $\Delta\boldsymbol{g}_{\mathrm{p}}$；当主 O 点阵面含周期性 O 线时，它垂直于一组平行的 $\Delta\boldsymbol{g}_{\mathrm{p}}$；当主 O 点阵面平行于 O 面时，它垂直于所有(必须互相平行的) $\Delta\boldsymbol{g}_{\mathrm{p}}$。也可以利用这些条件计算满足 O 线或者 O 面的位向关系。

在上述关系的基础上，界面缺陷奇异性对稳态位向关系的要求可以通过下列 $\Delta\boldsymbol{g}$ 平行法则来描述，下面的描述比早期发表的结果[39]更为具体。在分不同择优态介绍 $\Delta\boldsymbol{g}$ 平行法则之前，先看看这些法则的共性：

(1) 服从一个法则的界面垂直于该法则规定的一对平行矢量，这个条件完全约束了界面法向，但是一个法则只约束了位向关系的两个自由度，需要附加条件方可完全约束位向关系。

(2) 服从任一法则的界面都平行于一个主 O 点阵面，即一次择优态界面垂直于 $\Delta\boldsymbol{g}_{\mathrm{p}}$，二次择优态界面垂直于 $\Delta\boldsymbol{g}_{\mathrm{p}\text{-}\mathrm{II}}$，以确保界面上位错结构的奇异性。

(3) 服从法则 I 的界面上没有台阶，反映台阶结构和位错结构的奇异性对

---

① 本节中 $\Delta\boldsymbol{g}$ 矢量出现多个下标。p 代表 principal，表示主 O 点阵，以区别两个一般 $\boldsymbol{g}$ 矢量之差形成的 $\Delta\boldsymbol{g}$；Ⅱ代表二次，正如一次 O 点阵和一次位错中的“一次”经常在描述中缺省，这里只有为“二次”时才加以注明；i 和 j 是区别不同的 $\Delta\boldsymbol{g}_{\mathrm{p}}$；ps 代表 preferred state，即定义二次择优态的晶面，$\Delta\boldsymbol{g}_{\mathrm{ps}\text{-}\mathrm{II}} = k\boldsymbol{g}_{\mathrm{ps}\text{-}\mathrm{II}\text{-}\alpha} - m\boldsymbol{g}_{\mathrm{ps}\text{-}\mathrm{II}\text{-}\beta}$，$k$ 和 m 为正整数。

稳态位向关系的共同影响。因为无台阶的奇异性与晶体表面结构的奇异性一样，所以服从法则Ⅰ的择优界面比较容易理解。

(4) 如果点阵常数允许，系统趋于服从两个法则，于是固定了位向关系。可能出现情况包括：一个界面同时服从两个或三个法则，或者不同界面分别服从一个法则，这些情况下稳态位向关系可以唯一预测。

一次择优态的匹配关系基本固定，描述它的初态位向关系很有限。由奇异缺陷结构决定的稳态位向关系至少服从以下两个法则之一：

$$\text{法则Ⅰ：}\Delta\boldsymbol{g}_{\mathrm{p}} /\!/ \boldsymbol{g}_{\mathrm{p}-\alpha} /\!/ \boldsymbol{g}_{\mathrm{p}-\beta}$$

$$\text{法则Ⅱ：}\Delta\boldsymbol{g}_{\mathrm{p}-i} /\!/ \Delta\boldsymbol{g}_{\mathrm{p}-j}$$

法则Ⅰ对点阵常数没有要求，在任何体系都可以实现。单独服从法则Ⅰ的界面含两组或者伯氏矢量共面的三组位错，界面平行于两相各自含两个或三个伯氏矢量的晶面(垂直于 $\boldsymbol{g}_{\mathrm{p}-\alpha}$ 或 $\boldsymbol{g}_{\mathrm{p}-\beta}$)，这些界面通常是晶体的密排面，因此不含原子尺度的台阶。

法则Ⅰ的附加约束通常是服从法则的界面上至少有一对低指数匹配对应矢量保持平行，以减少这一对匹配矢量之间的错配。这相当于使相关联的位错间距最大，结果往往等同于一个代表性初态位向关系的表述(即平行面-向表示的有理位向关系)，意味着某个初态位向关系将延续成为稳态位向关系。因此服从法则Ⅰ的择优界面比较容易理解，分析起来比较方便，就是将两相的密排面按照某一对匹配对应矢量平行相遇在界面上。真实材料中的例子也不少，主要来自陶瓷材料体系，该体系的台阶结构奇异性的影响对择优界面和稳态位向关系形成的权重较大。错配各向同性的体系通常存在至少两对低指数界面同时平行，即两个界面同时服从法则Ⅰ，这完全约束了位向关系。

能实现而不服从法则Ⅰ的根本原因是，减少错配与减少台阶这两个降低界面能的方式不能在同一个界面实现。当台阶奇异性的权重较弱，并且点阵常数允许时，体系倾向于服从法则Ⅱ，其结果是能够提供同时满足界面某个方向的错配为零(形成不变线)和位错结构奇异性(含一组位错)的宏观几何条件。因为要同时垂直于一对平行的 $\Delta\boldsymbol{g}_{\mathrm{p}}$，这个界面的法向往往不能正好平行于任何 $\boldsymbol{g}_{\mathrm{p}}$，所以满足法则Ⅱ的界面通常会包含台阶。因为这些台阶的引入产生了不变线，所以台阶常被认为起了抵消台面错配的作用，又称为结构台阶[14]。由于两侧晶体的台阶高度通常不同，会迫使两侧晶体转动从而使界面上的台阶对齐(参照图 5.5)。惯习面垂直于平行 $\Delta\boldsymbol{g}_{\mathrm{p}}$ 的关系已经被许多来自含 fcc、bcc 和 hcp 结构相金属材料的表征结果验证[39]。

二次择优态体系的稳态位向关系可以同样根据位错和台阶的奇异性进行分析。因为二次择优态结构只能在特定界面上局部维持，这限定了相关奇异界面的大致方向。由奇异缺陷结构决定的稳态位向关系至少服从以下两个法则之一：

$$\text{法则 I}：\Delta \boldsymbol{g}_{p\text{-II}} /\!/ \boldsymbol{g}_{ps\text{-II-}\alpha} /\!/ \boldsymbol{g}_{ps\text{-II-}\beta}$$

$$\text{法则 III}：\Delta \boldsymbol{g}_{p\text{-II}} /\!/ \Delta \boldsymbol{g}_{ps\text{-II}}$$

服从法则 I 的界面必须平行于定义二次择优态的一对晶面，相应的倒易矢量分别为 $\boldsymbol{g}_{ps\text{-II-}\alpha}$ 和 $\boldsymbol{g}_{ps\text{-II-}\beta}$。注意，法则 I 中界面法向平行的一对矢量在一次和二次体系中的选择是不同的。服从法则 I 的界面上都不存在相对于这个界面作为台面的台阶结构，但是一次择优态情况下的界面通常平行于密排面，二次择优态情况下的界面所平行的晶面不一定是没有原子尺度台阶的晶面。多数情况下，界面平行于陶瓷相或其他化合物相的低指数面，而金属相一侧可能是较高指数的晶面。Ni 合金中 TiN 析出相的惯习面是这种情况的一个典型例子[40]，该体系中观察到五种位向关系，陶瓷相侧的界面都平行于{1 0 0}，反映台阶奇异性对该侧择优界面法向的强烈影响，而金属相一侧的择优界面则既可以平行于低指数晶面也可以平行于高指数晶面。

二次择优态系统中偏离初态位向关系的稳态位向关系也经常被观察到，这个偏离同样可以按照引入台阶可以减少界面错配的结果来理解。选择法则 III 的原因类似一次择优态系统，受形成不变线或准不变线的驱使。当这些不变线偏离二次择优态决定的晶面时，含不变线的择优界面必须含台阶结构。偏离初态位向关系的转动也可以通过界面台阶结构来理解。正如一次择优态下择优界面的情况，当两相中台阶高度不同时，台阶之间的对齐(不必须是一一匹配)必须通过转动实现。

当位错奇异结构使择优界面含台阶时，必须建立三维 CSL 及三维错配变形场，以计算台阶对台面错配的抵消作用，界面台阶是否被计算为携带二次位错取决于所构建的三维匹配对应关系。如果位于不同台面的近邻二维 GMS 团簇属于同一匹配关系，则服从法则 III 的界面含二次不变线。与法则 II 类似，这时法则 III 也可以表示成 $\Delta \boldsymbol{g}_{p\text{-II}} /\!/ \Delta \boldsymbol{g}_{p\text{-II}}$。因为 $\Delta \boldsymbol{g}_{p\text{-II}}$ 连接匹配对应的倒易矢量，所以平行的 $\Delta \boldsymbol{g}_{p\text{-II}}$ 通常很短。当上述团簇不属于同一匹配关系时，服从法则 III 的界面含台阶-位错对应结构，位错的伯氏矢量就是相邻团簇的匹配关系之间的转移矢量。此时，平行的 $\Delta \boldsymbol{g}$ 中只有一个 $\Delta \boldsymbol{g}_{p\text{-II}}$。由于其他平行的 $\Delta \boldsymbol{g}$ 矢量不联系匹配对应矢量，平行 $\Delta \boldsymbol{g}$ 矢量的长度可能很大。为了计算满足法则 III 位向关系，可以人为地将相邻台面上的二维 GMS 团簇设为同属一个三维匹配关系，或平行的 $\Delta \boldsymbol{g}$ 矢量同属一个三维倒空间的匹配关系，于是可以根据不变线的条件计算位向关系[36]。三维非一一匹配关系是否真实存在要因具体体系而定，如果主刻面和侧刻面同时存在二次择优态，则三维错配关系可以唯一确定，否则三维匹配关系的选择会带有人为因素的影响。虽然选择的不确定性会影响位错结构的描述，不过只要位向关系由相同的平行 $\Delta\boldsymbol{g}$ 决定，人为影响只是造成不变线的称呼不同，不论台阶是否被计算出携带二次位错，台阶都属于二次择优结构中断之处的缺陷。清楚认识到这一点会有助于对二次择优态体系中自然择优的位向关系和界面法向的理解[39]。

图 1.3 给出的示意图总结了常见界面的台阶和位错奇异性结构[39]。表 1.2 中列出了图中择优界面所服从的 $\Delta\boldsymbol{g}$ 平行法则。当一个界面服从两个法则时，位向关系完全确定，并需要特殊的点阵常数才可能实现。当一个界面服从一个法则时，需要附加约束。服从法则 I 的界面上通常有一对匹配对应矢量平行，于是一个初态位向关系会被继承为稳态位向关系。服从法则 Ⅲ 的界面的位向关系通常会维持一对正空间或倒空间匹配矢量平行，使稳态位向关系相对于初态位向关系偏离可描述为围绕上述平行方向的转动。服从法则 Ⅱ 的界面的位向关系约束仍然有较大的不确定性，这将在下一节中讨论。

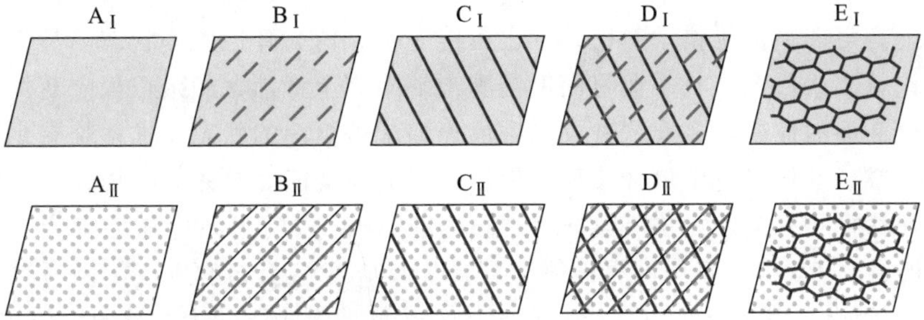

图 1.3　各类界面奇异性结构示意图[39]（参见书后彩图）。图中两行分别为一次择优态和二次择优态界面，由符号中下标 I 和 Ⅱ 区分。虚线代表台阶，实线代表位错，二次择优态界面上的台阶与细实线重合（B_{II}、D_{II}）代表二次择优态在台阶位置中断，台阶可能携带二次位错

表 1.2　图 1.3 中各界面服从的 $\Delta\boldsymbol{g}$ 平行法则

法则		A_{I}	A_{II}	B_{I}	B_{II}	C_{I}	C_{II}	D_{I}	D_{II}	E_{I} 和 E_{II}
I	$\Delta\boldsymbol{g}_{\mathrm{p}} // \boldsymbol{g}_{\mathrm{p}-\alpha} // \boldsymbol{g}_{\mathrm{p}-\beta}$ 或 $\Delta\boldsymbol{g}_{\mathrm{p}-\mathrm{II}} // \boldsymbol{g}_{\mathrm{ps}-\mathrm{II}-\alpha} // \boldsymbol{g}_{\mathrm{ps}-\mathrm{II}-\beta}$	√	√			√	√			√
Ⅱ	$\Delta\boldsymbol{g}_{\mathrm{p}-i} // \Delta\boldsymbol{g}_{\mathrm{p}-j}$	√		√		√		√		
Ⅲ	$\Delta\boldsymbol{g}_{\mathrm{p}-\mathrm{II}} // \Delta\boldsymbol{g}_{\mathrm{ps}-\mathrm{II}}$		√		√		√		√	

1.4.2.6　关于稳态位向关系不确定性的讨论

当位向关系只服从法则 Ⅱ 时，还有一个位向关系的自由度未约束。人们曾

根据观察到的位向关系提出若干约束，但是依然存在不确定性。通常情况下，一个位向关系只能使一个界面含一组位错。让位错的匹配对应伯氏矢量维持平行是法则Ⅱ的一个常见附加约束，此时界面上的台阶平行于两侧的密排方向，因此没有弯折。如果把弯折也视为界面缺陷，这也属于一个缺陷奇异结构，尽管弯折引起的界面能提高可能不太显著。可以将包含这一对平行伯氏矢量的有理位向关系定义为初态位向关系，于是服从法则Ⅱ的稳态位向关系可以通过围绕以这一对平行伯氏矢量为转轴计算，这使位向关系和相关择优界面的法向可以用二维解析法求得[41,42]。虽然有些相变体系的确满足这个低指数方向平行的条件，但是它不是一个普适的条件。另外一个条件是位错间距最大[26,43]，这个条件隐含位错间距减小与界面能增加的单调关系，该条件也只符合一部分实验结果。最近的研究对不同 O 线界面的界面能进行了比较[44,45]，结果能够解释更多的实验结果。

上述约束只考虑一个界面，忽略了其他界面如何影响位向关系。其他界面的错配有可能也被位错全部松弛，也可能完全残留为弹性应变状态。马氏体表象理论就属于后者，其中惯习面上错配被缺陷完全抵消，剩余长程应变场具有不变应变面的性质。实现这种仅单个界面错配被抵消的状态要求系统有足够的驱动力或者外场来克服剩余长程应变场带来的应变能。具体剩余长程应变场与界面迁移模式有关[46]，规定的迁移模式相当于对位向关系施加约束[6]。戴付志曾经针对 fcc-bcc 系统的界面能和剩余长程应变场引起的应变能做过系统的计算分析[47]，但是最小应变能对真实体系选择的影响还缺少系统的比较数据。

上面对法则Ⅱ的附加约束主要针对位向关系剩下的一个自由度。其实哪个伯氏矢量作为惯习面所含一组位错的伯氏矢量也有多种选择，这也是影响法则Ⅱ具体实现的因素。这个选择可能受位错形核和迁移的动力学影响，设想含某种位错结构的界面形成和迁移较快，这个界面的迁移意味着新相快速生长从而使体系能量迅速降低，满足这种界面的位向关系或许会主导最终实现的实验结果。马氏体表象理论正是施加了界面可以滑动作为模型的关键约束。总之，服从法则Ⅱ的最终稳态位向关系的选择可能随相变条件(包括温度、外加场、外约束，等等)改变，相关定量研究仍具有很大的挑战性。

给定二次择优态，从初态位向关系出发通常只得到很少稳态位向关系的选择。大多数实验结果表明，择优界面上可以维持二次择优态中的一对匹配矢量平行。在这个条件下，稳态位向关系是唯一确定的。如果稳态位向关系服从法则Ⅰ，则该稳态位向关系往往继承初态位向关系。如果服从法则Ⅲ，则稳态位向关系可定义为相对初态位向关系绕着上述平行矢量的转动，转角由法则Ⅲ决定，这使位向关系转动的分析和测量都比较简单，可以顺台阶方向绘制和分析 GMS 团簇分布图，也便于以平行矢量为晶带轴测量界面法向和位向关系。较复杂的情况是，体系不能维持二次择优态的任何一对匹配矢量平行，这时需要用复合转动处理，对位向关系的约束仍然存在不确定性。

因为二次择优态体系中对应不同择优态的初态位向关系是多选的，相应的稳态位向关系也会出现多个结果。错配和界面位错结构如何影响择优态及相关初态位向关系的选择还不清楚。无位错的择优等价于无错配的择优是容易理解的，而只含一组位错的界面结构也会使相应的二次择优态易于实现，尽管这时结构单元可能不是最小的。此外，如果含某种位错结构的界面迁移速率较快，则具有这种界面的新相很可能择优生长，特别是在较大的驱动力下界面迁移速度引起的择优会更加显著。这种与相变温度有关的择优选择一方面增加了理解二次择优态选择的复杂性，另一方面也为通过工艺设计调控界面结构和析出相形貌提供了可能性。

实际材料中具有二次择优态界面的析出相常被不同取向的择优界面包围，说明其他界面也可能存在择优结构。然而一个界面上奇异位错结构要求的位向关系未必同时满足不同法向界面上奇异位错结构的要求。位向关系的发展可能应不同界面的要求而确定。在不同取向的侧界面属于晶体学等价的特殊情况下，没有理由让位向关系只满足其中一个界面的择优结构要求而不满足另一个，于是系统会倾向于允许少量长程应变场的存在，相当于微调点阵常数，使一个稳态位向关系可以同时满足在不同取向的界面上出现等价的奇异位错结构[48,49]。

1.4.3 小结

如果存在无错配或各向同性错配界面，稳态位向关系会继承初态位向关系。由于各向异性错配的影响，在新相生长的过程中，位向关系经常会偏离初态位向关系。奇异界面结构形成是支配稳态位向关系的关键因素，奇异结构以缺陷极少，特别是从有到无的突变为特征，包括台阶结构和位错结构的奇异性，因此可以根据奇异界面结构的要求筛选择优界面取向和位向关系。含奇异位错结构的界面可以根据 GMS 检出率的奇异性直观理解，该择优界面必须含紧邻 GMS 团簇，这些团簇之间的匹配关系转移矢量为相同位置形成的择优态区之间位错的伯氏矢量。含紧邻团簇并具有 GMS 检出率奇异性的界面与主 O 点阵面等价，在 O 点阵理论的框架中进行定量分析比较方便。基于 O 点阵与倒易矢量的关系，择优界面宏观几何可用三个 $\Delta \boldsymbol{g}$ 平行法则来描述。法则 I 包含了奇异台阶和奇异位错的共同影响，服从该法则的稳态位向关系往往可继承初态位向关系。稳态位向关系相对于初态位向关系的偏离主要是满足形成某些奇异位错结构的要求，这些位向关系多数服从法则 II 和 III，相应的择优界面的一个共同特征是界面含沿不变线的杆状 GMS 团簇或沿准不变线的 GMS 团簇群，位于这些团簇间的位错形成奇异位错结构。因为不变线或准不变线常为晶体的无理指数方向，所以这些择优界面通常含台阶，两相的台面不平行的原因是为了使高度不同的台阶对齐。一个法则的实现只约束了稳态位向关系自由度的三分之二，另一个自由度的约束因具体相变体系和相变条件而异，不同约束及其组合造就了各种各样的奇异界面结构及其要求的界面宏观几何。界面位错形成过程的热力学和动力学因素可能影响具体择优界面及稳态位向关系的形成。当所有影响因素都可以准确计算，对择优界面宏观几何的定量预测才真正成为可能，这有待于进一步深入研究。

1.5　描述界面结构的一些术语

界面结构是本章的核心，我们注意到文献中关于描述界面结构的术语有不同的定义、概念及分类，为了方便读者对本书内容的理解，避免由于术语内涵的差异造成的误解，特做以下澄清。

1.5.1　界面位错的定义

界面位错是被具有一定面积的择优态区隔开的线缺陷，因此其定义必须参照位错之间“无错”的择优态。界面位错包括晶界和相界上的位错，多数界面位错起抵消界面错配的作用，因此又称错配位错。然而文献中错配位错的名称经常仅指相界上的刃型位错，而相界上的位错不必须是刃型位错。阅读文献时中要注意不同作者所采用的具体位错定义。

一个十分著名的界面位错分类是 Cohen 和 Olson 定义的共格位错和反共格位错[50]。顾名思义，前者并没有伴随任何断键或者点阵的错排，而是来自错配产生局部位移。因此当界面存在错配时，一次择优态区处处存在共格位错。共格位错是计算意义上的连续缺陷而不是线缺陷，其等效伯氏矢量由具体位置的共格匹配相关矢量之间的错配位移决定。本章定义的一次择优态区之间的位错等价于反共格位错，其伯氏矢量是位错两侧的两个择优态区内匹配关系的转移矢量，可以由两侧晶体的匹配相关伯氏矢量共同定义。

1.5.2　界面的分类

根据本章采用的择优态和位错的定义，基于界面结构，界面可分为以下五类：

（1）全共格界面：典型的共格界面结构为无限连续的一次择优态，择优态中的周期性结构单元与两侧晶体中的结构单元连续，即两侧晶体一一匹配相关的晶面或者晶向可以从界面的一侧连续过渡到另一侧。

(2) 半共格界面：界面局部含具有全共格界面结构的共格区，这些共格区被位错隔开，位错的伯氏矢量一般是两相晶体的伯氏矢量。

(3) 全重位共格界面：界面结构为无限连续的二次择优态，界面上周期性结构单元与两侧晶体的结构单元不同，界面结构的周期性可以由 CSL 描述，故称重位共格。

(4) 半重位共格界面：界面局部含具有全重位共格界面结构的重位共格区，这些区被二次位错或台阶隔开，二次位错的伯氏矢量通常是两相点阵平移矢量的分数。

(5) 非共格界面：界面上不存在择优态区域，此类界面结构的形成可能是由于界面宏观几何不满足任何择优态的要求，界面结构可能由无序分布的多种结构单元构成。另一种不常见的情况是界面附近的原子不松弛成择优态结构[3]，即使界面宏观几何可以满足择优态的要求。

1.5.3 界面台阶的分类

界面台阶的参考结构是无台阶的平整台面，根据台面的结构或者性质的分类会有助于对台阶的理解。前人根据台阶位置携带的局部位移作为台阶的位错特征，并定义台阶的有效伯氏矢量。Pond 和 Hirth 将具有该位错特征的台阶称断位[51]。界面台阶和界面位错的位置可以重合，但是各自应按符合所参考的结构进行定义。

1.5.3.1 第一类台阶结构

这类台阶类似表面上的台阶，以密排原子面为台面，并且台面不是二次择优态面，也不是奇异界面。台阶高度一般是一层或若干层原子，没有高度限制。任何界面都可以看成两侧晶体表面相遇后点阵弛豫的结果。当界面不平行于某晶体的密排面时，界面上必然存在该晶体的表面台阶。如果让两个含台阶的表面随机相遇，那么界面两侧表面的台阶结构一般不会咬合。类似于一般大角度晶界，这样的相界面上通常不能形成择优态。具有一次择优态的界面上，原子层次的台阶可以包含在择优态的内部，比如界面法向连续变化的小角度晶界上的共格区内必定包含伴随界面法向变化而形成的这类台阶，而且在共格区内台阶以及台阶上的弯折都会通过弹性变形实现咬合匹配。在刚性模型中台阶咬合位置两相点阵不匹配所引起的位移可称为台阶携带的位移。在择优态区和位错结构的整体分析中，半共格界面上位错分布通常与原子尺度的台阶分布无关，台阶携带的位移可能因台阶的具体位置改变，在计算和分析中通常不单独处理。如果界面可以沿其法向迁移，台阶的位置可能在界面迁移中顺着台面移动，但是一般来说，这些台阶不能自由移动。

1.5.3.2　第二类台阶结构

这类台阶结构是以二次择优态结构决定的一对晶面为台面，台面区域必须形成一个连续的二次择优态区。因此，作为二次择优态的中断位置，这一类台阶是二次择优态界面上的缺陷。这些缺陷出现在择优界面上的原因是它们起了抵消台面二次错配和促进界面整体匹配的作用。许多情况下台阶方向(即台面和阶面的交线方向)是一对低指数方向，同时也是一对低指数晶面的法向，于是台阶抵消错配的作用可以在这一对晶面上以二维模型描述(参照图 6.8)。在这个面上，定义在一个晶体坐标系下的台面和阶面的迹线通常平行于该晶体的有理矢量，顺这些方向定义台矢量和阶矢量，让它们的长度符合界面台阶几何，即它们的矢量和平行于择优界面迹线的平均方向。于是，台阶对台面错配抵消作用表现为以下关系：在两相中分别定义的台矢量之间的错配位移与在不同相中阶矢量之间的位移必须正好大小相等且方向相反。根据所选择的三维匹配关系，当阶矢量之间的位移是匹配相关位移时，界面含二次不变线方向，否则界面含准不变线，台阶处存在二次位错。

上述二次不变线的二维模型与前人示意(一次)不变线的二维模型[52]是一致的。注意，二维模型要求不变线垂直于台阶方向，此时阶矢量是确定的。如果没有二维模型的限制，阶面上可以定义许多阶矢量，一般情况下这些阶矢量的位移不同。定义断位的二维模型[51]中描述台阶携带的等效伯氏矢量其实是不同阶矢量的错配位移沿阶面的投影。如果刻意选择匹配对应关系，将一次不变线计算成准不变线，也可以在一次择优态界面上的第一类台阶位置计算出二次位错，但是在这样选择的匹配关系下定义的错配变形场与界面自发形成的一次择优态和择优态之间的界面位错结构不符。另一方面，一次择优态界面的不变线方向通常未必垂直于台阶方向，也未必在一对低指数面上，台阶方向也未必沿着有理指数方向。在这种情况下，用一个等效伯氏矢量定义来描述各处错配不同的台阶上的所谓位错特征是否妥当值得商榷。

当台阶方向由一对低指数方向决定时，二次不变线的方向是固定的，因而也固定了含二次不变线的界面的法向和台阶的走向。而台阶处存在二次位错的情况以及界面允许少量长程应变场的情况下，含台阶的界面平均法向比较灵活，此时台阶的走向可以不唯一。如果原点附近存在唯一可选的不同层的紧邻 GMS 团簇，那么连接这些紧邻团簇的择优界面法向是唯一的，经过服从法则Ⅲ的转动后，可以实现台面错配被台阶携带的位错完全抵消的择优界面[53](参见图 6.12 渗碳体-奥氏体惯习面的示例)。如果在原点层以外的不同方向上存在与原点距离相当的紧邻团簇时，连接原点层到该层台面的台阶可能出现不同走向，于是会同时出现共用一个法向的台面但具有不同走向的台阶的情形。如果不同紧邻团簇在不同层间距的位置，不同层数高度的台阶也可能同时存在[54]。当两相台阶高度差别不大时，台面会维持平行，虽然层间距的差异会使界面携带少量长程应变场，此时择优界面的台阶结构可能显示类似长城一般的凹凸齿形貌[55]。不论台阶呈什么形貌，台面区域必须含连续的二次择优态区，台面的错配由台阶位置的二次位错抵消。错配抵消的条件和台阶的走向约束了含台阶的择优界面的平均法向。同样情况也发生于侧刻面，如果原点位置的 GMS 团簇含一个 GMS 特别密集的 GMS 列，同时存在不经原点位置但离原点间距较小的近似等价的团簇列(见图 6.7)，当不共列的团簇列之间的距离比共列的团簇列之间的距离更小时，自然择优的侧刻面可能倾向于含不共列的团簇列，并可能形成两个侧面含等价的团簇列和不同走向台阶。如果这两个侧面不是晶体学对称时，自然择优的结果可能让其中一个侧面服从法则Ⅲ[53]，而另一个必须携带少量长程应变场[56,57]。

1.5.3.3 第三类台阶

这一类台阶结构的台面本身具有界面奇异的择优界面，台面不含错配或台面上的错配已经被其含的缺陷抵消，台面可能具有共格、半共格或者重位共格结构。实际材料中界面上的择优界面部分通常不在一个位置，不同位置的择优界面经常被观察为微观平刻面，不同位置两个法向相同的择优界面的连接处就是第三类台阶。这种情况下台阶的位置比较灵活，各处不同间距的台阶导致平均界面法向的变化。台阶是否可以自由滑动与它们的结构和携带位错的伯氏矢量有关。这类台阶的移动会带来两侧晶体的体积转移，因此称为生长台阶。下面根据台面的特征主要可以分为两种情况。

第一种情况是择优界面平行于两侧晶体的密排原子面，即择优界面服从 $\Delta \boldsymbol{g}$ 平行法则Ⅰ。该情况下这类台阶很容易与第一类或者第二类台阶混淆，但是上述两类台阶可以是择优界面结构的组成部分，不可以自由移动，而第三类台阶可以。这类台阶的高度也不必固定，它们可能是原子尺度的，也可以是纳米尺度的或者更大尺度的。如果是一层或两层原子高度，台阶两侧点阵共格的可能性很大，可以称这个台阶为共格台阶。孪晶位错和以平行于 fcc 或 hcp 密排面的共格界面为台面的台阶是这一类共格台阶的典型例子。这两个例子的台面无错配，通常需要对台阶一侧的晶体施加一个相对位移才可以使台阶两侧的台面同时实现共格结构。上述外加位移的操作与晶内产生位错的操作等效，台阶作为位移的不连续处具有位错特征，所加的位移就是伯氏矢量。要注意两点：

(1) 上述共格台阶与第二类台阶携带的二次位错的性质不同，共格台阶携带的位错具有长程应变场，而第二类台阶上的二次位错处于无外加位移条件下界面择优态的中断处。

(2) 上述典型例子中的伯氏矢量正好是晶体平移矢量的分数，人们也称台阶携带二次位错。一般情况下，实现台阶两侧一次或二次择优态结构的外加位移取决于两相结构，不必须是一个 DSCL 矢量。

因为台阶迁移要引起相体积转移，所以 fcc-hcp 系统中界面上的台阶又称为转变位错[4]，其滑动会不断造成两侧晶体之间的切变位移。如果这些台阶迁移到表面，则会引起表面浮凸。

当台阶高度比较大时，界面上台阶两侧相邻台面上的择优态区通常不连续，台阶结构取决于台阶面上的择优态匹配和错配情况。当台阶的阶面具有半共格或半重位共格结构时，台阶往往携带少量长程应变场。这是因为当台面平行于两侧晶体的密排原子面时，台阶高度必须是晶面的整数层，而阶面上位错间距未必如此。类似于共格台阶的情况，台面上形成等价的择优界面结构的结果时，同样要求对台阶一侧的晶体施加一个位移，因此也会产生类似共格台阶的长程应变场。不过因为台阶高度较大，需要的位移较小，形成的局部应变一般很小，不易观察到。

第二种情况是台面平行于无理取向择优界面，即择优界面不服从 $\Delta \boldsymbol{g}$ 平行法则 Ⅰ。这种情况下，共格台阶是没有意义的，因为在该界面的某些位置增加原子尺度共格台阶，相当于择优态区内台阶间距发生局部变化，其效果是改变了局部界面取向。因此，当台面平行于无理取向择优界面时，可以辨认的界面台阶通常指连接位置明显不同的择优界面，这种台阶通常是携带位错的台阶。要使不同位置的台面含同样奇异位错结构，台面位置必须符合择优界面法向的 O 点阵或广义 O 点阵的分布，因此台阶具有最低高度，即与阶面上含一个位错对应，但是没有高度上限。当台阶高度较大时，阶面上可能含多个位错，此时阶面可能会具有由界面位错奇异性决定的特定取向，并可视为一个微观侧刻面。尽管位错可以抵消台阶的错配，这类台阶仍然很可能携带少量长程应变场。其原因是，当择优界面法向是无理指数方向时，在择优界面上周期性分布的 O 单元往往不能在其他位置周期性地重复。若在不同位置的台面形成等价择优界面结构，也要对台阶一侧晶体施加一个位移，也会产生类似上述共格台阶的长程应变场，不过所携带的应变一般不会太大。尽管如此，仍然要注意该台阶附近的复合应变场对应用衍射衬度表征台阶上位错伯氏矢量的影响。

1.6　本章小结

相变过程形成的择优界面是揭示相变晶体学成因的重要切入点，尽可能完美的界面匹配和尽可能少的界面缺陷是降低界面能的自然择优趋势。本章根据界面择优态结构的匹配关系和界面奇异缺陷对界面宏观几何的要求，分别探究了相变过程中形成的初态和稳态位向关系。虽然这个两步方法是不久前提出的[58]，但是该方法得益于并集成了不少前人发展的相变晶体学研究方法，有关方法的回顾和比较可见上述文献。

图 1.4 总结了初态位向关系和稳态位向关系的发展，该图是基于文献[58]中总结图的改进。其中，中间虚线以上阶段形成的是初态位向关系。初态位向关系是应择优态结构中的匹配要求而形成的。作为形核阶段在界面上自发形成

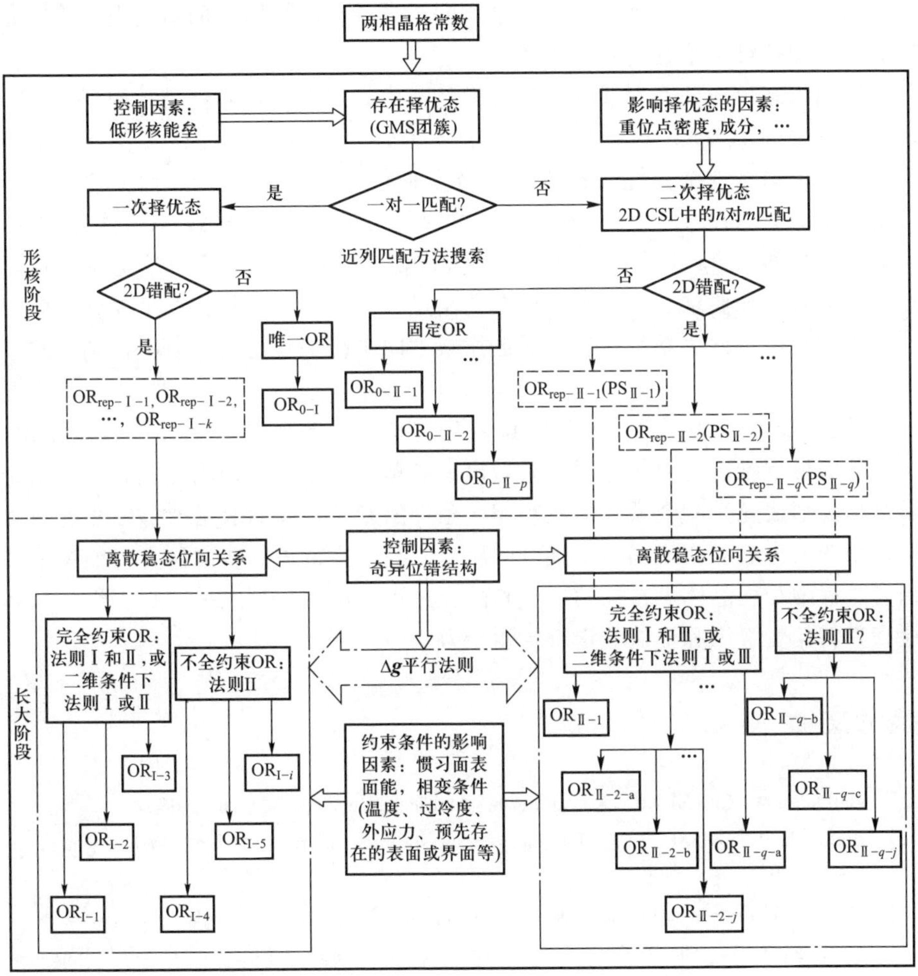

图 1.4 初态位向关系和稳态位向关系的发展和分类示意图。其中，缩写“OR”为位向关系，“PS”为择优态。上半部为择优态决定的初态位向关系，下半部为位错奇异结构决定的稳态位向关系。下标符号含义如下：rep 为代表性位向关系；Ⅰ和Ⅱ分别为一次和二次择优态；0 为无错配；其他数字和字母用来区别可能出现的多种初态或稳态位向关系

的低能周期性结构，择优态依其与两侧点阵的匹配关系分为一次和二次两类。一次择优态的结构单元小，界面能低。通常只有当点阵常数不满足一次择优态形成要求时，界面才会选择二次择优态。基于 GMS 团簇与择优态结构的周期性相符的假设，可以通过几何方法估算潜在择优态的界面宏观几何。初始位向关系存在一个可变化的范围，一次择优态的范围较大，而二次择优态的较小。各向异性错配的存在是使稳态位向关系偏离初态位向关系的根本原因。无错配界面的稳态位向关系与初态位向关系相同，在各向同性错配的情况下，稳态位向关系也往往继承了初态位向关系。

影响稳态位向关系形成的关键因素是择优界面上的奇异位错结构(见图 1.4 的虚线以下的部分)，该奇异性主要表现为某一组或多组位错从有到无的突变。具有位错结构奇异性的择优界面必须平行于一个主 O 点阵面，它必须至少垂直于一个 $\Delta \boldsymbol{g}$。择优界面所要求的宏观几何可以用三个 $\Delta \boldsymbol{g}$ 平行法则描述。同时，满足两个 $\Delta \boldsymbol{g}$ 平行法则可以完全限定稳态位向关系，不过这通常对两相点阵常数有特殊要求。一般相变体系只满足一个法则，这种情况下要辅以附加条件方可约束位向关系。存在一对低指数方向平行是常见的约束，特别是对于二次择优态体系。

虽然 $\Delta \boldsymbol{g}$ 平行法则已经被用于解释许多位向关系和择优界面的实验结果，但是几何模型难以对稳态位向关系做出准确预测。必须认识到择优态和位错奇异结构的形成还受相变材料体系和相变条件的影响，今后有必要加强相变热力学、相变动力学和相变晶体学耦合的研究。我们期待进一步的研究将继续澄清相变过程中相变晶体学特征的形成和演化过程，提高计算结果的真实性，从而提高材料相变组织和形貌的定量预测能力。

参考文献

[1] Bollmann W. Crystal lattices, interfaces, matrices. Geneva: Bollmann, 1982.

[2] Sutton A P, Balluffi R W. Interfaces in crystalline materials. Oxford: Oxford University Press, 1995.

[3] Howe J M. Interfaces in materials. New York: John Wiley & Sons, 1997.

[4] Christian J W. The theory of transformation in metals and alloys. Oxford: Pergamon Press, 2002.

[5] Aaronson H I, Enomoto M, Lee J K. Mechanisms of diffusional phase transformations in metals and alloys. Baca Raton, London, New York: CRC Press, 2010.

[6] Wayman C M. Introduction to the crystallography of martensitic transformations. New York: MacMillan, 1964.

[7] Thompson S W, Howell P R. The orientation relationship between intragranularly nucleated

widmanstattin cementite and austenite in a commercial hypereutectold steel. Scripta Metallurgica, 1987, 21(10): 1353-1357.

[8] Kurdjumov G, Sachs G. Über den mechanismus der stahlhärtung. Zeitschrift für Physik A Hadrons and Nuclei, 1930, 64(5): 325-343.

[9] Nishiyama Z. X-ray investigation of the mechanism of the transformation from face-centred cubic lattice to body-centred cubic. Science Reports of the Tohoku Imperial University, 1934, 23: 638-664.

[10] Wassermann G. Über den mechanismus der α-γ umwandlung des eisens. Mitteilungen aus dem Kaiser Wilhelm Institut fur Eisenforschung, 1935, 17: 149-155.

[11] Burgers W G. On the process of transition of the cubic-body-centered modification into the hexagonal-close-packed modification of zirconium. Physica, 1934, 1(7): 561-586.

[12] Du J, Zhang W Z, Dai F Z. Caution regarding ambiguities in similar expressions of orientation relationships. Journal of Applied Crystallography, 2016, 49(1): 40-46.

[13] 余永宁. 材料科学基础. 2 版. 北京：高等教育出版社，2012.

[14] Hall M G, Aaronson H I, Kinsma K R. The structure of nearly coherent fcc: bcc boundaries in a Cu-Cr alloy. Surface Science, 1972, 31(1): 257-274.

[15] Rigsbee J M, Aaronson H I. A computer modeling study of partially coherent fcc: bcc boundaries. Acta Metallurgica, 1979, 27(3): 351-363.

[16] Liang Q, Reynolds W T. Determining interphase boundary orientations from near-coincidence sites. Metallurgical and Materials Transactions A, 1998, 29(8): 2059-2072.

[17] Yang X P, Zhang W Z. A systematic analysis of good matching sites between two lattices. Science China(Technological Sciences), 2012, 55(5): 1343-1352.

[18] Porter D A, Easterling K E. Phase transformations in metals and alloys. New York: Chapman and Hall, 2001.

[19] Scholz R, Woltersdorf J. Dislocation arrangements in grain boundaries and interphase boundaries//Bethge H, Heydenreich J. Dislocation arrangements in grain boundaries and interphase boundaries. Amsterdam: Elsevier, 1987.

[20] Priester L. Grain boundaries: From theory to engineering. Springer Series in Materials Science, Vol. 172. Dordrecht: Springer, 2013.

[21] Zhang W Z, Sun Z P, Zhang J Y, et al. A near row matching approach to prediction of multiple precipitation crystallography of compound precipitates and its application to a Mg/Mg_2Sn system. Journal of Materials Science, 2017, 52(8): 4253-4264.

[22] Gu X F, Near Atomic row matching in the interface analyzed in both direct and reciprocal Space. Crystals, 2020, 10(3): 192.

[23] Brandon D G. The structure of high-angle grain boundaries. Acta Metallurgica, 1966, 14(11): 1479-1484.

[24] Shi Z Z, Zhang W Z. Characterization and interpretation of twin related row-matching orientation relationships between Mg_2Sn precipitates and the Mg matrix. Journal of Applied

Crystallography, 2015, 48(6): 1745-1752.

[25] Zhang W Z. Calculation of interfacial dislocation structures: Revisit to the O-lattice theory. Metallurgical and Materials Transactions A, 2013, 44(10): 4513-4531.

[26] Ye F, Zhang W Z, Qiu D. A TEM study of the habit plane structure of intragranular proeutectoid α precipitates in a Ti-7.26wt%Cr alloy. Acta Materialia, 2004, 52(8): 2449-2460.

[27] Qiu D, Zhang W Z. A systematic study of irrational precipitation crystallography in fcc-bcc systems with an analytical O-line method. Philosophical Magazine, 2003, 83(27): 3093-3116.

[28] Sun Z P, Dai F Z, Xu B, et al. A molecular dynamic study on the formation of self-accommodation microstructure during phase transformation. Journal of Materials Science & Technology, 2019, 35(11): 2638-2646

[29] Huang X F, Zhang W Z. Characterization and interpretation on the new crystallographic features of a twin-related ε'-$Mg_{54}Ag_{17}$ precipitates in an Mg-Sn-Mn-Ag-Zn alloy. Journal of Alloys and Compounds, 2014, 582(1): 764-768.

[30] 孟杨. 双相不锈钢表层沉淀相的特征及相变晶体学研究. 博士学位论文. 北京：清华大学，2010.

[31] 杜娟. 双相不锈钢系统奥氏体/铁素体界面迁移的电镜研究. 博士学位论文. 北京：清华大学，2018.

[32] 谢睿勋. 薄膜样品内原位析出相及其相变过程的研究. 博士学位论文. 北京：清华大学，2021.

[33] Dahmen U, Westmacott K H. The role of the invariant line in the nucleation//Aaronson H I, Laughlin D E, Sekerka R E, et al. Solid to solid phase transformations. Warrendale: TMS-AIME, 1981.

[34] Dai F Z, Sun Z P, Zhang W Z. From coherent to semicoherent: Evolution of precipitation crystallography in an fcc/bcc system. Acta Materialia, 2020, 186(3): 124-132.

[35] Dahmen U. Orientation relationships in precipitation systems. Acta Metallurgica, 1982, 30(1): 63-73.

[36] Zhang W Z, Ye F, Zhang C, et al. Unified rationalization of the Pitsch and T-H orientation relationships between Widmanstätten cementite and austenite. Acta Materialia, 2000, 48(9): 2209-2219.

[37] Bollmann W. Crystal defects and crystalline interfaces. Berlin: Springer, 1970.

[38] Zhang W Z, Purdy G R. O-lattice analyses of interfacial misfit. Ⅰ. General considerations. Philosophical Magazine A, 1993, 68(2): 279-290.

[39] Zhang W Z, Weatherly G C. On the crystallography of precipitation. Progress in Materials Science, 2005, 50(2): 181-292.

[40] Savva G C, Kirkaldy J S, Weatherly G C. Interface structures of internally nitrided Ni-Ti. Philosophical Magazine A, 1997, 75(2): 315-330.

[41] Wu J, Zhang W Z, Gu X F. A two-dimensional analytical approach for phase transformations involving an invariant line strain. Acta Materialia, 2009, 57(3): 635-645.

[42] Gu X F, Zhang W Z. A two-dimensional analytical method for the transformation crystallography based on vector analysis. Philosophical Magazine, 2010, 90(24): 3281-3292.

[43] Zhang W Z, Purdy G R. O-lattice analyses of interfacial misfit. Ⅱ. Systems containing invariant lines. Philosophical Magazine A, 1993, 68(2): 291-303.

[44] Dai F Z, Zhang W Z. A systematic study on the interfacial energy of O-line interfaces in fcc/bcc systems. Modelling and Simulation in Materials Science and Engineering, 2013, 21(7): 075002.

[45] Zhang Y S, Zhang J Y, Zhang W Z. A study of crystallography of α precipitates in a Ti-8wt%Fe alloy. Materials Characterization, 2021, 178: 111193.

[46] Zhang W Z. Decomposition of the transformation displacement field. Philosophical Magazine A, 1998, 78(4): 913-933.

[47] 戴付志. FCC/BCC体系相变晶体学择优规律和演化过程的研究. 博士学位论文. 北京:清华大学, 2014.

[48] Shi Z Z, Dai F Z, Zhang M, et al. Secondary coincidence site lattice model for truncated triangular β-Mg_2Sn Precipitates in a Mg-Sn-based alloy. Metallurgical and Materials Transactions A, 2013, 44(6): 2478-2486.

[49] Huang X F, Shi Z Z, Zhang W Z. Transmission electron microscopy investigation and interpretation of the morphology and interfacial structure of the ε′-$Mg_{54}Ag_{17}$ precipitates in a Mg-Sn-Mn-Ag-Zn alloy. Journal of Applied Crystallography, 2014, 47(5): 1676-1687.

[50] Olson G B, Cohen M. Interphase-boundary dislocations and the concept of coherency. Acta Metallurgica, 1979, 27(12): 1907-1918.

[51] Hirth J P, Pond R C. Steps, dislocations and disconnections as interface defects relating to structure and phase transformations. Acta Materialia, 1996, 44(12): 4749-4763.

[52] Dahmen U. Surface relief and the mechanism of a phase transformation. Scripta Metallurgica, 1987, 21(8): 1029-1034.

[53] Ye F, Zhang W Z. Coincidence structures of interfacial steps and secondary misfit dislocations in the habit plane between Widmanstätten cementite and austenite. Acta Materialia, 2002, 50(11): 2761-2777.

[54] Xu W S, Yang X P, Zhang W Z. Interpretation of the habit plane of δ precipitates in superalloy Inconel 718. Acta Metallurgica Sinica (English Letters), 2018, 31(2): 113-126.

[55] Xiao S Q, Maloy S A, Heuer A H, et al. Morphology and interface structure of Mo_5Si_3 precipitates in $MoSi_2$. Philosophical Magazine A, 1995, 72(4): 997-1013.

[56] Zhang M, Zhang W Z, Ye F. Interpretation of precipitation crystallography of $Mg_{17}Al_{12}$ in a Mg-Al alloy in terms of singular interfacial structure. Metallurgical and Materials

Transactions A, 2005, 36(7): 1681-1688.
[57] Duly D, Zhang W Z, Audier M. High-resolution electron microscopy observations of the interface structure of continuous precipitates in a Mg-Al alloy and interpretation with the O-lattice theory. Philosophical Magazine A, 1995, 71(1): 187-204.
[58] Zhang W Z. Reproducible Orientation relationships developed from phase transformations: Role of interfaces. Crystals, 2020, 10(11): 1042.

第 2 章

点阵几何的数学描述

叶飞

2.1 引言

相变晶体学计算是从考察两相点阵的阵点之间的位移出发，为此我们需要准确描述两相阵点的位置，进而用错配变形场定量描述错配。在解析几何的理论框架中，空间中的任意位置都可以用一些数值表示。在三维空间中的一个位置至少需要用三个数值表示，称为坐标，这些坐标需要在特定的坐标系中表达。对于晶体，为了便于分析和计算，常用的坐标系有晶体坐标系和标准直角坐标系。

从坐标原点到空间中一个位置的连线构成了一个位置矢量，可以将这个位置的坐标表达为 3×1 或 1×3 的矩阵，称为列矢量或行矢量。空间中的一个位置矢量可以在不同的坐标系中表达，利用坐标变换可以从一个坐标系中的表达获得在其他坐标系中的表达，例如在晶体坐标系和直角坐标系中表达的坐标变换可以通过结构矩阵实现。对于空间中两个不同的位置，它们可能位于同一个晶体内，也可能位于不同的晶体内，它们之间的关系可以方便地用其位置矢量之间的关系描述，称为矢量变换，包括旋转、剪切、膨胀、收缩，等等，这些变换可以方便地用线性代数的方法描述。因为晶体的点阵是由周期性排列的点构成的，可以用许多位置矢量描述，所以用线性代数方法来描述矢量变换，也就描述了不同晶体之间的变换关系。

本章中，我们将介绍通常用于晶体学分析计算的两个坐标系，即晶体坐标系和标准直角坐标系。然后，介绍常用的矢量变换和相应的变换矩阵。Bollmann 的书中对这些变换矩阵有更详细的论述和推导[1]，建议读者参照阅读。接下来，介绍表达相变形成两相之间关系的一些关键矩阵，包括位向关系矩阵、点阵对应关系矩阵、错配变形场矩阵等。最后，以金属中常见的 fcc-bcc 系统中的 K-S 和 N-W 位向关系，以及 bcc-hcp 系统中的伯格斯位向关系为例，计算两相之间晶体学关系的数学表达。本章将为后续章节的相变晶体学计算提供基础。

2.2　坐标系

在描述空间位置的各种坐标系中，我们通常会根据分析的目的选择最方便的坐标系，而且这个坐标系通常与研究的系统之间有较为简单的关系。因为相变晶体学计算是以点阵为基础，所以晶体坐标系是一个方便的选择。此外，为了便于计算，还需要选择标准直角坐标系。

2.2.1　晶体坐标系

为了便于直接表达单胞中阵点位置或原子位置，我们引入晶体坐标系。在这个坐标系中，选择晶体单胞的一个顶角作为原点，晶体单胞的三个边 $\boldsymbol{u}_1$、$\boldsymbol{u}_2$、$\boldsymbol{u}_3$ 作为坐标系的基矢，三个基矢的相对位置符合右手定则。最一般的情况是一个三斜晶体，如图 2.1 所示的长石晶胞。这时，$\boldsymbol{u}_1$、$\boldsymbol{u}_2$、$\boldsymbol{u}_3$ 的长度分别等于点阵常数 a、b、c，三个坐标轴之间的夹角就是单胞相应的夹角 α、β、γ。

在这个坐标系中，任意一个点阵点的位置矢量可以表达为

$$\boldsymbol{x}^{\mathrm{L}} = x_1^{\mathrm{L}}\boldsymbol{u}_1 + x_2^{\mathrm{L}}\boldsymbol{u}_2 + x_3^{\mathrm{L}}\boldsymbol{u}_3 \tag{2.1}$$

这个点的坐标为 x_1^{L}、x_2^{L}、x_3^{L}，上标“L”表示坐标表达在晶体坐标系中，它们表示了空间中位置矢量投影到坐标轴上时投影长度对于基矢长度的倍数。坐标的矩阵形式表达为$[x_1^{\mathrm{L}}\quad x_2^{\mathrm{L}}\quad x_3^{\mathrm{L}}]$，这个 1×3 的矩阵将位置矢量表达为行矢量。显然，这就是通常的晶向指数表达。也可以将这个矩阵表达形式转置为$[x_1^{\mathrm{L}}\quad x_2^{\mathrm{L}}\quad x_3^{\mathrm{L}}]'$，上标“′”表示矩阵转置，形成 3×1 的矩阵，也就是将位置矢量表达为列矢量。根据空间中的点与单胞的相对位置，可以将单胞内点的坐标称为内坐标，满足 $0 \leqslant x_1^{\mathrm{L}}, x_2^{\mathrm{L}}, x_3^{\mathrm{L}} < 1$；与此相对的是，单胞以外以及除了原点的所有顶角的位置，其坐标相应地称为外坐标，坐标值 $x_1^{\mathrm{L}}, x_2^{\mathrm{L}}, x_3^{\mathrm{L}} \geqslant 1$ 或<0。

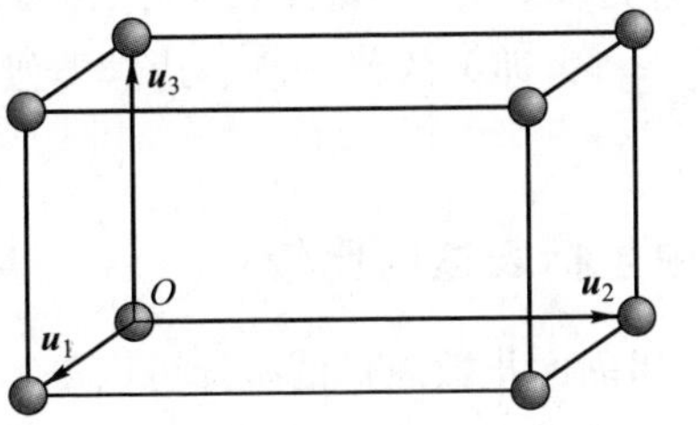

图 2.1 长石的三斜晶胞和晶体坐标系(参见书后彩图)。点阵常数为 $a = 8.178$ Å，$b = 12.870$ Å，$c = 7.102$ Å，$\alpha = 93.36°$，$\beta = 116.18°$，$\gamma = 90.40°$

2.2.2 标准直角坐标系

标准直角坐标系中，从原点出发的三个基矢(即 $\boldsymbol{e}_1$、$\boldsymbol{e}_2$ 和 $\boldsymbol{e}_3$)是互相垂直的矢量，具有单位长度，例如 1 nm 或 1 Å。三个矢量的相对位置符合右手定则。因此，三个矢量之间的点积符合正交性条件，即

$$\boldsymbol{e}_i \cdot \boldsymbol{e}_j = \delta_{ij}, \quad i, j = 1, 2, 3 \tag{2.2}$$

式中，δ_{ij}为 Kronecker 符号。当 $i=j$ 时，$\delta_{ij}=1$，当 $i \neq j$ 时，$\delta_{ij}=0$。重合于这三个基矢的轴通常称为 x、y 和 z 轴。

从图 2.2 可以看到，对于空间中任意一个点，其位置矢量可以表达为

$$\boldsymbol{x} = x_1\boldsymbol{e}_1 + x_2\boldsymbol{e}_2 + x_3\boldsymbol{e}_3 \tag{2.3}$$

式中，坐标 x_1、x_2、x_3 是 $\boldsymbol{x}$ 在坐标轴上的投影，表达为

$$x_i = \boldsymbol{x} \cdot \boldsymbol{e}_i = |\boldsymbol{x}| \cos \theta_i \tag{2.4}$$

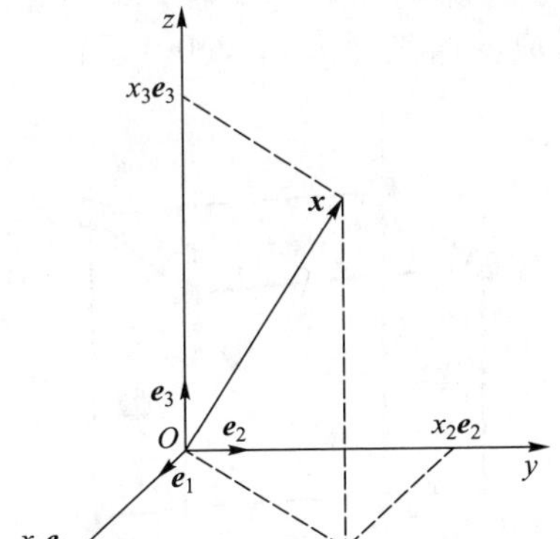

图 2.2 标准直角坐标系中任意矢量 $\boldsymbol{x}$

式中，$\theta_i(i=1, 2, 3)$为矢量 $\boldsymbol{x}$ 与坐标轴 $\boldsymbol{e}_i(i=1, 2, 3)$的夹角。位置矢量 $\boldsymbol{x}$ 的矩阵形式表达为$[x_1\ \ x_2\ \ x_3]$，即 $\boldsymbol{x}$ 的行矢量表达。类似地，也可以将 $\boldsymbol{x}$ 表达为列矢量$[x_1\ \ x_2\ \ x_3]'$。

2.2.3　两种坐标系中坐标表达的比较

对于晶体坐标系，用晶向指数表达的坐标可以使我们很直观地理解空间中的点在晶胞中的位置。另一方面，从解析几何的角度看，用标准直角坐标系来表达空间中的位置和矢量，可以方便地计算矢量长度和夹角，但是空间位置与点阵之间的关系不直观。我们用 Cu 晶体的单胞为例，说明这两个坐标系中矢量表达的特点。

Cu 晶体为 fcc 结构，点阵常数 $a=3.615$ Å。如图 2.3 所示，可以看到晶体坐标系的三个基矢 $\boldsymbol{u}_i(i=1, 2, 3)$就是单胞的三个基矢。由于 Cu 晶体是立方点阵，标准直角坐标系的三个基矢 $\boldsymbol{e}_i$ 与晶体坐标系的三个基矢 $\boldsymbol{u}_i$ 重合，但是长度不同。原点在两个坐标系中的坐标都是[0 0 0]；三个面心位置在晶体坐标系中的坐标为[1/2 1/2 0]、[1/2 0 1/2]、[0 1/2 1/2]，在直角坐标系中相应的坐标为[1.8075 1.8075 0]、[1.8075 0 1.8075]、[0 1.8075 1.8075]。从晶体坐标系可以很容易地理解这些面心位置，而从标准直角坐标系可以很容易看出这些位置与原点的距离。

对于距离原点更远的点，可以更加明显看到这两个坐标系中坐标表达的差异。例如，Cu 晶体中一个点在直角坐标系中的位置为[16.2675 10.8450 −27.1125]，从这个坐标很难想象它对应的点阵点位置。然而，若将坐标除以点阵常数 a，可以得到在晶体坐标系中的表达为[4.5 3.0 −7.5]。根据晶体点阵的平移对称性，其对应的内坐标为[1/2 0 1/2]，显然这是 fcc 单胞中垂直

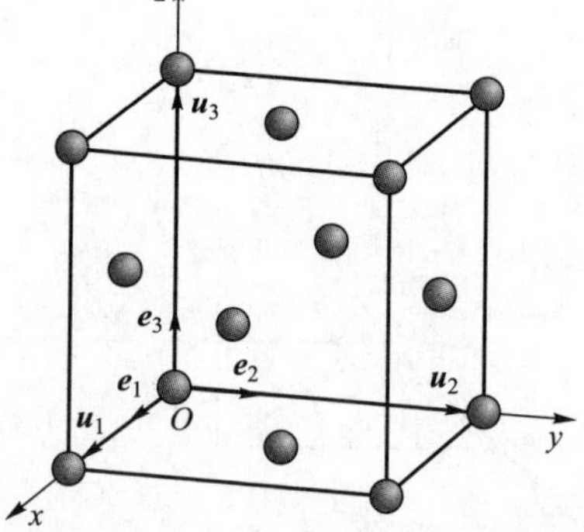

图 2.3　Cu 的晶胞与直角坐标系和晶体坐标系(参见书后彩图)

于 y 轴的(0 1 0)面上的面心位置。

2.3 结构矩阵

2.3.1 正空间中的结构矩阵

在晶体学分析中，我们经常需要将晶体矢量在晶体坐标系和直角坐标系中的表达进行坐标变换，能够实现这个目的的矩阵是结构矩阵。

若一个晶体晶胞的三个基矢为 $\boldsymbol{u}_i$，一个直角坐标系的三个单位矢量为 $\boldsymbol{e}_i$，则晶胞的三个基矢可以用直角坐标系的三个单位矢量的线性组合表达，即

$$\begin{aligned}\boldsymbol{u}_1 &= s_{11}\boldsymbol{e}_1 + s_{21}\boldsymbol{e}_2 + s_{31}\boldsymbol{e}_3\\ \boldsymbol{u}_2 &= s_{12}\boldsymbol{e}_1 + s_{22}\boldsymbol{e}_2 + s_{32}\boldsymbol{e}_3\\ \boldsymbol{u}_3 &= s_{13}\boldsymbol{e}_1 + s_{23}\boldsymbol{e}_2 + s_{33}\boldsymbol{e}_3\end{aligned} \tag{2.5}$$

式中，系数 s_{ji} 是矢量 $\boldsymbol{u}_i$ 的第 j 个坐标，可以利用式(2.4)计算获得。这 9 个系数构成了结构矩阵 $\mathbf{S}$，表达为

$$\mathbf{S} = \begin{bmatrix} s_{11} & s_{12} & s_{13} \\ s_{21} & s_{22} & s_{23} \\ s_{31} & s_{32} & s_{33} \end{bmatrix} \tag{2.6}$$

请注意，结构矩阵中的每一列对应于一个基矢 $\boldsymbol{u}_i$ 在直角坐标系中的坐标。因此，若将 $\boldsymbol{u}_i$ 表达为列向量，这个结构矩阵也可以简单地表达为

$$\mathbf{S} = [\boldsymbol{u}_1 \quad \boldsymbol{u}_2 \quad \boldsymbol{u}_3] \tag{2.7}$$

利用式(2.1)、式(2.3)、式(2.5)和式(2.6)可以直接验证，对于任意矢量，在晶体坐标系中表达为 $\boldsymbol{x}^{\mathrm{L}}$，则其在标准直角坐标系中的表达式 $\boldsymbol{x}$ 可以根据下式计算：

$$\boldsymbol{x} = \mathbf{S}\boldsymbol{x}^{\mathrm{L}} \tag{2.8}$$

式中，$\boldsymbol{x}$ 和 $\boldsymbol{x}^{\mathrm{L}}$ 都表达为列矢量。如果需要将一个直角坐标系中的矢量 $\boldsymbol{x}$ 变换为在晶体坐标系中的表达 $\boldsymbol{x}^{\mathrm{L}}$，可以根据下式计算：

$$\boldsymbol{x}^{\mathrm{L}} = \mathbf{S}^{-1}\boldsymbol{x} \tag{2.9}$$

式中，上标“-1”表示一个矩阵的逆矩阵。在下一节倒空间结构矩阵的分析中我们将看到，矩阵 $\mathbf{S}^{-1}$的三个行矢量是倒易点阵的基矢。

下面我们用正交和六方结构举例说明实际晶体结构矩阵的建立。对于正交结构，如图 2.4a 所示，其点阵常数特征为 $a \neq b \neq c$，$\alpha = \beta = \gamma = 90°$。显然，可以建立一个便于计算的直角坐标系，其三个轴 x、y、z 分别重合于单胞的三个基矢 $\boldsymbol{u}_1$、$\boldsymbol{u}_2$、$\boldsymbol{u}_3$。根据式(2.5)和式(2.6)，可以建立结构矩阵

$$\mathbf{S} = \begin{bmatrix} a & 0 & 0 \\ 0 & b & 0 \\ 0 & 0 & c \end{bmatrix} \tag{2.10}$$

对于更复杂的晶胞，例如六方结构，如图 2.4b 所示，其中 $|\boldsymbol{u}_1| = |\boldsymbol{u}_2| = a$，$|\boldsymbol{u}_3| = c$，$\alpha=\beta=90°$，$\gamma=120°$。若直角坐标系的 x 轴重合于 $\boldsymbol{u}_1$，z 轴重合于 $\boldsymbol{u}_3$，那么可以得到结构矩阵

$$\mathbf{S} = \begin{bmatrix} a & -\dfrac{a}{2} & 0 \\ 0 & \dfrac{a\sqrt{3}}{2} & 0 \\ 0 & 0 & c \end{bmatrix} \tag{2.11}$$

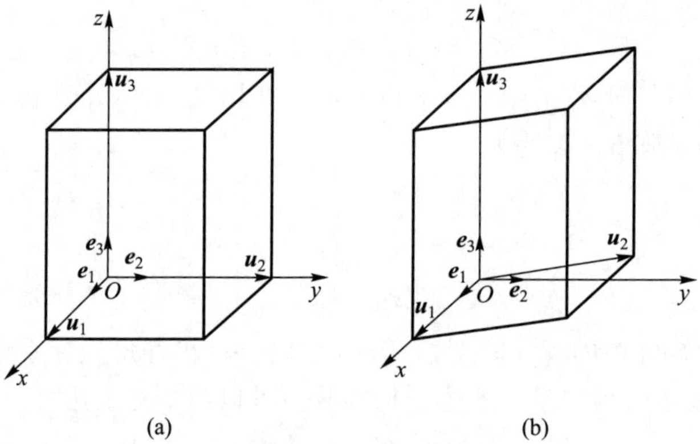

图 2.4　正交结构(a)和六方结构(b)的晶胞和坐标系

对于任意晶体结构，其点阵常数为 a、b、c、α、β、γ，可以建立结构矩阵的一般表达式。若设 $\boldsymbol{u}_3$ 与 z 轴重合，$\boldsymbol{u}_1$ 在 xz 面上，按照晶胞的结构可以确定 $\boldsymbol{u}_2$ 的方向。这时，可以推导得到任意单胞结构的结构矩阵[1]

$$\mathbf{S} = \begin{bmatrix} a\sin\beta & \dfrac{b}{\sin\beta}(\cos\gamma - \cos\alpha\cos\beta) & 0 \\ 0 & \dfrac{Db}{\sin\beta} & 0 \\ a\cos\beta & b\cos\alpha & c \end{bmatrix} \tag{2.12}$$

式中

$$D = \frac{V}{abc} = (1 + 2\cos\alpha\cos\beta\cos\gamma - \cos^2\alpha - \cos^2\beta - \cos^2\gamma)^{1/2} \tag{2.13}$$

其中，V 为晶胞体积。这个结构矩阵的公式特别适合用于计算机编程的数值计

算。例如对于图 2.1 中的长石结构，利用式(2.12)和式(2.13)，可以计算得到结构矩阵

$$\mathbf{S}=\begin{bmatrix} 7.3390 & -0.4710 & 0 \\ 0 & 12.8392 & 0 \\ -3.6081 & -0.7543 & 7.1020 \end{bmatrix} \tag{2.14}$$

对于任意的晶体单胞，它由六个点阵常数确定，即 a、b、c、α、β、γ。然而，结构矩阵中有九个常数。因此，在结构矩阵的构建中有三个自由度，对应于晶体单胞在直角坐标系中的位向。换句话说，直角坐标系相对于晶体坐标系的位向选择有无限多种，可以任意选择，每个位向选择都可以构造相应的结构矩阵。一般结构矩阵的建立是针对单个晶体结构，这时直角坐标系的选择通常让坐标轴重合于晶胞的某一个或几个基矢。对于涉及两个晶体结构的相变晶体学分析，通常根据位向关系选择一个便于计算和分析的直角坐标系位向，然后在这个公用的坐标系中，分别建立两相的结构矩阵。

2.3.2 倒空间中的结构矩阵

晶体点阵通常被看做周期性排列的点，而在衍射理论和固体物理中，还经常将晶体点阵看做由多组互相平行的晶面集合构成的平面点阵，这些晶面穿过点阵的结点，如图 2.5 所示。然而，因为周期性排列的点总是更加便于理解，所以可以将平面点阵用一个新的周期性排列的点构成的点阵来表达。对于一组平行排列的晶面，间距为 d，在新点阵中对应于一列间距为 $1/d$ 的点，而且这一列点的排列方向就是这组晶面的法线方向。这个新点阵就是倒易点阵。相应地，表达通常的晶体点阵的空间称为正空间，而表达这个新点阵的空间称为倒易空间或倒空间。值得注意的是，倒易点阵的阵点对应于电子衍射实验获得的衍射斑，是晶体学实验表征获得的重要数据。在后续章节中可以看到倒易点阵对相变晶体学实验和理论分析的重要性。

在上一节的分析中，结构矩阵可以将晶向指数变换为在一个直角坐标系中的表达。对于晶面指数，也存在类似的变换关系。这时需要应用倒空间中的结构矩阵，即倒易结构矩阵 $\mathbf{S}^*$，它可以基于倒易矢量的公式及其性质得出。

从正空间点阵基矢 $\boldsymbol{u}_i$ 推导出倒易点阵基矢 $\boldsymbol{u}_i^*$ 的标准公式

$$\boldsymbol{u}_1^*=\frac{\boldsymbol{u}_2\times\boldsymbol{u}_3}{V},\quad \boldsymbol{u}_2^*=\frac{\boldsymbol{u}_3\times\boldsymbol{u}_1}{V},\quad \boldsymbol{u}_3^*=\frac{\boldsymbol{u}_1\times\boldsymbol{u}_2}{V} \tag{2.15}$$

式中，V 为晶胞的体积，表达为

$$V=\boldsymbol{u}_1\cdot(\boldsymbol{u}_2\times\boldsymbol{u}_3) \tag{2.16}$$

这个公式的下标 1~3 循环交换，公式仍成立。具体推导过程可以参考衍射理

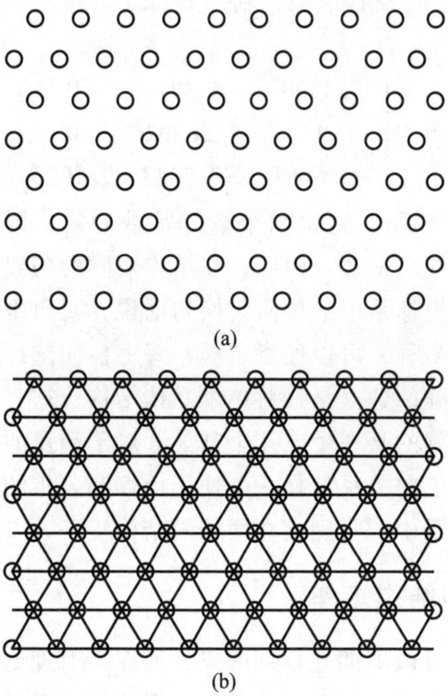

图 2.5　晶体点阵(a)和相应的平面点阵(b)

论或者固体物理理论相关书籍。利用式(2.15)和式(2.16)可以验证，$\boldsymbol{u}_i$ 和 $\boldsymbol{u}_j^*$ 之间具有正交性关系，即

$$\boldsymbol{u}_i \cdot \boldsymbol{u}_j^* = \delta_{ij}, \quad i, j = 1, 2, 3 \tag{2.17}$$

因此，倒易矢量 $\boldsymbol{u}_1^*$ 垂直于 $\boldsymbol{u}_2$ 和 $\boldsymbol{u}_3$ 构成的晶面，$\boldsymbol{u}_2^*$ 垂直于 $\boldsymbol{u}_3$ 和 $\boldsymbol{u}_1$ 构成的晶面，$\boldsymbol{u}_3^*$ 垂直于 $\boldsymbol{u}_1$ 和 $\boldsymbol{u}_2$ 构成的晶面。

类似于正空间中结构矩阵的定义，倒易结构矩阵 $\mathbf{S}^*$ 由倒易点阵的三个基矢在直角坐标系中的坐标构成，表达为

$$\mathbf{S}^* = [\boldsymbol{u}_1^* \quad \boldsymbol{u}_2^* \quad \boldsymbol{u}_3^*] = \begin{bmatrix} s_{11}^* & s_{12}^* & s_{13}^* \\ s_{21}^* & s_{22}^* & s_{23}^* \\ s_{31}^* & s_{32}^* & s_{33}^* \end{bmatrix} \tag{2.18}$$

根据式(2.17)中的关系，利用式(2.7)和式(2.18)可以验证

$$\mathbf{S}(\mathbf{S}^*)' = \mathbf{I} \tag{2.19}$$

式中，$\mathbf{I}$ 为单位矩阵。因此，从正空间的结构矩阵可以方便地得到倒空间中的结构矩阵，即

$$\mathbf{S}^* = (\mathbf{S}^{-1})' = (\mathbf{S}')^{-1} \tag{2.20}$$

需要强调的是，上述推导结构矩阵的过程都是在标准直角坐标系中进行的。也就是说，$\boldsymbol{u}_i$ 和 $\boldsymbol{u}_i^*$ 都是表达在直角坐标系中。正空间和倒空间中定义的标准直角坐标系的原点和坐标轴是重合的，但是如果正空间坐标系中基矢 $\boldsymbol{e}_i$ 长度的单位是 Å，那么倒空间中基矢 $\boldsymbol{e}_i^*$ 长度的单位就是 $Å^{-1}$。

与正空间的情况类似，倒空间中的结构矩阵同样可以实现在倒空间晶体坐标系(基矢为 $\boldsymbol{u}_i^*$)和标准直角坐标系(基矢为 $\boldsymbol{e}_i^*$)中矢量表达之间的变换。对于倒空间中的任意矢量，表达在晶体坐标系中为 $\boldsymbol{g}^{\mathrm{L}}$，它就是通常的晶面指数，则其在直角坐标系中的表达 $\boldsymbol{g}$ 可以根据下式计算：

$$\boldsymbol{g} = \mathbf{S}^* \boldsymbol{g}^{\mathrm{L}} \tag{2.21}$$

式中，$\boldsymbol{g}$ 和 $\boldsymbol{g}^{\mathrm{L}}$ 都表达为列向量。类似地，如果需要将一个直角坐标系中的矢量 $\boldsymbol{g}$ 改为在晶体坐标系中的表达 $\boldsymbol{g}^{\mathrm{L}}$，可以根据下式计算：

$$\boldsymbol{g}^{\mathrm{L}} = (\mathbf{S}^*)^{-1} \boldsymbol{g} \tag{2.22}$$

我们同样应用图 2.4 中所示的正交结构和六方结构举例说明倒易结构矩阵的建立。对于正交结构，根据正空间中的结构矩阵表达式(2.10)和式(2.20)，可以得到倒易结构矩阵

$$\mathbf{S}^* = \begin{bmatrix} \dfrac{1}{a} & 0 & 0 \\ 0 & \dfrac{1}{b} & 0 \\ 0 & 0 & \dfrac{1}{c} \end{bmatrix} \tag{2.23}$$

对于六方结构，根据式(2.11)和式(2.20)，可以得到

$$\mathbf{S}^* = \begin{bmatrix} \dfrac{1}{a} & 0 & 0 \\ \dfrac{1}{a\sqrt{3}} & \dfrac{2}{a\sqrt{3}} & 0 \\ 0 & 0 & \dfrac{1}{c} \end{bmatrix} \tag{2.24}$$

2.3.3 结构矩阵的应用

如上文所述，结构矩阵最重要的应用就是矢量的坐标变换。我们仍然用正交和六方结构中典型的晶向和晶面举例说明。从表 2.1 可以看到，对于正交结构，即使不使用结构矩阵，也可以很容易地从晶向指数或晶面指数获得在标准直角坐标系中的表达。但是对于复杂的晶体结构，例如表中的六方结构，即使是表中所列的低指数晶向或晶面，若不利用结构矩阵，获得直角坐标系中的坐

标也需要一定量的计算。如果采用结构矩阵，特别是借助于计算机编程计算，可以方便地实现这些坐标变换。

表 2.1　正交和六方结构中典型的晶向和晶面在晶体坐标系和标准直角坐标系中的表达

结构	晶向		晶面	
	晶体坐标系	直角坐标系	晶体坐标系	直角坐标系
正交	[1 0 0]	$[a\ 0\ 0]$	(1 0 0)	$[1/a\ 0\ 0]$
	[1 1 0]	$[a\ b\ 0]$	(1 1 0)	$[1/a\ 1/b\ 0]$
	[1 1 1]	$[a\ b\ c]$	(1 1 1)	$[1/a\ 1/b\ 1/c]$
六方	[1 0 0]	$[a\ 0\ 0]$	(1 0 0)	$\left[\frac{1}{a}\ \ \frac{1}{a\sqrt{3}}\ \ 0\right]$
	[1 1 0]	$\left[\frac{a}{2}\ \ \frac{a\sqrt{3}}{2}\ \ 0\right]$	(1 1 0)	$\left[\frac{1}{a}\ \ \frac{\sqrt{3}}{a}\ \ 0\right]$
	[1 1 1]	$\left[\frac{a}{2}\ \ \frac{a\sqrt{3}}{2}\ \ c\right]$	(1 1 1)	$\left[\frac{1}{a}\ \ \frac{\sqrt{3}}{a}\ \ \frac{1}{c}\right]$

对于晶向长度、晶面间距和晶向之间夹角的计算，在立方结构中的公式比较简单，而对于其他点阵结构，计算公式有时会非常复杂。利用结构矩阵，将晶向和晶面表达在一个标准直角坐标系中，就可以借助直角坐标系中计算矢量长度和夹角的简单公式，计算晶向长度、晶面间距以及晶向或晶面之间的夹角。对于任意晶体结构中的任意晶向 $\boldsymbol{x}^{\mathrm{L}}=[u\ v\ w]'$，借助结构矩阵，可以从直角坐标系中矢量的表达 $\boldsymbol{x}=\mathbf{S}\boldsymbol{x}^{\mathrm{L}}$ 和矢量长度的计算公式出发，得到晶向长度

$$L=|\boldsymbol{x}|=\sqrt{\boldsymbol{x}'\boldsymbol{x}}=\sqrt{(\mathbf{S}\boldsymbol{x}^{\mathrm{L}})'\mathbf{S}\boldsymbol{x}^{\mathrm{L}}}=\sqrt{\boldsymbol{x}^{\mathrm{L}\prime}(\mathbf{S}'\mathbf{S})\boldsymbol{x}^{\mathrm{L}}} \tag{2.25}$$

对于晶面$(h\ k\ l)$，其倒易矢量表达为 $\boldsymbol{g}^{\mathrm{L}}=[h\ k\ l]'$，可以从直角坐标系中矢量表达 $\boldsymbol{g}=\mathbf{S}^{*}\boldsymbol{g}^{\mathrm{L}}$ 出发，得到晶面间距

$$d=\frac{1}{|\boldsymbol{g}|}=\frac{1}{\sqrt{\boldsymbol{g}'\boldsymbol{g}}}=\frac{1}{\sqrt{\boldsymbol{g}^{\mathrm{L}\prime}(\mathbf{S}^{*\prime}\mathbf{S}^{*})\boldsymbol{g}^{\mathrm{L}}}}=\frac{1}{\sqrt{\boldsymbol{g}^{\mathrm{L}\prime}(\mathbf{S}'\mathbf{S})^{-1}\boldsymbol{g}^{\mathrm{L}}}} \tag{2.26}$$

若将晶向和晶面表达在标准直角坐标系中，还可以方便地计算晶向或者晶面之间的夹角。例如，对于两个晶向 $\boldsymbol{x}_1^{\mathrm{L}}$ 和 $\boldsymbol{x}_2^{\mathrm{L}}$，可以从直角坐标系中的表达 $\boldsymbol{x}_1=\mathbf{S}\boldsymbol{x}_1^{\mathrm{L}}$ 和 $\boldsymbol{x}_2=\mathbf{S}\boldsymbol{x}_2^{\mathrm{L}}$，得到它们之间的夹角

$$\cos\theta=\frac{\boldsymbol{x}_1\cdot\boldsymbol{x}_2}{|\boldsymbol{x}_1|\,|\boldsymbol{x}_2|}=\frac{\boldsymbol{x}_1^{\mathrm{L}\prime}(\mathbf{S}'\mathbf{S})\boldsymbol{x}_2^{\mathrm{L}}}{\sqrt{\boldsymbol{x}_1^{\mathrm{L}\prime}(\mathbf{S}'\mathbf{S})\boldsymbol{x}_1^{\mathrm{L}}}\sqrt{\boldsymbol{x}_2^{\mathrm{L}\prime}(\mathbf{S}'\mathbf{S})\boldsymbol{x}_2^{\mathrm{L}}}} \tag{2.27}$$

2.4 矢量变换

2.4.1 线性变换和位移

对于界面两侧的晶体，它们的点阵结构之间的关系经常可以用旋转、膨胀和收缩、剪切、平移等操作描述。即使同一个晶体内的不同位置，它们之间也往往通过对称操作相关联。这些变换或操作是线性变换，可以用矢量和矩阵计算的方式表达。在几何上，线性变换是仿射变换，直线在变换后仍然是直线，平行线变换后仍然保持平行。需要强调的是，除了特别说明以外，后续的矢量计算通常是在标准直角坐标系中进行的，而且矢量均表达为列向量。

对于旋转、膨胀和收缩、剪切等均匀线性变换，变换前后原点位置不变，可以表达为

$$\boldsymbol{y} = \mathbf{A}\boldsymbol{x} \tag{2.28}$$

式中，$\boldsymbol{x}$ 和 $\boldsymbol{y}$ 分别为变换前后的矢量；$\mathbf{A}$ 为变换矩阵，如图 2.6 所示。不失一般性，若 $\boldsymbol{x}$ 分别取直角坐标系的三个基矢 $\boldsymbol{e}_i$ 时，经过变换后得到的 $\boldsymbol{y}$ 就是变换后的基矢。换句话说，若 $\mathbf{X}=[\boldsymbol{e}_1\ \boldsymbol{e}_2\ \boldsymbol{e}_3]$，即 $\mathbf{X}=\mathbf{I}$，则 $\mathbf{Y}=\mathbf{A}=[\boldsymbol{e}_1^{\mathrm{A}}\quad \boldsymbol{e}_2^{\mathrm{A}}\quad \boldsymbol{e}_3^{\mathrm{A}}]$，其中 $\boldsymbol{e}_i^{\mathrm{A}}$ 表示经过变换 $\mathbf{A}$ 后的基矢，即 $\mathbf{A}$ 的三个列向量就是三个坐标基矢变换后的矢量。

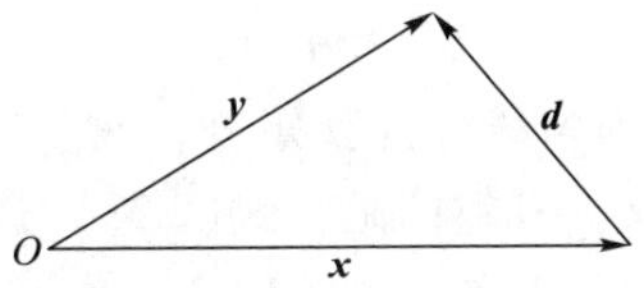

图 2.6 矢量的均匀线性变换和位移矢量的定义

对于平移操作，可以表达为

$$\boldsymbol{y} = \boldsymbol{x} + \boldsymbol{t} \tag{2.29}$$

这时原点[0 0 0]也发生了位移，移动至位置 $\boldsymbol{t}=[t_1\ t_2\ t_3]$。均匀变换与平移变换相加，就可以得到非均匀线性变换，表达为

$$\boldsymbol{y} = \mathbf{A}\boldsymbol{x} + \boldsymbol{t} \tag{2.30}$$

在本书的后续章节中，我们主要分析均匀线性变换。

位移矢量定义为

$$\boldsymbol{d} = \boldsymbol{y} - \boldsymbol{x} \tag{2.31}$$

对于位置为 $\boldsymbol{x}$ 的点变换到位置为 $\boldsymbol{y}$ 的点，位移矢量 $\boldsymbol{d}$ 就是两个点之间的差矢

量。请注意，按照这个公式的形式，矢量 $\boldsymbol{d}$ 的顶点连接 $\boldsymbol{y}$ 的顶点，末端连接 $\boldsymbol{x}$ 的顶点。可以利用它们之间的变换关系计算位移。由式(2.28)可得

$$\boldsymbol{x} = \mathbf{A}^{-1}\boldsymbol{y} \tag{2.32}$$

将这个结果代入式(2.31)可得对应于线性变换后的 $\boldsymbol{y}$ 点的位移

$$\boldsymbol{d} = \boldsymbol{y} - \mathbf{A}^{-1}\boldsymbol{y} = (\mathbf{I} - \mathbf{A}^{-1})\boldsymbol{y} \tag{2.33}$$

若定义位移矩阵

$$\mathbf{T} = \mathbf{I} - \mathbf{A}^{-1} \tag{2.34}$$

则

$$\boldsymbol{d} = \mathbf{T}\boldsymbol{y} \tag{2.35}$$

接下来的问题是，若已知正空间的均匀线性变换 $\mathbf{A}$，如何得到倒空间中相应的均匀线性变换 $\mathbf{A}^*$。我们可以从正空间和倒空间中的结构矩阵出发考虑这个问题。对于一个点阵结构 α 的单胞，其三个基矢是结构矩阵 $\mathbf{S}_\alpha$ 的三个列向量。如果这个点阵发生均匀线性变换 $\mathbf{A}$，形成另一个点阵结构 β，其单胞的三个基矢表达为结构矩阵 $\mathbf{S}_\beta$，那么这两个结构矩阵之间的关系可以表达为

$$\mathbf{S}_\beta = \mathbf{A}\mathbf{S}_\alpha \tag{2.36}$$

在倒空间中，可以得到

$$\mathbf{S}_\beta^* = (\mathbf{S}_\beta^{-1})' = (\mathbf{S}_\alpha^{-1}\mathbf{A}^{-1})' = (\mathbf{A}^{-1})'(\mathbf{S}_\alpha^{-1})' = (\mathbf{A}^{-1})'\mathbf{S}_\alpha^* \tag{2.37}$$

若定义

$$\mathbf{A}^* = (\mathbf{A}^{-1})' \tag{2.38}$$

则

$$\mathbf{S}_\beta^* = \mathbf{A}^*\mathbf{S}_\alpha^* \tag{2.39}$$

式中，$\mathbf{A}^*$ 就是倒空间中的均匀线性变换矩阵，它与正空间中相应的变换矩阵之间的关系由式(2.38)定义。有趣的是，式(2.38)与结构矩阵的公式(2.20)形式相同。Christian 证明了对于正空间中的任意操作 $\boldsymbol{y} = \mathbf{F}\boldsymbol{x}$，倒空间中的相应矩阵均为 $\mathbf{F}^* = (\mathbf{F}^{-1})'$ [2]。在后文中介绍的一些矩阵都具有这个关系。

倒空间的位移矢量公式表达与正空间中的位移矢量类似。若

$$\boldsymbol{y}^* = \mathbf{A}^*\boldsymbol{x}^* \tag{2.40}$$

则倒空间中的位移矢量定义为

$$\boldsymbol{d}^* = \boldsymbol{y}^* - \boldsymbol{x}^* = (\mathbf{I} - \mathbf{A}^{*-1})\boldsymbol{y}^* \tag{2.41}$$

利用水纹图可以更好地理解倒空间中位移矢量的意义。在透射电子显微学分析中，当两相点阵条纹重叠时经常会出现水纹面。如图 2.7 所示，两组晶面以一定的旋转角度重叠，每组晶面的法线方向分别为 $\boldsymbol{x}^*$ 和 $\boldsymbol{y}^*$，面间距为 $1/|\boldsymbol{x}^*|$ 或 $1/|\boldsymbol{y}^*|$。这时，可以产生一组平行的水纹面，位移矢量 $\boldsymbol{d}^*$ 垂直于水纹面，$1/|\boldsymbol{d}^*|$ 为水纹面间距。

后面第 4 章中还会结合 O 点阵进一步介绍位移矢量的物理意义。

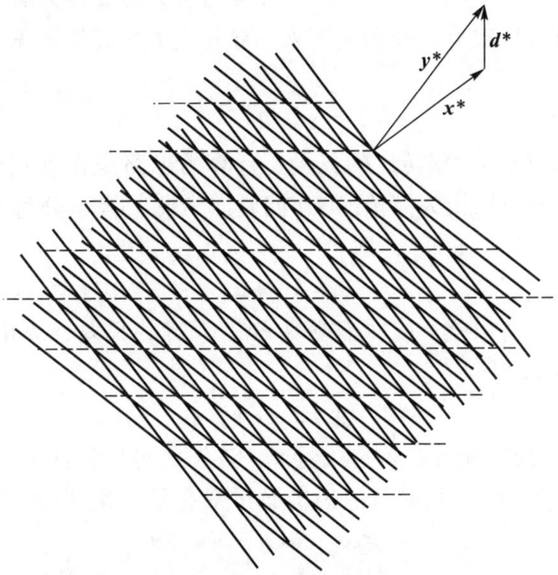

图 2.7 两组不同面间距的晶面(实线)以一定的旋转角度重叠形成水纹面(虚线)

2.4.2 旋转

旋转是两个晶体之间最主要的关系，例如，单相多晶体中任意两个晶粒之间的位向就可以用一个旋转变换表达。旋转变换作用于点阵，不改变点阵的结构，只改变其位向。

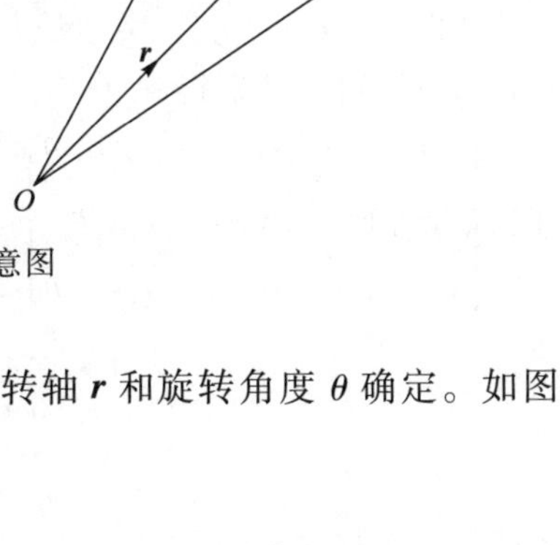

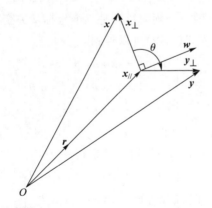

图 2.8 推导旋转矩阵的示意图

旋转需要用一个旋转轴 $\boldsymbol{r}$ 和旋转角度 θ 确定。如图 2.8 所示，假设旋转轴

通过原点，$\boldsymbol{r}$ 为单位矢量，即 $|\boldsymbol{r}|=1$，并且当绕 $\boldsymbol{r}$ 的旋转为右手旋转时 θ 为正数。在这些规则的基础上，我们接下来推导相应的旋转矩阵 $\mathbf{R}$，这个矩阵需要满足

$$\boldsymbol{y}=\mathbf{R}\boldsymbol{x} \tag{2.42}$$

式中，$\boldsymbol{y}$ 是矢量 $\boldsymbol{x}$ 绕轴 $\boldsymbol{r}$ 旋转后的矢量。计算的思路是在垂直于 $\boldsymbol{r}$ 的平面内计算，这样可以将问题转换为简单的 2D 问题。为此，将 $\boldsymbol{x}$ 分解为平行且重合于 $\boldsymbol{r}$ 和垂直于 $\boldsymbol{r}$ 的矢量 $\boldsymbol{x}_{/\!/}$ 和 $\boldsymbol{x}_{\perp}$，即

$$\boldsymbol{x}=\boldsymbol{x}_{/\!/}+\boldsymbol{x}_{\perp} \tag{2.43}$$

因为 $\boldsymbol{x}_{/\!/}$ 重合于 $\boldsymbol{r}$，所以绕 $\boldsymbol{r}$ 旋转不改变 $\boldsymbol{x}_{/\!/}$。因此，只要计算出 $\boldsymbol{x}_{\perp}$ 绕 $\boldsymbol{r}$ 旋转后的矢量 $\boldsymbol{y}_{\perp}$，就可以得到

$$\boldsymbol{y}=\boldsymbol{x}_{/\!/}+\boldsymbol{y}_{\perp} \tag{2.44}$$

显然，$\boldsymbol{x}_{\perp}$ 和 $\boldsymbol{y}_{\perp}$ 的长度相等。构造矢量 $\boldsymbol{w}$，该矢量同时垂直于 $\boldsymbol{x}_{/\!/}(\boldsymbol{r})$ 和 $\boldsymbol{x}_{\perp}$，并且其长度等于 $\boldsymbol{x}_{\perp}$ 和 $\boldsymbol{y}_{\perp}$。从简单的矢量加和关系可以得到 $\boldsymbol{y}$ 垂直于 $\boldsymbol{r}$ 的分量 $\boldsymbol{y}_{\perp}$

$$\boldsymbol{y}_{\perp}=\boldsymbol{x}_{\perp}\cos\theta+\boldsymbol{w}\sin\theta \tag{2.45}$$

因为

$$\boldsymbol{x}_{\perp}=\boldsymbol{x}-\boldsymbol{x}_{/\!/}=\boldsymbol{x}-(\boldsymbol{x}\cdot\boldsymbol{r})\boldsymbol{r} \tag{2.46}$$

并且

$$\boldsymbol{w}=\boldsymbol{r}\times\boldsymbol{x} \tag{2.47}$$

所以

$$\boldsymbol{y}_{\perp}=[\boldsymbol{x}-(\boldsymbol{x}\cdot\boldsymbol{r})\boldsymbol{r}]\cos\theta+(\boldsymbol{r}\times\boldsymbol{x})\sin\theta \tag{2.48}$$

将式(2.48)代入式(2.44)可以得到

$$\boldsymbol{y}=[\boldsymbol{x}-(\boldsymbol{x}\cdot\boldsymbol{r})\boldsymbol{r}]\cos\theta+(\boldsymbol{r}\times\boldsymbol{x})\sin\theta+(\boldsymbol{x}\cdot\boldsymbol{r})\boldsymbol{r} \tag{2.49}$$

如上节所述，变换矩阵的三个列向量就是三个坐标基矢变换后的坐标矢量。若 $\boldsymbol{x}=\boldsymbol{e}_1=[1\ 0\ 0]'$，则代入式(2.49)可以得到

$$\boldsymbol{y}=\begin{bmatrix} r_1^2(1-\cos\theta)+\cos\theta \\ r_1r_2(1-\cos\theta)+r_3\sin\theta \\ r_1r_3(1-\cos\theta)-r_2\sin\theta \end{bmatrix} \tag{2.50}$$

式中，r_i 是旋转轴 $\boldsymbol{r}$ 的分量，即 $\boldsymbol{r}=[r_1\ r_2\ r_3]'$。类似地，若 $\boldsymbol{x}=\boldsymbol{e}_2=[0\ 1\ 0]'$，或者 $\boldsymbol{x}=\boldsymbol{e}_3=[0\ 0\ 1]'$，代入式(2.49)可以分别得到

$$\boldsymbol{y}=\begin{bmatrix} r_1r_2(1-\cos\theta)-r_3\sin\theta \\ r_2^2(1-\cos\theta)+\cos\theta \\ r_2r_3(1-\cos\theta)+r_1\sin\theta \end{bmatrix} \tag{2.51}$$

$$\boldsymbol{y}=\begin{bmatrix} r_1r_3(1-\cos\theta)+r_2\sin\theta \\ r_2r_3(1-\cos\theta)-r_1\sin\theta \\ r_3^2(1-\cos\theta)+\cos\theta \end{bmatrix} \tag{2.52}$$

式(2.50)~式(2.52)就是旋转矩阵的三列，可得旋转矩阵表达式

$$\mathbf{R}=\begin{bmatrix} r_1^2(1-\cos\theta)+\cos\theta & r_1r_2(1-\cos\theta)-r_3\sin\theta & r_1r_3(1-\cos\theta)+r_2\sin\theta \\ r_1r_2(1-\cos\theta)+r_3\sin\theta & r_2^2(1-\cos\theta)+\cos\theta & r_2r_3(1-\cos\theta)-r_1\sin\theta \\ r_1r_3(1-\cos\theta)-r_2\sin\theta & r_2r_3(1-\cos\theta)+r_1\sin\theta & r_3^2(1-\cos\theta)+\cos\theta \end{bmatrix} \tag{2.53}$$

旋转矩阵 **R** 是正交矩阵，即 $|\mathbf{R}|=1$，因此旋转 **R** 产生的变换是正交变换。从这个矩阵结果可以直接验证，如果设

$$\mathbf{R}=\begin{bmatrix} t_{11} & t_{12} & t_{13} \\ t_{21} & t_{22} & t_{23} \\ t_{31} & t_{32} & t_{33} \end{bmatrix} \tag{2.54}$$

那么旋转轴

$$\boldsymbol{r}=[t_{32}-t_{23} \quad t_{13}-t_{31} \quad t_{21}-t_{12}]/(2\sin\theta) \tag{2.55}$$

它是 **R** 等于 1 的本征值对应的本征矢量。旋转角为

$$\cos\theta=(\mathrm{tr}\,\mathbf{R}-1)/2 \tag{2.56}$$

式中，tr 表示矩阵 **R** 的迹，即矩阵对角元素的加和。

我们经常用到旋转轴为坐标轴时的旋转矩阵。当旋转轴分别为[1 0 0]′、[0 1 0]′和[0 0 1]′时，利用式(2.53)可以得到旋转矩阵，分别为

$$\begin{bmatrix} 1 & 0 & 0 \\ 0 & \cos\theta & -\sin\theta \\ 0 & \sin\theta & \cos\theta \end{bmatrix},\quad \begin{bmatrix} \cos\theta & 0 & \sin\theta \\ 0 & 1 & 0 \\ -\sin\theta & 0 & \cos\theta \end{bmatrix},\quad \begin{bmatrix} \cos\theta & -\sin\theta & 0 \\ \sin\theta & \cos\theta & 0 \\ 0 & 0 & 1 \end{bmatrix} \tag{2.57}$$

旋转矩阵的逆矩阵就是绕 $\boldsymbol{r}$ 轴旋转 θ 的逆变换，即绕 $\boldsymbol{r}$ 轴旋转$-\theta$，这样两个相反的旋转可以互相抵消。将式(2.53)中的$+\theta$ 替换为$-\theta$ 可以得到 **R** 的逆矩阵，就是 **R** 的转置矩阵，可得

$$\mathbf{R}^{-1}=\mathbf{R}' \tag{2.58}$$

这实际上也是正交矩阵的基本性质。

根据式(2.58)可得倒空间中的旋转矩阵

$$\mathbf{R}^{*}=(\mathbf{R}^{-1})'=\mathbf{R} \tag{2.59}$$

它与正空间的旋转矩阵一致。

在两个具有不同位向的标准直角坐标系中表达同一个位置或矢量时，利用

旋转矩阵 **R** 还可以实现坐标变换。第一个坐标系的基矢为 $\boldsymbol{e}_i^1$，第二个坐标系的基矢为 $\boldsymbol{e}_i^2$，显然在各自的坐标系中，三个基矢都是表达为[1 0 0]′、[0 1 0]′和[0 0 1]′。如果第二个坐标系的基矢在第一个坐标系中的表达为 $\boldsymbol{u}_i^2$，这时可以用一个旋转矩阵将 $\boldsymbol{e}_i^1$ 与 $\boldsymbol{u}_i^2$ 关联，即

$$[\boldsymbol{u}_1^2 \quad \boldsymbol{u}_2^2 \quad \boldsymbol{u}_2^2] = \mathbf{R}[\boldsymbol{e}_1^1 \quad \boldsymbol{e}_2^1 \quad \boldsymbol{e}_3^1] = \mathbf{R} \tag{2.60}$$

这个结果再次说明 **R** 的三个列向量是第一个直角坐标系的三个基矢旋转后的矢量。因此 **R** 可以将表达在坐标系 2 中的任意矢量变换表达在坐标系 1 中；反过来，$\mathbf{R}^{-1}$可以将表达在坐标系 1 中的任意矢量变换表达在坐标系 2 中。

2.4.3 剪切

剪切变换通常包含一个剪切面和一个剪切方向。剪切面在剪切前后不发生变化，是一个不变平面。当剪切方向平行于剪切面时，这种情况比较容易理解，这种情况也被称为纯剪切。剪切矢量的大小与到剪切面的距离成正比。

如图 2.9 所示，设剪切面穿过原点，其法线方向为 $\boldsymbol{n}$，并且 $|\boldsymbol{n}| = 1$。剪切方向为 $\boldsymbol{w}$，并且 $|\boldsymbol{w}| = 1$。在矢量 $\boldsymbol{x}$ 上到剪切面为单位距离的位置处，剪切矢量的大小为 $\sigma\boldsymbol{w}$。因为剪切矢量的大小与距剪切面的距离成正比，所以得到剪切变换后的矢量为

$$\boldsymbol{y} = \boldsymbol{x} + (\boldsymbol{x} \cdot \boldsymbol{n})\ \sigma\boldsymbol{w} \tag{2.61}$$

分别设 $\boldsymbol{x}$ 为三个坐标基矢 $\boldsymbol{e}_i$，代入式(2.61)可以得到剪切矩阵的三个列向量。最终得到的剪切矩阵为

$$\mathbf{H} = \mathbf{I} + \sigma\boldsymbol{w}\boldsymbol{n}' = \begin{bmatrix} 1 + \sigma w_1 n_1 & \sigma w_1 n_2 & \sigma w_1 n_3 \\ \sigma w_2 n_1 & 1 + \sigma w_2 n_2 & \sigma w_2 n_3 \\ \sigma w_3 n_1 & \sigma w_3 n_2 & 1 + \sigma w_3 n_3 \end{bmatrix} \tag{2.62}$$

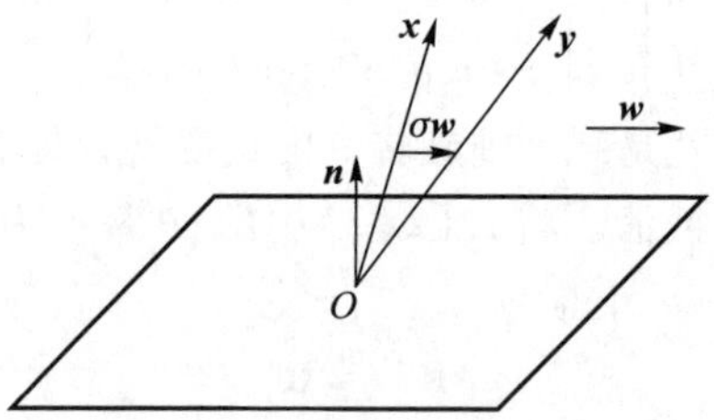

图 2.9　剪切示意图

2.4.4 膨胀和收缩

对于最简单的情况，三条边重合于直角坐标系三个轴的立方体通过沿着各个轴的膨胀和/或收缩变为长方体，并且各个轴的方向不变。这个变换可以表达为

$$\mathbf{E}=\begin{bmatrix}1+\alpha_1 & 0 & 0\\ 0 & 1+\alpha_2 & 0\\ 0 & 0 & 1+\alpha_3\end{bmatrix} \tag{2.63}$$

式中，$1+\alpha_i$ 表示立方体各个轴膨胀或收缩的比例，$\alpha_i>0$ 表示膨胀，$\alpha_i<0$ 表示收缩，$\alpha_i=0$ 表示尺寸不变。

在不变线模型中(见第 5 章)还经常用球体描述膨胀和收缩应变。各向均匀的膨胀或收缩会使球体放大或缩小，而各向不均匀的膨胀和/或收缩变换会使球体变为椭球。如果椭球的球心与原点重合，三个轴分别重合于直角坐标系的三个轴，那么这个变换的矩阵与式(2.63)相同。

接下来我们分析一些基本情况。我们需要注意两个基本概念。一个是本征矢量，它是一个变换后方向不变的矢量。另一个概念是本征值，表示本征矢量膨胀或收缩的比例。对于式(2.63)表达的变换矩阵，本征矢量就是直角坐标系的三个基矢 $\boldsymbol{e}_i$，相应的本征值 $\boldsymbol{\lambda}_i=1+\alpha_i$。当 $\alpha_1\neq\alpha_2\neq\alpha_3\neq0$ 时，只有沿着坐标系的三个坐标轴的本征矢量方向不变，所有其他的矢量都会改变方向。当 $\alpha_1=\alpha_2\neq\alpha_3\neq0$ 时，平行且重合于 x 轴和 y 轴的本征矢量具有相同的本征值。这意味着整个 xy 平面各向同性地膨胀或收缩，因此 xy 平面上所有从原点出发的矢量都是本征矢量，并且具有相同的本征值 $1+\alpha_1$。当 $\alpha_1=\alpha_2=\alpha_3\neq0$ 时，在整个空间中的膨胀或收缩是各向同性的，并且所有从原点出发的矢量都是本征矢量，并且具有相同的本征值。

矩阵 $\mathbf{E}$ 是一个对角矩阵，其逆变换为

$$\mathbf{E}^{-1}=\begin{bmatrix}\dfrac{1}{1+\alpha_1} & 0 & 0\\ 0 & \dfrac{1}{1+\alpha_2} & 0\\ 0 & 0 & \dfrac{1}{1+\alpha_3}\end{bmatrix} \tag{2.64}$$

这个矩阵的本征矢量与 $\mathbf{E}$ 相同，也是直角坐标系的基矢 $\boldsymbol{e}_i$，而本征值为 $1/\boldsymbol{\lambda}_i$。因此，在倒空间中的变换矩阵为

$$\mathbf{E}^*=(\mathbf{E}^{-1})'=\mathbf{E}^{-1} \tag{2.65}$$

对于一般情况，膨胀或收缩的三个本征矢量不平行于标准直角坐标系的三个基矢。这时，如果旋转矩阵 **R** 可以将重合于标准直角坐标系的三个基矢的矢量旋转至与三个本征矢量重合，那么通过坐标变换可以得到这时的变换矩阵，可表达为

$$\mathbf{E}^{\mathrm{R}} = \mathbf{R}\mathbf{E}\mathbf{R}^{-1} \tag{2.66}$$

这个公式可以理解为首先用 $\mathbf{R}^{-1}$ 将坐标系旋转至三个轴与三个本征矢量重合，然后应用变换 **E** 进行膨胀或收缩变换，最后用 **R** 将坐标系转动回到初始位置。

2.4.5　矢量变换的组合顺序

多个变换可以组合，共同作用于矢量 $\boldsymbol{x}$，这个组合整体就构成了一个新的变换。组合的顺序反映了变换的顺序。例如，对于

$$\boldsymbol{y} = \mathbf{H}\mathbf{R}\boldsymbol{x} \tag{2.67}$$

它表示先将矢量 $\boldsymbol{x}$ 进行旋转变换，然后进行剪切变换。因为矩阵乘法通常不满足交换律，所以变换的顺序通常不能任意改变。例如对于一个旋转变换 **R** 和一个剪切变换 **H**。设旋转变换为绕标准直角坐标系 z 轴旋转角度 θ，那么

$$\mathbf{R} = \begin{bmatrix} \cos\theta & -\sin\theta & 0 \\ \sin\theta & \cos\theta & 0 \\ 0 & 0 & 1 \end{bmatrix} \tag{2.68}$$

如果纯剪切的剪切方向平行于 x 轴，并且平行于 xz 平面，即 xz 平面不变，那么

$$\mathbf{H} = \begin{bmatrix} 1 & \sigma & 0 \\ 0 & 1 & 0 \\ 0 & 0 & 1 \end{bmatrix} \tag{2.69}$$

如果变换的顺序为先旋转，然后剪切，那么总的变换为

$$\mathbf{A}_1 = \mathbf{H}\mathbf{R} = \begin{bmatrix} \cos\theta + \sigma\sin\theta & -\sin\theta + \sigma\cos\theta & 0 \\ \sin\theta & \cos\theta & 0 \\ 0 & 0 & 1 \end{bmatrix} \tag{2.70}$$

如果变换的顺序为先剪切，然后旋转，那么总的变换为

$$\mathbf{A}_2 = \mathbf{R}\mathbf{H} = \begin{bmatrix} \cos\theta & \sigma\cos\theta - \sin\theta & 0 \\ \sin\theta & \sigma\sin\theta + \cos\theta & 0 \\ 0 & 0 & 1 \end{bmatrix} \tag{2.71}$$

可以看到，改变变换顺序，变换矩阵 $\mathbf{A}_1$ 和 $\mathbf{A}_2$ 是不同的，因此矢量变换结果也不同。当然，对于某些特殊情况，例如绕同一个旋转轴的多次旋转变换，其结果与变换的顺序无关。

由于同样的原因，如果改变多个变换顺序，但是要求变换结果不变，那么

其中的一个或几个变换矩阵必须发生变化，从而使最后的总变换矩阵不变。这说明为了实现相同的变换结果，可以有多种变换方式和组合方式。然而，对于实际的相变过程，从一相到另一相的点阵结构转变过程在物理上是唯一的。这样看起来数学描述上的多样性似乎与实际转变的唯一性矛盾。这是因为当前的数学描述是针对矢量或点阵变换前和变换后的几何状态建立一个数学描述，因此是一个表象的表达，变换的顺序和具体的变换矩阵不反映实际的转变过程。

2.5 两相晶体学关系的矩阵描述

2.5.1 位向关系矩阵

如第 1 章所述，位向关系有多种表达方式，最常用的位向关系表达方式是用两相中某些低指数晶向或晶面的平行来表达。另一种方法是借助位向关系矩阵表示位向关系，位向关系矩阵联系了两相中互相平行的矢量。这个方法精确而且便于计算分析，但是矩阵形式不如平行晶面-晶向表示法简单直观。下面介绍位向关系矩阵的推导过程。

根据实验或理论计算获得的位向关系，选择一个便于计算的公用直角坐标系。若按照 2.3.1 节中的方法，根据单胞结构建立一个两相公用的直角坐标系，在母相 α 和新相 β 中的点阵基矢 $\boldsymbol{u}_{\alpha i}$和 $\boldsymbol{u}_{\beta i}$分别表达在直角坐标系中，可以分别构造出母相和新相的结构矩阵 $\mathbf{S}_\alpha$ 和 $\mathbf{S}_\beta$，它们可以实现矢量在晶体坐标系和直角坐标系中表达的坐标变换。对于母相中任意矢量 $\boldsymbol{x}_\alpha^{\mathrm{L}}$，利用坐标变换可以得到平行的新相矢量

$$\boldsymbol{x}_\beta^{\mathrm{L}} = \mathbf{S}_\beta^{-1}\mathbf{S}_\alpha\boldsymbol{x}_\alpha^{\mathrm{L}} \tag{2.72}$$

若定义位向关系矩阵

$$\mathbf{M} = \mathbf{S}_\beta^{-1}\mathbf{S}_\alpha \tag{2.73}$$

则式(2.72)可以表达为

$$\boldsymbol{x}_\beta^{\mathrm{L}} = \mathbf{M}\boldsymbol{x}_\alpha^{\mathrm{L}} \tag{2.74}$$

可见，**M** 联系的两个矢量分别来自母相和新相的晶体坐标系。不失一般性，若公式中 $\boldsymbol{x}_\alpha^{\mathrm{L}}$ 取母相的三个晶体基矢，构成单位矩阵 **I**，则 $\mathbf{M} = \mathbf{X}_\beta^{\mathrm{L}}$，也就是说 **M** 中的三个列向量是平行于母相基矢的新相矢量。

然而，在实际计算中，由于位向关系限制，直角坐标系的坐标轴经常不能平行于点阵单胞基矢，所以通常采用下述步骤获得位向关系矩阵。首先，在母相 α 和新相 β 中分别选择三个不共面矢量，它们以列向量形式构成矩阵 $\mathbf{X}_\alpha^{\mathrm{L}}$ 和 $\mathbf{X}_\beta^{\mathrm{L}}$，即

$$\mathbf{X}_{\alpha}^{L} = [\boldsymbol{x}_{\alpha 1}^{L} \quad \boldsymbol{x}_{\alpha 2}^{L} \quad \boldsymbol{x}_{\alpha 3}^{L}] \tag{2.75}$$

$$\mathbf{X}_{\beta}^{L} = [\boldsymbol{x}_{\beta 1}^{L} \quad \boldsymbol{x}_{\beta 2}^{L} \quad \boldsymbol{x}_{\beta 3}^{L}] \tag{2.76}$$

然后，选择一个公用直角坐标系，将矢量 $\boldsymbol{x}_{\alpha i}^{L}$ 和 $\boldsymbol{x}_{\beta i}^{L}$ 表达在这个直角坐标系中，得到矢量 $\boldsymbol{x}_{\alpha i}$ 和 $\boldsymbol{x}_{\beta i}$，从而可得到对应于式(2.75)和(2.76)的矩阵

$$\mathbf{X}_{\alpha} = [\boldsymbol{x}_{\alpha 1} \quad \boldsymbol{x}_{\alpha 2} \quad \boldsymbol{x}_{\alpha 3}] \tag{2.77}$$

$$\mathbf{X}_{\beta} = [\boldsymbol{x}_{\beta 1} \quad \boldsymbol{x}_{\beta 2} \quad \boldsymbol{x}_{\beta 3}] \tag{2.78}$$

矩阵 $\mathbf{X}_{\alpha}^{L}$ 和 $\mathbf{X}_{\beta}^{L}$ 与 $\mathbf{X}_{\alpha}$ 和 $\mathbf{X}_{\beta}$ 之间可以建立坐标变换关系

$$\mathbf{X}_{\alpha} = \mathbf{Q}_{\alpha}\mathbf{X}_{\alpha}^{L} \tag{2.79}$$

$$\mathbf{X}_{\beta} = \mathbf{Q}_{\beta}\mathbf{X}_{\beta}^{L} \tag{2.80}$$

式中，$\mathbf{Q}_{\alpha}$ 和 $\mathbf{Q}_{\beta}$ 是坐标变换矩阵，即

$$\mathbf{Q}_{\alpha} = \mathbf{X}_{\alpha}\mathbf{X}_{\alpha}^{L-1} \tag{2.81}$$

$$\mathbf{Q}_{\beta} = \mathbf{X}_{\beta}\mathbf{X}_{\beta}^{L-1} \tag{2.82}$$

它们本质上就是母相和新相点阵在当前直角坐标系中的结构矩阵，同样实现了将矢量从晶体坐标系变换到直角坐标系。与前面建立结构矩阵不同的是，建立坐标变换矩阵 $\mathbf{Q}_{\alpha}$ 和 $\mathbf{Q}_{\beta}$ 时不限于使用点阵单胞的基矢。为了与结构矩阵的推导过程区分，我们采用了不同的符号和名称表达。因此，式(2.72)可以改写为

$$\boldsymbol{x}_{\beta}^{L} = \mathbf{Q}_{\beta}^{-1}\mathbf{Q}_{\alpha}\boldsymbol{x}_{\alpha}^{L} \tag{2.83}$$

$\boldsymbol{x}_{\alpha}^{L}$ 和 $\boldsymbol{x}_{\beta}^{L}$ 就是两相中互相平行的矢量。这时，位向关系矩阵可以表达为

$$\mathbf{M} = \mathbf{Q}_{\beta}^{-1}\mathbf{Q}_{\alpha} \tag{2.84}$$

由于两相的点阵常数不同，式(2.72)和式(2.83)计算中 $\boldsymbol{x}_{\beta}^{L}$ 和 $\boldsymbol{x}_{\alpha}^{L}$ 的长度不相等。对于最常见的 fcc-bcc 相变系统，定义消除点阵常数影响的坐标变换矩阵为

$$\overline{\mathbf{Q}}_{\alpha} = \frac{\mathbf{Q}_{\alpha}}{a_{f}} \tag{2.85}$$

$$\overline{\mathbf{Q}}_{\beta} = \frac{\mathbf{Q}_{\beta}}{a_{b}} \tag{2.86}$$

式中，a_{f} 和 a_{b} 分别是 fcc 母相和 bcc 新相的点阵常数。这时，位向关系矩阵可以定义为

$$\overline{\mathbf{M}} = \overline{\mathbf{Q}}_{\beta}^{-1}\overline{\mathbf{Q}}_{\alpha} \tag{2.87}$$

实验上经常利用透射电子显微镜下的电子衍射或扫描电子显微镜下的电子背散射衍射方法获得位向关系(见第 3 章)，因此经常需要在倒空间中进行分析计算。在倒空间中的推导与在正空间中的类似，只需将上述过程中选择正空间的矢量改为选择晶面指数或者倒易矢量，即将上述公式中正空间相应的矢量

$\boldsymbol{x}_i^{\mathrm{L}}$ 改为 $\boldsymbol{g}_i^{\mathrm{L}}$，进而计算获得倒空间中的坐标变换矩阵 $\mathbf{Q}_\alpha^*$ 和 $\mathbf{Q}_\beta^*$，它们与正空间中的坐标变换矩阵的关系为

$$\mathbf{Q}_\alpha^* = (\mathbf{Q}_\alpha^{-1})' \tag{2.88}$$

$$\mathbf{Q}_\beta^* = (\mathbf{Q}_\beta^{-1})' \tag{2.89}$$

在倒空间中与正空间中位向关系矩阵之间的关系为

$$\mathbf{M}^* = (\mathbf{M}^{-1})' \tag{2.90}$$

对于母相中的任意晶面 $\boldsymbol{g}_\alpha^{\mathrm{L}}$，用类似式(2.74)的形式计算新相中平行的晶面，

$$\boldsymbol{g}_\beta^{\mathrm{L}} = \mathbf{M}^* \boldsymbol{g}_\alpha^{\mathrm{L}} \tag{2.91}$$

对应一个位向关系的所有变体，它们位向关系矩阵中元素的绝对值相同，但是对应不同变体的位向关系矩阵的元素排列位置和正负号会存在差异。不难想象，位向关系矩阵中绝对值相等的元素越多，变体数量越少。

2.5.2 点阵对应关系矩阵和错配变形场矩阵

对于固态相变形成的界面两侧的晶体，它们的点阵结构之间的关系可以表达为一个均匀线性变换，因此两相点阵中的矢量存在对应关系。这个关系可以用矩阵描述，下面我们先给出这些计算的基本过程，然后讨论如何选择点阵对应关系。

在母相和新相晶体坐标系中各自选取匹配对应的三对不共面的对应矢量，它们以列向量形式构成矩阵 $\mathbf{X}_\alpha^{\mathrm{L}}$ 和 $\mathbf{X}_\beta^{\mathrm{L}}$，这时它们通过点阵对应关系矩阵(又称匹配对应关系矩阵)$\mathbf{C}$ 关联，即

$$\mathbf{X}_\beta^{\mathrm{L}} = \mathbf{C}\mathbf{X}_\alpha^{\mathrm{L}} \tag{2.92}$$

因此，可以获得对应关系矩阵

$$\mathbf{C} = \mathbf{X}_\beta^{\mathrm{L}}\mathbf{X}_\alpha^{\mathrm{L}-1} \tag{2.93}$$

对于母相晶体坐标系中的任意矢量 $\boldsymbol{x}_\alpha^{\mathrm{L}}$，可以利用对应关系矩阵获得新相晶体坐标系中的对应矢量

$$\boldsymbol{x}_\beta^{\mathrm{L}} = \mathbf{C}\boldsymbol{x}_\alpha^{\mathrm{L}} \tag{2.94}$$

请注意，对应关系矩阵联系的两相矢量是表达在各自的晶体坐标系中的，而不是表达在公用直角坐标系中。

接下来可以计算错配变形场矩阵 $\mathbf{A}$，该矩阵必须关联两相对应的矢量，表达了相变过程中的错配变形，也经常称为相变矩阵。与上节中的过程相同，在公用直角坐标系中，获得对应于 $\mathbf{X}_\alpha^{\mathrm{L}}$ 和 $\mathbf{X}_\beta^{\mathrm{L}}$ 的 $\mathbf{X}_\alpha$ 和 $\mathbf{X}_\beta$，这时

$$\mathbf{X}_\beta = \mathbf{A}\mathbf{X}_\alpha \tag{2.95}$$

因此可得

$$\mathbf{A} = \mathbf{X}_\beta\mathbf{X}_\alpha^{-1} \tag{2.96}$$

它描述了公用直角坐标系中对应矢量的转变。对于母相中的任意矢量 $\boldsymbol{x}_\alpha$，可以利用相变矩阵获得新相的对应矢量为

$$\boldsymbol{x}_\beta = \mathbf{A}\boldsymbol{x}_\alpha \tag{2.97}$$

在倒空间中可以类似地推导出倒易点阵对应关系矩阵 $\mathbf{C}^*$ 和倒易相变矩阵 $\mathbf{A}^*$，它们描述了倒空间中对应晶面之间的转变。它们与正空间中相应的矩阵之间的关系为

$$\mathbf{C}^* = (\mathbf{C}^{-1})' \tag{2.98}$$

$$\mathbf{A}^* = (\mathbf{A}^{-1})' \tag{2.99}$$

显然，式(2.99)的形式与式(2.38)的完全相同，两个公式中 $\mathbf{A}$ 在数学上的意义也是相同的，只是在这里强调的是两相之间矢量的变换关系。

在上述推导相变矩阵的过程中，需要几个信息：① 两相的点阵常数；② 两相之间的位向关系；③ 公用直角坐标系；④ 两相中点阵矢量之间的对应关系。点阵常数和位向关系通常可以通过实验获得。坐标系的选择对计算过程中的矩阵表达有影响，但是对最终表达在晶体学坐标系中的晶向和晶面没有影响，也就是说对实际描述的晶体学图像没有影响。

然而，两相之间的对应关系有时并不直观。如果没有限制，点阵 β 中的一套点可以通过点阵 α 中不同的点产生。母相和新相的矢量通过矩阵建立的对应关系在实际系统中必须具有物理意义。当两相在界面相接时，界面就是两相晶体之间的一个过渡区域。Bollmann 指出[1,3]，晶体会迫使界面形成局域周期结构(即第 1 章讨论的择优态)加上用于抵消错配的周期性位错。对于一次择优态的点阵对应关系就是两个点阵的阵点一一对应，二次择优态的点阵对应关系取决于代表择优态的重位点阵(coincidence site lattice，CSL)，可以根据第 1 章介绍匹配好位置(good matching site，GMS)团簇时建立的原则唯一确定[4,5]。根据这个对应关系确定的相变矩阵 $\mathbf{A}$ 可以正确地描述界面偏离择优态的错配。换句话说，点阵对应关系描述了界面理想匹配状态的匹配关系，而真实系统相对于这个匹配状态的偏离就是矩阵 $\mathbf{A}$ 定义的错配变形，用这个矩阵才可能正确计算位于择优态区域之间的界面位错。

2.5.3　位向关系变体间位向差和位向差矩阵

由于母相晶体的对称性，相同位向关系转变形成的新相会呈现等价位向关系的变体，即同一个位向关系呈现出若干晶体学等价的表示，反映在新相形貌观察上可以是片状相惯习面或者条状析出相长轴的不同取向。实际分析过程中位向关系变体的选择往往因研究者的习惯而异，如果不关心变体之间的比较，人们可以随意选择一个特定变体，对新相和母相的相变晶体学进行建模、计算或者测量。如果需要建立不同变体之间的联系，例如惯习面取向变换，需要进

一步计算。直接从矩阵计算结果出发，求解变体之间的位向差，建立相变晶体学与变体位向差之间的关系，会有助于解释变体之间的位向差和定量描述材料组织[6]。

晶体的七个晶系包含的对称操作中一般都包含反演操作，从而改变了手性。如果相变中的母相和新相都具有反演对称性，那么母相的反演对称操作不会导致新相变体。下面的分析只采用同手性操作来讨论变体之间的位向差，此时分析位向差仅需考虑旋转操作的结果。

将母相进行旋转操作前的某一个新相变体作为参考变体。母相晶体经过了旋转对称操作 $\mathbf{U}_{\alpha i}$，原来的 $\mathbf{X}_{\alpha}^{\mathrm{L}}$ 转变为一组等价的矢量

$$\mathbf{X}_{\alpha i}^{\mathrm{L}}=\mathbf{U}_{\alpha i}\mathbf{X}_{\alpha}^{\mathrm{L}} \tag{2.100}$$

$\mathbf{U}_{\alpha i}$的形式是矩阵中三个元素为 1 或-1，其他元素为 0 的 3×3 矩阵。于是原来与参考变体中 $\mathbf{X}_{\alpha}^{\mathrm{L}}$ 列向量对应的矢量，矩阵 $\mathbf{X}_{\beta}^{\mathrm{L}}$ 中的列向量，成为 $\mathbf{X}_{\alpha i}^{\mathrm{L}}$中列向量对应的矢量，即仍然是矩阵 $\mathbf{X}_{\beta}^{\mathrm{L}}$ 中的列向量。因此结合式(2.92)和式(2.100)可得第 i 个变体矢量与母相矢量之间的点阵对应关系矩阵

$$\mathbf{C}_{i}=\mathbf{C}\mathbf{U}_{\alpha i}^{-1} \tag{2.101}$$

在公用直角坐标系下，利用式(2.79)可得到 $\mathbf{X}_{\alpha i}$的表达式

$$\mathbf{X}_{\alpha i}=\mathbf{Q}_{\alpha}\mathbf{X}_{\alpha i}^{\mathrm{L}} \tag{2.102}$$

$\mathbf{X}_{\alpha i}$与 $\mathbf{X}_{\alpha}$ 中的列向量通过旋转矩阵 $\mathbf{R}_{\alpha i}$相联系，即

$$\mathbf{X}_{\alpha i}=\mathbf{R}_{\alpha i}\mathbf{X}_{\alpha} \tag{2.103}$$

式中，$\mathbf{R}_{\alpha i}$是母相的旋转操作 $\mathbf{U}_{\alpha i}$在公用直角坐标系中的表达。经过简单推导可以得到它们之间的关系，可以表达为相似变换

$$\mathbf{R}_{\alpha i}=\mathbf{Q}_{\alpha}\mathbf{U}_{\alpha}\mathbf{Q}_{\alpha}^{-1} \tag{2.104}$$

这时，$\mathbf{X}_{\alpha i}$中的列向量转变后对应的新相矢量由新的相变矩阵 $\mathbf{A}_{i}$ 相联系，即

$$\mathbf{X}_{\beta i}=\mathbf{A}_{i}\mathbf{X}_{\alpha i} \tag{2.105}$$

$\mathbf{X}_{\beta i}$和 $\mathbf{X}_{\beta}$ 中的列向量分别对应于新相晶体中相同的矢量，但是它们在母相基体中的取向不同，导致不同变体的新相之间存在位向差。因为变体之间的转动是由母相旋转操作 $\mathbf{U}_{\alpha i}$引起，所以

$$\mathbf{X}_{\beta i}=\mathbf{R}_{\alpha i}\mathbf{X}_{\beta} \tag{2.106}$$

利用 $\mathbf{R}_{\alpha i}$就可以结合式(2.55)和式(2.56)获得变体之间的旋转轴和旋转角度。进而可以推导得出，$\mathbf{A}_{i}$ 与 $\mathbf{A}$ 之间的关系也可以表达为相似变换

$$\mathbf{A}_{i}=\mathbf{R}_{\alpha i}\mathbf{A}\mathbf{R}_{\alpha i}^{-1} \tag{2.107}$$

需要注意，$\mathbf{R}_{\alpha i}$是表达在公用直角坐标系中的。为了便于分析，通常需要定义表达在新相晶体坐标系中的旋转矩阵，称为位向差矩阵，从而可以直接得到表达在新相晶体坐标系中的变体之间的旋转轴和旋转角度。根据位向关系矩

阵、点阵对应关系矩阵和相变矩阵的公式，可以推导得出参考变体的位向关系矩阵

$$\mathbf{M} = \mathbf{C}\mathbf{Q}_{\alpha}^{-1}\mathbf{A}^{-1}\mathbf{Q}_{\alpha} \tag{2.108}$$

因此，对于第 i 个变体与母相的位向关系矩阵可以表达为

$$\mathbf{M}_i = \mathbf{C}_i\mathbf{Q}_{\alpha}^{-1}\mathbf{A}_i^{-1}\mathbf{Q}_{\alpha} \tag{2.109}$$

将 $\mathbf{C}_i$ 和 $\mathbf{A}_i$ 的表达式(2.101)和式(2.107)代入，可得

$$\mathbf{M}_i = \mathbf{M}\mathbf{U}_{\alpha i}^{-1} \tag{2.110}$$

这样，在计算出 $\mathbf{M}$ 后，利用 $\mathbf{U}_{\alpha i}$就可以直接计算出所有变体的位向关系矩阵。根据位向关系矩阵的意义，$\mathbf{M}$ 和 $\mathbf{M}_i$ 中的列向量是平行于母相基矢的新相矢量，它们之间的转动关系可以看作 $\mathbf{M}$ 中的列向量通过旋转 $\mathbf{R}_{\beta i}$与 $\mathbf{M}_i$ 中的列向量平行，即

$$\mathbf{M}_i = \mathbf{R}_{\beta i}\mathbf{M} \tag{2.111}$$

因此，新相的变体 i 对于参考变体新相的旋转矩阵为

$$\mathbf{R}_{\beta i} = \mathbf{M}\mathbf{U}_{\alpha i}^{-1}\mathbf{M}^{-1} \tag{2.112}$$

显然 $\mathbf{R}_{\beta i}$就是表达在新相晶体坐标系中的位向差矩阵。

由于晶体的对称性，晶体之间转动的描述不唯一。如果对新相变体 i 进行对称操作，这时新相晶体本身并没有转动，但是它相对于参考变体晶体的转动关系发生改变。因此对应于新相的对称变换 $\mathbf{U}_{\beta j}$，可以求出多个位向差矩阵 $\mathbf{U}_{\beta j}\mathbf{R}_{\beta i}$。习惯上，一般选择 $\mathbf{U}_{\beta j}\mathbf{R}_{\beta i}$中旋转角度最小的矩阵表示这对变体之间的位向差。

2.6　两相晶体学关系的描述实例

接下来，我们以 fcc-bcc 系统中的 K-S 和 N-W 位向关系以及 bcc-hcp 系统中的伯格斯位向关系为例，计算母相和新相之间晶体学关系的数学表达。适合进行晶体学计算的线性代数计算软件主要有 Matlab 和 Scilab，两者功能类似。此外，一些编程语言如 Python 也有矩阵计算程序库。为了更好地掌握相关的晶体学计算方法，建议读者尝试编写程序，对本章和后续章节中的示例进行验证性计算。

2.6.1　fcc-bcc 系统中的 K-S 和 N-W 位向关系

K-S 和 N-W 位向关系是 fcc-bcc 系统中常见的位向关系。它们首先在钢中奥氏体与马氏体之间被发现[7,8]，随后在许多沉淀相变中被发现，例如 Cu-0.33wt%Cr[9-11] 和 Ni-45wt%Cr[12] 合金中的 fcc 母相和富 Cr 的 bcc 沉淀相之间的位向关系。

从 Bain 应变[13]出发可以方便地理解 fcc 和 bcc 晶体之间的结构关系和位向关系。如图 2.10 所示，在 fcc 点阵中可以定义一个纵向拉长的 bcc 结构，即体心四方(body-centered tetragonal，bct)结构。在这个 bct 结构基础上通过点阵结构的微调即可得到 bcc 结构。从图中所示的 Bain 位向关系($[0\ 0\ 1]_f /\!/ [0\ 0\ 1]_b$，$[1\ 1\ 0]_f /\!/ [0\ 1\ 0]_b$)为起点旋转一个小角度，可以分别得到 K-S 和 N-W 位向关系。因为旋转角度较小，没有破坏择优态的一一匹配关系，所以点阵对应关系与旋转前的 Bain 应变状态相同。根据 GMS 团簇法则[5]，从图中可以选取不共面的三对对应矢量，即$[1\ \bar{1}\ 0]_f/2 \mid [1\ 0\ 0]_b$、$[1\ 1\ 0]_f/2 \mid [0\ 1\ 0]_b$、$[0\ 0\ 1]_f \mid [0\ 0\ 1]_b$。符号“|”表示其两边的矢量满足点阵对应关系。将两相中的对应矢量按照列向量形式表达为矩阵 $\mathbf{X}_b^L$ 和 $\mathbf{X}_f^L$，利用式(2.93)可以获得点阵对应关系矩阵。

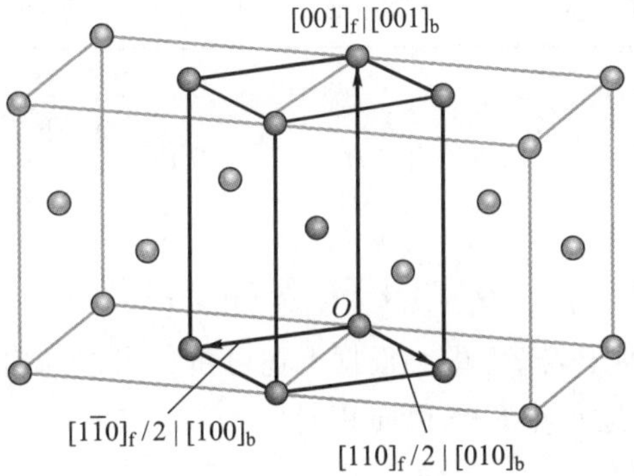

图 2.10 Bain 应变中 fcc 和 bcc 结构的点阵对应关系示意图(参见书后彩图)

我们首先分析 K-S 位向关系，即$(1\ 1\ 1)_f /\!/ (0\ 1\ 1)_b$，$[0\ \bar{1}\ 1]_f /\!/ [1\ \bar{1}\ 1]_b$。首先需要选择一个公用的直角坐标系进行计算。为了方便，可以根据位向关系选择坐标系

$$
\begin{aligned}
x &/\!/ [0\ \bar{1}\ 1]_f /\!/ [1\ \bar{1}\ 1]_b \\
y &/\!/ [2\ \bar{1}\ \bar{1}]_f /\!/ [2\ 1\ \bar{1}]_b \\
z &/\!/ [1\ 1\ 1]_f /\!/ [0\ 1\ 1]_b
\end{aligned} \tag{2.113}
$$

将 $\mathbf{X}_b^L$ 和 $\mathbf{X}_f^L$ 中的三对对应矢量分别表达在这个公用坐标系中，获得矩阵 $\mathbf{X}_b$ 和 $\mathbf{X}_f$，进而可以获得相变矩阵、坐标变换矩阵和位向关系矩阵。这些矩阵计算结果列在表 2.2 中。

对于 N-W 位向关系，即$(1\ 1\ 1)_f /\!/ (0\ 1\ 1)_b$，$[1\ \bar{1}\ 0]_f /\!/ [1\ 0\ 0]_b$。同样根据位向关系选择直角坐标系为

表 2.2　fcc-bcc 系统中 K-S 位向关系下各关键矩阵

$\mathbf{X}_{\mathrm{b}}^{\mathrm{L}}=\begin{bmatrix}1&0&0\\0&1&0\\0&0&1\end{bmatrix}$	$\mathbf{X}_{\mathrm{f}}^{\mathrm{L}}=\begin{bmatrix}1/2&1/2&0\\-1/2&1/2&0\\0&0&1\end{bmatrix}$	$\mathbf{C}=\begin{bmatrix}1&-1&0\\1&1&0\\0&0&1\end{bmatrix}$
$\mathbf{X}_{\mathrm{b}}=$ $a_{\mathrm{b}}\begin{bmatrix}0.5774&-0.5774&0.5774\\0.8165&0.4082&-0.4082\\0&0.7071&0.7071\end{bmatrix}$	$\mathbf{X}_{\mathrm{f}}=$ $a_{\mathrm{f}}\begin{bmatrix}0.3536&-0.3536&0.7071\\0.6124&0.2041&-0.4082\\0&0.5774&0.5774\end{bmatrix}$	$\mathbf{A}=$ $\dfrac{a_{\mathrm{b}}}{a_{\mathrm{f}}}\begin{bmatrix}1.2247&-0.0749&0.3333\\0&1.3333&0.2357\\0&0&1.2247\end{bmatrix}$
$\mathbf{Q}_{\mathrm{b}}=$ $a_{\mathrm{b}}\begin{bmatrix}0.5774&-0.5774&0.5774\\0.8165&0.4082&-0.4082\\0&0.7071&0.7071\end{bmatrix}$	$\mathbf{Q}_{\mathrm{f}}=$ $a_{\mathrm{f}}\begin{bmatrix}0&-0.7071&0.7071\\0.8165&-0.4082&-0.4082\\0.5774&0.5774&0.5774\end{bmatrix}$	$\mathbf{M}=$ $\begin{bmatrix}0.6667&-0.7416&0.0749\\0.7416&0.6498&-0.1667\\0.0749&0.1667&0.9832\end{bmatrix}$

$$
\begin{aligned}
x &\mathbin{/\!/} [1\,\bar{1}\,0]_{\mathrm{f}} \mathbin{/\!/} [1\,0\,0]_{\mathrm{b}}\\
y &\mathbin{/\!/} [1\,1\,\bar{2}]_{\mathrm{f}} \mathbin{/\!/} [0\,1\,\bar{1}]_{\mathrm{b}}\\
z &\mathbin{/\!/} [1\,1\,1]_{\mathrm{f}} \mathbin{/\!/} [0\,1\,1]_{\mathrm{b}}
\end{aligned}
\tag{2.114}
$$

计算得到的各矩阵列于表 2.3 中。根据上述分析，表中列出的 $\mathbf{X}_{\mathrm{b}}^{\mathrm{L}}$ 和 $\mathbf{X}_{\mathrm{f}}^{\mathrm{L}}$ 和对应关系矩阵 C 与 Bain 位向和 K-S 位向相同。

表 2.3　fcc-bcc 系统中 N-W 位向关系下各关键矩阵

$\mathbf{X}_{\mathrm{b}}^{\mathrm{L}}=\begin{bmatrix}1&0&0\\0&1&0\\0&0&1\end{bmatrix}$	$\mathbf{X}_{\mathrm{f}}^{\mathrm{L}}=\begin{bmatrix}1/2&1/2&0\\-1/2&1/2&0\\0&0&1\end{bmatrix}$	$\mathbf{C}=\begin{bmatrix}1&-1&0\\1&1&0\\0&0&1\end{bmatrix}$
$\mathbf{X}_{\mathrm{b}}=$ $a_{\mathrm{b}}\begin{bmatrix}1&0&0\\0&0.7071&-0.7071\\0&0.7071&0.7071\end{bmatrix}$	$\mathbf{X}_{\mathrm{f}}=$ $a_{\mathrm{f}}\begin{bmatrix}0.7071&0&0\\0&0.4082&-0.8165\\0&0.5774&0.5774\end{bmatrix}$	$\mathbf{A}=$ $\dfrac{a_{\mathrm{b}}}{a_{\mathrm{f}}}\begin{bmatrix}1.4142&0&0\\0&1.1547&0.4082\\0&0&1.2247\end{bmatrix}$
$\mathbf{Q}_{\mathrm{b}}=$ $a_{\mathrm{b}}\begin{bmatrix}1&0&0\\0&0.7071&-0.7071\\0&0.7071&0.7071\end{bmatrix}$	$\mathbf{Q}_{\mathrm{f}}=$ $a_{\mathrm{f}}\begin{bmatrix}0.7071&-0.7071&0\\0.4082&0.4082&-0.8165\\0.5774&0.5774&0.5774\end{bmatrix}$	$\mathbf{M}=$ $\begin{bmatrix}0.7071&-0.7071&0\\0.6969&0.6969&0\\0.1196&0.1196&0.9856\end{bmatrix}$

在这些计算结果的基础上，接下来我们分析变体的数量和变体之间的位向差。Frank[14]采用简单方法分析了立方晶体对称性的影响。他设 $\boldsymbol{u}$、$\boldsymbol{v}$、$\boldsymbol{w}$ 为晶体的基矢方向，这些方向可以分别标定为不同的三个立方轴，结果共有 6（=3!）种可能的排列。此外，每个轴可以有“+”和“-”方向的选择，因此每种排列有 8（$=2^3$）种选择。在所有 48（=6×8）种排列中，习惯上只采用右手系结果，于是得到共 24 种等价表示。

虽然变体的出现是由母相晶体的对称性导致的，但是独立的变体数量还与新相的对称性有关。如果在一个位向关系下，新相的对称元素与母相的对称元素没有除了一次轴和反演之外的交群，那么位向关系的变体数目就由母相等价表示数目决定。如果在一个位向关系下新相的点群与母相的点群存在交群，那么对这个交群中的对称元素进行变换的结果不会产生新的变体，所以变体数量会随交群中对称元素的数目减少。Cahn 和 Kalonji[15]利用群论方法得出变体数目的简单计算公式：

$$变体数目=\frac{母相点群的阶}{交群的阶} \tag{2.115}$$

例如，金属材料 fcc-bcc 系统中两相点群（$m3m$）的阶都是 48，在 K-S 关系下交群是反演，其阶为 2，变体的数目是 24；在 N-W 关系下交群是 $2/m$，其阶为 4，变体的数目是 12。如果在特定位向关系下，两相晶体之间存在交群，这会反映在 $\mathbf{M}$ 矩阵元素的对称性上。因此，同样母相 fcc 的 24 个 $\mathbf{U}_i$ 作用结果对于 N-W 位向关系会产生一半相同的 $\mathbf{M}_i$，使变体数量减半。

接下来我们分析立方晶体的对称操作，获得对称操作矩阵。立方系的点群为 $\mathrm{O_h}$-$m3m$，阶为 48，所有对称操作符号包括：

$$E,\ C_{2m},\ C_{3j}^{\pm},\ C_{4m}^{\pm},\ C_{2p}$$

$$I,\ \sigma_m,\ S_{6j}^{\mp},\ S_{4m}^{\mp},\ \sigma_{dp}$$

其中，$m=x, y, z$；$j=1, 2, 3, 4$；$p=a, b, c, d, e, f$。E 表示恒等操作，I 表示反演操作，$C_{nr}^{\pm}$表示将空间中的点绕轴 $\boldsymbol{r}$ 逆时针（+）或顺时针（-）旋转 $2\pi/n$ 弧度的旋转操作；S 表示先将空间的点做相应的旋转，然后对垂直于该轴的平面进行镜像反映的非真操作；σ_m 为垂直于 m 的平面镜像反映操作；σ_{dp}为包含主轴并含有其他两个轴的对角线的镜面反映操作。需要注意的是，第二行中的 24 个操作都可以通过第一行的 24 个对称操作分别施加一个反演操作获得，也就是说 $IC_2=\sigma$，$IC_3^{\pm}=S_6^{\mp}$，$IC_4^{\pm}=S_4^{\mp}$。如上所述，如果相变前后两相晶体都具有反演对称性，那么这种对称操作不会导致新的变体产生，因此位向差分析中母相晶体的对称操作一般只采用第一行 24 个旋转操作。

立方系对称操作一般采用 Jones 符号来简化计算。以 Jones 符号（$x\ \bar{y}\ \bar{z}$）为例，它对应的对称操作符号为 C_{2x}，元素 x、$\bar{y}$ 和 $\bar{z}$ 用基矢分别表示为 $[1\ 0\ 0]$、$[0\ \bar{1}\ 0]$、$[0\ 0\ \bar{1}]$，这三个基矢以行向量的形式构成的矩阵就是 C_{2x} 对应的对称操作矩阵。表 2.4 采用 Jones 符号给出了立方系的 48 个对称操作符号[16]，其中对编号 1~24 的对称操作施加反演后分别得到编号 25~48 的对称操作。直接根据表中 Jones 符号的形式就可以方便地写出相应的对称操作矩阵 $\mathbf{U}_i$。

表 2.4　立方系的 48 个对称符号

序号	对称符号	序号	对称符号	序号	对称符号	序号	对称符号
1	$E/x\ y\ z$	13	$C_{4x}^{+}/x\ \bar{z}\ y$	25	$I/\bar{x}\ \bar{y}\ \bar{z}$	37	$S_{4x}^{-}/\bar{x}\ z\ \bar{y}$
2	$C_{2x}/x\ \bar{y}\ \bar{z}$	14	$C_{4y}^{+}/z\ y\ \bar{x}$	26	$\sigma_{x}/\bar{x}\ y\ z$	38	$S_{4y}^{-}/\bar{z}\ \bar{y}\ x$
3	$C_{2y}/\bar{x}\ y\ \bar{z}$	15	$C_{4z}^{+}/\bar{y}\ x\ z$	27	$\sigma_{y}/x\ \bar{y}\ z$	39	$S_{4z}^{-}/y\ \bar{x}\ \bar{z}$
4	$C_{2z}/\bar{x}\ \bar{y}\ z$	16	$C_{4x}^{-}/x\ z\ \bar{y}$	28	$\sigma_{z}/x\ y\ \bar{z}$	40	$S_{4x}^{+}/x\ z\ \bar{y}$
5	$C_{31}^{+}/z\ x\ y$	17	$C_{4y}^{-}/\bar{z}\ y\ x$	29	$S_{61}^{-}/\bar{z}\ \bar{x}\ \bar{y}$	41	$S_{4y}^{+}/z\ \bar{y}\ \bar{x}$
6	$C_{32}^{+}/\bar{z}\ x\ \bar{y}$	18	$C_{4z}^{-}/y\ \bar{x}\ z$	30	$S_{62}^{-}/z\ \bar{x}\ y$	42	$S_{4z}^{+}/\bar{y}\ x\ \bar{z}$
7	$C_{33}^{+}/\bar{z}\ \bar{x}\ y$	19	$C_{2a}/y\ x\ \bar{z}$	31	$S_{63}^{-}/z\ x\ \bar{y}$	43	$\sigma_{da}/\bar{y}\ \bar{x}\ z$
8	$C_{34}^{+}/z\ \bar{x}\ \bar{y}$	20	$C_{2b}/\bar{y}\ \bar{x}\ \bar{z}$	32	$S_{64}^{-}/\bar{z}\ x\ y$	44	$\sigma_{db}/y\ x\ z$
9	$C_{31}^{-}/y\ z\ x$	21	$C_{2c}/z\ \bar{y}\ x$	33	$S_{61}^{+}/\bar{y}\ \bar{z}\ \bar{x}$	45	$\sigma_{dc}/\bar{z}\ y\ \bar{x}$
10	$C_{32}^{-}/y\ \bar{z}\ \bar{x}$	22	$C_{2d}/\bar{x}\ z\ y$	34	$S_{62}^{+}/\bar{y}\ z\ x$	46	$\sigma_{dd}/x\ \bar{z}\ \bar{y}$
11	$C_{33}^{-}/\bar{y}\ z\ \bar{x}$	23	$C_{2e}/\bar{z}\ \bar{y}\ \bar{x}$	35	$S_{63}^{+}/y\ \bar{z}\ x$	47	$\sigma_{de}/z\ y\ x$
12	$C_{34}^{-}/\bar{y}\ \bar{z}\ x$	24	$C_{2f}/\bar{x}\ \bar{z}\ \bar{y}$	36	$S_{34}^{+}/y\ z\ \bar{x}$	48	$\sigma_{df}/x\ z\ y$

根据式(2.112)可以计算 K-S 和 N-W 位向关系下所有变体的位向差，结果列于表 2.5 和表 2.6。表中各位向关系变体的新相(bcc 相)指数保持不变，这是因为对新相进行对称操作不影响新相晶体的取向和形貌，不产生有实际意义的变体，所以位向关系用不同新相指数表示是等变体的。

表 2.5 K–S 位向关系的 24 个变体之间的位向差

变体	位向关系		相对于 V_1 的旋转角度/(°)	V_1 与 V_i 之间的旋转轴（表达在 bcc 晶体坐标系中）
V_1	$(1\ 1\ 1)_f//(0\ 1\ 1)_b$	$[0\ \bar{1}\ 1]_f//[1\ \bar{1}\ 1]_b$	—	—
V_2		$[\bar{1}\ 1\ 0]_f//[1\ \bar{1}\ 1]_b$	60.0000	$[0.0000\ \overline{0.7071}\ \overline{0.7071}]$
V_3		$[1\ 0\ \bar{1}]_f//[1\ \bar{1}\ 1]_b$	60.0000	$[0.0000\ 0.7071\ 0.7071]$
V_4	$(\bar{1}\ \bar{1}\ \bar{1})_f//(0\ 1\ 1)_b$	$[1\ 0\ \bar{1}]_f//[1\ \bar{1}\ 1]_b$	10.5288	$[0.0000\ \overline{0.7071}\ \overline{0.7071}]$
V_5		$[0\ \bar{1}\ 1]_f//[1\ \bar{1}\ 1]_b$	60.0000	$[\overline{0.5774}\ 0.5774\ \overline{0.5774}]$
V_6		$[\bar{1}\ 1\ 0]_f//[1\ \bar{1}\ 1]_b$	49.4712	$[0.0000\ 0.7071\ 0.7071]$
V_7	$(1\ \bar{1}\ \bar{1})_f//(0\ 1\ 1)_b$	$[0\ 1\ \bar{1}]_f//[1\ \bar{1}\ 1]_b$	10.5288	$[\overline{0.5774}\ 0.5774\ \overline{0.5774}]$
V_8		$[\bar{1}\ \bar{1}\ 0]_f//[1\ \bar{1}\ 1]_b$	50.5102	$[0.7387\ \overline{0.4625}\ 0.4904]$
V_9		$[1\ 0\ 1]_f//[1\ \bar{1}\ 1]_b$	57.2125	$[0.3568\ 0.6029\ 0.7136]$
V_{10}	$(\bar{1}\ 1\ 1)_f//(0\ 1\ 1)_b$	$[1\ 0\ 1]_f//[1\ \bar{1}\ 1]_b$	14.8795	$[\overline{0.9329}\ 0.3543\ 0.0650]$
V_{11}		$[0\ 1\ \bar{1}]_f//[1\ \bar{1}\ 1]_b$	49.4712	$[0.5774\ \overline{0.5774}\ 0.5774]$
V_{12}		$[\bar{1}\ \bar{1}\ 0]_f//[1\ \bar{1}\ 1]_b$	50.5102	$[0.6145\ 0.1862\ -0.7666]$
V_{13}	$(1\ \bar{1}\ 1)_f//(0\ 1\ 1)_b$	$[\bar{1}\ 0\ 1]_f//[1\ \bar{1}\ 1]_b$	14.8795	$[\overline{0.3543}\ \overline{0.9329}\ \overline{0.0650}]$
V_{14}		$[0\ \bar{1}\ \bar{1}]_f//[1\ \bar{1}\ 1]_b$	57.2125	$[0.7384\ \overline{0.2461}\ 0.6278]$
V_{15}		$[1\ 1\ 0]_f//[1\ \bar{1}\ 1]_b$	51.7286	$[0.6589\ 0.3628\ \overline{0.6589}]$
V_{16}	$(\bar{1}\ 1\ \bar{1})_f//(0\ 1\ 1)_b$	$[0\ \bar{1}\ \bar{1}]_f//[1\ \bar{1}\ 1]_b$	20.6054	$[\overline{0.6589}\ \overline{0.6589}\ \overline{0.3628}]$
V_{17}		$[1\ 1\ 0]_f//[1\ \bar{1}\ 1]_b$	47.1129	$[0.7193\ \overline{0.3022}\ 0.6255]$
V_{18}		$[\bar{1}\ 0\ 1]_f//[1\ \bar{1}\ 1]_b$	50.5102	$[0.4904\ 0.4625\ \overline{0.7387}]$
V_{19}	$(1\ 1\ \bar{1})_f//(0\ 1\ 1)_b$	$[\bar{1}\ 0\ \bar{1}]_f//[1\ \bar{1}\ 1]_b$	20.6054	$[\overline{0.9551}\ 0.0000\ \overline{0.2962}]$
V_{20}		$[0\ 1\ 1]_f//[1\ \bar{1}\ 1]_b$	57.2125	$[0.2461\ \overline{0.6278}\ \overline{0.7384}]$
V_{21}		$[1\ \bar{1}\ 0]_f//[1\ \bar{1}\ 1]_b$	50.5102	$[0.1862\ 0.7666\ 0.6145]$
V_{22}	$(\bar{1}\ 1\ \bar{1})_f//(0\ 1\ 1)_b$	$[0\ 1\ 1]_f//[1\ \bar{1}\ 1]_b$	21.0576	$[\overline{0.9121}\ \overline{0.4100}\ 0.0000]$
V_{23}		$[1\ \bar{1}\ 0]_f//[1\ \bar{1}\ 1]_b$	57.2125	$[\overline{0.3568}\ 0.7136\ \overline{0.6029}]$
V_{24}		$[\bar{1}\ 0\ \bar{1}]_f//[1\ \bar{1}\ 1]_b$	47.1129	$[0.3022\ 0.6255\ 0.7193]$

表 2.6　N-W 位向关系的 12 个变体之间的位向差

变体	位向关系		相对于 V_1 的旋转角度/(°)	V_1 与 V_i 之间的旋转轴（表达在 bcc 晶体坐标系中）
V_1	$(1\ 1\ 1)_f // (0\ 1\ 1)_b$	$[1\ \bar{1}\ 0]_f // [1\ 0\ 0]_b$	—	—
V_2		$[\bar{1}\ 0\ 1]_f // [1\ 0\ 0]_b$	60.0000	$[0.0000\ \overline{0.7071}\ \overline{0.7071}]$
V_3		$[0\ 1\ \bar{1}]_f // [1\ 0\ 0]_b$	60.0000	$[0.0000\ 0.7071\ 0.7071]$
V_4	$(\bar{1}\ 1\ 1)_f // (0\ 1\ 1)_b$	$[1\ 1\ 0]_f // [1\ 0\ 0]_b$	13.7599	$[\overline{0.7058}\ 0.7058\ 0.0601]$
V_5		$[\bar{1}\ 0\ \bar{1}]_f // [1\ 0\ 0]_b$	50.0457	$[0.6239\ \overline{0.4705}\ 0.6239]$
V_6		$[0\ \bar{1}\ 1]_f // [1\ 0\ 0]_b$	53.6907	$[0.6813\ 0.2227\ \overline{0.6973}]$
V_7	$(1\ \bar{1}\ 1)_f // (0\ 1\ 1)_b$	$[\bar{1}\ \bar{1}\ 0]_f // [1\ 0\ 0]_b$	13.7599	$[\overline{0.7058}\ \overline{0.7058}\ \overline{0.0601}]$
V_8		$[1\ 0\ \bar{1}]_f // [1\ 0\ 0]_b$	53.6907	$[0.6813\ \overline{0.2227}\ 0.6973]$
V_9		$[0\ 1\ 1]_f // [1\ 0\ 0]_b$	50.0457	$[0.6239\ 0.4705\ \overline{0.6239}]$
V_{10}	$(1\ 1\ \bar{1})_f // (0\ 1\ 1)_b$	$[\bar{1}\ 1\ 0]_f // [1\ 0\ 0]_b$	19.4712	$[\overline{1.0000}\ 0.0000\ 0.0000]$
V_{11}		$[1\ 0\ 1]_f // [1\ 0\ 0]_b$	53.6907	$[0.2227\ \overline{0.6973}\ \overline{0.6813}]$
V_{12}		$[0\ \bar{1}\ \bar{1}]_f // [1\ 0\ 0]_b$	53.6907	$[0.2227\ 0.6973\ 0.6813]$

2.6.2　bcc-hcp 系统中的伯格斯位向关系

伯格斯位向关系是 bcc-hcp 中常见的位向关系，例如 Ti 合金和 Zr 合金中 β 母相为 bcc，α 沉淀相结构为 hcp[17-19]。如图 2.11 所示，在 bcc 晶体中可以画出一个变形的 hcp 结构，将这个结构微调即可得到理想的 hcp 结构。图中所示的伯格斯位向关系[20]为$[0\ \bar{1}\ 1]_b // [0\ 0\ 0\ 1]_h$，$[2\ \bar{1}\ \bar{1}]_b // [1\ \bar{1}\ 0\ 0]_h$，$[1\ 1\ 1]_b // [1\ 1\ \bar{2}\ 0]_h$。首先可以建立点阵对应关系，即同样根据 GMS 团簇法则[5]，在 bcc 和 hcp 晶体中选取三对不共面的对应矢量$[1\ 0\ 0]_b \mid [2\ \bar{1}\ \bar{1}\ 0]_h/3$、$[1\ 1\ 1]_b/2 \mid [1\ 1\ \bar{2}\ 0]_h/3$、$[0\ \bar{1}\ 1]_b \mid [0\ 0\ 0\ 1]_h$。其次将 hcp 结构中的矢量形式改写为 3 指数形式，这两组矢量可以分别作为列向量表示在矩阵 $\mathbf{X}_h^L$ 和 $\mathbf{X}_b^L$ 中。最后得到点阵对应关系矩阵 $\mathbf{C}$。

从图 2.11 中可以看到，hcp 结构中间层原子并未与 bcc 结构中的原子严格对应，因此上述对应关系其实不是阵点之间的严格一一对应关系，原则上不属于一次择优态。但是我们将 α 相 hcp 点阵的$(0\ 0\ 0\ 2)_h$中间层原子加一个额外的小位移（也就是马氏体理论中常说的挪动）就能够实现从 bcc 到 hcp 的点阵结

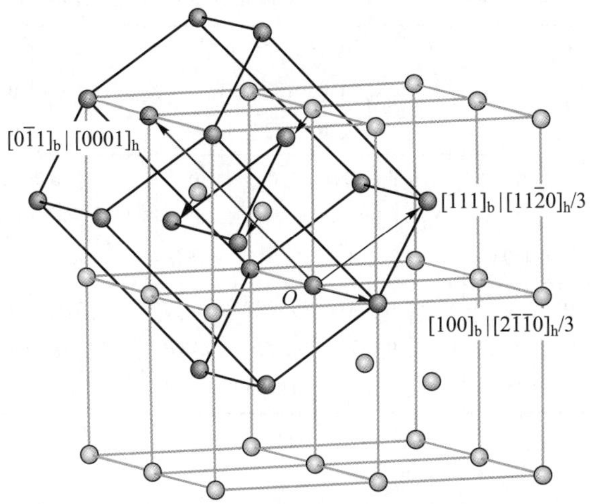

图 2.11　伯格斯位向关系下 bcc 和 hcp 结构的点阵对应关系示意图(参见书后彩图)

构转变。于是，位错之间可以实现共格匹配，即一次择优态。这个额外的位移在图 2.11 中用箭头指出。可以通过下式计算得到额外位移：

$$\boldsymbol{d}_h^L = \boldsymbol{x}_h^L - \mathbf{C}\boldsymbol{x}_b^L \tag{2.116}$$

确定 $\boldsymbol{d}_h^L$ 为$[0\ \bar{1}\ 1\ 0]_\alpha/6$，在 β 相中对应的矢量为$[0\ \bar{1}\ \bar{1}]_b/6$。

接下来选取 3 个矢量方向建立一个新的直角坐标系，即

$$\begin{aligned} x &\mathbin{/\!/} [2\ \bar{1}\ \bar{1}]_b \mathbin{/\!/} [1\ \bar{1}\ 0\ 0]_h \\ y &\mathbin{/\!/} [1\ 1\ 1]_b \mathbin{/\!/} [1\ 1\ \bar{2}\ 0]_h \\ z &\mathbin{/\!/} [0\ \bar{1}\ 1]_b \mathbin{/\!/} [0\ 0\ 0\ 1]_h \end{aligned} \tag{2.117}$$

将 $\mathbf{X}_h^L$ 和 $\mathbf{X}_b^L$ 中的三组对应矢量作为列向量表示在这个直角坐标系中，进而可以获得其他主要的矩阵，列于表 2.7。这里计算时所用的点阵常数为在类似成分的合金 Ti-7.15wt%Cr 中所用的点阵常数[18]，即 $a_b = 0.325$ nm，$a_h = 0.29564$ nm，$c_h = 0.46928$ nm。

表 2.7　bcc−hcp 系统中伯格斯位向关系下各关键矩阵

$\mathbf{X}_h^L=\begin{bmatrix}1 & 1 & 0\\ 0 & 1 & 0\\ 0 & 0 & 1\end{bmatrix}$	$\mathbf{X}_b^L=\begin{bmatrix}1 & 1/2 & 0\\ 0 & 1/2 & -1\\ 0 & 1/2 & 1\end{bmatrix}$	$\mathbf{C}=\begin{bmatrix}1 & 1/2 & 1/2\\ 0 & 1 & 1\\ 0 & -1/2 & 1/2\end{bmatrix}$
$\mathbf{X}_h=\begin{bmatrix}0.2560 & 0 & 0\\ 0.1478 & 0.2956 & 0\\ 0 & 0 & 0.4693\end{bmatrix}$	$\mathbf{X}_b=\begin{bmatrix}0.2654 & 0 & 0\\ 0.1876 & 0.2815 & 0\\ 0 & 0 & 0.4596\end{bmatrix}$	$\mathbf{A}=\begin{bmatrix}0.9648 & 0 & 0\\ -0.1857 & 1.0504 & 0\\ 0 & 0 & 1.0210\end{bmatrix}$
$\mathbf{Q}_h=\begin{bmatrix}0.2560 & -0.2560 & 0\\ 0.1478 & 0.1478 & 0\\ 0 & 0 & 0.4693\end{bmatrix}$	$\mathbf{Q}_b=\begin{bmatrix}0.2654 & -0.1327 & -0.1327\\ 0.1876 & 0.1876 & 0.1876\\ 0 & -0.2298 & 0.2298\end{bmatrix}$	$\mathbf{M}=\begin{bmatrix}1.1529 & 0.3756 & 0.3756\\ 0.1165 & 0.8938 & 0.8938\\ 0 & -0.4897 & 0.4897\end{bmatrix}$

2.7　本章小结

本章我们介绍了点阵几何数学描述的基本方法。点阵几何数学描述的基础是坐标系的选择，晶体坐标系便于理解空间中的点在晶胞中的位置，标准直角坐标系便于对矢量进行计算，结构矩阵可以实现将晶体矢量在这两个坐标系中的表达进行坐标变换。利用结构矩阵，将晶向和晶面表达在一个标准直角坐标系中可以方便地计算晶向长度、晶面间距以及晶向或晶面之间的夹角。本书后续章节中的计算大多在标准直角坐标系中进行，并且将矢量表达为列矢量。

随后我们介绍了矢量均匀线性变换的计算方法，包括旋转、膨胀和收缩、剪切等。多个变化可以组合构成一个新的变换；改变组合的顺序，变换结果通常会发生变化。进而，我们介绍了表达两相之间关系的一些关键矩阵，这些矩阵总结于表 2.8。对于点阵对应关系矩阵和错配变形场矩阵的计算，关键是两相点阵对应关系的选择，而对应关系的选择依赖于择优态的确定。真实系统相对于择优态有一定的偏离，对于偏离一次择优态的情况，点阵对应关系的选择符合最近邻原则，是择优态结构显示的一一对应关系。

表 2.8　描述两相之间关系的主要矩阵和含义

矩阵	关键公式	含义
位向关系矩阵 **M**	$\mathbf{M}=\mathbf{Q}_\beta^{-1}\mathbf{Q}_\alpha$	两相中矢量的平行关系
坐标变换矩阵 $\mathbf{Q}_\alpha$ 和 $\mathbf{Q}_\beta$	$\mathbf{Q}_\alpha=\mathbf{X}_\alpha\mathbf{X}_\alpha^{L^{-1}}$ $\mathbf{Q}_\beta=\mathbf{X}_\beta\mathbf{X}_\beta^{L^{-1}}$	在晶体坐标系和直角坐标系中矢量表达之间的变换

续表

矩阵	关键公式	含义
点阵对应关系矩阵 **C**	$\mathbf{C}=\mathbf{X}_\beta^L\mathbf{X}_\alpha^{L-1}$	联系两相点阵中的对应矢量
错配变形场矩阵 **A**	$\mathbf{A}=\mathbf{X}_\beta\mathbf{X}_\alpha^{-1}$	公用直角坐标系中表达两相点阵中矢量之间的对应关系
位向差矩阵 $\mathbf{R}_{\beta i}$	$\mathbf{R}_{\beta i}=\mathbf{M}\mathbf{U}_{\alpha i}^{-1}\mathbf{M}^{-1}$	新相变体 i 相对于初始变体的旋转矩阵，表达在新相晶体坐标系中

参考文献

[1] Bollmann W. Crystal lattices, interfaces, matrices. Geneva: Bollmann, 1982.

[2] Christian J W. The theory of transformation in metals and alloys. Oxford: Pergamon Press, 2002.

[3] Bollmann W. Crystal defects and crystalline interfaces. Berlin: Springer, 1970.

[4] Yang X P, Zhang W Z. A systematic analysis of good matching sites between two lattices. Science China Technological Sciences, 2012, 55(5): 1343-1352.

[5] Zhang W Z. Calculation of interfacial dislocation structures: Revisit to the O-lattice theory. Metallurgical and Materials Transactions A, 2013, 44(10): 4513-4531.

[6] 吴静，张文征. 从相变出发理解和计算变体间位向差. 金属学报，2009，45(8): 119-124.

[7] Kurdjumov G, Sachs G. Über den mechanismus der stahlhärtung. Zeitschrift für Physik A Hadrons and Nuclei, 1930, 64(5): 325-343.

[8] Nishiyama Z. X-ray investigation of the mechanism of transformation from face-centred cubic lattice to body-centred cubic. Science Reports of the Tohoku Imperial University, 1934, 23: 637-664.

[9] Hall M G, Aaronson H I, Kinsma K R. The structure of nearly coherent fcc: bcc boundaries in a Cu-Cr alloy. Surface Science, 1972, 31(1): 257-274

[10] Hall M G, Aaronson H I. The fine-structure FCC/BCC boundaries in a Cu-0.3%Cr alloy. Acta Metallurgica, 1986, 34(7): 1409-1418.

[11] Hall M G, Rigsbee J M, Aaronson H I. Application of the O-lattice calculation to FCC/BCC interfaces. Acta Metallurgica, 1986, 34(7): 1419-1431.

[12] Luo C P, Weatherly G C. The invariant line and precipitation in a Ni-45wt%Cr alloy. Acta Metallurgica, 1987, 35(8): 1963-1972.

[13] Bain E C. The nature of martensite. Transactions of the American Institute of Mining and Metallurgical Engineers, 1924, 70: 25-46.

[14] Frank F C. Orientation mapping. Metallurgical and Materials Transactions A, 1988, 19(3): 403-408.

[15] Cahn J W, Kalonji G. Symmetry in solid state transformation morphology. Solid to Solid Phase Transformations, Warrendale, USA, 1981.

[16] Bradley C J, Cracknell A P. The mathematical theory of symmetry in solids. Oxford: Clarendon Press, 1972: 37.

[17] Guant P, Christian J W. The crystallography of the β-α transformaion in zirconium and in two titanium-molybdenum alloys. Acta Metallurgica, 1959, 7(8): 534-543.

[18] Furuhara T, Howe J M, Aaronson H I. Interphase boundary structures of interagranular proeutectoid α plates in a hypoeutectoid Ti-Cr alloy. Acta Metallurgica et Materialia, 1991, 39(11): 2873-2886.

[19] Ye F, Zhang W Z, Qiu D. A TEM study of the habit plane structure of intragrainular proeutectoid α precipitates in a Ti-7.26wt%Cr alloy. Acta Materialia, 2004, 52(8): 2249-2460.

[20] Burgers W G. On the process of transition of the cubic-body-centred modification into the hexagonal-closed packed modification of zirconium. Physica, 1934, 1(7): 561-586.

第 3 章
相变晶体学的表征方法

孟杨　杨小鹏

3.1 引言

相变晶体学关心的问题包括两相之间的位向关系、新相的几何形状(特别是择优界面取向和择优生长方向)，以及两相的界面结构。正如第 1 章所介绍，界面的宏观几何需要 5 个独立参数描述，其中 3 个参数描述了位向关系，另外 2 个参数描述了界面取向。这些界面的宏观几何是计算界面结构的基本数据，因此精确表征相界面的宏观几何是定量理解相变晶体学的基础。

第 1 章已经介绍了两相间位向关系的多种表达方式，其中最常用的方法是平行晶面-晶向表示法，即两相中一对低指数晶面平行及面上的一对低指数晶向平行。然而，如果不存在低指数晶面和晶向之间严格的平行关系，上述表示法就不适用了。在这种情况下可以借鉴描述晶界位向差的方法，采用角/轴对表示法，用旋转角和旋转轴的组合表达位向关系。这个方法从两个晶体的某个起始位向开始，将一个晶体绕特定旋转轴旋转，得到实际位向关系。例如 fcc-bcc 系统中的 K-S 位向关系可以表达为 42.85°/⟨0.9679 0.1776 0.1776⟩的形式[1]。因为 fcc 和 bcc 都属于立方晶系，所以旋转的起始位向可以设定为两个点阵单胞基矢平行的位向。如果两相为不同晶系，则应该明确定义旋转的起始位向。角/轴对表示法的优点在于不受是否存在平行的低指数晶面或晶向的约束，缺点是物理图像不直观。该方法主要用于对电子背散射衍射(electron backscattering diffraction，EBSD)技术测量结果的描述，在 EBSD 分析过程中经常需要相邻晶粒之间的位向差数据，从而识别晶界类型、取向分布等。

在三维空间中，界面经常是曲面，不过相变晶体学研究通常关注的是有特定取向的平直界面。界面的法向有 2 个自由度，用光学显微镜难以完整描述，这是因为光学显微镜仅能观察到界面与样品表面相交的迹线。在透射电子显微镜(transmission electron microscope，TEM)下，若可以转动样品使界面直立，即界面平行于入射电子束方向，就可以从电子衍射花样中获得界面法向的数据[2]；也可测量界面上两条线的方向，例如界面的迹线和界面上的线缺陷，计算获得界面的取向，这个方法称为双迹线法[3,4]；还可通过分析界面宽度随样品倾转角度的变化规律，计算界面法向[5,6]。

本章将详细介绍利用 TEM 和 EBSD 表征两相位向关系的方法。界面特征包括界面取向，以及位错和台阶等微观特征。其中，台阶特征的观察比较简单，可以在 TEM 下通过将界面和台阶直立后直接观察。因此，本章侧重介绍界面取向、位错方向、位错间距和位错伯氏矢量的 TEM 表征方法。

3.2　位向关系的 TEM 测量方法

3.2.1　单个晶粒取向的测量

要测定两相晶体的位向关系，可以先分别确定两相各自的晶体取向，即测量晶体相对于一个特定坐标系的取向，然后确定两个晶体之间的位向关系。对于单个晶粒的取向，TEM 操作中通常是测量晶体的晶体坐标系与荧光屏坐标系的关系，并用一个转动矩阵描述，或者直接用与 TEM 的荧光屏坐标系主轴平行的晶向的指数描述。这些信息可以通过标定晶体的电子衍射花样获得。

常用的电子衍射花样包括两种：一是选区电子衍射(selected-area electron diffraction，SAED)花样，包含周期分布的衍射斑点；二是零阶劳厄带的会聚束电子衍射花样或菊池花样，包含不同方向的菊池线。这些电子衍射花样的标定方法在很多电子显微学方面的教材中都有详细讲解，例如参考文献[7]，本书不再赘述，仅仅简单讨论不同方法的优缺点和应用中的一些要点。

在使用 SAED 花样标定单个晶粒取向时，要求选区光阑选区的尺寸小于晶粒的横截面，否则会出现新相和母相的衍射花样重叠的情况，需要辨别每个衍射斑点的来源，确认正在分析的晶粒对应的衍射斑，有时需要通过选择某个衍射斑形成暗场像确认。有时选区中多个晶粒的取向相近，也会形成同一套衍射花样。

标定菊池花样可以采用单菊池极法(又称双菊池带法)[8]、三菊池极法(又称三菊池带法)[9]、多菊池带法[5]、模拟花样比对法[10]等。前三种方法计算晶体取向的过程都需要使用 TEM 的相机常数，但是相机常数是一个随物镜电流变化的量，其精确值不容易获得，一般取默认物镜电流下的标定值。因此，在拍摄菊池花样时保持物镜电流在默认状态可以减少误差。

单菊池极法的原理与 SAED 的标定类似，结果存在 180°不确定性，实际应用较少。三菊池极法不存在 180°不确定性，实验操作和计算也较为简单，电子显微学教材中多介绍这一方法，细节可以参考文献[7]。以三菊池极法计算电子束方向时使用了入射电子束方向与三个晶向的夹角。由于测量误差，这三个夹角的测量值一般不能同时严格符合晶体的理论值。由于两个晶向夹角就可以确定电子束方向，即计算时使用了超定方程组，传统的三菊池极法对这个问题进行了模糊处理。最近发展的多菊池带法通过输入 3 个以上菊池带的方向并计算晶体取向的最小二乘解，可以有效地提高测量精度[5]。另一种提高精度的思路是，将晶体取向和相机常数都作为变量，模拟实验获得的菊池花样。当模拟花样与实验花样完全重合时，模拟花样对应的晶体取向就是所求取向。这一方法没有在衍射花样上测量的过程，因此也避免了测量误差和相机常数不准确的问题。

与 SAED 花样分析相比，菊池花样的分析需要较多的测量和计算，可以借助计算机软件完成。推荐读者选用 pycotem 软件[5]进行多菊池带法标定，选用 τompas 软件[10]进行菊池花样模拟标定。

一般情况下一个晶粒的取向仅需测量一次，所以使用晶向或晶面指数描述晶体取向时，可以在同一个晶向族或晶面族内任选指数。只要保证各指数对应的矢量之间的夹角与衍射花样相符，标定的晶体取向就是正确的。因此，同一张电子衍射花样可以有多种等价的标定方式。然而在测量界面取向、位错线方向等特征时，需要将同一个晶粒倾转至多个取向并拍摄电子衍射花样以测量晶体取向。标定这些电子衍射花样时不能再任意选取指数，而必须根据花样之间的倾转关系选取恰当的指数，以保证获得的晶体取向间具有正确的夹角，即指数是“自洽”的。晶体取向间的自洽性是进行正确的晶体学计算的前提。经典的保证自洽性的方法是将晶体沿着某个菊池带倾动，即系列倾转。这样获得的衍射花样序列中存在一个共同的晶面(菊池带或衍射斑点)，通过保持这个晶面的指数不动进行取向标定，从而保证自洽性。较新的方法是，通过计算机对样品杆进行倾转建模，从而模拟在不同取向下获得的衍射花样，再与实验花样比对就可以直接得到自洽的晶体坐标指数。这种方法对样品的倾转方式没有要求，工作量较小。

3.2.2　有理位向关系的直接测量和极射投影图分析

对于具有有理位向关系的相变体系，可以用两相中平行晶面和晶面内平行的晶向表达位向关系。由于可能存在多组平行的晶面和晶向，这时位向关系的表述方式并不唯一。为了便于理解，人们一般采用低指数晶面和晶向表达位向关系，例如晶体单胞的基矢或者密排面和密排方向。相应地，在测量有理的位向关系时，可以沿两相中任意一组平行的低指数方向做选区电子衍射，获得两相(如 α 和 β 相)均为正晶带轴的衍射花样，在此基础上借助极射投影图确定位向关系。具体操作步骤如下：

(1) 倾转样品，使界面两侧相邻两相 α 和 β 同时处于某个低指数晶向的晶带轴位置。用选区光阑选择同时包含两相的区域，获得两相重叠的 SAED 花样，分别标定两相的花样。为了便于区分两相，也可以分别获得两相各自的衍射花样。

(2) 晶带轴方向 z_{α}^{L} 和 z_{β}^{L} 互相平行，并且平行于电子束入射方向，即 $z_{\alpha}^{L} // z_{\beta}^{L}$。在重叠的衍射花样中能够找到沿相同方向的母相和析出两相的衍射斑，对应的倒易矢量为 $\boldsymbol{g}_{\alpha}^{L}$ 和 $\boldsymbol{g}_{\beta}^{L}$，由此得到两相的平行晶面，即 $\boldsymbol{g}_{\alpha}^{L} // \boldsymbol{g}_{\beta}^{L}$。

(3) 根据测量得到的两相位向关系，绘制两相的极射投影图。将两相的极射投影图重叠，即可找到所有平行的方向和晶面。

(4) 选择两相平行的低指数晶面和晶面内的低指数晶向表达位向关系。

用这个方法也可以指导实验操作，从而确认已知的位向关系。这时，根据已知的位向关系可以先画出两相的极射投影图，并将两相的极射投影图重叠，即可找到所有平行的方向和晶面。根据极射投影图上的平行方向，在 TEM 操作过程中可以有目标地倾转样品，使界面两侧相邻两相同时处于正晶带轴位置，此时电子束入射方向平行于已知的两相平行晶向。

实际 TEM 实验操作中受样品台的倾转范围所限，不一定能够获得两相晶带轴平行的衍射花样。这时难以用上述方法测量位向关系，可以采用下一节中介绍的用菊池花样测量结合位向关系矩阵分析的方法。不过，仍然可以借助极射投影图验证已知位向关系，具体方法如下：

(1) 将两相中一相(比如 α 相)，转到某个正晶带轴位置，标定 SAED 花样得出晶带轴方向 z_{α}^{L}。

(2) 若 β 相不在正带轴的位置，这时可以有两种操作方法：

(a) 分别沿样品台的 x 轴和 y 轴倾转样品 θ_x 和 θ_y，使 β 相到达某个正带轴位置，晶带轴为 $z_{\beta1}^{L}$，倾转的总角度 θ 可以用下式计算：

$$\theta = \arccos(\cos\theta_x \cdot \cos\theta_y) \tag{3.1}$$

这个角度就是 z_{α}^{L} 与 $z_{\beta 1}^{L}$ 之间的夹角。

（b）也可以不倾转样品，会聚电子束形成 β 相的菊池花样，标定该花样即可确定与 z_{α}^{L} 平行的 $z_{\beta 2}^{L}$ 方向。

（3）根据已知位向关系画出两相重叠的极射投影图，在投影图中确认 z_{α}^{L} 与 $z_{\beta 1}^{L}$ 之间的夹角或者 z_{α}^{L} 与 $z_{\beta 2}^{L}$ 的平行关系。

3.2.3　有理位向关系的 TEM 测量实例

下面我们用一个有趣的例子说明用 SAED 花样测量有理位向关系的方法。铁陨石是一类常见的陨石，主要成分为 Fe-Ni 合金。陨石在陨落过程中与大气剧烈摩擦升温，随后冷却，也会发生相变。奥氏体(fcc 结构)基体与析出的铁素体(bcc 结构)之间会形成多种位向关系。通过将样品倾转，使两相同时处于正带轴位置，可以很方便地确定这些位向关系。

图 3.1 中给出了在两相界面附近获得的两相重叠的 SAED 花样，显示了近似有理的位向关系。图 3.1a 中两相晶带轴平行，为 $[0\,\bar{1}\,1]_{f} /\!/ [1\,\bar{1}\,1]_{b}$，在衍射花样上，可以看到 $(1\,1\,1)_{f}$ 和 $(0\,1\,1)_{b}$ 基本重合，因此这两个斑点对应的倒易矢量平行，即 $(1\,1\,1)_{f} /\!/ (0\,1\,1)_{b}$，因此这个位向关系为 K-S 位向关系。类似地，图 3.1b 中晶带轴方向 $[1\,\bar{1}\,0]_{f} /\!/ [1\,0\,0]_{b}$，同时 $(1\,1\,1)_{f} /\!/ (0\,1\,1)_{b}$，因此为 N-W 位向关系。图 3.1c 中晶带轴方向 $[0\,1\,1]_{f} /\!/ [\bar{1}\,1\,1]_{b}$，同时 $(2\,0\,0)_{f} /\!/ (1\,1\,0)_{b}$，因此为 Pitsch 位向关系。

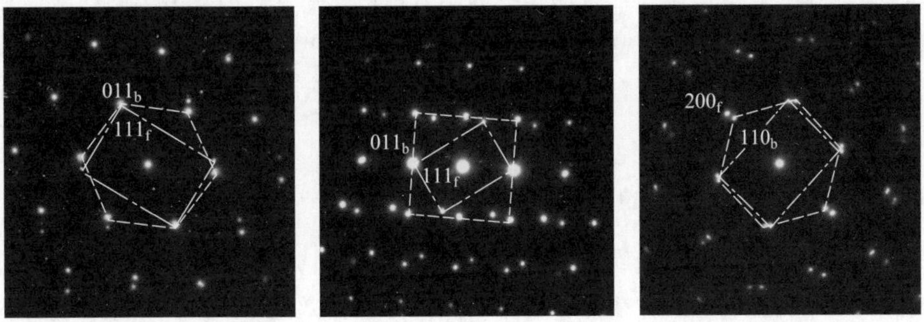

(a)　(b)　(c)

图 3.1　铁陨石中奥氏体母相与铁素体析出相界面附近获得两相重叠的 SAED 花样，点划线和虚线分别标示了 fcc 相和 bcc 相的衍射斑：(a) K-S 位向关系；(b) N-W 位向关系；(c) Pitsch 位向关系

3.2.4　无理位向关系的测量和位向关系矩阵分析

很多相变系统中的位向关系不是严格的有理位向关系，即两相中没有任何一组晶向、晶面是严格平行的，这种位向关系被称为无理位向关系。在实验中，因为不能获得两相同时处于低指数正晶带轴取向的 SAED 花样，通常借助菊池花样确定位向关系。位向关系的表述可以用相关密排面和密排方向之间的夹角，也可以用位向关系矩阵(见第 2 章)。位向关系矩阵方法对实验操作要求低，而且使用位向关系矩阵也可以很容易地计算两相晶向和晶面的夹角。在菊池花样的基础上确定位向关系矩阵的具体操作步骤如下：

(1) 倾转样品，分别获得界面两侧相邻两相的衍射花样。通常情况下，入射电子束方向不平行于两相中任意低指数晶带轴，因此只能获得两相的菊池花样。为了简化计算，可以将其中一相转动到正晶带轴位置获得 SAED 花样，拍摄另一相的菊池花样。

(2) 根据晶面间距及夹角关系标定两相的衍射花样。

(3) 按照第 2 章中介绍的方法，建立公用直角坐标系，根据衍射花样标定结果计算位向关系矩阵。这个坐标系的坐标轴可以选用衍射花样照片的边缘和晶带轴，也可以选择其他便于计算的方向。

(4) 考虑到位向关系矩阵表达不够直观，也可以借助位向关系矩阵计算获得两相平行的晶向和晶面，或者低指数晶向和晶面之间的夹角。

用位向关系矩阵表达位向关系具有普适性，也就是说，也可以用于描述有理位向关系。在第 2 章中，计算了常见的 K-S、N-W 和伯格斯位向关系的位向关系矩阵。在实验中，如果两相之间为有理位向关系，但是由于倾转范围的限制不能得到两相均为正晶带轴的衍射花样，也可以用本节中介绍的方法，先获得位向关系矩阵，然后计算或利用极射投影图寻找可能平行的低指数晶向和晶面。

3.2.5　无理位向关系的 TEM 测量实例

双相不锈钢是由高温铁素体(δ 相，bcc 结构)和奥氏体(γ 相，fcc 结构)组成的复相结构金属材料，在冷却或在两相区等温时效过程中，δ 相中会析出 γ 相。下面以双相不锈钢中两相的位向关系为例，说明无理位向关系测量和位向关系矩阵的计算。

选择样品中拟分析的区域，在界面两侧附近的两相上分别获得菊池花样，如图 3.2 所示。标定菊池花样可得电子束入射方向为 $z_b^L=[0.63\ \ \overline{0.77}\ \ 0.04]_b$ 和 $z_f^L=[\overline{0.08}\ \overline{1.00}\ \overline{0.05}]_f$，其中下标 b 和 f 分别表示 δ 相和 γ 相，方向表达为单位矢量。为简化计算，选择平行于 δ 相的菊池带$(4\ 3\ \bar{3})_b$ 的方向作为衍射花样内的参考方向 $\boldsymbol{x}_b^L$，该矢量既在面$(4\ 3\ \bar{3})_b$ 内，又垂直于 $\boldsymbol{z}_b^L$，因此

$$\boldsymbol{x}_b^L = \boldsymbol{z}_b^L \times \frac{[4\quad 3\quad \bar{3}]_b}{|[4\quad 3\quad \bar{3}]_b|} = [0.38\quad 0.35\quad 0.86]_b \tag{3.2}$$

计算另一个参考方向 $\boldsymbol{y}_b^L$ 为

$$\boldsymbol{y}_b^L = \boldsymbol{z}_b^L \times \boldsymbol{x}_b^L = [-0.68\ -0.53\ 0.52]_b \tag{3.3}$$

将 $\boldsymbol{x}_b^L$、$\boldsymbol{y}_b^L$ 和 $\boldsymbol{z}_b^L$ 以列矢量形式表达在矩阵中可得

$$\mathbf{X}_b^L = \begin{bmatrix} 0.38 & -0.68 & 0.63 \\ 0.35 & -0.53 & -0.77 \\ 0.86 & 0.52 & 0.04 \end{bmatrix} \tag{3.4}$$

若用 $\boldsymbol{x}_b^L$、$\boldsymbol{y}_b^L$ 和 $\boldsymbol{z}_b^L$ 建立一个直角坐标系，则从 δ 相晶体坐标系到直角坐标系的变换矩阵为

$$\mathbf{Q}_b = \mathbf{X}_b^{L^{-1}} \tag{3.5}$$

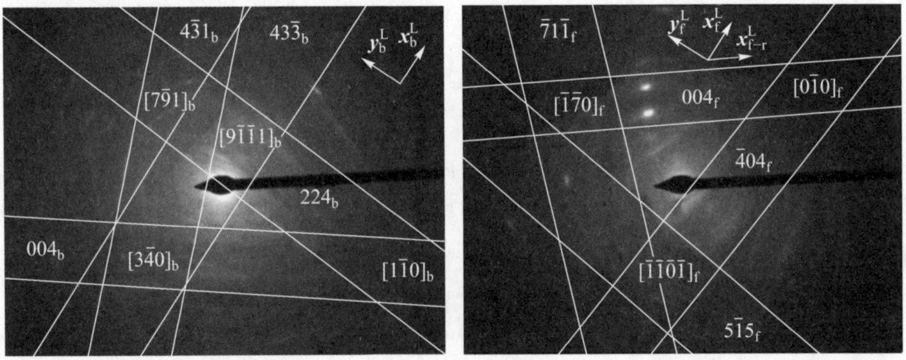

(a) (b)

图 3.2 双相不锈钢中界面两侧相邻 δ 相(a)和 γ 相(b)的菊池衍射花样。图中标出了主要的菊池线和菊池极。

在 γ 相中也需要建立一个直角坐标系，三个轴 $\boldsymbol{x}_f^L$、$\boldsymbol{y}_f^L$、$\boldsymbol{z}_f^L$ 与 δ 相中直角坐标系的三个轴平行。$\boldsymbol{z}_f^L$ 可以通过标定菊池花样获得。因为 $\boldsymbol{x}_f^L$ 在图 3.2b 上没有对应的菊池带特征，不能直接确定。我们首先确定一个辅助方向 $\boldsymbol{x}_{f-r}^L$平行于$(0\ 0\ 4)_f$ 菊池带，该方向可以计算为

$$\boldsymbol{x}_{f-r}^L = \boldsymbol{z}_f^L \times \frac{[0\ 0\ 4]_f}{|[0\ 0\ 4]_f|} = [-0.99\quad 0.08\quad 0]_f \tag{3.6}$$

$\boldsymbol{x}_f^L$ 方向垂直于 $\boldsymbol{z}_f^L$ 方向，且偏离 $\boldsymbol{x}_{f-r}^L$方向 52.16°，因此利用第 2 章中的旋转矩阵

可以计算得到 $\boldsymbol{x}_{\mathrm{f}}^{\mathrm{L}}=[0.61\quad -0.09\quad 0.79]_{\mathrm{f}}$。进而可以计算与 $\boldsymbol{x}_{\mathrm{f}}^{\mathrm{L}}$ 垂直的 $\boldsymbol{y}_{\mathrm{f}}^{\mathrm{L}}$ 方向为

$$\boldsymbol{y}_{\mathrm{f}}^{\mathrm{L}}=\boldsymbol{z}_{\mathrm{f}}^{\mathrm{L}}\times\boldsymbol{x}_{\mathrm{f}}^{\mathrm{L}}=[-0.79\quad 0.04\quad 0.61]_{\mathrm{f}} \tag{3.7}$$

将 $\boldsymbol{x}_{\mathrm{f}}^{\mathrm{L}}$、$\boldsymbol{y}_{\mathrm{f}}^{\mathrm{L}}$ 和 $\boldsymbol{z}_{\mathrm{f}}^{\mathrm{L}}$ 以列向量形式表达在矩阵中，可得

$$\mathbf{X}_{\mathrm{f}}^{\mathrm{L}}=\begin{bmatrix}0.61 & -0.79 & -0.08\\ -0.09 & 0.04 & -1.00\\ 0.79 & 0.61 & -0.05\end{bmatrix} \tag{3.8}$$

因此，以这三个矢量构成的直角坐标系，从 δ 相晶体坐标系到直角坐标系之间的变换矩阵为

$$\mathbf{Q}_{\mathrm{f}}=\mathbf{X}_{\mathrm{f}}^{\mathrm{L}^{-1}} \tag{3.9}$$

因此可以定义位向关系矩阵为

$$\mathbf{M}=\mathbf{Q}_{\mathrm{f}}^{-1}\mathbf{Q}_{\mathrm{b}}=\mathbf{X}_{\mathrm{f}}^{\mathrm{L}}\mathbf{X}_{\mathrm{b}}^{\mathrm{L}^{-1}}=\begin{bmatrix}0.71 & 0.69 & 0.11\\ -0.69 & 0.73 & -0.09\\ -0.14 & 0.00 & 0.98\end{bmatrix} \tag{3.10}$$

将位向关系矩阵左乘 δ 相中的晶向，可以得到与之平行的方向在 γ 相中的表达。例如

$$\mathbf{M}\begin{bmatrix}0\\1\\0\end{bmatrix}_{\mathrm{b}}=\begin{bmatrix}0.69\\0.73\\0.00\end{bmatrix}_{\mathrm{f}} \tag{3.11}$$

计算得到的方向与 γ 相中的$[1\ 1\ 0]_{\mathrm{f}}$ 方向接近，夹角为 1.6°，即为$[0\ 1\ 0]_{\mathrm{b}}$ 与$[1\ 1\ 0]_{\mathrm{f}}$ 之间的夹角。也可以计算母相与析出相平行的晶面。例如，对于 δ 相晶面$(1\ 0\ 1)_{\mathrm{b}}$，可以计算得到在 γ 相中平行的晶面

$$(\mathbf{M}^{-1})'\begin{bmatrix}1\\0\\1\end{bmatrix}_{\mathrm{b}}=\begin{bmatrix}0.82\\-0.78\\0.85\end{bmatrix}_{\mathrm{f}} \tag{3.12}$$

这个晶面很接近$(1\ \bar{1}\ 1)_{\mathrm{f}}$，夹角为 2.0°，即为$(1\ 0\ 1)_{\mathrm{b}}$ 与$(1\ \bar{1}\ 1)_{\mathrm{f}}$ 之间的夹角。根据上述计算结果可以发现这是一个接近 N-W 位向关系的无理位向关系。

无论采用哪种方法表征两相之间的位向关系，测量结果的收敛性都是非常重要的。这需要在 TEM 样品薄区内分析多个母相与新相的样本，检查密排方向和密排面之间夹角在不同析出相样本间的变化。一般而言，对于同一种位向关系，在不同样本之间这些夹角的波动不应该超过±1°。同时，还应该注意考察多个析出相样本与母相位向关系的等价性。这个问题在当析出相存在变体时显得尤为突出，因为即使对于等价的变体，也可能表现出迥然不同的衍射花样。如第 2 章中所述，对于同一位向关系的不同变体，位向关系矩阵会存在轮换对称性。例如立方系中不同变体位向关系矩阵中元素的绝对值相同，但是不

同变体的位向关系矩阵的元素排列位置和正负号会存在差异。不等价位向关系的位向关系矩阵之间则不存在这种对称性。

3.3　位向关系的 EBSD 测量方法

3.3.1　EBSD 技术简介

EBSD 技术是在扫描电子显微镜(scanning electron microscope, SEM)中对材料微区晶体结构和取向进行采集和定量分析的技术。EBSD 技术已经被大量地应用于金属材料、陶瓷材料、薄膜材料、地质矿物以及半导体材料等多种晶态材料的研究上。随着技术的不断升级，EBSD 设备正逐渐从高端的科研仪器转变为一种成熟实用的工业检测手段，广泛应用于金属加工、航空航天、汽车船舶、地球科学等多个行业。

EBSD 技术是伴随着晶体衍射花样自动标定技术和计算机技术的发展逐步形成的。其主要原理是，通过采集并自动标定样品微区的 EBSD 衍射花样，分析出待测样品微区的晶体结构和取向。通过 EBSD 后处理软件的进一步统计和分析，还可以得到更多的与材料组织和性能直接相关的信息，如相分布、相含量、晶粒、晶界、织构、残余应变等。衍射花样自动标定技术在其他衍射分析中也得到了应用，如对 TEM 衍射花样的自动标定，但这类应用远不如与 SEM 相配套的 EBSD 技术成熟和普及。与常规的 TEM 衍射技术相比，EBSD 技术最大的优势在于可以对材料的晶体取向进行大量样本的统计，可得到样品内部组织的一般性规律和结果，从而为材料的宏观性能分析和工艺改进提供定量的依据。

EBSD 衍射花样的产生和其他晶体衍射的原理一样，都满足布拉格衍射定律[8]。如图 3.3a 所示，SEM 中的入射电子束轰击到样品后，穿过样品表面进入样品内部，一部分电子发生背散射。由于电子质量比原子小很多，所以背散射电子能量损失较小，近似与入射电子能量一致，可视作单色虚光源。一部分背散射电子在样品表面与晶体材料内周期性排列的晶面相遇，满足布拉格条件的电子发生衍射。因为晶面的正反面是对称的[9]，所以在晶面两侧各会形成一对衍射锥，相对于与晶面成 θ 角出射，两个衍射锥之间的夹角为 2θ。沿衍射锥出射的电子在荧光屏上形成由两条衍射线构成的衍射带。衍射线是衍射锥与荧光屏相交形成的双曲线，但是由于衍射角 θ 较小，双曲线型的衍射带可以近似为平直的衍射带。晶体内有很多不同的晶面都会同时发生衍射，因此，在荧光屏上接收到的 EBSD 花样是晶体内所有晶面衍射的综合效果，包含众多的衍射带，如图 3.3b 和 c 所示。

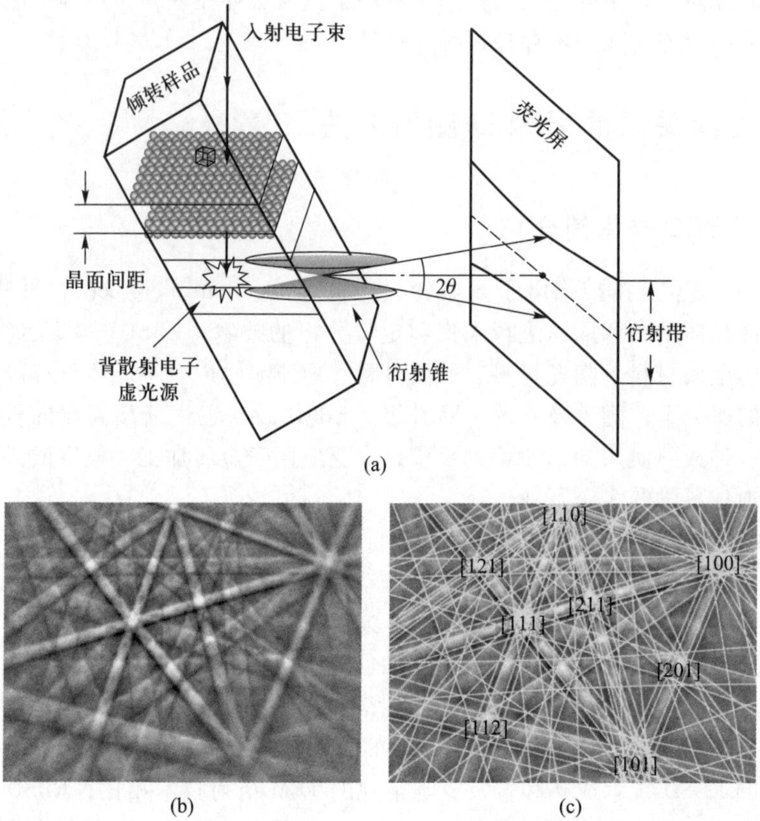

图 3.3 （a）EBSD 花样产生原理示意图；（b）MnS 的 EBSD 花样；（c）计算机自动标定结果。（参见书后彩图）

因为 EBSD 采集的衍射花样来自样品表面以下很薄的范围内，所以对样品表面的状态要求较高，通常需要接近完美的抛光，以保证材料表面晶面的周期性不受样品制备带来的应变影响。另外，因为产生 EBSD 花样的电子来自背散射电子，所以检测空间分辨率受背散射电子在材料中扩展范围的影响，一般为几十纳米。如果需要进一步提高空间分辨率，可以将块体样品制备成电子束可穿透的薄样品（TEM 样品），以减少电子束在样品中的扩展，获得优于 10 nm 的空间分辨率。

EBSD 探测器采集到衍射花样后，软件系统会对其进行自动标定，以获取晶体结构和取向信息。由于每一条衍射带的中心线对应着发生衍射的晶面，衍射晶面的方向决定了衍射带在荧光屏上的方向和位置。反过来，如果知道衍射带的方向和位置，也能反推出所对应的衍射晶面的方向。当晶体的若干个衍射晶面的方向都确定以后，晶体的取向也就能够通过衍射晶面之间的几何关系确定。图 3.3b 所示的 EBSD 花样经过标定后，模拟的衍射带与实际衍射带重合，说明标定结果准确可信。

3.3.2　EBSD 测量位向关系

采集的 EBSD 面分布数据中，每个标定点都包含取向信息，一般是以欧拉角的形式存储，可以通过 EBSD 软件直接读取。EBSD 对取向的测量精度较高，通常面分布图中取向精度可达 0.5°，而高精度的 EBSD 面分布图的取向精度能优于 0.05°。EBSD 还能够对取向数据进行统计，消除随机误差，提高取向测量结果的精度。

以 EBSD 测量晶粒间取向差或位向关系时可以采用多种方法。首先，EBSD 技术可以获得并标定菊池花样，相当于直接获得了式(3.4)和式(3.8)的结果，那么就可以采用 3.2.5 节中介绍的利用菊池花样分析位向关系的方法，这里不再赘述。其次，如果重构出晶粒的分布图，那么每一个晶粒包含了晶粒内多个点取向的平均取向信息，可以在晶粒列表中直接读取，进而可以用截线工具测量两个晶粒之间的平均取向差，得到角/轴对形式表述的位向关系。最后，也可以用极图方便地进行取向或取向差的统计分析。可以先利用 EBSD 软件的选区功能，选取面分布图上感兴趣的区域做极图，然后通过极图上极点的强弱分布得到统计意义上的平均取向。对于相变形成的两相，如果母相和新相之间具有特定的位向关系，那么可以采用 EBSD 数据处理软件的极图功能将两相的晶面或晶向的极图分别画出来，重叠对比，再根据极点是否重合来判断是否存在平行关系或者具有特定的夹角。

下面用一个具体示例说明 EBSD 测量位向关系的过程。在铁矿中同时存在磁铁矿(magnetite，立方结构，以下简写为 M)和赤铁矿(hematite，六方结构，以下简写为 H)，我们可以用单点测量或者多点统计的方法测量它们之间可能存在的位向关系。

单点测量法如图 3.4 所示，在采集了 EBSD 面分布数据后，先用 EBSD 后处理软件进行适度的数据降噪，去除错标点和部分零解点。在图上选取任意一对相界两侧的相邻像素点，如图 3.4b 中标示的相界位置，两个像素点的晶体取向如图 3.4c 和 f 所示。像素点对之间的取向差可以通过软件读取或者读取两侧的欧拉角后计算，在图中显示的示例中，两像素点的取向差以角/轴对形式表达在立方相 M 参考坐标系中为 $55.99°/[\overline{0.2411}\ 0.7679\ \overline{0.5934}]$。

也可以借助极图分析获得位向关系。同样是图 3.4b 中的相界处，用选区工具选取界面两侧的像素，直接绘制常见低指数晶面或晶向的极图。对比两相的极图，寻找位置重合的极点。极点重合意味着晶面或晶向平行，如图 3.4d 和 e 及 g 和 h 中圈出的极点，确定位向关系为$\{1\ 1\ 1\}_M /\!/ \{0\ 0\ 1\}_H$，$\langle 1\ 1\ 0\rangle_M /\!/ \langle 2\ 1\ 0\rangle_H$。

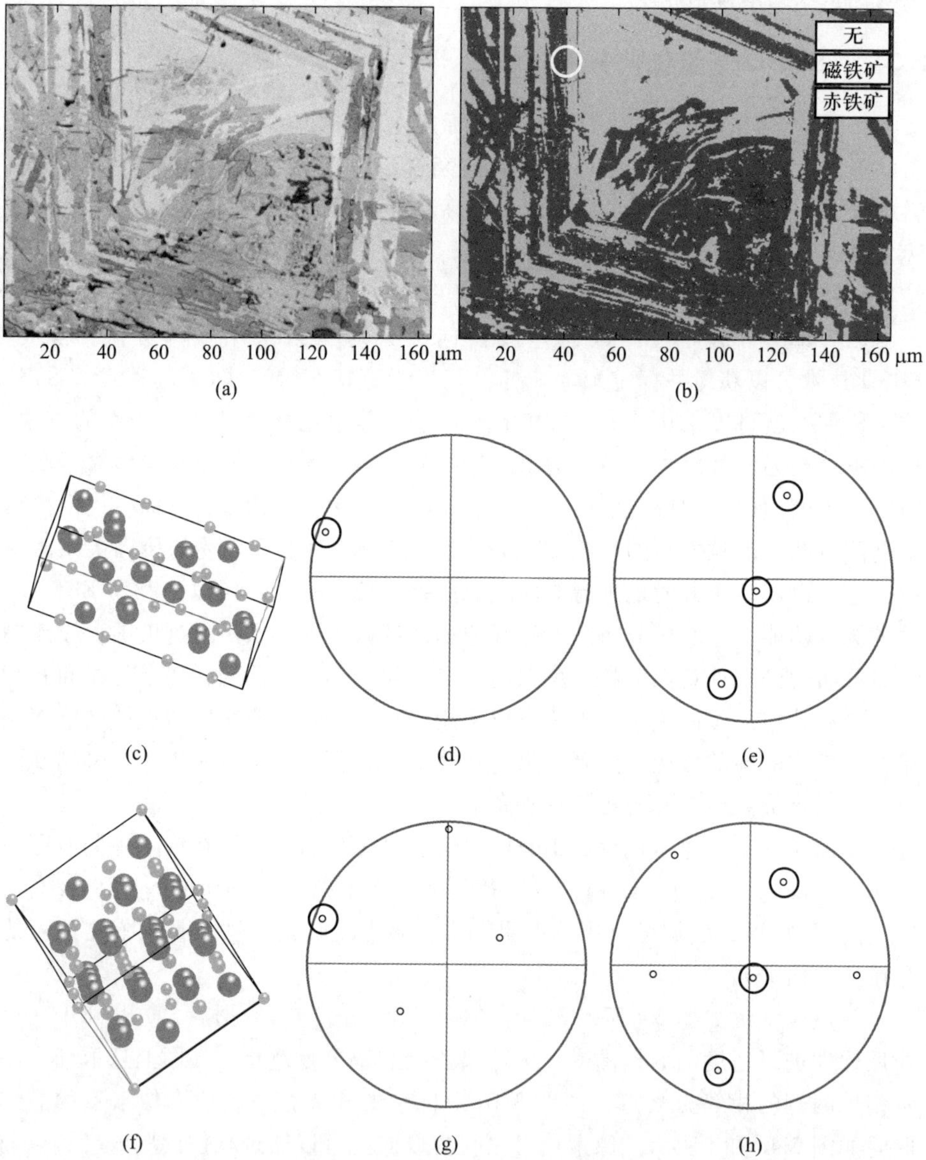

图 3.4　(a)和(b)分别为铁矿样品的 EBSD 花样质量图和相分布图；(c) H 相的晶体结构；(d)和(e)为 H 相的极图，分别显示$\{0\ 0\ 1\}_H$面法线极点和$\langle 2\ 1\ 0\rangle_H$晶向极点；(f) M 相的晶体结构；(g)和(h)为 M 相的极图，分别显示$\{1\ 1\ 1\}_M$面法线极点和$\langle 1\ 1\ 0\rangle_M$晶向极点。(参见书后彩图)

多点统计法测量分析较为复杂，但是其统计性确保了测量结果的正确性，因此非常适用于未知的位向关系鉴定。这个方法是用 EBSD 软件画出所有 M/H 相界的取向差角分布图与轴的极图，并统计图中获得取向差角和旋转轴的平均值。

我们仍然以磁铁矿-赤铁矿体系为例。首先统计所有 M-H 界面的取向差角分布(图 3.5a)，可以看到在 56°附近有一个峰。因此，在该角度附近选取取向差角为 55.5°至 56.5°的所有 M-H 界面做极图。统计极图中的取向差旋转轴和对应的取向差角，取平均值。结果显示在 M 相参考坐标系下，其中有 97.89%的取向差旋转轴接近，平均取向差为 56.1°/$\langle 0.59\quad 0.24\quad 0.77\rangle_{M}$。

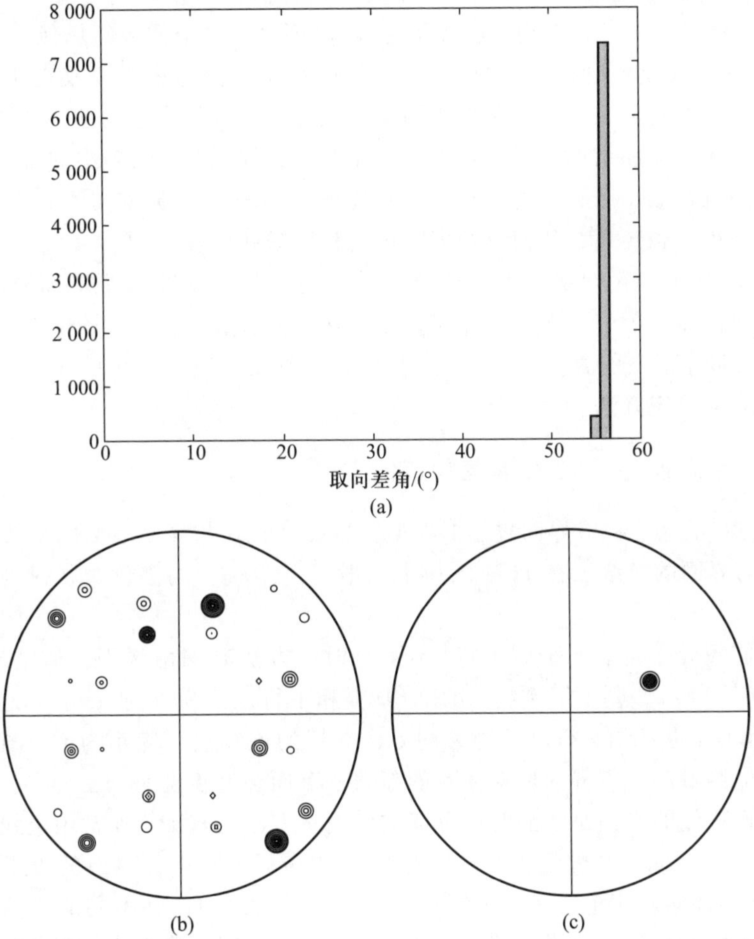

图 3.5 M-H 相取向差统计分析：(a) M-H 相界取向差角分布；(b) M 相极图中取向差角 55.5°~56.5°的取向差旋转轴分布；(c) 取向差角 55.5°~56.5°的取向差旋转轴按立方对称性折叠后的分布

3.4　界面取向的测量方法

早期关于相界面取向的研究主要集中于钢中的马氏体相变，采用金相方法在样品表面对马氏体相惯习面的界面迹线进行间接测量。该方法为早期的相界面研究贡献了大量有意义的实验数据。然而，这个方法只能测量尺寸较大的片状第二相的界面，并且误差来源多，测量精度不高。随着 TEM 在材料研究中的普及，目前人们大多利用 TEM 测定界面取向。

TEM 测定界面取向的常见方法主要有三种：界面投影宽度法[11-14]、双迹线法[3,4]和直立法[2]。这些方法都需要将样品形貌(明场像或暗场像)与衍射花样(SAED 花样或菊池花样)关联起来，因此在实际操作中需要校正 TEM 磁透镜成像导致的衍射花样相对于形貌图像的磁转角。需要注意的是，磁转角会随着图像放大倍数和衍射相机常数的改变而改变，因此要对实验中的每一个放大倍数和相机常数作磁转角的校正。一些新型的 TEM 上可能安装了附加投影镜，可以自动校正磁转角，从而大幅度简化实验数据处理。

在 TEM 下，我们观察到的图像是样品的各种特征在二维平面上的投影。因此，我们需要了解界面投影几何，在此基础上通过计算最终确定界面法线方向。下面我们首先介绍 TEM 下界面投影的一般几何模型，然后介绍常见的几种界面取向测定方法。

3.4.1　界面投影的几何模型和迹线分析

图 3.6 示意了一般界面投影的模型。界面 ABCD 与样品表面的交线(AB 和 CD)称为界面的迹线，在 TEM 图像上一般显示为锐利的黑色线状衬度(EF 和 GH)。

我们假设样品上下表面平行(不平行时，方法有细微区别，但结论类似，参见文献[14])，则上下迹线 AB 和 CD 互相平行，记为方向 $\boldsymbol{t}$；上下迹线的投影 EF 和 GH 也互相平行，记为方向 $\boldsymbol{t}_{\mathrm{p}}$，平行的迹线投影间距为 w。图中还给出了其他测量和计算界面取向涉及的参数，下面会逐步说明。

确定迹线的方向是下面几种界面取向测量方法的基础，通常用迹线分析方法[13,14]获得。如图 3.6 所示，在一般 TEM 的衍衬图像上，界面的投影是一条平行带(界面倾斜于电子束)或者一条直线(界面直立)。在不同的样品倾转状态下，方向 $\boldsymbol{t}$ 和方向 $\boldsymbol{t}_{\mathrm{p}}$ 构成的平面始终垂直于投影面，称为直立参考面，其法线方向为

$$\boldsymbol{q}=\boldsymbol{b}_{\mathrm{e}}\times\boldsymbol{t}_{\mathrm{p}} \tag{3.13}$$

式中，$\boldsymbol{b}_{\mathrm{e}}$ 为入射电子束方向。显然 $\boldsymbol{b}_{\mathrm{e}}$ 和 $\boldsymbol{t}_{\mathrm{p}}$ 可以在相应的衍射花样中确定。

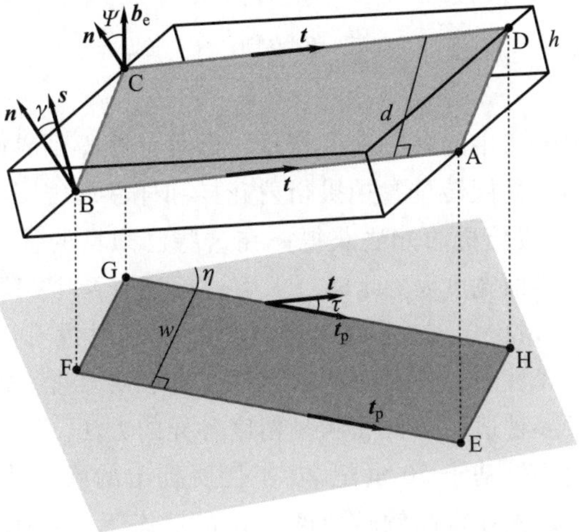

图 3.6 薄膜样品中界面投影的几何模型[15]

在不同倾转位置测量的 $\boldsymbol{q}_i(i=1, 2, 3, \cdots)$ 都与 $\boldsymbol{t}$ 垂直。因此可以倾转样品，在任意两个取向下，获得衍射花样和相应的形貌图像花样，确定迹线投影与衍射花样的位置关系。使用 3.2.5 节中介绍的方法，确定两个直立参考面法线 $\boldsymbol{q}_1$ 和 $\boldsymbol{q}_2$ 后，即可得迹线方向为

$$\boldsymbol{t} = \boldsymbol{q}_1 \times \boldsymbol{q}_2 \tag{3.14}$$

倾转前后标定衍射花样所计算获得的 $\boldsymbol{q}_1$ 和 $\boldsymbol{q}_2$ 指数需要自洽，不能在等价的晶向中随意选择。

3.4.2 界面投影宽度法

该方法的原理是，基于界面法向 $\boldsymbol{n}$、界面宽度 d，投影宽度 w、电子束方向 $\boldsymbol{b}_e$、迹线方向 $\boldsymbol{t}$ 之间的关系获得界面法线方向。为便于计算，可以将这些方向表达在一个统一的直角坐标系中，并且表达为单位矢量。

如图 3.6 所示，界面 ABCD 沿电子束方向投影，在图像中得到 EFGH，二者面积满足

$$S_{\mathrm{EFGH}} = S_{\mathrm{ABCD}} \cos\langle \boldsymbol{b}_e, \boldsymbol{n} \rangle = S_{\mathrm{ABCD}} \left| \boldsymbol{n} \cdot \boldsymbol{b}_e \right| \tag{3.15}$$

ABCD 和 EFGH 都是平行四边形，两个平行四边形的底边长度关系为

$$\overline{\mathrm{EF}} = \overline{\mathrm{AB}} \cos\langle \boldsymbol{t}_p, \boldsymbol{t} \rangle = \overline{\mathrm{AB}} \sqrt{1 - (\boldsymbol{b}_e \cdot \boldsymbol{t})^2} \tag{3.16}$$

因为

$$S_{\mathrm{EFGH}} = \overline{\mathrm{EF}} \cdot w \tag{3.17}$$

$$S_{\mathrm{ABCD}} = \overline{\mathrm{AB}} \cdot d \tag{3.18}$$

根据这些公式，可以得到投影宽度 w 的计算公式

$$w=\frac{d\left|\boldsymbol{n}\cdot\boldsymbol{b}_{\mathrm{e}}\right|}{\sqrt{1-(\boldsymbol{b}_{\mathrm{e}}\cdot\boldsymbol{t})^{2}}} \tag{3.19}$$

因此，若能够测得公式中的各方向和变量，即可计算得到界面法线方向 $\boldsymbol{n}$。

在多个不同的样品倾转位置拍摄衍射花样和样品形貌图像，即可得到多组 $\boldsymbol{b}_{\mathrm{e}}$ 和 w。$\boldsymbol{t}$ 可以用迹线分析的方法获得。在这些已知量的基础上进一步计算界面法线时需要知道界面宽度 d。此外，求解过程还有两个问题需要解决：一是式(3.19)中的绝对值符号，这是因为测量投影宽度时没有区分上下迹线的投影；二是分母的非线性项，这对解析求解而言有一定难度。对这两个问题的不同解决思路形成了多种适用条件和测量精度各异的方法。

界面投影宽度法是基于 20 世纪 70 年代所提出的膜厚法[14]逐步发展起来的。在膜厚法中，首先在样品倾转角度为 0°的状态下拍摄衍射花样和明场像，测出此时的电子束方向 $\boldsymbol{b}_{\mathrm{e}}$(此时 $\boldsymbol{b}_{\mathrm{e}}/\!/\boldsymbol{s}$，$\boldsymbol{s}$ 为样品表面法线)、迹线投影方向 $\boldsymbol{t}_{\mathrm{p}}$(此时 $\boldsymbol{t}_{\mathrm{p}}/\!/\boldsymbol{t}$)、界面投影宽度 w。然后，在倾转角不超过 5°的范围内寻找一个母相已知指数为$(h\ k\ l)$的双束条件拍摄明场像，这时在样品边缘可见平行排列的等厚条纹。利用等厚条纹衬度计算膜厚，即

$$t_{\mathrm{f}}=m\xi_{hkl} \tag{3.20}$$

式中，t_{f} 为膜厚；ξ_{hkl}是$(h\ k\ l)$晶面对应的消光距离；m 是等厚条纹个数。根据当前几何条件，$\boldsymbol{b}_{\mathrm{e}}\cdot\boldsymbol{t}=0$，分母上的非线性项消失，式(3.19)可以简化为

$$w=\sqrt{t_{\mathrm{f}}^{2}+w^{2}}\left|\boldsymbol{n}\cdot\boldsymbol{b}_{\mathrm{e}}\right| \tag{3.21}$$

因为公式中的绝对值，计算可以得到两个不等价法线方向 $\boldsymbol{n}$，在电子束方向 $\boldsymbol{b}_{\mathrm{e}}$ 两侧，需要通过倾转或者观察明场像的衬度确定 $\boldsymbol{n}\cdot\boldsymbol{b}_{\mathrm{e}}$ 正负，从而确定是哪一个 $\boldsymbol{n}$。

这个方法没有考虑测量膜厚时取向差异引入的误差，另外膜厚也未必是消光距离的整数倍，因此整体精度较差，一般认为不优于 5°。不过，测量和计算过程比较简单，因此对界面法线测量精度要求不高时可以使用。

针对膜厚法的缺点，一些工作提出了改进的实验方法。例如张明星等[11]提出将样品绕着迹线 $\boldsymbol{t}$ 多次倾转测量多个投影宽度 w，利用倾转后的投影宽度和无倾转时的投影宽度的测量结果计算求解膜厚，避免了利用消光距离计算带来的误差。然而，这个方法中样品需要绕特定方向倾转，在实验操作上难度较大。邱冬等[6]的改进方法中同样是倾转样品多次测量投影宽度，但是不要求样品绕着迹线 $\boldsymbol{t}$ 倾转，而是在计算中引入样品倾转转轴与迹线的夹角。该方法要求样品倾转轴必须保持在 TEM 薄样品面内，在实验操作上同样也有一定难度。

最近发展了更加通用的方法[16]。该方法通过倾转样品，在 6~8 个取向下，

采集明场像和衍射花样，可以获得多组 w、$\boldsymbol{b}_e$、$\boldsymbol{t}_p$ 作为输入数据，然后根据式(3.19)，使用最小二乘法求解多个式(3.19)联立得到的方程组，从而得到界面法线方向。显然这个方法在实验操作上比较简单，但是在计算上较为繁琐，可以借助计算机软件求解，例如文献[15]中提供的程序。

3.4.3 双迹线法

该方法要求界面上存在不同方向的两组或两条线状特征。利用 3.4.1 节中所述的迹线分析方法[13,14]分别确定这两个线状特征的方向，然后由这两个矢量的叉积计算出界面法向。计算过程中的直角坐标系可以根据计算方便选择，如样品台坐标系，x 轴沿样品杆方向，z 轴沿电子束方向；或者用荧光屏或图像边缘建立坐标系；又或者如 3.2.5 节中根据图像特征建立坐标系。

在一般界面的测量中，界面与样品表面的交线可以作为定义双迹线的矢量之一，另一个矢量可以是界面内的一根直线位错线或生长台阶显示的直线衬度。如果界面结构不存在两个明显的线状特征，双迹线法就不适用于测量界面取向。

3.4.4 界面直立法

该方法要求将样品倾转至界面垂直于投影面(屏幕)，即直立状态。理想条件下，界面直立时投影宽度为零，入射电子束平行于界面，所以用一套衍射花样和相应的形貌像即可得出界面法线方向(图 3.7)[17]。在样品能够倾转到直

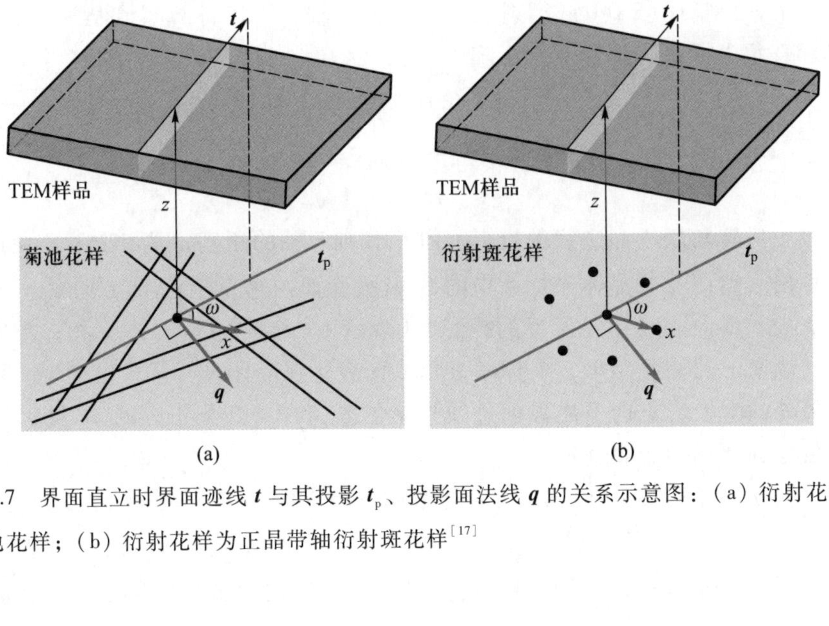

图 3.7 界面直立时界面迹线 $\boldsymbol{t}$ 与其投影 $\boldsymbol{t}_p$、投影面法线 $\boldsymbol{q}$ 的关系示意图：(a) 衍射花样为菊池花样；(b) 衍射花样为正晶带轴衍射斑花样[17]

立状态的前提下，该方法适用于任何平直界面。然而，当倾转样品使界面接近直立时，在 TEM 图像中界面的衬度减弱，难以判断当前的倾转状态下界面是否处于准确直立的取向。张文征和 Purdy[18] 从多组直立取向获得的界面测量数据中注意到，不同取向的测试结果会在小范围内离散分布。

这个问题也可以采用多种方法解决，以减少测量误差。一种方法是双直立方法[19]，测量同一界面在两个不同直立位置时的入射电子束方向，显然这两个方向都在界面上，对这两个方向叉积就得到界面法线。双直立方法要求两个界面直立方向之间的夹角尽可能大，夹角越接近 90°，计算误差越小。

另一种方法是界面迹线+界面直立法。该方法首先确定界面的迹线 $\boldsymbol{t}$，然后在界面直立位置确定入射电子束方向 $\boldsymbol{b}_e$，两个方向的叉积即可确定界面法线。下面以双相不锈钢中 δ/γ 相界面的测量为例介绍该方法[17]。此相变系统中基体为 bcc 结构的铁素体 δ 相，析出相为 fcc 结构的奥氏体 γ 相。

首先测量界面迹线 $\boldsymbol{t}$ 的方向。由于在正晶带轴下的衍射斑花样比菊池花样相对容易标定，所以通过倾转样品在 γ 相中依次找到 3 个正晶带轴的位置，在正晶带轴条件下测量界面迹线。从图 3.8 中我们可以看到 γ 相在不同晶带轴下的衍射信息，即电子束分别平行于 γ 相的 $[0\,\bar{1}\,1]_f$、$[\bar{1}\,\bar{4}\,1]_f$ 和 $[1\,\bar{2}\,5]_f$ 方向时，界面直立时的明场像和相应取向下两相的衍射斑花样或菊池花样。对应于上述 γ 相的正带轴取向，δ 相的衍射花样如图 3.8c、f、i 所示。以图 3.8a~c 为例，入射束方向平行于 $[0\,\bar{1}\,1]_f$，以此方向为参考坐标系的 z 轴；在 γ 相的衍射花样上，以指向 $(2\,0\,0)_f$ 衍射斑的方向为 x 轴，可以计算得到从 fcc 点阵到该投影直角坐标系的坐标变换矩阵

$$\mathbf{Q}_f=\begin{bmatrix}1 & 0 & 0\\ 0 & 1/\sqrt{2} & -1/\sqrt{2}\\ 0 & 1/\sqrt{2} & 1/\sqrt{2}\end{bmatrix} \tag{3.22}$$

校正磁转角后界面迹线的投影方向 $\boldsymbol{t}_{p1}$ 偏离 x 轴的角度 ω 为 52.42°。由此可以计算出表达在 γ 相晶体坐标系中的 $\boldsymbol{t}_{pf1}^{L}$ 及投影面内垂直于 $\boldsymbol{t}_{pf1}^{L}$ 的方向 $\boldsymbol{q}_{f1}^{L}$，其中下标 p 表示界面迹线在图像上的投影，f 表示 fcc 结构的奥氏体 γ 相，数字表示不同取向下的测量结果，上标 L 表示晶向表达在晶体坐标系中。同理，可以求得另外两个投影方向下的界面迹线投影的 $\boldsymbol{t}_{pf2}^{L}$ 和 $\boldsymbol{t}_{pf3}^{L}$ 以及相应的 $\boldsymbol{q}_{f2}^{L}$ 和 $\boldsymbol{q}_{f3}^{L}$。这三组数据的计算列于表 3.1。

不同 $\boldsymbol{q}_f^{L}$ 之间叉乘可以确定界面迹线的方向，即

$$\boldsymbol{t}_{fij}^{L}=\boldsymbol{q}_{fi}^{L}\times\boldsymbol{q}_{fj}^{L},\quad i,\ j=1,\ 2,\ 3,\ i\neq j \tag{3.23}$$

式中，下标 i 和 j 表示不同取向下的测量结果。依据表 3.1 中得到的三个 $\boldsymbol{q}_{fi}^{L}$ 进

行两两叉乘，求得的迹线方向列于表 3.2。各 t_{fij}^{L} 的计算结果很接近，互相之间的夹角不超过 0.4°。在极射投影图上取三者投影的中心为界面迹线的方向 $t_{f}^{L} = [\overline{0.61}\ 0.63\ 0.49]_{f}$。类似地，可以确定界面迹线在铁素体 δ 相中的方向为 $t_{b}^{L} = [0.84\ 0.11\ \overline{0.53}]_{b}$，下标 b 表示 bcc 结构的 δ 相。

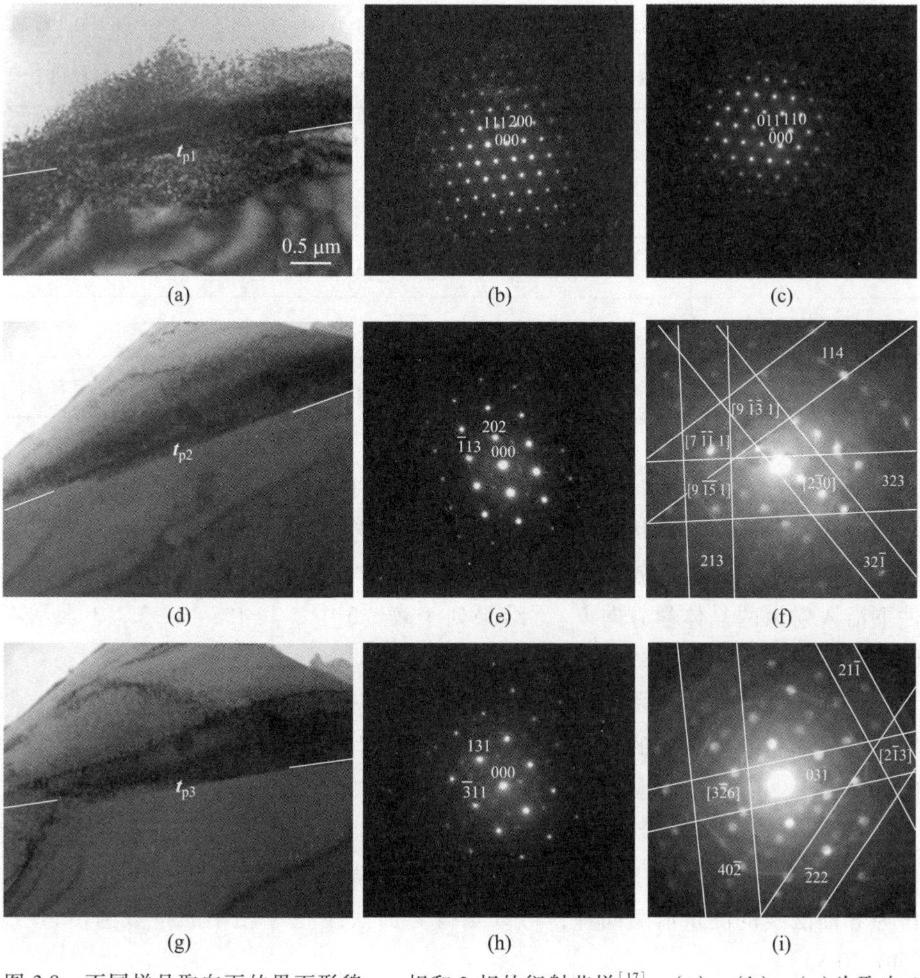

图 3.8　不同样品取向下的界面形貌，γ 相和 δ 相的衍射花样[17]：(a)、(b)、(c)为取向 1 下的明场像、γ 相 $[0\ \bar{1}\ 1]_{f}$ SAED 花样、δ 相 $[1\ \bar{1}\ 1]_{b}$ SAED 花样；(d)、(e)、(f)为取向 2 下的明场像、γ 相 $[\bar{1}\ \bar{4}\ 1]_{f}$ SAED 花样、δ 相菊池衍射花样；(g)、(h)、(i)为取向 3 下的明场像、γ 相 $[1\ \bar{2}\ 5]_{f}$ SAED 花样、δ 相菊池衍射花样

表 3.1　γ 相中直立参考面法线 $\boldsymbol{q}^{\mathrm{L}}_{\mathrm{f}i}$ 的计算结果[17]

参数	$i=1$	$i=2$	$i=3$
z	$[0\ \bar{1}\ 1]_{\mathrm{f}}$	$[\bar{1}\ \bar{4}\ 1]_{\mathrm{f}}$	$[1\ \bar{2}\ 5]_{\mathrm{f}}$
x	$(1\ 0\ 0)_{\mathrm{f}}$	$(3\ \bar{1}\ \bar{1})_{\mathrm{f}}$	$(3\ \bar{1}\ \bar{1})_{\mathrm{f}}$
$\boldsymbol{t}^{\mathrm{L}}_{\mathrm{pf}i}$	$[0.61\ \ \overline{0.56}\ \ \overline{0.56}]_{\mathrm{f}}$	$[\overline{0.73}\ \ 0.33\ \ 0.60]_{\mathrm{f}}$	$[\overline{0.63}\ \ 0.67\ \ 0.39]_{\mathrm{f}}$
$\boldsymbol{q}^{\mathrm{L}}_{\mathrm{f}i}$	$[0.79\ \ 0.43\ \ 0.43]_{\mathrm{f}}$	$[0.65\ \ 0.03\ \ 0.76]_{\mathrm{f}}$	$[0.76\ \ 0.65\ \ 0.11]_{\mathrm{f}}$

表 3.2　界面迹线的计算结果

$\boldsymbol{t}^{\mathrm{L}}_{\mathrm{f}12}$	$[\overline{0.61}\ \ 0.62\ \ 0.49]_{\mathrm{f}}$
$\boldsymbol{t}^{\mathrm{L}}_{\mathrm{f}23}$	$[\overline{0.61}\ \ 0.63\ \ 0.49]_{\mathrm{f}}$
$\boldsymbol{t}^{\mathrm{L}}_{\mathrm{f}31}$	$[\overline{0.61}\ \ 0.63\ \ 0.49]_{\mathrm{f}}$

下面计算界面直立时的电子束方向。倾转 TEM 样品，获得多个不同界面、不同取向下的界面直立状态，以及相应的菊池花样。图 3.9 为 3 个取向下的界面形貌明场像和对应的 δ 相菊池花样，界面非常接近直立状态。标定各取向条件下沿入射束的晶体学方向 $\boldsymbol{b}^{\mathrm{L}}_{\mathrm{eb}i}$，结果列于表 3.3 中，其中 $i=1$，2，3 表示不同取向下的测量结果。

在 δ 相的晶体坐标系中计算界面法线方向。界面内一个矢量为 $\boldsymbol{t}^{\mathrm{L}}_{\mathrm{b}}$，另一个矢量为界面直立状态下的入射电子束方向 $\boldsymbol{b}^{\mathrm{L}}_{\mathrm{eb}i}(i=1,\ 2,\ 3)$，因此界面法线方向为

$$\boldsymbol{n}^{\mathrm{L}}_{\mathrm{b}i}=\boldsymbol{b}^{\mathrm{L}}_{\mathrm{eb}i}\times\boldsymbol{t}^{\mathrm{L}}_{\mathrm{b}} \tag{3.24}$$

界面法线 $\boldsymbol{n}^{\mathrm{L}}_{\mathrm{b}i}$ 的计算结果列于表 3.3 中，以 3 个结果的中心 $[0.22\ \ 0.83\ \ 0.52]_{\mathrm{b}}$ 作为界面法线的测量值。同理，可以测得界面法线在 γ 相中的指数为 $[0.81\ \ 0.46\ \ 0.36]_{\mathrm{f}}$。

表 3.3 中由三个不同界面直立状态计算得到的界面法向与平均法向之间的夹角分别是 1.0°、0°和 1.0°，这表明迹线+界面直立法具有很好的收敛性。这主要归因于此方法避免了膜厚、界面宽度和线缺陷等的测量误差。迹线方向测量误差相对较小，界面取向的测量误差主要源于对界面直立状态的判断，所以实验中需要仔细观察在接近直立状态下界面宽度和衬度的变化，尽量减少这方面的误差。

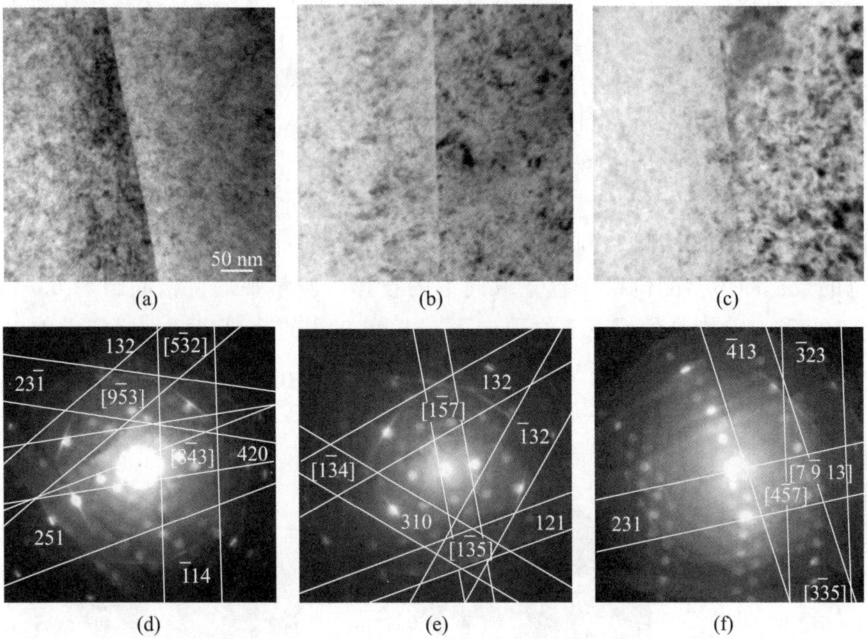

图 3.9　界面直立时的 TEM 像和菊池花样[17]：(a)~(c)为不同取向下的形貌明场像；(d)~(f)为相应的界面附近 δ 相菊池花样

表 3.3　界面处于直立取向的测量数据以及所计算的界面法向[17]

	$i=1$	$i=2$	$i=3$
$\boldsymbol{b}_{\mathrm{eb}i}^{\mathrm{L}}$	$[0.86\ \overline{0.42}\ 0.29]_{\mathrm{b}}$	$[0.14\ \overline{0.55}\ 0.82]_{\mathrm{b}}$	$[0.44\ \overline{0.54}\ 0.72]_{\mathrm{b}}$
θ($\boldsymbol{b}_{\mathrm{eb}i}^{\mathrm{L}}$与 $\boldsymbol{t}_{\mathrm{b}}^{\mathrm{L}}$ 夹角)	58.15°	67.98°	85.94°
$\boldsymbol{n}_{\mathrm{b}i}^{\mathrm{L}}$	$[0.23\ 0.82\ 0.53]_{\mathrm{b}}$	$[0.22\ 0.83\ 0.52]_{\mathrm{b}}$	$[0.21\ 0.84\ 0.51]_{\mathrm{b}}$

3.5　界面错配位错的表征方法

3.5.1　位错方向和位错间距的测量

对于平直相界面上规则排列的错配位错，其基本特征包括位错线方向、位错间距和位错的伯氏矢量。

位错方向的测量可以用上文介绍的迹线分析方法。位错间距可以在确定界面迹线方向和界面法线方向后，根据界面投影几何计算。这种方法在计算上较为繁琐。另一种常用的测量位错方向和位错间距的方法是位错线直立法。倾转样品使位错线直立，这时位错在 TEM 明场像下为黑色的点。在界面附近获取菊池花样或 SAED 花样，确定入射电子束方向即为位错线方向。位错间距也可以通过测量这些黑色的点的平均间距确定。

图 3.10 给出了一个在 Ti-5.26wt%Cr 合金中 α 析出相与 β 基体界面上位错方向和位错间距的测量实例[20]。在图 3.10a 所示界面上，可见周期性排列的深黑色的点，即为错配位错在直立取向下的投影。测量平均位错间距为 6.0 nm。图 3.10b 和 c 分别是位错在直立取向下 α 相和 β 相的菊池花样，标定入射电子束的方向为 $[2\ \ 0.48\ \ \overline{2.48}\ \ 1.58]_\alpha /\!/ [0.70\ \ \overline{0.02}\ \ 0.71]_\beta$，即位错方向。

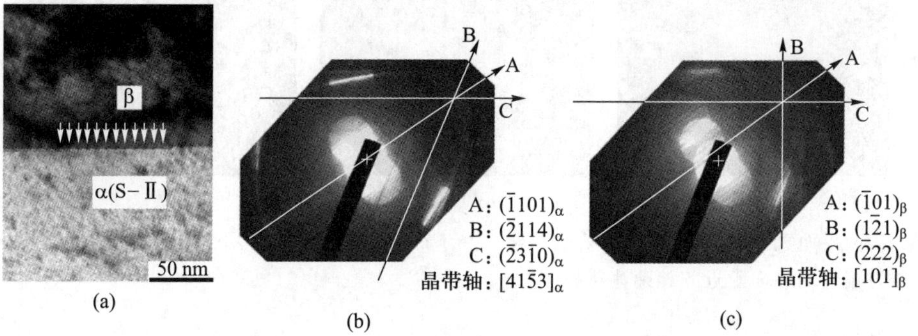

图 3.10 Ti-5.26wt%Cr 合金中 α 析出相与 β 基体界面上错配位错[20]：(a) 位错直立时的明场像；(b) α 相的菊池花样；(c) β 相的菊池花样

3.5.2 位错伯氏矢量的确定

3.5.2.1 伯氏回路法

我们往往是从伯氏回路理解位错伯氏矢量概念。如果能够获得位错附近原子排列的 TEM 高分辨图像，也可以用伯氏回路作图法确定界面错配位错的伯氏矢量。

确定界面位错伯氏矢量的伯氏回路作图过程与对晶粒内部位错作图的过程相同。在界面附近，沿着低指数晶带轴方向获得高分辨像。选择某个位错，环绕位错画一个回路。然后在界面上没有位错的位置，画一个完全相同的回路，但是这个回路不封闭，连接回路终点到起点的矢量就是位错伴随的伯氏矢量。

需要注意的是，TEM 高分辨像显示的是原子结构的二维投影，这时的分析是在高分辨像的二维平面上进行的，所以我们得到的这个错配矢量是位错伯氏矢量在这个高分辨图像面上的投影分量。因此，往往需要从不同方向获得高分辨像，得到 2 个以上不同的伯氏矢量分量，以便综合分析确定准确的伯氏矢量。另外，在作图过程中，对于一次择优态界面，需要根据点阵的平移矢量画回路；对于二次择优态界面，则要根据完整图形平移点阵（displacement complete pattern-shift lattice，DSCL）画回路，显然不同的 DSCL 会改变伯氏回路的选择，造成不同的伯氏矢量结果[21]。

根据伯氏回路的作图过程，为了便于作图，在实验上对高分辨像也有要求：两相中有一对低指数晶向接近平行，以获得包含原子排列信息的高分辨像；这对接近平行的晶向近似在界面上，沿这对方向观察时界面接近直立。一般的无理界面难以满足这些要求，限制了伯氏回路法在分析界面位错上的应用。

以 Ti 合金 β 母相中析出 α 相形成的界面结构为例。两相之间形成无理位向关系，在伯格斯位向关系附近，表达为[22]

$$(0\,\bar{1}\,1)_{\beta} \wedge (0\,0\,0\,1)_{\alpha} = 0.6°,\ [1\bar{1}00]_{\alpha} \wedge [2\,\bar{1}\,\bar{1}]_{\beta} = 0.7° \tag{3.25}$$

惯习面为$(\overline{13}\ \ 10.2\ \ 10.1)_{\beta}$（~// $(\overline{3.6}\ \ 4.6\ \ \bar{1}\ \ \overline{0.1})_{\alpha}$）。界面上有平行排列的位错，方向为$[5\ \ 2.6\ \ 2.8]_{\beta}$（~//$[3.2\ \ 1\ \ \overline{4.2}\ \ 0.1]_{\alpha}$）。由位向关系可以得到两相中接近平行的低指数方向，其中$[0\,\bar{1}\,1]_{\beta}$和$[0\,0\,0\,1]_{\alpha}$，$[1\,1\,1]_{\beta}$和$[1\,1\,\bar{2}\,0]_{\alpha}$，接近平行于界面。如图 3.11 所示，沿$[1\,1\,1]_{\beta}$或$[1\,1\,\bar{2}\,0]_{\alpha}$观察，可以看到惯习面上的位错露头。按照伯氏回路作图法，可以得到位错伯氏矢量在这个投影平面上的分量$[1\,\bar{2}\,1]_{\beta}/3$。沿$[0\,\bar{1}\,1]_{\beta}$和$[0\,0\,0\,1]_{\alpha}$观察时，位错线与投影面接近平行，在界面上观察不到位错露头，无法做伯氏回路，因此从这个方向上不能获得伯氏矢量的信息。因为只能确定伯氏矢量的一个分量，所以需要采用其他方法，如衍射衬度分析方法，确定位错的伯氏矢量。

3.5.2.2 衍射衬度分析法

由于位错的存在，在位错线附近的某个范围内点阵发生畸变，造成某些晶面发生一定程度的偏转，形成位错的衍射衬度。使用这些畸变晶面的操作反射获得暗场像，则畸变区和完整点阵将产生不同的衍射衬度。位错的衍射强度是操作反射 $\boldsymbol{g}$（即衍射斑对应的倒易矢量）与位错的伯氏矢量 $\boldsymbol{b}$ 以及位错方向 $\boldsymbol{v}_{\mathrm{d}}$ 的函数，在一些特定条件下位错的衍射强度为 0，即位错消光。

根据电子衍射的动力学理论，表 3.4 给出了螺型位错、刃型位错和混合位错的理论消光条件，其中 $\boldsymbol{b}_{\mathrm{edge}}$ 为伯氏矢量的刃型分量。在实验操作中，在双束条件下，对于操作反射 $\boldsymbol{g}$，只要满足 $\boldsymbol{g}\cdot\boldsymbol{b}=0$ 的条件，即使不是螺型位错也只有微弱的残余衬度。因此，可以用 $\boldsymbol{g}\cdot\boldsymbol{b}=0$ 作为全位错的消光条件。这样，位错伯氏矢量测定就大幅度简化了，只需要确定两个操作反射相应的暗场像中位

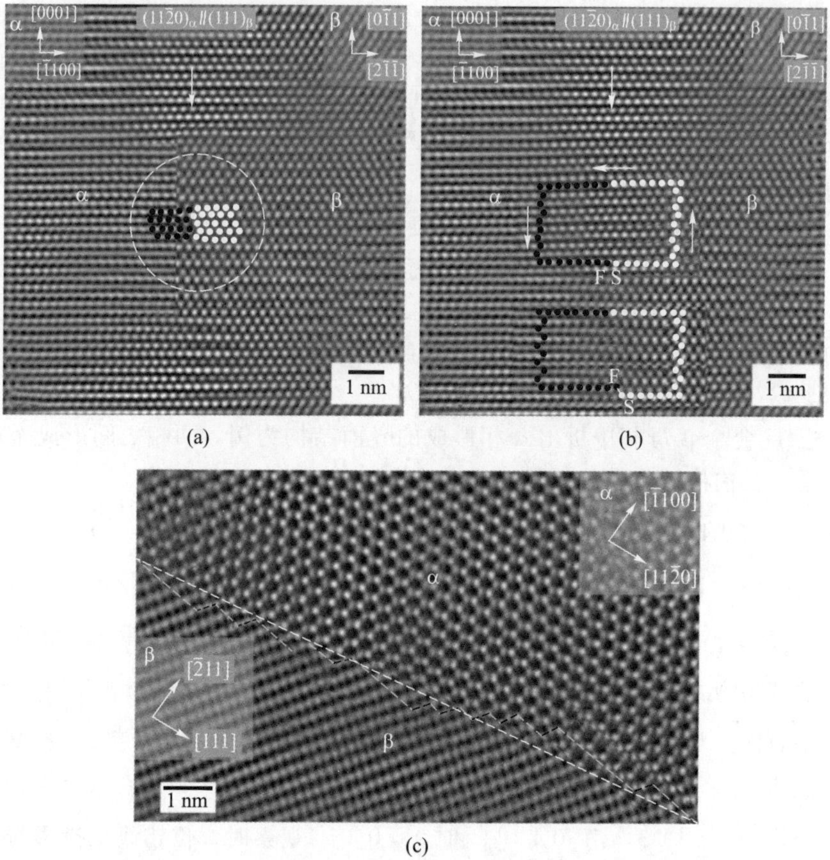

图 3.11　Ti 合金中 β 相和 α 相界面结构的 TEM 高分辨像[23]（参见书后彩图）：(a) 沿$[1\ 1\ 1]_\beta$或$[1\ 1\ \bar{2}\ 0]_\alpha$观察，圆圈位置为一个位错；(b) 伯氏回路作图确定位错的伯氏矢量；(c) 沿$[0\ \bar{1}\ 1]_\beta$或$[0\ 0\ 0\ 1]_\alpha$观察界面结构

错消光，即 $\boldsymbol{g}_1 \cdot \boldsymbol{b}=0$ 和 $\boldsymbol{g}_2 \cdot \boldsymbol{b}=0$，即可得出

$$\boldsymbol{b} \mathbin{//} \boldsymbol{g}_1 \times \boldsymbol{g}_2 \tag{3.26}$$

表 3.4　位错衬度理论消光条件

螺型位错	刃型位错	混合位错
$\boldsymbol{g} \cdot \boldsymbol{b}=0$	$\boldsymbol{g} \cdot \boldsymbol{b}=0$	$\boldsymbol{g} \cdot \boldsymbol{b}=0$
—	$\boldsymbol{g} \cdot \boldsymbol{b} \times \boldsymbol{v}_\mathrm{d}=0$	$\boldsymbol{g} \cdot \boldsymbol{b}_\mathrm{edge}=0$
—	—	$\boldsymbol{g} \cdot \boldsymbol{b} \times \boldsymbol{v}_\mathrm{d}=0$

然而实验通常难以满足理想的动力学条件，而且在相界面上，位错消光判据往往不会严格成立。有时会得到互相矛盾的衍衬结果，所以实验需要在多个界面上重复验证，对实验结果进行统计分析。

确定位错伯氏矢量的衍射衬度分析法的具体步骤如下：

（1）分别在 2~3 个不同晶带轴附近倾转样品，得到不同操作反射 $\boldsymbol{g}$ 的双束或者接近双束的条件，拍摄界面位错的中心暗场像。

（2）分析各操作反射 $\boldsymbol{g}$ 对应暗场像中位错的衬度，以强、中、弱、不可见区分。

（3）找出两组以上位错不可见或者衬度很弱的暗场像，它们对应的操作反射 $\boldsymbol{g}$ 可能满足 $\boldsymbol{g}\cdot\boldsymbol{b}=0$。

（4）将两个不同的位错消光时相应的 $\boldsymbol{g}$ 矢量代入式(3.25)，计算 $\boldsymbol{b}$ 的方向。

下面，我们继续以 Ti 合金 β 母相中析出 α 相形成的界面为例说明[22]。不同 α 相的惯习面都具有相同的结构，即含有一套间距相同的平行排列的位错。这些位错可能的伯氏矢量以及部分 $\boldsymbol{g}\cdot\boldsymbol{b}$ 计算结果列于表 3.5。图 3.12 为入射电子束在$[1\ 0\ 0]_\beta$ 和$[1\ 1\ \bar{1}]_\beta$ 晶带轴附近用不同的操作反射获得的暗场像，可见当图 3.12e 中 $\boldsymbol{g}_\beta^\mathrm{L}=(0\ 1\ 1)_\beta$ 时，位错消光（图中多个箭头指向的线状特征为台阶结构）。在其他晶带轴附近，也可以获得多个暗场像。将这些实验结果总结在表 3.5 中，统计各暗场像中位错的衬度发现，当 $\boldsymbol{g}_\beta^\mathrm{L}=(1\ 1\ 0)$时也出现了位错消光。衬度变化规律与 $\boldsymbol{g}\cdot\boldsymbol{b}$ 计算结果一致的伯氏矢量只有 $\boldsymbol{b}_\beta^\mathrm{L}=[1\ \bar{1}\ 1]_\beta/2$（α 相中对应的矢量为$[2\ \bar{1}\ \bar{1}\ 3]_\alpha/6$）。

表 3.5 惯习面上位错衬度实验结果与 $\boldsymbol{g}\cdot\boldsymbol{b}$ 计算结果

$\boldsymbol{g}_\beta^\mathrm{L}$	位错衬度	$\boldsymbol{b}_\beta^\mathrm{L}=[1\ \bar{1}\ 1]_\beta/2$	$\boldsymbol{b}_\beta^\mathrm{L}=[\bar{1}\ 1\ 1]_\beta/2$	$\boldsymbol{b}_\beta^\mathrm{L}=[0\ \bar{1}\ 1]_\beta/2$	$\boldsymbol{b}_\beta^\mathrm{L}=[0\ 1\ 0]_\beta/2$
$(0\ \bar{1}\ 1)$	强	1	0	1	−1
$(1\ 0\ 1)$	中	1	0	1/2	0
$(1\ \bar{1}\ 0)$	强	1	−1	1/2	−1
$(0\ 1\ 1)$	消光	0	1	0	1
$(1\ 1\ 0)$	消光	0	0	−1/2	1
$(2\ 0\ 0)$	中	1	−1	0	0
$(0\ 2\ 0)$	中	−1	1	−1	2
$(0\ 0\ \bar{2})$	中	−1	1	−1	0

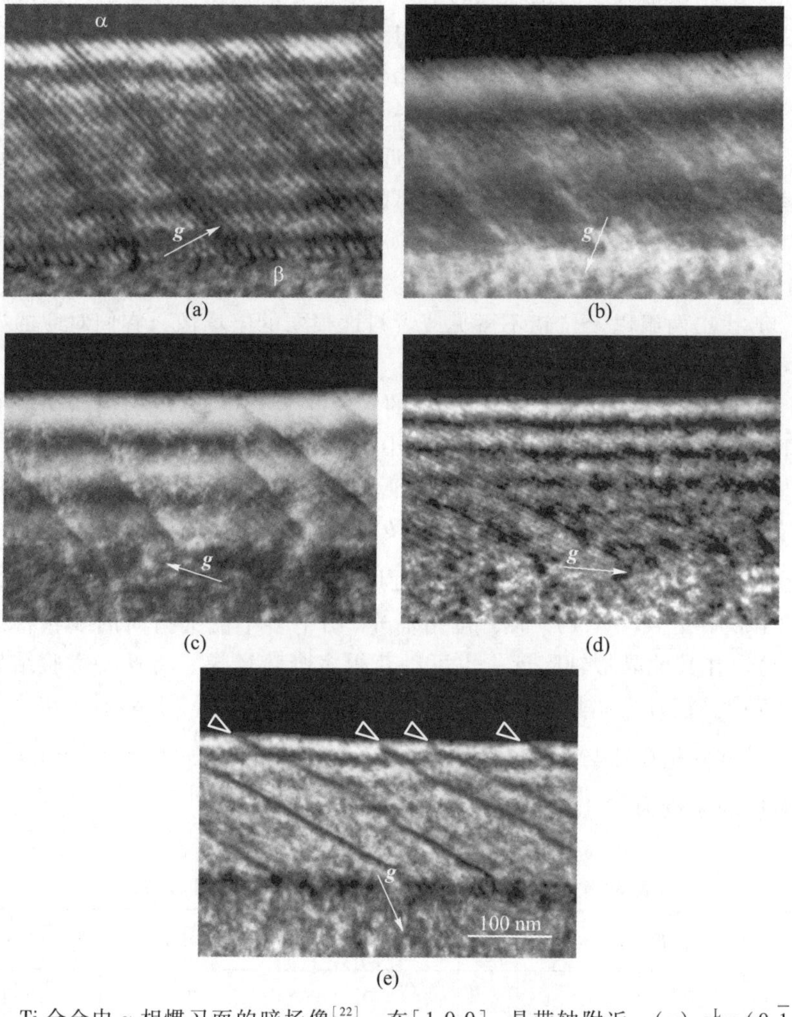

图 3.12　Ti 合金中 α 相惯习面的暗场像[22]。在$[1\,0\,0]_\beta$晶带轴附近：(a) $\boldsymbol{g}_\beta^{L}=(0\,\bar{1}\,1)_\beta$；(b) $\boldsymbol{g}_\beta^{L}=(0\,2\,0)_\beta$；(c) $\boldsymbol{g}_\beta^{L}=(0\,0\,\bar{2})_\beta$。在$[1\,1\,\bar{1}]_\beta$晶带轴附近：(d) $\boldsymbol{g}_\beta^{L}=(1\,0\,1)_\beta$；(e) $\boldsymbol{g}_\beta^{L}=(0\,1\,1)_\beta$

3.6　本章小结

相变晶体学表征内容包括两相之间的位向关系、界面取向及结构、位错线的方向和伯氏矢量等，精确的表征结果可为理解相变晶体的形成规律提供可靠的实验数据。本章介绍了这些晶体学特征的常用表征方法。位向关系可以应用TEM测量或者EBSD进行统计分析。界面取向通常可以用投影宽度法、双迹线法或直立法确定，界面位错线方向通过迹线法确定，而界面位错伯氏矢量通过衍射衬度分析法确定。这些方法需要综合运用晶体学知识、电子显微学知识以及相应的计算和实验技能，通常是在电子显微镜下获取一定的实验数据后，进行定量计算和分析，才能得到所需的晶体学数据。不同的方法有其自身的优缺点和不同的测量精度，测量中也会受到样品条件的限制，因此在实际应用中需要根据样品的情况和需要的实验数据选择合适的方法。

参考文献

[1] Song T, De Cooman B C. Martensite nucleation at grain boundaries containing intrinsic grain boundary dislocations. ISIJ International, 2014, 54(10): 2394-2403.

[2] Lieberman D S, Wechsler M S, et al. Cubic to orthorhombicdiffusionless phase change: Experimental and theoretical studies of AuCd. Journal of Applied Physics, 1955, 26(4): 473-484.

[3] Young C T, Steele J H, Lytton J L. Characterization of bicrystals using kikuchi patterns. Metallurgical Transactions, 1973, 4(9): 2081-2089.

[4] Liu Q. A new method for determining the normals to planar structures and their trace directions in transmission electron microscopy. Journal of Applied Crystallography, 1994, 27(5): 762-766.

[5] Mompiou F, Xie R X. Pycotem: An open source toolbox for online crystal defect characterization from TEM imaging and diffraction. Journal of Microscopy, 2020, 282(1): 1-14.

[6] Qiu D, Zhang M X. A simple and inclusive method to determine the habit plane in transmission electron microscope based on accurate measurement of foil thickness. Materials Characterization, 2014, 94(8): 1-6.

[7] 戎咏华. 分析电子显微学导论. 2版. 北京: 高等教育出版社, 2014.

[8] Pumphrey P H, Bowkett K M. An accurate method for determining crystallographic orientations by electron diffraction. Physica Status Solidi A, 1970, 2(2): 339-346.

[9] Ryder P L, Pitsch W. On the accuracy of orientation determination by selected area electron diffraction. Philosophical Magazine, 1968, 18(154): 807-816.

[10] Xie R X, Zhang W Z. τompas: A free and integrated tool for online crystallographic analysis in transmission electron microscopy. Journal of Applied Crystallography, 2020, 53(2): 561-568.

[11] Zhang M X, Kelly P M, Gates J D. Determination of habit planes using trace widths in TEM. Materials Characterization, 1999, 43(1): 11-20.

[12] Kelly P M, Jostsons A, Blake R G, et al. The determination of foil thickness by scanning transmission electron microscopy. Physica Status Solidi A, 1975, 31(2): 771-780.

[13] Hirsh P, Howie A, Nicholson R B, et al. Electron microscopy of thin crystals. 2nd ed. Malabar, Florida: Robert E. Krieger Publishing Company, 1977.

[14] Edington J W. Practical electron microscopy in materials science. London: Macmillan, 1975.

[15] Xie R X, Larranaga M, Mompiou F, et al. A general and robust analytical method for interface normal determination in TEM. Ultramicroscopy, 2020, 215: 113009.

[16] Liu Q. A simple method for determining orientation and misorientation of the cubic crystal specimen. Journal of Applied Crystallography, 1994, 27(5): 755-761.

[17] 孟杨，谷林，张文征. TEM 精确测定无理择优界面取向. 金属学报，2010，46(4): 411-417.

[18] Zhang W Z, Purdy G R. A TEM study of the crystallography and interphase boundary structure of α precipitates in a Zr-2.5wt%Nb alloy. Acta Metallurgica et Materialia, 1993, 41(2): 543-551.

[19] Qiu D, Zhang W Z. A TEM study of the crystallography of austenite precipitates in a duplex stainless steel. Acta Materialia, 2007, 55(20): 6754-6764.

[20] Qiu D, Zhang M X, Kelly P M, et al. Crystallography of surface precipitates associated with shape change in a Ti-5.26wt%Cr alloy. Acta Materialia, 2013, 61(20): 7624-7638.

[21] Xu W S, Zhang W Z. Caution in building a Burgers circuit for studying secondary dislocations. Journal of Materials Science & Technology, 2019, 35(6): 1192-1197.

[22] Ye F, Zhang W Z, Qiu D. A TEM study of the habit plane structure of intragranular proeutectoid α precipitates in a Ti-7.26wt%Cr alloy. Acta Materialia, 2004, 52(8): 2449-2460.

[23] Zheng Y, Williams R E A, Viswanathan G B, et al. Determination of the structure of α-β interfaces in metastable β-Ti alloys. Acta Materialia, 2018, 150(5): 25-39.

第 4 章

界面位错结构的定量分析方法

邱冬

4.1 引言

两相间界面位错结构的定量分析是理解新相形貌各向异性的重要手段。在很多合金体系中，新相与母相晶体之间存在着自然择优的位向关系和界面取向，界面上通常存在特定的错配位错，以最大限度地维持界面上择优态结构的点阵匹配(可以表现为一次择优态的共格结构或二次择优态的重位共格结构)，从而减小界面能的结构分量，最终降低整个体系的界面能。目前，很多关于材料科学和物理冶金的教科书中介绍的界面位错计算方法往往是将界面处两相的点阵错配简化成一维情况，以方便读者直观地理解共格界面、半共格界面以及非共格界面。然而在实际的相变体系中，新相和母相通常具有不同的晶体结构；两相单胞的尺寸在有些体系中相差很小，但在有些体系中可以相差很大；两相中沿着某个方向的点阵矢量长度可以很接近，但沿着另一个方向的点阵矢量长度则可能相差很远。因此，两相界面上的点阵错配往往会表现出复杂的各向异性，这时简单的一维错配分析方法显然不再适用。为了处理一般相界上的三维点阵错配问题，我们需要建立一个三维的错配变形场。对于一个给定的相变体系，根据第 3 章介绍的实验方法，我们可以测量出两相间的位向关系。只要在界面上观察到了有序排列的位错，这个位向关系一定会满足界面出现择优态的条件。正如第 1 章所介绍的，将两相点阵按照位向关系穿插，可以获得匹配好位置(good matching site，GMS)团簇，根据 GMS 团簇内部匹配关系便可以确定新相与母相间的点阵匹配对应关系，进而运用第 2 章介绍的矩阵计算方法获得在公用直角坐标系下联系匹配位置的错配变形场矩阵，也称为相变变形场矩阵或相变矩阵，它描述了点阵匹配对应点之间的变形。在此基础上，如何根据错配变形场矩阵进行择优界面的选取，如何对择优界面上的错配位错进行定量分析，是本章要讲述的核心内容。

本章将重点介绍用来分析界面结构最通用的一种数学工具——O 点阵模型。首先，通过引入位移矩阵，定量描述给定位向关系下三维空间中的错配位移场，进而求解出择优界面上的错配位错组态。然后，以常见的 fcc-bcc 相变体系为例详细讲解 O 点阵模型的计算步骤。最后，本章会比较 O 点阵模型和另外一个长期被学术界广泛运用的 Frank-Bilby 模型，帮助读者理解二者之间的联系与区别。

O 点阵模型诞生于 20 世纪 60 年代末，由瑞士物理学家 Bollmann 创建[1,2]。在接下来的二三十年间，O 点阵模型描述界面错配背后的基本理念得到了学术界的广泛认可，O 点阵模型的普适性和数学形式的严谨性也为之赢得了界面理论里程碑的声誉。美中不足的是，Bollmann 的著作中并没有对界面位错组态给出直接的计算方法，这在一定程度上限制了 O 点阵模型的实际应用。20 世纪 90 年代初，张文征和 Purdy[3] 进一步发展了 O 点阵模型，推导出了描述界面错配位错的通用公式，并建立了主 O 点阵面与可测量的倒易矢量之间的关系，方便人们采用 O 点阵模型定量研究择优界面及其界面结构。由于 O 点阵模型的计算过程主要基于矩阵运算，有些线性代数基础相对薄弱的初学者对此通常“敬而远之”。因此，为了满足从事相变和界面领域研究的学者以及对相变晶体学感兴趣的一般读者学习并运用 O 点阵模型解决实际问题的愿望，本章将着重讲解 O 点阵模型数学公式背后的物理本质，结合图形和实例系统地介绍 O 点阵模型的基本概念、计算步骤和适用条件，并辨析一些易混淆的概念。

4.2　O 点阵的基本概念

4.2.1　二维空间中的 O 点阵

“O 点阵”字面上的意思是“原点的点阵”，本质上就是周期性排列的“零错配”位置的集合，这个“零错配”的位置称为“O 单元”，每一个 O 单元的位置可以等价为原点的位置。在介绍 O 点阵更严谨的数学定义之前，我们先通过一个简单的例子介绍如何运用图形的方法——穿插法——来构造和识别一个 O 点阵。对于一个已知的相变体系，在新相和母相点阵中任意取出一对阵点，令其重合，把它们作为公用坐标原点，建立一个公用直角坐标系。根据两相的晶体结构、点阵常数以及事先给定的位向关系，我们就可以在这个公用直角坐标系下从公用坐标原点出发分别画出新相和母相的点阵，使之在三维空间中相互穿插。这种相互穿插一定会导致某些匹配好位置(GMS)阵点和其余匹配差位置阵点。通常自然择优的位向关系会使界面上局部出现 GMS 团簇，即匹配好区 。由于两相点阵各自的周期性，这些团簇会在三维空间呈周期性分布。

为了方便读者理解，图 4.1 提供了一个二维空间中两相点阵相互穿插的例子。图中两相具有相同的简单立方点阵，相互之间存在一个绕[0 0 1]方向的

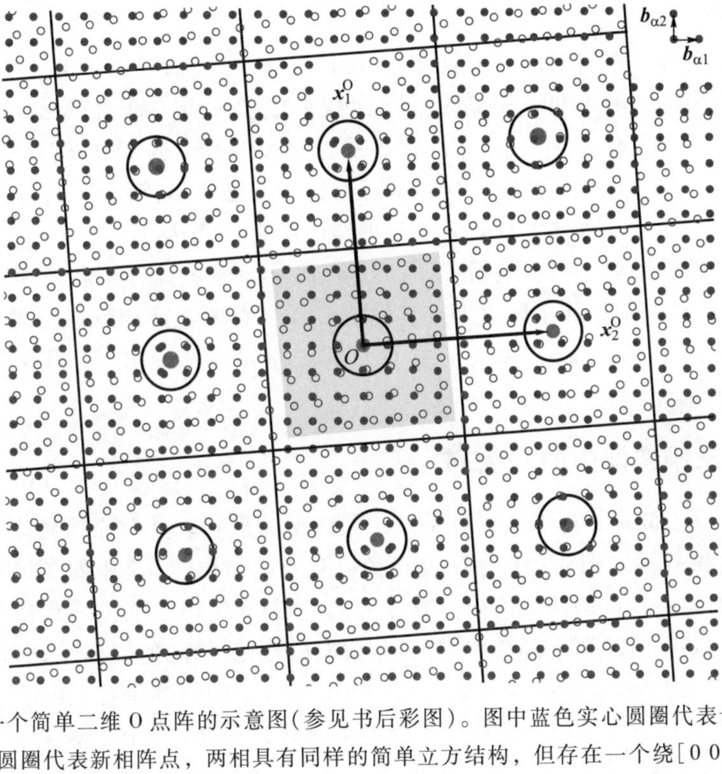

图 4.1 一个简单二维 O 点阵的示意图(参见书后彩图)。图中蓝色实心圆圈代表母相阵点，蓝色空心圆圈代表新相阵点，两相具有同样的简单立方结构，但存在一个绕[0 0 1]方向旋转 7.5°的位向差。红色实心圆代表 O 单元的位置，黑色实线代表 O 胞壁的位置。母相沿水平和竖直方向的伯氏矢量分别为 $\boldsymbol{b}_{\alpha 1}$ 和 $\boldsymbol{b}_{\alpha 2}$，与之相对应的主 O 点阵矢量分别为 $\boldsymbol{x}_1^O$ 和 $\boldsymbol{x}_2^O$。紫色圆圈内的区域代表匹配好区，中间浅绿色阴影区域代表原点附近弛豫后形成的以匹配好区为中心的共格区

小角度位向差。根据穿插法，就可以得到图 4.1 中具有周期性分布的花样。当我们从原点出发沿着标记为 $\boldsymbol{x}_1^0$ 的方向观察时，最近邻的一对阵点的间距开始逐渐变大，伴随着点阵错配逐渐增加，错配的方向沿着母相的基矢 $\boldsymbol{b}_{\alpha 1}$；当跨过图中所示的黑色实线后，与新相阵点(空心圆)最近邻的母相阵点(实心圆)改变了匹配关系，于是最近邻的一对阵点的间距又开始逐渐变小，直到由 $\boldsymbol{x}_1^0$ 矢量指向的实心圆附近，两相阵点再次接近重合，附近区域形成一个匹配好区，即图中较大圆圈所限定的区域。这个匹配好区的中心就在实心圆处，可以证明(详见 4.3 节)，在这个位置上两相点阵之间没有错配，这个“零错配”的位置就是 O 单元。类似地，当我们沿着标记为 $\boldsymbol{x}_2^0$ 的方向观察时，同样可以观察到最近邻的一对阵点间距沿着另外一个基矢 $\boldsymbol{b}_{\alpha 2}$方向先递增后递减的变化规律，并在矢量 $\boldsymbol{x}_2^0$ 端点附近发现另一个匹配好区，这个匹配好区的中心也定义了一个 O 单元。

依此类推，在周期性分布的每个匹配好区中心，都可以定义一个 O 单元，这样在整个平面内周期性分布的 O 单元就形成了一个二维的“O 点阵”，可以用它来描述匹配好区的分布。图 4.1 中的矢量 $\boldsymbol{x}_1^0$ 和 $\boldsymbol{x}_2^0$ 分别称作对应于点阵晶胞基矢 $\boldsymbol{b}_{\alpha 1}$和 $\boldsymbol{b}_{\alpha 2}$的主 O 点阵矢量，也就是这个二维 O 点阵的基矢，任意一个 O 单元的位置都可以通过主 O 点阵矢量的线性组合来表达。

需要说明的是，在一般情况下，O 单元未必与来自母相和新相的阵点重合。事实上图 4.1 中除了原点外，其他的 O 单元都不在两相阵点位置上。通过矩阵代数的方法，定义 O 单元的主 O 点阵矢量可以精确求解，我们将在下一节详细介绍。

4.2.2　三维空间中的 O 点阵

在三维空间中，O 单元可以是点、线或面的形状，其对应的名称分别为 O 点、O 线和 O 面。图 4.1 中的 O 单元就是 O 点。假设图 4.1 中的二维点阵是沿[0 0 1]轴相对转动的两个简单立方点阵的一层(0 0 1)晶面，那么在三维空间中，每层(0 0 1)晶面上都会重复出现与图 4.1 完全相同的周期性分布的花样，而且每一层的匹配好区都会出现在与图 4.1 中所示的同样位置。由于两相点阵在转轴[0 0 1]方向上没有错配，如果我们把每层同样位置的匹配好区中心(即 O 点)连接起来，就可以得到一组平行于[0 0 1]方向的、处处零错配的直线，即 O 线，如图 4.2 中的虚线所示。这些周期性分布的 O 线就在三维空间中定义了一个以 O 线为单元的 O 点阵。

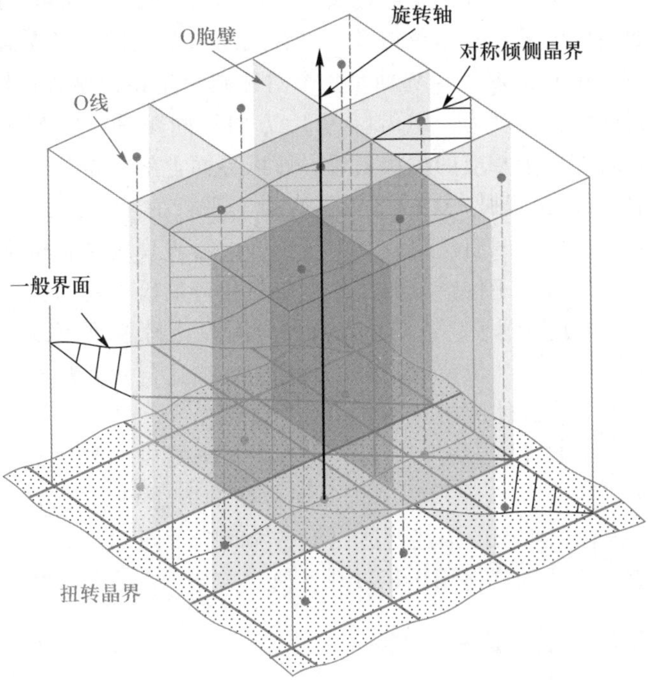

图 4.2 由图 4.1 衍生出来的，在三维空间中 O 线与 O 胞壁的分布以及不同取向的界面与 O 胞壁相截后形成不同位错组态的示意图[4]（参见书后彩图）

4.2.3 O 胞和 O 胞壁

在 O 点阵模型中，除了 O 单元，另外两个重要的概念是 O 胞和 O 胞壁。如果说 O 单元定义了没有点阵错配的位置，那么 O 胞壁就定义了点阵匹配最差的位置，如图 4.1 中黑色实线所示。在三维空间中，每一组 O 胞壁都是具有特定间距的二维平面；以每个 O 单元为中心，由 O 胞壁围起来的空间就称为 O 胞。

一般来说，界面上的错配位错会在点阵匹配较差的位置附近出现，那么 O 胞壁与界面相交的位置就给出了错配位错最可能出现的位置，这就是应用 O 点阵模型分析界面位错结构的基本逻辑。例如，在图 4.2 中，与图 4.1 中两个伯氏矢量 $\boldsymbol{b}_{\alpha1}$ 和 $\boldsymbol{b}_{\alpha2}$ 相对应，在三维空间中存在两组相互正交的 O 胞壁，它们都平行于[0 0 1]方向（关于 O 胞壁法线方向的计算方法，将在 4.5 节介绍）。当界面取向发生变化时，界面与 O 胞壁的截线也会相应地发生变化。图 4.2 中给出了三个不同取向的界面与 O 胞壁相交的例子。当界面垂直于[0 0 1]转轴时，这个界面是一个纯扭转晶界，界面垂直于两组 O 胞壁，O 胞壁与扭转晶界的截线表现为正交的位错网，如图中红色实线所示，由于每组位错线的方向都接近平行于相应的伯氏矢量，每组位错都可以看成纯螺型位错。当界面平行于[0 0 1]转轴且含有一组 O 线时，该界面是一个对称倾侧晶界，界面只与其中一组 O 胞壁相截，其截线就表现为一组沿[0 0 1]方向等间距平行排列的位错，由于此时位错线方向垂直于相应的伯氏矢量，所以界面上的每根位错都是纯刃型位错；对于其他与公用转轴[0 0 1]既不垂直也不平行的一般晶界，与 O 胞壁相交后，会在界面上留下两组位错，其中至少一组会表现为混合位错，刃型与螺型位错分量的比例取决于位错线的实际方向与相应伯氏矢量的夹角。

通过图 4.2 所示的例子，我们可以看到应用 O 点阵模型可以很方便地描述各种不同类型晶界上错配位错的组态，而且这些描述与实验观察的结果也是一致的。对于立方结构晶体纯扭转晶界和对称倾侧晶界，在一般相关的教科书上可以找到位错组态的计算公式，但是很少有教科书提供一般晶界上位错组态的计算方法，所以基于 O 点阵模型分析界面位错的方法可以有效弥补现有教材中对晶间界面上位错组态的描述普适性不足的问题。同理，上述分析晶界上错配位错的 O 点阵方法同样适用于相界。

4.2.4　O 点阵模型的适用条件

需要强调的是，并非任意界面与 O 胞壁的截线都可以用来描述错配位错。那么在什么条件下，O 点阵模型才是适用的呢？又在什么条件下，运用 O 点阵模型描述的错配位错才是合理的呢？

首先，使用 O 点阵模型进行界面位错结构分析的一个重要前提是假定界面附近不存在长程应变场。换句话说，由于两相在界面上点阵错配而引起的错配变形场完全由界面上的错配位错所抵消。当界面尺寸远远大于位错间距时，实验中观察到的半共格界面通常都满足这个条件。不过对于处于相变初期，尺寸非常小(几个纳米)的新相(通常是亚稳相)，其很可能与周围的母相整体保持共格，微小的点阵错配会在界面附近累积，形成长程应变场(弹性场)。O 点阵模型并不适用于描述这些共格界面，因为这些共格界面不满足上述前提。另外需要说明的是，在 O 点阵模型中，界面上的原子仍旧严格保持其所属点阵的周期性，即处于刚性状态，而实际界面上处于共格区的原子一般会偏离其原有位置以维持界面两侧点阵的共格状态，这种原子局部位置的自我调整通常称为原子弛豫。

这里请读者注意由 GMS 团簇定义的匹配好区与弛豫后界面上共格区的联系与区别。前者是指刚性模型中界面上最近邻的一对阵点间错配量小于一个阈值(例如母相最近邻阵点间距的 15%)的区域(如图 4.1 中粉色圆圈所限定的区域)。共格区一般是指在界面上能够在局部保持点阵匹配对应关系，并通过弛豫实现共格的区域。匹配好区与共格区都是对界面上低错配区域的描述，但匹配好区是在刚性条件下定义的，即匹配好区内所有阵点的空间位置严格遵守晶体几何；而共格区是根据界面弛豫后的实际状态来定义的，在常见的半共格界面上除去错配位错之外的区域都可以视为共格区。从这个意义上讲，可以把匹配好区看作共格区的前身，共格区以匹配好区为中心，由附近的原子位置弛豫形成，不过这种弛豫不影响界面上共格区和错配位错的交替分布。因为具有零错配特征的 O 单元是 GMS 团簇的中心，在运用 O 点阵模型分析界面择优取向和计算位错结构时，可以用 O 单元代表共格区的位置和分布。因此，尽管没有考虑弛豫的影响，利用 O 点阵模型仍然可以对实际界面上的错配位错组态给出基本合理的描述。

其次，根据 O 胞壁与界面的截线定义的位错通常称为“数学位错”[5]。这些数学位错与真实的错配位错并非总是吻合的。以 O 胞壁与界面的截线作为位错来计算的前提是这些数学位错之间必须存在一个共格区，而且共格区的尺寸要明显大于阵点的最小间距(即伯氏矢量的长度)。要满足上述前提，界面上就一定要含有作为共格区中心的 O 单元。一个具有周期性排列位错的界面必须含有周期性分布且间距足够大的 O 单元，这样才能满足数学位错与 O 单元交替出现的同步周期性，此时用这些数学位错来描述实际界面上的错配位错才是合理的。在后文中我们将首先分析含周期性位错界面的位错组态，然后再考虑一般取向的界面。

最后，需要说明的是，在没有特殊注释时，O 点阵一般指的是一次 O 点阵，用来计算处于一次择优态的系统界面上错配位错的组态。当相邻位错之间的阵点经过弛豫后能够形成共格区时，这些位错属于一次错配位错，因此常见半共格界面上的位错都是一次错配位错，都可以用一次 O 点阵来描述。习惯上，我们通常将这种位错前面“一次”这个称谓省去，简称为错配位错，因为它们的伯氏矢量就是点阵的伯氏矢量。对于两相点阵单胞尺寸相差很大的系统，两相点阵通过弛豫无法形成共格区，而只能以特定匹配方式形成二次择优态，其周期性结构由重位点阵(coincidence site lattice，CSL)代表，此时实际体系偏离重位点阵而产生的错配称为二次错配，用来抵消二次错配的位错称为二次错配位错，用来描述二次错配位错的 O 点阵称为二次 O 点阵，而二次 O 点阵需要基于 CSL 和完整图形平移点阵(displacement complete pattern-shift lattice，DSCL)构造。关于二次 O 点阵的相关计算，将在第 6 章详细介绍。本章将以一次择优态系统为例介绍 O 点阵的计算和应用，其基本方法与公式同样适用于二次择优态系统，只是输入变量要做相应变化。

4.3　主 O 点阵矢量

4.3.1　错配位移的数学表达

通过上一节的介绍，我们知道主 O 点阵矢量是 O 点阵的基矢。由于 O 点阵定义了零错配位置的集合，所以在计算主 O 点阵矢量之前，我们必须先明确如何定义点阵错配。所谓错配，是对偏离“点阵匹配”状态的定量描述，我们将来自两相点阵的最近邻阵点之间的位移称为错配位移。一般情况下，错配位移的大小和方向随被考察的位置而变化，错配位移在三维空间中的分布就构成了错配位移场。为了定量描述错配位移，我们结合图 4.3（图 4.1 的局部放大）给出的例子进行说明。假定以简单旋转相联系的两套点阵分别记为 α 和 β，定义 α 点阵的二维基矢是相互正交的两个伯氏矢量 $\boldsymbol{b}_{\alpha1}$ 和 $\boldsymbol{b}_{\alpha2}$，与之相关的定义 β 点阵的二维基矢分别记为 $\boldsymbol{b}_{\beta1}$ 和 $\boldsymbol{b}_{\beta2}$。在原点右侧、与原点间隔单层 O 胞壁的 O 胞中，随机选取一个在 β 点阵中的矢量 $\boldsymbol{x}_\beta$，其坐标为（$10\boldsymbol{b}_{\beta1}$，$2\boldsymbol{b}_{\beta2}$）。根据简单旋转所规定的点阵对应关系，与 $\boldsymbol{x}_\beta$ 相关的矢量 $\boldsymbol{x}_\alpha$ 在 α 点阵中应该具有同样的坐标（$10\boldsymbol{b}_{\alpha1}$，$2\boldsymbol{b}_{\alpha2}$）。根据 2.6 节的介绍，这一对相关矢量 $\boldsymbol{x}_\alpha$ 和 $\boldsymbol{x}_\beta$ 在公用直角坐标系中的表达由错配变形场矩阵 **A** 相联系，即

$$\boldsymbol{x}_\beta = \mathbf{A}\boldsymbol{x}_\alpha \tag{4.1}$$

由于这个示例描述的是相同点阵结构晶体之间的界面，式（4.1）中的 **A** 实际上

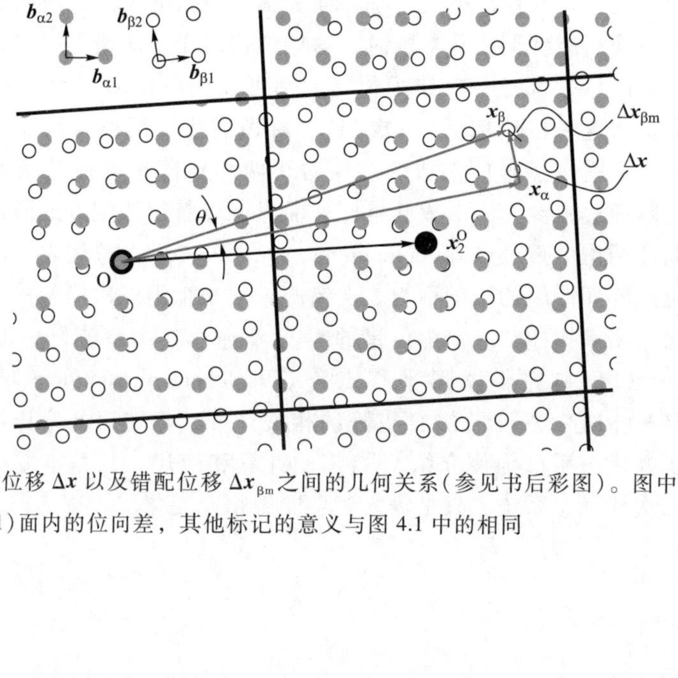

图 4.3　相对位移 $\Delta\boldsymbol{x}$ 以及错配位移 $\Delta\boldsymbol{x}_{\beta m}$ 之间的几何关系（参见书后彩图）。图中 θ 为 α 相与 β 相在（0 0 1）面内的位向差，其他标记的意义与图 4.1 中的相同

是描述晶间位向差的一个旋转矩阵。在式(4.1)的基础上，我们就可以描述 $\boldsymbol{x}_\alpha$ 与 $\boldsymbol{x}_\beta$ 这一对相关矢量之间的矢量差 $\Delta\boldsymbol{x}$，即

$$\Delta\boldsymbol{x} = \boldsymbol{x}_\beta - \boldsymbol{x}_\alpha = (\mathbf{I} - \mathbf{A}^{-1})\boldsymbol{x}_\beta = \mathbf{T}\boldsymbol{x}_\beta \tag{4.2}$$

式中，$\mathbf{I}$ 是单位矩阵；$\mathbf{T} = (\mathbf{I} - \mathbf{A}^{-1})$ 称为位移矩阵。$\Delta\boldsymbol{x}$ 也通常称为与矢量 $\boldsymbol{x}_\beta$ 相关的相对位移。

一般来说，除非矢量 $\boldsymbol{x}_\beta$ 处于以公用直角坐标系原点为中心的 O 胞内，错配位移与相对位移并不等价。在图 4.3 中不难发现，与阵点 $\boldsymbol{x}_\beta$ 最近邻的、来自 α 的阵点并不是 $\boldsymbol{x}_\alpha$，而是另一个坐标为$(10\boldsymbol{b}_{\alpha1}, 3\boldsymbol{b}_{\alpha2})$的阵点，其矢量表达为$(\boldsymbol{x}_\alpha + \boldsymbol{b}_{\alpha2})$，它与 $\boldsymbol{x}_\beta$ 之间的矢量差定义了与 $\boldsymbol{x}_\beta$ 相关的错配位移矢量 $\Delta\boldsymbol{x}_{\beta m}$，即

$$\Delta\boldsymbol{x}_{\beta m} = \boldsymbol{x}_\beta - (\boldsymbol{x}_\alpha + \boldsymbol{b}_{\alpha 2}) = \boldsymbol{x}_\beta - \mathbf{A}^{-1}\boldsymbol{x}_\beta - \boldsymbol{b}_{\alpha2} = (\mathbf{I} - \mathbf{A}^{-1})\boldsymbol{x}_\beta - \boldsymbol{b}_{\alpha2} = \mathbf{T}\boldsymbol{x}_\beta - \boldsymbol{b}_{\alpha2} \tag{4.3}$$

4.3.2 主 O 点阵矢量的数学表达

根据前面对于 O 单元的定义，由主 O 点阵矢量定义位置的错配位移 $\Delta\boldsymbol{x}_{\beta m} = \mathbf{0}$。那么根据式(4.3)，在与 $\boldsymbol{x}_\beta$ 同处于一个 O 胞内的主 O 点阵矢量 $\boldsymbol{x}_2^0$ 必须满足

$$\mathbf{T}\boldsymbol{x}_2^0 = \boldsymbol{b}_{\alpha2} \tag{4.4}$$

同理，读者可以自行推导图 4.1 中另一个主 O 点阵矢量 $\boldsymbol{x}_1^0$ 的表达式，即

$$\mathbf{T}\boldsymbol{x}_1^0 = \boldsymbol{b}_{\alpha1} \tag{4.5}$$

从式(4.4)和式(4.5)可以发现，图 4.1 中每个主 O 点阵矢量的相对位移就是 α 相的一个伯氏矢量。对于一般的相变体系或晶间界面，主 O 点阵矢量同样遵守这个规律，即

$$\mathbf{T}\boldsymbol{x}_i^0 = \boldsymbol{b}_i \tag{4.6}$$

式中，$\boldsymbol{x}_i^0$ 代表主 O 点阵矢量；$\boldsymbol{b}_i$ 是 α 相的伯氏矢量。这是 O 单元的一个非常重要的性质，由于主 O 点阵矢量定义了与原点相隔单层 O 胞壁的 O 单元，一个完整点阵伯氏矢量的相对位移意味着，在这个单层 O 胞壁与界面相交的地方一定存在一根伯氏矢量为 b_i 的错配位错，这就是利用 O 胞壁截线描述界面错配位错的物理依据。

对于远离原点的任意 O 胞内的矢量 $\boldsymbol{x}_\beta$，我们同样可以根据点阵对应关系先找到相关矢量 $\boldsymbol{x}_\alpha$，然后通过在 α 点阵中沿着伯氏矢量线性叠加找到与 $\boldsymbol{x}_\beta$ 最近邻的 α 点阵的矢量，这时与 $\boldsymbol{x}_\beta$ 矢量相关的错配位移可以表达为

$$\Delta\boldsymbol{x}_{m\beta} = \boldsymbol{x}_\beta - (\boldsymbol{x}_\alpha + \sum k_i\boldsymbol{b}_{\alpha i}) = \mathbf{T}\boldsymbol{x}_\beta - \sum k_i\boldsymbol{b}_{\alpha i} \tag{4.7}$$

上式中，系数 k_i 是整数。为了确保 $\Delta\boldsymbol{x}_{\beta m}$是与矢量 $\boldsymbol{x}_\beta$ 相关的最短位移矢量，$\Delta\boldsymbol{x}_{\beta m}$必须满足 $|\Delta\boldsymbol{x}_{\beta m}| \leqslant |\Delta\boldsymbol{x}_{\beta m} \pm \boldsymbol{b}_{\alpha i}|$。

从式(4.7)可以看出，错配位移总是可以通过相对位移($\mathbf{T}\boldsymbol{x}_\beta$)减掉整数倍个 α 点阵中的某个伯氏矢量或某几个伯氏矢量的线性组合得到。由式(4.6)可知，伯氏矢量又是主 O 点阵矢量的相对位移。因此式(4.7)又可以写成

$$\Delta \boldsymbol{x}_{\beta m} = \mathbf{T}(\boldsymbol{x}_\beta - \sum k_i \boldsymbol{x}_i^0) \tag{4.8}$$

这个公式表明，计算任意 O 胞内的错配位移时，都可以将原点平移到这个 O 胞中心所在的 O 单元，再计算其相对位移。这就证明了 O 点阵作为“点阵”所具有的平移对称性，即每个 O 胞都是等价的，应用位移矩阵 **T** 可以描述以任意 O 单元为原点的 O 胞内的错配位移场。

4.3.3　主 O 点阵矢量计算的注意事项

式(4.6)定义 O 单元的数学表达形式是很简单的。在实际计算主 O 点阵矢量时，还需要注意以下两点[6]。

(1) 弄清楚参考点阵与名义点阵的关系。在研究相变晶体学时，一般人们习惯于将错配变形场矩阵作用于母相，所以在 O 点阵模型中，一般将母相点阵定义为参考点阵，伯氏矢量从参考点阵中选取，所以式(4.6)中的点阵伯氏矢量来自母相 α。主 O 点阵矢量 $\boldsymbol{x}_i^0$ 必须是定义在新相 β 点阵中的(因为上述推导错配位移过程的考察点一直是 $\boldsymbol{x}_\beta$)，这时新相 β 点阵就称为名义点阵。在 O 点阵模型中，参考点阵与名义点阵总是由来自界面两侧的不同点阵所定义。事实上，选择哪一相的点阵作为参考(或名义)点阵，对界面结构的描述都不会发生变化，但是必须保证在运用 O 点阵模型进行计算的过程中参考(或名义)点阵的选择从始至终保持统一。

为了说明参考点阵和名义点阵的选取对描述 O 单元的影响，下面举一个一维错配的例子，如图 4.4 所示。在研究一维错配问题时，O 点阵的矢量运算退化为标量运算，此时错配变形场矩阵 **A** 退化为两相的点阵常数比 $r = a_\beta / a_\alpha = 12/11$，式(4.1)随之简化为 $\boldsymbol{x}_\beta = r\boldsymbol{x}_\alpha$。相应地，位移矩阵退化为标量 $T = 1 - 1/r = 1/12$。此时如果我们选择参考点阵为 α，伯氏矢量为 $\boldsymbol{b}_\alpha$，代入式(4.6)，我们可以得到 $\boldsymbol{x}^0 = 12\boldsymbol{b}_\alpha$。根据前面我们的推导，此时名义点阵是 β，即主 O 点阵矢量定义在 β 相中，因此实际上这个 O 单元应该由来自 β 相的矢量 $11\boldsymbol{b}_\beta$ 来定义。根据点阵对应关系，在 α 相中与 O 单元相关的矢量应该是 $11\boldsymbol{b}_\alpha$，它们之间的相对位移正好是参考点阵的伯氏矢量 $\boldsymbol{b}_\alpha$。反之，如果我们选择 β 相作为参考点阵，则 $r = a_\alpha / a_\beta = 11/12$，标量 $T = 1 - 1/r = -1/11$，代入式(4.6)对应于 $-\boldsymbol{b}_\beta$ 的 $\boldsymbol{x}^0$ 表达为 $\boldsymbol{x}^0 = 11\boldsymbol{b}_\beta$。由于此时 α 点阵是名义点阵，这个 O 单元应该由来自 α 相的矢量 $12\boldsymbol{b}_\alpha$ 定义，在 β 相中与 O 单元相关的矢量为 $12\boldsymbol{b}_\beta$，它们之间的相对位移正好是参考点阵的伯氏矢量 $-\boldsymbol{b}_\beta$。这个例子告诉我们，只要正确选

择参考点阵和名义点阵进行 O 点阵的计算，不论选择哪一相作为名义点阵(或参考点阵)，都可以得到同样的计算结果，即 $\boldsymbol{x}^0 = 11\boldsymbol{b}_\beta = 12\boldsymbol{b}_\alpha$。

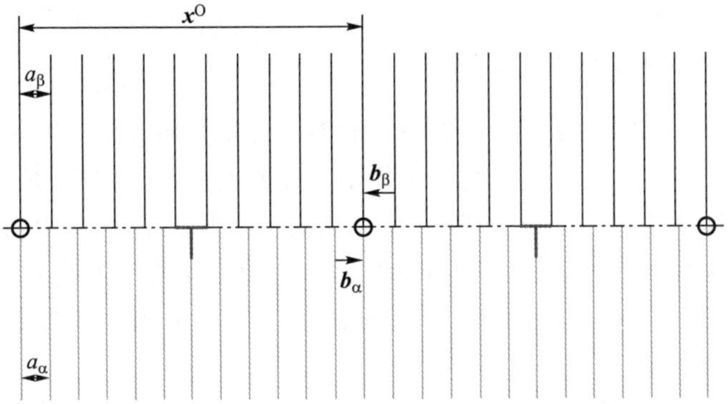

图 4.4 用来描述参考点阵、名义点阵的选取对主 O 点阵矢量 $\boldsymbol{x}^0$ 影响的一维错配示意图。其中，$a_\beta/a_\alpha = 12/11$

(2) O 单元解的表现形式取决于位移矩阵 **T** 的秩。对于一般相变体系，描述错配位移场的位移矩阵 **T** 是一个 3×3 的矩阵。当 **T** 是一个满秩矩阵时，其逆矩阵 $\mathbf{T}^{-1}$一定存在，这样根据式(4.6)，给定参考点阵中的伯氏矢量 $\boldsymbol{b}_i$，对应的主 O 点阵矢量具有唯一解，即

$$\boldsymbol{x}_i^0 = \mathbf{T}^{-1}\boldsymbol{b}_i, \quad i = 1, 2, 3 \tag{4.9}$$

通过这三个不共面的主 O 点阵矢量 $\boldsymbol{x}_1^0$、$\boldsymbol{x}_2^0$ 和 $\boldsymbol{x}_3^0$ 的线性组合，就可以得到三维空间中所有周期性分布的 O 点。当 **T** 为降秩矩阵时，式(4.6)未必有解；只有当给定的伯氏矢量满足特定条件，即伯氏矢量 $\boldsymbol{b}_i$ 含在由位移矩阵所规定的位移空间里时，式(4.6)才有解①。如果式(4.6)有解，根据非齐次线性方程组通解的性质，解集合的维数与位移矩阵的秩互补。也就是说，当 **T** 的秩为 2 时，由解集合构成的 O 单元维数为 1，该 O 单元称为 O 线。同理，如果 **T** 的秩为 1，O 单元的维数为 2，该 O 单元称为 O 面。实际相变体系中只有当两相的晶体结构和点阵常数非常特殊时，才可能满足出现 O 面的条件，一般情况下很难满足，而出现位移矩阵 **T** 的秩为 2 的条件相对宽松。在第 5 章会专门介绍 O 线模型，用来计算包括界面位错结构在内的一套完整的相变晶体学特征，而在本章我们着重介绍当位移矩阵 **T** 满秩的情况下界面位错结构的计算。

① 位移空间是所有正空间单位矢量的相对位移的集合。有关位移空间的几何形状和数学推导，详见附录 1。简而言之，位移空间的维数等于 **T** 的秩。当 **T** 的秩降为 2 或 1 时，位移空间也会退化成平面或直线，此时伯氏矢量 $\boldsymbol{b}_i$ 未必包含在位移空间里。

4.4 主 O 点阵面

4.4.1 主 O 点阵面的数学表达

在第 1 章我们曾经提到，自然择优的界面总是倾向于含有周期性排列的错配位错。满足上述特征的一个充分条件是，界面上一定要含有周期性排列的 O 单元，以保证共格区与错配位错交替出现的同步周期性。在 O 点阵模型中，我们通常将含有两个(或两个以上)主 O 点阵矢量的面称为主 O 点阵面。显然，根据定义，主 O 点阵面内一定含有周期性排列的 O 单元，自然也就最有可能成为择优界面。

根据 4.3 节的介绍，若已知错配变形场矩阵 **A**，就可以得到位移矩阵 **T**，并根据式(4.9)计算出主 O 点阵矢量，这样主 O 点阵面的法线可以通过任意两个主 O 点阵矢量的叉积得到。然而，在实际相变晶体学计算中，人们更习惯于用倒易空间(倒空间)中的主 O 点阵矢量描述主 O 点阵面，这是因为倒易矢量表达的信息更加丰富，而且可以在电子衍射花样中直接测量。相对于式(4.9)中正空间中主 O 点阵矢量的表达形式，倒空间中的主 O 点阵矢量 $\boldsymbol{x}_i^{O*}$ 可以表达为

$$\boldsymbol{x}_i^{O*} = \mathbf{T}'\boldsymbol{g}_{p-i} \tag{4.10}$$

式中，$\boldsymbol{g}_{p-i}$是 α 相倒易点阵的平移矢量，它垂直于 α 相晶体点阵中的一组晶面，同时 $1/|\boldsymbol{g}_{p-i}|$ 定义了这组晶面的间距，下标“p”表示“principal”，表明由它定义的晶面是 α 相的“主要晶面”，即密排面或次密排面。由 $\boldsymbol{g}_{p-i}$定义的密排面或次密排面至少含有两个点阵伯氏矢量 $\boldsymbol{b}_i$。以 fcc 晶体为例，$\boldsymbol{g}_{p-i}$一般从{1 1 1}和{2 0 0}晶面族中选择。根据式(4.10)，$\boldsymbol{x}_i^{O*}$ 可以理解为一对匹配对应倒易矢

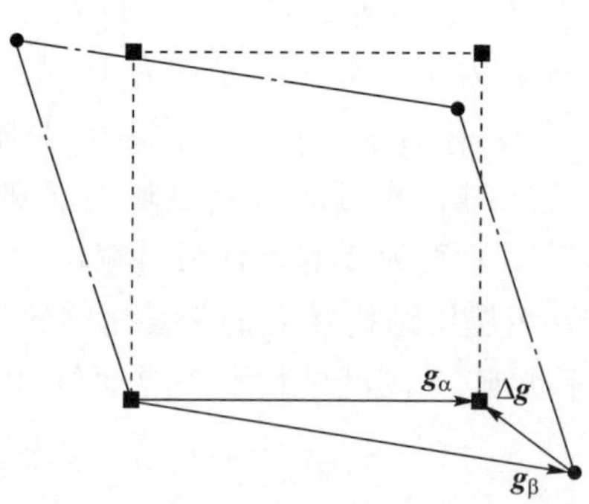

图 4.5　一对匹配对应倒易矢量 $\boldsymbol{g}_\alpha$ 与 $\boldsymbol{g}_\beta$ 之间的相对位移 $\Delta\boldsymbol{g}$[7]

量之间的相对位移。如图 4.5 所示，$\boldsymbol{g}_{\alpha}$ 与 $\boldsymbol{g}_{\beta}$ 是一对匹配对应倒易矢量，满足

$$\boldsymbol{g}_{\beta} = (\mathbf{A}^{-1})'\boldsymbol{g}_{\alpha} \tag{4.11}$$

则它们之间的相对位移可以表示为

$$\Delta\boldsymbol{g} = \boldsymbol{g}_{\alpha} - \boldsymbol{g}_{\beta} = \boldsymbol{g}_{\alpha} - (\mathbf{A}^{-1})'\boldsymbol{g}_{\alpha} = \mathbf{T}'\boldsymbol{g}_{\alpha} \tag{4.12}$$

比较式(4.10)和式(4.12)，我们可以看到，当 $\boldsymbol{g}_{\alpha}=\boldsymbol{g}_{\mathrm{p}-i}$时，与之相联系的相对位移 $\Delta\boldsymbol{g}=\Delta\boldsymbol{g}_{\mathrm{p}-i}$就定义了一个倒空间中的主 O 点阵矢量 $\boldsymbol{x}_i^{0*}$，其方向垂直于一组正空间主 O 点阵面，同时 $1/|\boldsymbol{x}_i^{0*}|$ 定义了这组主 O 点阵面的间距。

4.4.2 主 O 点阵面的表现形式

根据式(4.10)和式(4.12)，当位移矩阵 **T** 满秩时，$\Delta\boldsymbol{g}_{\mathrm{p}-i}$与 $\boldsymbol{g}_{\mathrm{p}-i}$是一一对应的，即两相中每对相关的密排面(以及次密排面)都定义了一个主 O 点阵面。假定 $\boldsymbol{g}_{\mathrm{p}-i}$所代表的密排面(或次密排面)上含有两个 α 点阵的伯氏矢量 $\boldsymbol{b}_j$ 和 $\boldsymbol{b}_k$，与这两个伯氏矢量相关的主 O 点阵矢量分别为 $\boldsymbol{x}_j^0$ 和 $\boldsymbol{x}_k^0$，则根据式(4.12)和式(4.6)可知

$$\Delta\boldsymbol{g}'_{\mathrm{p}-i}\boldsymbol{x}_j^0 = \boldsymbol{g}'_{\mathrm{p}-i}\mathbf{T}\boldsymbol{x}_j^0 = \boldsymbol{g}'_{\mathrm{p}-i}\boldsymbol{b}_j = 0 \tag{4.13}$$

同理

$$\Delta\boldsymbol{g}'_{\mathrm{p}-i}\boldsymbol{x}_k^0 = \boldsymbol{g}'_{\mathrm{p}-i}\mathbf{T}\boldsymbol{x}_k^0 = \boldsymbol{g}'_{\mathrm{p}-i}\boldsymbol{b}_k = 0 \tag{4.14}$$

在式(4.13)和式(4.14)中，$\Delta\boldsymbol{g}_{\mathrm{p}-i}$与 $\boldsymbol{x}_j^0$ 以及与 $\boldsymbol{x}_k^0$ 的矢量点积都等于零，这说明当界面以 $\Delta\boldsymbol{g}_{\mathrm{p}-i}$为法向时，界面上一定含有主 O 点阵矢量 $\boldsymbol{x}_j^0$ 和 $\boldsymbol{x}_k^0$。这时界面上相邻 O 单元之间的位错的伯氏矢量分别是与 $\boldsymbol{x}_j^0$ 和 $\boldsymbol{x}_k^0$ 相关的 $\boldsymbol{b}_j$ 和 $\boldsymbol{b}_k$，而且界面上错配位错的组数取决于 $\boldsymbol{g}_{\mathrm{p}-i}$面上含有伯氏矢量的个数。

通常参考点阵中含有不止一组密排面(或次密排面)，这就意味着存在不止一组主 O 点阵面。那么具体哪个主 O 点阵面会成为实际相变过程中观察到的惯习面或平直刻面呢？在第 1 章，我们介绍了从大量自然择优界面观察结果中总结出来的 $\Delta\boldsymbol{g}$ 平行法则，其中当两相中一对密排面(或次密排面)$\boldsymbol{g}_{\mathrm{p}-\alpha}$与 $\boldsymbol{g}_{\mathrm{p}-\beta}$相互平行时，根据 $\Delta\boldsymbol{g}$ 平行法则 Ⅰ，因为 $\Delta\boldsymbol{g}_{\mathrm{p}}=(\boldsymbol{g}_{\mathrm{p}-\alpha}-\boldsymbol{g}_{\mathrm{p}-\beta})/\!/\boldsymbol{g}_{\mathrm{p}-\alpha}/\!/\boldsymbol{g}_{\mathrm{p}-\beta}$，所以由这对倒易矢量定义的主 O 点阵面 $\Delta\boldsymbol{g}_{\mathrm{p}}$ 有较大可能发展成为析出相的择优界面。

当位移矩阵 **T** 的秩降为 2 时，主 O 点阵面必须含有周期性分布的 O 线。一般情况下，O 线很难在三维空间中呈周期性分布，除非两相中存在一对相关密排面(或次密排面)法线平行且面间距相等，即 $\boldsymbol{g}_{\mathrm{p}-\alpha}=\boldsymbol{g}_{\mathrm{p}-\beta}$，但晶面内允许错配存在。满足这个特定条件的一个例子是图 4.2 所示的晶界。由于两套点阵共享同一个转轴[0 0 1]，满足 $\boldsymbol{g}_{(001)\alpha}=\boldsymbol{g}_{(001)\beta}$，所以在三维空间中存在周期性分布的、沿[0 0 1]方向的 O 线，以及包含这些 O 线的两组主 O 点阵面。每个主

O 点阵面都描述了一个对称倾侧晶界，界面上包含且仅包含一组 O 线，同时含有与 O 线等间距交替排列的一组错配位错。然而绝大多数的实际相变体系无法满足 $\boldsymbol{g}_{p\text{-}\alpha}=\boldsymbol{g}_{p\text{-}\beta}$ 的条件，通过调整两相的位向关系，最多只能让一个点阵伯氏矢量 $\boldsymbol{b}_i$ 满足式(4.6)中 $\boldsymbol{x}_i^0$ 有解的条件(即 $\boldsymbol{b}_i$ 躺在位移空间所规定的二维平面上，见附录 1)。这时 O 线只沿着一个方向呈周期性分布，也就是说此时三维空间中只存在唯一的主 O 点阵面，这个主 O 点阵面就是潜在的择优界面，具有与对称倾侧晶界类似的位错结构，也是一组 O 线与一组伯氏矢量为 $\boldsymbol{b}_i$ 的位错交替排列。相关的计算步骤和实例将在第 5 章具体介绍。为了简洁起见，后面当我们谈到含有 O 线的界面时，如无特殊说明，都是指三维空间中只存在唯一主 O 点阵面的情况。

当位移矩阵 $\mathbf{T}$ 的秩降为 1 时，O 单元表现为 O 面，主 O 点阵面与 O 面重合，面内不含任何错配位错。O 面出现的情况非常苛刻，而出现周期性分布的 O 面的情况更为罕见，这里就不再继续讨论了。

4.5　O 胞壁与错配位错组态

4.5.1　O 胞壁法向矢量的数学表达

在本章的引言中我们曾经提到，O 点阵模型最重要的应用是计算界面上的错配位错组态。主 O 点阵面上周期性分布的位错是描述界面位错组态的基本数据，因为一般界面总是可以分解为与之近邻的主 O 点阵面，具体处理方法将在本节最后介绍。在 4.2 节中我们已经简单地介绍了利用 O 点阵模型计算界面位错的基本思路，即根据 O 胞壁与界面的截线定义错配位错的位置。因此，如果我们要定量描述界面上的位错组态，就必须首先计算 O 胞壁在三维空间内的取向和间距。

由于 O 胞壁是点阵匹配最差的区域，O 胞壁上的错配位移量将达到其最大值，而且相对于 O 胞壁两侧的 O 单元是等价的。我们可以根据这个性质来推导 O 胞壁的数学表达。下面我们以与原点最近的 O 胞壁为例来考察错配位移，如图 4.6a 所示。在 4.3 节中我们讲过，在含有公用直角坐标系原点的 O 胞内任意矢量 $\boldsymbol{x}_\beta$ 的错配位移等价于其相对位移 $\mathbf{T}\boldsymbol{x}_\beta$。根据错配位移来自最近邻阵点的原则[式(4.7)]，则下式必然成立：

$$|\mathbf{T}\boldsymbol{x}_\beta| \leqslant |\mathbf{T}\boldsymbol{x}_\beta - \boldsymbol{b}_i| \tag{4.15}$$

与此同时，由于位移矩阵 $\mathbf{T}$ 可以描述以任意 O 单元为中心的 O 胞内的错配位移场，那么在与原点只间隔单层 O 胞壁的 O 胞内，若坐标系改为以这个 O 单

元为原点，则从初始原点出发的矢量 $\boldsymbol{x}_\beta$ 可以表达为 $\boldsymbol{x}_\beta - \boldsymbol{x}_i^0$。与之相关的错配位移等价于新坐标系下相对位移，即 $|\mathbf{T}(\boldsymbol{x}_\beta - \boldsymbol{x}_i^0)| = |\mathbf{T}\boldsymbol{x}_\beta - \boldsymbol{b}_i|$。根据错配位移来自最近邻阵点的原则，上述错配位移一定满足

$$|\mathbf{T}\boldsymbol{x}_\beta - \boldsymbol{b}_i| \leqslant |\mathbf{T}\boldsymbol{x}_\beta| \tag{4.16}$$

综合式(4.15)和式(4.16)，则落在这两个 O 胞之间的 O 胞壁上的矢量 $\boldsymbol{x}_{c\beta}$ 必须满足

$$|\mathbf{T}\boldsymbol{x}_{c\beta}| = |\mathbf{T}\boldsymbol{x}_{c\beta} - \boldsymbol{b}_i| \tag{4.17}$$

所有满足式(4.17)的矢量终点的轨迹就定义了这两个 O 胞之间的 O 胞壁。图 4.6b 画出了与 O 胞壁上与矢量 $\boldsymbol{x}_{c\beta}$ 相关的错配位移矢量和伯氏矢量 $\boldsymbol{b}_i$ 之间的几何关系。如果式(4.17)成立，则图 4.6b 中由错配位移和伯氏矢量构成的三角形必须是等腰三角形，也就是说，错配位移在伯氏矢量方向上的投影长度为半个伯氏矢量的大小，即

$$\left(\frac{\boldsymbol{b}_i}{|\boldsymbol{b}_i|}\right)' \mathbf{T}\boldsymbol{x}_{c\beta} = \frac{|\boldsymbol{b}_i|}{2} \tag{4.18}$$

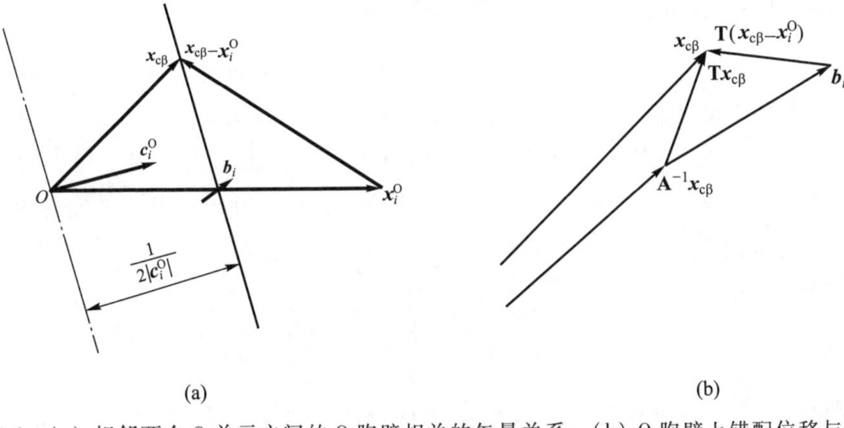

图 4.6 （a）相邻两个 O 单元之间的 O 胞壁相关的矢量关系；（b）O 胞壁上错配位移与伯氏矢量的关系[7]

从上式中我们不难看出 $\boldsymbol{x}_i^0/2$ 是 $\boldsymbol{x}_{c\beta}$ 的一个特解，因为它对应的错配位移正好是 $|\boldsymbol{b}_i|/2$。为了方便 O 胞壁的计算，我们定义参考点阵 α 的倒易伯氏矢量 $\boldsymbol{b}_i^*$，即

$$\boldsymbol{b}_i^* = \frac{\boldsymbol{b}_i}{|\boldsymbol{b}_i|^2} \tag{4.19}$$

该矢量代表着参考点阵 α 中一组垂直于 $\boldsymbol{b}_i$ 的 Wigner-Seitz 原胞的胞壁。这样式(4.18)可以改写为

$$\boldsymbol{b}_i^{*\prime}\mathbf{T}\boldsymbol{x}_{c\beta}=\frac{1}{2} \tag{4.20}$$

通过变换转置的位置，上式可以改写为

$$(\mathbf{T}'\boldsymbol{b}_i^*)'\boldsymbol{x}_{c\beta}=\frac{1}{2} \tag{4.21}$$

如果定义一个倒易矢量

$$\boldsymbol{c}_i^{O}=\mathbf{T}'\boldsymbol{b}_i^* \tag{4.22}$$

则可以得到更简洁的表达

$$\boldsymbol{c}_i^{O\prime}\boldsymbol{x}_{c\beta}=\frac{1}{2} \tag{4.23}$$

式(4.23)表明，所有满足式(4.18)的矢量 $\boldsymbol{x}_{c\beta}$ 都会落在垂直于 $\boldsymbol{c}_i^{O}$、到原点的距离为 $1/(2|\boldsymbol{c}_i^{O}|)$ 的面上，如图 4.6a 所示。显然，这个面就是待解的 O 胞壁。因此，式(4.22)定义的倒易矢量 $\boldsymbol{c}_i^{O}$ 的方向定义了 O 胞壁的法向；同时，由于 O 胞壁关于原点对称，这一组 O 胞壁的间距就是 $1/|\boldsymbol{c}_i^{O}|$。

4.5.2　主 O 点阵面上的位错方向与间距

下面我们考察主 O 点阵面上周期性位错的方向和间距。由于主 O 点阵面上一定含有主 O 点阵矢量 $\boldsymbol{x}_i^{O}$，而矢量 $(k+1/2)\boldsymbol{x}_i^{O}$（$k$ 为整数）作为 $\boldsymbol{x}_{c\beta}$ 的一个特解，一定落在由 $\boldsymbol{c}_i^{O}$ 定义的 O 胞壁上，所以主 O 点阵面一定会截过相应的一组 O 胞壁。当位移矩阵 $\mathbf{T}$ 为满秩矩阵时，对于选定的一组参考点阵的密排面（或次密排面）$\boldsymbol{g}_{p\text{-}\alpha}$，与之相对应的主 O 点阵面表达为 $\Delta\boldsymbol{g}_p$，则界面法线的单位矢量可以表达为

$$\boldsymbol{n}=\frac{\Delta\boldsymbol{g}_p}{|\Delta\boldsymbol{g}_p|} \tag{4.24}$$

根据式(4.13)，此时界面上一定含有主 O 点阵矢量 $\boldsymbol{x}_i^{O}$，而且与之相关的位错伯氏矢量 $\boldsymbol{b}_i$ 一定在 $\boldsymbol{g}_{p\text{-}\alpha}$ 面内。把满足这个条件的伯氏矢量代入式(4.22)，我们就可以计算出相应的 O 胞壁倒易矢量 $\boldsymbol{c}_i^{O}$。通过界面法线的单位矢量 $\boldsymbol{n}$ 与 O 胞壁的法线矢量 $\boldsymbol{c}_i^{O}$ 的叉积就可以计算得到界面与 O 胞壁的截线方向，记为矢量 $\boldsymbol{\xi}_i$，即

$$\boldsymbol{\xi}_i=\boldsymbol{n}\times\boldsymbol{c}_i^{O} \tag{4.25}$$

一般来说，实际界面上位错的位置与界面弛豫有关，但是总会在界面上错配最大的区域附近，因此用界面与 O 胞壁的截线来描述位错线仍然是合理的，所以式(4.25)通常用来计算界面上位错线的方向。

由于 O 胞壁分布的周期性，通过 O 胞壁与界面相截得到的位错也必然具

有周期性，相邻位错线的间距与 O 胞壁的间距直接相关。图 4.7 给出了推导周期性位错间距的二维示意图，位错线的方向垂直于纸面。从图中所示的 O 胞几何不难看出，位错间距 D 与 O 胞壁间距 $1/|\boldsymbol{c}_i^{\mathrm{O}}|$ 的关系可以表达为

$$D = \frac{1}{|\boldsymbol{c}_i^{\mathrm{O}}|\sin\theta} \tag{4.26}$$

式中，θ 是 O 胞壁与界面的夹角。根据矢量叉积的性质，位错线方向矢量 $\boldsymbol{\xi}_i$ 的模量可以表达为

$$|\boldsymbol{\xi}_i| = |\boldsymbol{n} \times \boldsymbol{c}_i^{\mathrm{O}}| = |\boldsymbol{n}| \cdot |\boldsymbol{c}_i^{\mathrm{O}}| \cdot \sin\theta = |\boldsymbol{c}_i^{\mathrm{O}}| \cdot \sin\theta \tag{4.27}$$

比较式(4.26)与式(4.27)，式(4.26)还可以表达成更简洁的形式，即

$$D = \frac{1}{|\boldsymbol{\xi}_i|} \tag{4.28}$$

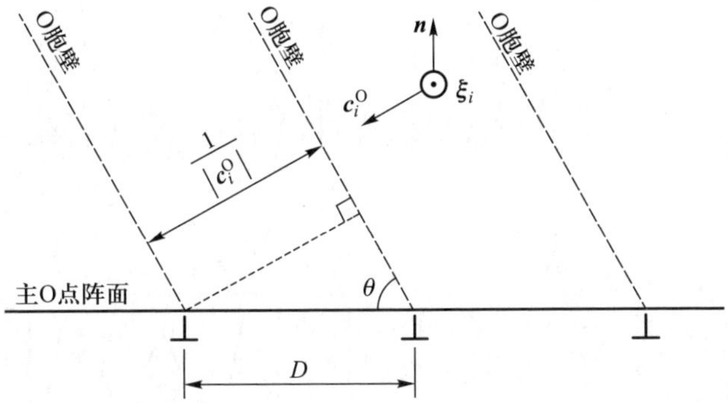

图 4.7　根据界面与 O 胞壁的截线计算周期性位错间距的示意图

当与主 O 点阵面 $\Delta\boldsymbol{g}_{\mathrm{p}}$ 相联系的密排面(或次密排面)$\boldsymbol{g}_{\mathrm{p}-\alpha}$ 含有三个伯氏矢量时，根据式(4.22)可以得到三组 O 胞壁，与主 O 点阵面相截后，会得到三组位错。由于受到 O 胞几何的约束，每组位错都不会连续分布，而是在界面上形成类似于蜂窝状的位错网，我们会在下一节结合计算实例进一步描述这种位错组态。当 $\boldsymbol{g}_{\mathrm{p}-\alpha}$ 含有两个伯氏矢量，并且它们互相垂直时，界面上只含有两组位错，位错网的分布与 O 点构成的二维单胞形状完全一致，如果已知主 O 点阵矢量 $\boldsymbol{x}_1^{\mathrm{O}}$ 和 $\boldsymbol{x}_2^{\mathrm{O}}$，就可以省去 O 胞壁的计算，直接通过 $(k+1/2)\boldsymbol{x}_i^{\mathrm{O}}$ 的特解画出位错网的分布。

当位移矩阵 $\mathbf{T}$ 的秩降为 2 时，如果满足 O 线有解的、来自参考点阵的伯氏矢量为 $\boldsymbol{b}_i$，则不难验证(见第 5 章)，以任意一个含有 $\boldsymbol{b}_i$ 的密排面(或次密排面)$\boldsymbol{g}_{\mathrm{p}-\alpha}$来计算主 O 点阵面 $\Delta\boldsymbol{g}_{\mathrm{p}}$，都可以得到同样的界面法线单位矢量 $\boldsymbol{n}$。同理，根据 O 胞壁倒易矢量 $\boldsymbol{c}_i^{\mathrm{O}}$ 的定义式(4.22)，此时三维空间中只存在一组对应于 $\boldsymbol{c}_i^{\mathrm{O}}$ 的 O 胞壁，这组 O 胞壁与主 O 点阵面相截必然得到一组平行排列的周

期性位错。将这个特定的 $\boldsymbol{b}_i$ 代入式(4.19)和式(4.22)，即可算出唯一的 $\boldsymbol{c}_i^{\mathrm{O}}$，再根据式(4.25)和式(4.28)，就可以得到这一组位错线的方向和间距。因此，我们可以把式(4.25)和式(4.28)作为计算界面周期性位错组态的通用公式，不受位移矩阵是否满秩的影响。

4.5.3　一般界面上位错组态的分析方法

上述应用 O 点阵模型计算界面周期性位错的方法也可以用来分析一般界面上的位错组态。我们可以将一般界面分解为一系列具有分立取向的、由主 O 点阵面连接而成的刻面和台阶结构。图 4.8 给出了三个随机选取的局部界面(垂直于纸面)走向 $\boldsymbol{p}_i$($i=1$, 2, 3)在给定 O 点阵下的分解二维示意图。以尽量

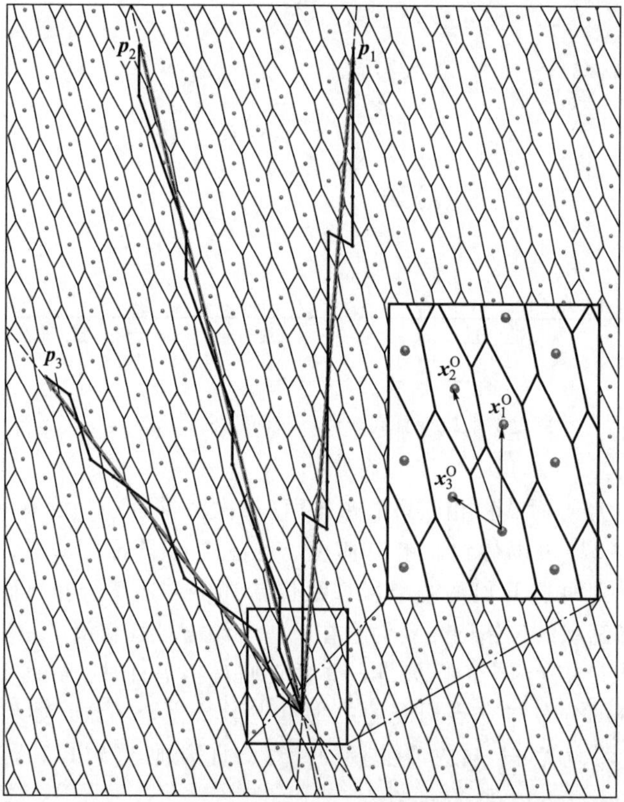

图 4.8　通过构造“虚拟界面”分析任意取向弯曲界面上位错组态的二维示意图[8](参见书后彩图)。图中蓝色箭头定义的矢量 $\boldsymbol{p}_i$ 代表在弯曲界面上随机选取的局部界面走向，锯齿状深蓝色线段代表由一系列主 O 点阵面连接起来的“虚拟界面”。右侧局部放大的插图中红色实心圆点代表 O 点，黑色线段代表 O 胞壁的迹线，黑色箭头代表主 O 点阵矢量

少偏离 $\boldsymbol{p}_i$ 的迹线为原则，我们可以将每个 $\boldsymbol{p}_i$ 分解为以不同主 O 点阵面为刻面和台阶的虚拟界面，每个主 O 点阵面上的位错组态可以通过式(4.25)和式(4.28)求出。以矢量 $\boldsymbol{p}_2$ 为例，它可以表达成给定的主 O 点阵矢量 $\boldsymbol{x}_1^0$ 和 $\boldsymbol{x}_2^0$ 的线性组合，即 $\boldsymbol{p}_2=4\boldsymbol{x}_1^0+7\boldsymbol{x}_2^0$。这样，矢量 $\boldsymbol{p}_2$ 所代表的局部界面可以分解成由 4 个含有 $\boldsymbol{x}_1^0$ 的主 O 点阵面和 7 个含有 $\boldsymbol{x}_2^0$ 的主 O 点阵面组合而成的台阶结构。每次含有 $\boldsymbol{x}_1^0$(或 $\boldsymbol{x}_2^0$)的主 O 点阵面与 O 胞壁相交时，会出现一个伯氏矢量为 $\boldsymbol{b}_1$(或 $\boldsymbol{b}_2$)的位错。因此，从原点出发，虚拟界面上位错的 11 个伯氏矢量依次为 $\boldsymbol{b}_2$、$\boldsymbol{b}_1$、$\boldsymbol{b}_2$、$\boldsymbol{b}_2$、$\boldsymbol{b}_1$、$\boldsymbol{b}_2$、$\boldsymbol{b}_2$、$\boldsymbol{b}_1$、$\boldsymbol{b}_2$、$\boldsymbol{b}_2$、$\boldsymbol{b}_1$。由于虚拟界面由一系列主 O 点阵面连接而成，虚拟界面上所有的错配都会被位错完全抵消，每一对相邻位错之间都存在一个 O 单元，因此会存在由该 O 单元为中心弛豫得到的共格区。对于弯曲界面，原则上也可以用同样的方法来处理，因为很多宏观上的弯曲界面在微观上是由一系列台阶构成的。如果这些台阶在微观上是弯曲的，那么界面上可能会残留少量的应变未被位错完全抵消。

4.6 界面位错结构计算实例

本节我们以 Cu-Nb 体系为例讲解如何在实际相变体系中应用 O 点阵模型来计算界面结构。Cu 具有 fcc 结构，点阵常数 $a_{\mathrm{f}}=0.3615$ nm；Nb 具有 bcc 结构，点阵常数 $a_{\mathrm{b}}=0.3301$ nm。对于 fcc-bcc 相变体系，最常见的位向关系是 K-S 关系和 N-W 关系。在第 2 章，我们已经给出了计算错配变形场矩阵的方法，以及在这两种位向关系下的通用表达式(见表 2.2 和表 2.3)。我们先来考察 K-S 位向关系下的界面结构。为了方便对照，我们选用与 2.6 节同样的位向关系变体，即 $(1\,1\,1)_{\mathrm{f}}/\!/(0\,1\,1)_{\mathrm{b}}$，$[0\,\bar{1}\,1]_{\mathrm{f}}/\!/[1\,\bar{1}\,1]_{\mathrm{b}}$。用来计算的公用直角坐标系为

$$
\begin{aligned}
x &/\!/ [0\,\bar{1}\,1]_{\mathrm{f}} /\!/ [1\,\bar{1}\,1]_{\mathrm{b}} \\
y &/\!/ [2\,\bar{1}\,\bar{1}]_{\mathrm{f}} /\!/ [2\,1\,\bar{1}]_{\mathrm{b}} \\
z &/\!/ [1\,1\,1]_{\mathrm{f}} /\!/ [0\,1\,1]_{\mathrm{b}}
\end{aligned}
\tag{4.29}
$$

将两相的点阵常数代入表 2.2，我们可以得到在上述坐标系下联系 fcc 与 bcc 点阵的错配变形场矩阵

$$
\mathbf{A}=\begin{bmatrix} 0.9765 & 0.1879 & -0.2658 \\ 0 & 1.0631 & 0.1879 \\ 0 & 0 & 0.9765 \end{bmatrix} \tag{4.30}
$$

相应地，位移矩阵可以表达为

$$\mathbf{T} = \mathbf{I} - \mathbf{A}^{-1} = \begin{bmatrix} -0.0241 & 0.1810 & -0.3136 \\ 0 & 0.0593 & 0.1810 \\ 0 & 0 & -0.0241 \end{bmatrix} \tag{4.31}$$

由于位移矩阵是上三角矩阵的形式，其非零子式的最高阶数为 3，所以该位移矩阵是满秩矩阵。根据界面择优的 $\Delta \boldsymbol{g}$ 平行法则，在 K-S 位向关系下的一个典型择优界面由如下主 O 点阵面定义

$$\Delta \boldsymbol{g}_{\mathrm{p}} = \boldsymbol{g}_{(111)\mathrm{f}} - \boldsymbol{g}_{(011)\mathrm{b}} = \begin{bmatrix} 0 \\ 0 \\ 4.79 \end{bmatrix} - \begin{bmatrix} 0 \\ 0 \\ 4.28 \end{bmatrix} = \begin{bmatrix} 0 \\ 0 \\ 0.51 \end{bmatrix} \tag{4.32}$$

注意上式中描述密排面$(1\ 1\ 1)_{\mathrm{f}}$和$(0\ 1\ 1)_{\mathrm{b}}$的倒易矢量都表达在公用直角坐标系中。界面法线的单位矢量为

$$\boldsymbol{n} = \frac{\Delta \boldsymbol{g}_{\mathrm{p}}}{|\Delta \boldsymbol{g}_{\mathrm{p}}|} = \begin{bmatrix} 0 \\ 0 \\ 1 \end{bmatrix} \tag{4.33}$$

根据式(4.13)和式(4.14)，此时界面上相邻 O 单元之间位错的伯氏矢量一定来自参考点阵(fcc 相)的密排面$(1\ 1\ 1)_{\mathrm{f}}$面内。密排面$(1\ 1\ 1)_{\mathrm{f}}$共含有三个伯氏矢量，分别为

$$\boldsymbol{b}_1^{\mathrm{L}} = \frac{1}{2}a_{\mathrm{f}}\begin{bmatrix} 0 \\ -1 \\ 1 \end{bmatrix} = \begin{bmatrix} 0 \\ -0.181 \\ 0.181 \end{bmatrix},\ \boldsymbol{b}_2^{\mathrm{L}} = \frac{1}{2}a_{\mathrm{f}}\begin{bmatrix} 1 \\ -1 \\ 0 \end{bmatrix} = \begin{bmatrix} 0.181 \\ -0.181 \\ 0 \end{bmatrix},$$

$$\boldsymbol{b}_3^{\mathrm{L}} = \frac{1}{2}a_{\mathrm{f}}\begin{bmatrix} 1 \\ 0 \\ -1 \end{bmatrix} = \begin{bmatrix} 0.181 \\ 0 \\ -0.181 \end{bmatrix} \tag{4.34}$$

请读者注意，以上三个伯氏矢量是表达在参考点阵的晶体坐标系中的。如果要应用式(4.6)求解主 O 点阵矢量，就必须把它们转换到公用直角坐标系中，通过左乘坐标变换矩阵 $\mathbf{Q}_{\mathrm{f}}$(见表 2.2)，可以得到

$$\boldsymbol{b}_1 = \mathbf{Q}_{\mathrm{f}}\boldsymbol{b}_1^{\mathrm{L}} = \begin{bmatrix} 0.256 \\ 0 \\ 0 \end{bmatrix},\ \boldsymbol{b}_2 = \mathbf{Q}_{\mathrm{f}}\boldsymbol{b}_2^{\mathrm{L}} = \begin{bmatrix} 0.128 \\ 0.221 \\ 0 \end{bmatrix},\ \boldsymbol{b}_3 = \mathbf{Q}_{\mathrm{f}}\boldsymbol{b}_3^{\mathrm{L}} = \begin{bmatrix} -0.128 \\ 0.221 \\ 0 \end{bmatrix} \tag{4.35}$$

将上面三个伯氏矢量以及位移矩阵代入式(4.6)，我们就可以得到与之相应的三个主 O 点阵矢量

$$\boldsymbol{x}_1^{\mathrm{O}} = \mathbf{T}^{-1}\boldsymbol{b}_1 = \begin{bmatrix} 2.42 \\ 0 \\ 0 \end{bmatrix},\ \boldsymbol{x}_2^{\mathrm{O}} = \mathbf{T}^{-1}\boldsymbol{b}_2 = \begin{bmatrix} -0.643 \\ 1.24 \\ 0 \end{bmatrix},\ \boldsymbol{x}_3^{\mathrm{O}} = \mathbf{T}^{-1}\boldsymbol{b}_3 = \begin{bmatrix} -3.06 \\ 1.24 \\ 0 \end{bmatrix} \tag{4.36}$$

上述主 O 点阵矢量与伯氏矢量的对应关系可以参考图 4.9。

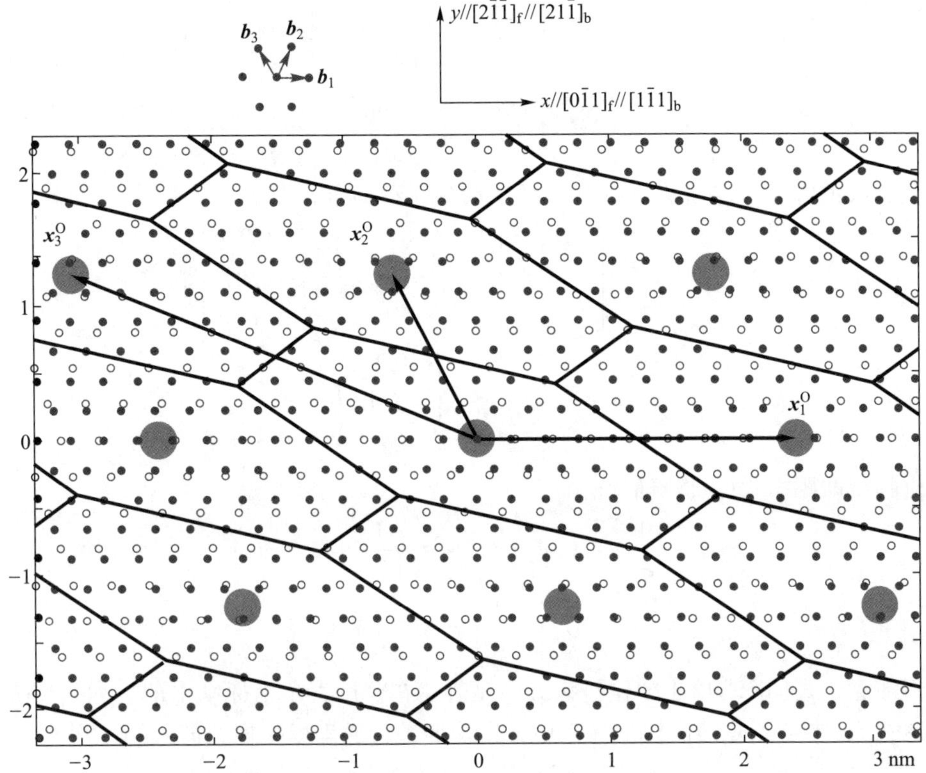

图 4.9 在 K-S 位向关系下，应用 O 点阵模型计算得到的 Cu-Nb 界面上位错网的形态和分布(参见书后彩图)。界面平行于$(1\ 1\ 1)_f // (0\ 1\ 1)_b$。蓝色实心圆代表 fcc 点阵(Cu 原子)，蓝色空心圆代表 bcc 点阵(Nb 原子)，橙色箭头代表主 O 点阵矢量，红色实心圆代表周期性分布的 O 单元，蓝色箭头代表位错的伯氏矢量，黑色实线代表位错线

计算完 O 单元的位置，接下来我们继续用同样的伯氏矢量计算 O 胞壁的方向和分布。首先计算参考点阵的倒易伯氏矢量

$$\boldsymbol{b}_1^* = \frac{\boldsymbol{b}_1}{|\boldsymbol{b}_1|^2} = \begin{bmatrix} 3.91 \\ 0 \\ 0 \end{bmatrix},\ \boldsymbol{b}_2^* = \frac{\boldsymbol{b}_2}{|\boldsymbol{b}_2|^2} = \begin{bmatrix} 1.96 \\ 3.39 \\ 0 \end{bmatrix},\ \boldsymbol{b}_3^* = \frac{\boldsymbol{b}_3}{|\boldsymbol{b}_3|^2} = \begin{bmatrix} -1.96 \\ 3.39 \\ 0 \end{bmatrix} \tag{4.37}$$

根据式(4.22)，O 胞壁的倒易矢量(即 O 胞壁法向)分别为

$$\boldsymbol{c}_1^{\mathrm{O}} = \mathbf{T}'\boldsymbol{b}_1^* = \begin{bmatrix} 0.414 \\ 0.619 \\ -1.07 \end{bmatrix},\quad \boldsymbol{c}_2^{\mathrm{O}} = \mathbf{T}'\boldsymbol{b}_2^* = \begin{bmatrix} 0.207 \\ 0.915 \\ 0 \end{bmatrix},$$

$$\boldsymbol{c}_3^{\mathrm{O}} = \mathbf{T}'\boldsymbol{b}_3^* = \begin{bmatrix} -0.207 \\ 0.296 \\ 1.07 \end{bmatrix} \tag{4.38}$$

位错线的方向由界面法向和 O 胞壁法向的叉积确定，即

$$\boldsymbol{\xi}_1 = \boldsymbol{n} \times \boldsymbol{c}_1^{\mathrm{O}} = \begin{bmatrix} -0.618 \\ 0.414 \\ 0 \end{bmatrix},\quad \boldsymbol{\xi}_2 = \boldsymbol{n} \times \boldsymbol{c}_2^{\mathrm{O}} = \begin{bmatrix} -0.916 \\ 0.207 \\ 0 \end{bmatrix},$$

$$\boldsymbol{\xi}_3 = \boldsymbol{n} \times \boldsymbol{c}_3^{\mathrm{O}} = \begin{bmatrix} -0.296 \\ -0.207 \\ 0 \end{bmatrix} \tag{4.39}$$

位错线间距由式(4.28)确定

$$D_1 = \frac{1}{|\boldsymbol{\xi}_1|} = 1.34\ \mathrm{nm},\quad D_2 = \frac{1}{|\boldsymbol{\xi}_2|} = 1.07\ \mathrm{nm},$$

$$D_3 = \frac{1}{|\boldsymbol{\xi}_3|} = 2.77\ \mathrm{nm} \tag{4.40}$$

请注意，式(4.39)给出的位错线方向是表达在公用直角坐标系中的。如果要表达在 fcc 参考点阵的晶体坐标系中，则需要进行逆坐标变换，即

$$\boldsymbol{\xi}_1^{\mathrm{L}} = \mathbf{Q}_{\mathrm{f}}^{-1}\boldsymbol{\xi}_1 = \begin{bmatrix} 0.338 \\ 0.268 \\ -0.606 \end{bmatrix},\quad \boldsymbol{\xi}_2^{\mathrm{L}} = \mathbf{Q}_{\mathrm{f}}^{-1}\boldsymbol{\xi}_2 = \begin{bmatrix} 0.169 \\ 0.562 \\ -0.731 \end{bmatrix},$$

$$\boldsymbol{\xi}_3^{\mathrm{L}} = \mathbf{Q}_{\mathrm{f}}^{-1}\boldsymbol{\xi}_3 = \begin{bmatrix} -0.169 \\ 0.294 \\ -0.125 \end{bmatrix} \tag{4.41}$$

特别需要指出的是，由于受到 O 胞几何的限制，以上计算得到的三组错配位错并不会在界面上连续分布，而是会形成蜂窝状的位错网，如图 4.9 中黑色实线所示(感兴趣的读者可以免费获取用于相变晶体学计算的 PTCLab 软件，绘制如图 4.9 所示的界面位错结构，详见附录 4)。读者可以根据上述计算步骤自己练习计算在 N-W 位向关系下 Cu-Nb 界面上的位错结构，相关的计算结果请参考表 4.1，界面上位错网的形态和分布可以参考图 4.10。

表 4.1 利用 O 点阵模型来分析 N-W 位向关系下 Cu-Nb 界面上位错结构的计算结果汇总

公用直角坐标系	$x /\!/ [1\bar{1}0]_f /\!/ [100]_b$ $y /\!/ [11\bar{2}]_f /\!/ [01\bar{1}]_b$ $z /\!/ [111]_f /\!/ [011]_b$
参考点阵	fcc 点阵
错配变形场矩阵 **A**	$\begin{bmatrix} 1.2914 & 0 & 0 \\ 0 & 1.0544 & 0.3728 \\ 0 & 0 & 1.1184 \end{bmatrix}$
位移矩阵 **T**	$\begin{bmatrix} 0.2256 & 0 & 0 \\ 0 & 0.0516 & 0.3161 \\ 0 & 0 & 0.1059 \end{bmatrix}$
界面单位法向 $\boldsymbol{n}$	$\begin{bmatrix} 0 \\ 0 \\ 1 \end{bmatrix}$
伯氏矢量 $\boldsymbol{b}_i(i=1, 2, 3)$	$\begin{bmatrix} 0.256 \\ 0 \\ 0 \end{bmatrix}, \begin{bmatrix} 0.128 \\ 0.221 \\ 0 \end{bmatrix}, \begin{bmatrix} -0.128 \\ 0.221 \\ 0 \end{bmatrix}$
主 O 点阵矢量 $\boldsymbol{x}_i^{O}(i=1, 2, 3)$	$\begin{bmatrix} 1.13 \\ 0 \\ 0 \end{bmatrix}, \begin{bmatrix} 0.567 \\ 4.29 \\ 0 \end{bmatrix}, \begin{bmatrix} -0.567 \\ 4.29 \\ 0 \end{bmatrix}$
倒易伯氏矢量 $\boldsymbol{b}_i^*(i=1, 2, 3)$	$\begin{bmatrix} 3.91 \\ 0 \\ 0 \end{bmatrix}, \begin{bmatrix} 1.96 \\ 3.39 \\ 0 \end{bmatrix}, \begin{bmatrix} -1.96 \\ 3.39 \\ 0 \end{bmatrix}$
O 胞壁法向 $\boldsymbol{c}_i^{O}(i=1, 2, 3)$	$\begin{bmatrix} 0.883 \\ 0 \\ 0 \end{bmatrix}, \begin{bmatrix} 0.441 \\ 0.175 \\ 1.07 \end{bmatrix}, \begin{bmatrix} -0.441 \\ 0.175 \\ 1.07 \end{bmatrix}$
表达在参考点阵中的位错线方向 $\boldsymbol{\xi}_i^{L}(i=1, 2, 3)$	$\begin{bmatrix} 0 \\ 0.883 \\ 0 \end{bmatrix}, \begin{bmatrix} -0.175 \\ 0.441 \\ 0 \end{bmatrix}, \begin{bmatrix} -0.175 \\ -0.441 \\ 0 \end{bmatrix}$
位错线间距 D_i(nm) $(i=1, 2, 3)$	1.13，2.11，2.11

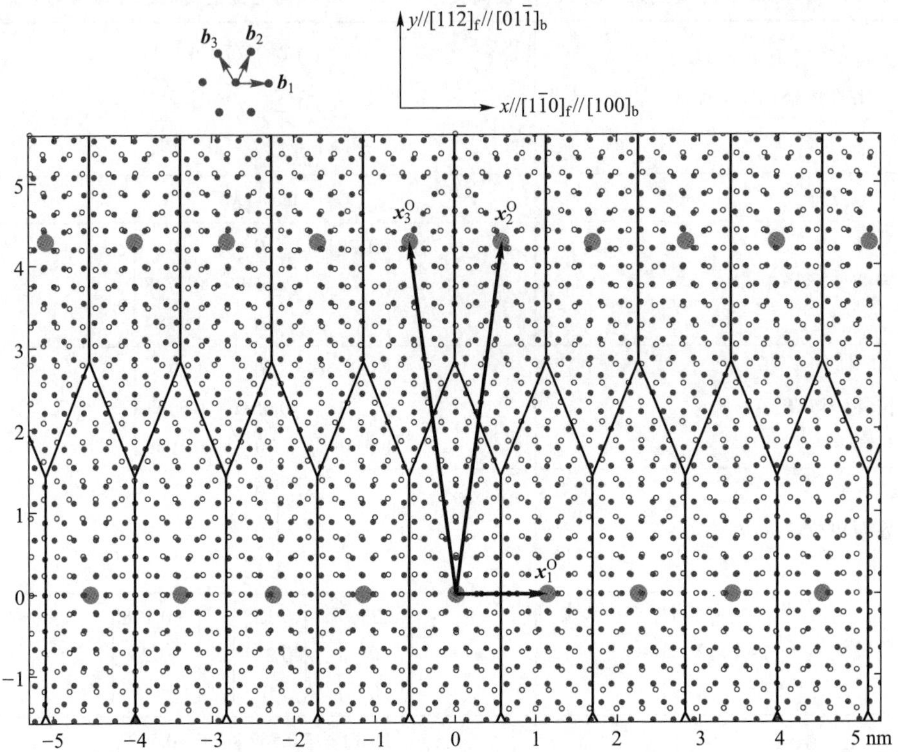

图 4.10　在 N-W 位向关系下，应用 O 点阵模型计算得到的 Cu-Nb 界面上位错网的形态和分布(参见书后彩图)。图中符号意义与图 4.9 中的一致

4.7　O 点阵模型与 Frank-Bilby 模型的比较

Frank-Bilby 模型起源于 20 世纪 50 年代，由著名材料物理学家 Frank[9] 和 Bilby[10] 最早提出，后来被广泛应用于分析界面错配和界面位错结构，很多权威的材料与界面领域的教材[5,11,12] 都收录和介绍了 Frank-Bilby 模型。那么 O 点阵模型与 Frank-Bilby 模型有哪些联系和区别呢？本节就这一问题进行简要论述。

在 Frank-Bilby 模型中，界面两侧的点阵在界面上跨过矢量 $\boldsymbol{p}$ 所产生的点阵错配由净伯氏矢量含量 $\boldsymbol{b}_T$ 表达，即净位移矢量。假设界面两侧的点阵分别为 α 和 β，我们总可以选定一个参考点阵，这个参考点阵可以是 α 或 β，也可以是其他为了方便计算而虚拟的中间点阵。从参考点阵出发构造出实际点阵 α 和 β 所需要的错配变形场矩阵，分别记为 $\mathbf{S}_\alpha$ 和 $\mathbf{S}_\beta$。对于界面上的公用矢量 $\boldsymbol{p}$

来说，与之相联系的净位移矢量 $\boldsymbol{b}_T$ 可以表达为

$$\boldsymbol{b}_T = [(\mathbf{S}_\alpha)^{-1} - (\mathbf{S}_\beta)^{-1}]\boldsymbol{p} \quad (4.42)$$

通过图 4.11 中构造的伯氏回路可以帮助理解上式所表达的净位移矢量的含义。图 4.11a 中所示的闭合回路是从实际界面上跨过公用矢量 $\boldsymbol{p}$ 而得到的，通过将界面左侧的 α 点阵转化到参考点阵，公用矢量 $\boldsymbol{p}$ 就会变成参考点阵中的矢量$(\mathbf{S}_\alpha)^{-1}\boldsymbol{p}$；同理，将界面右侧的 β 点阵转化到参考点阵，公用矢量 $\boldsymbol{p}$ 就会变成参考点阵中的矢量$(\mathbf{S}_\beta)^{-1}\boldsymbol{p}$。在参考点阵中这两个矢量的矢量差就定义了净位移矢量 $\boldsymbol{b}_T$，如图 4.10(b)所示。如果 $\boldsymbol{b}_T$ 能够被错配位错完全补偿，这些错配位错的伯氏矢量的总和一定等于 $\boldsymbol{b}_T$。

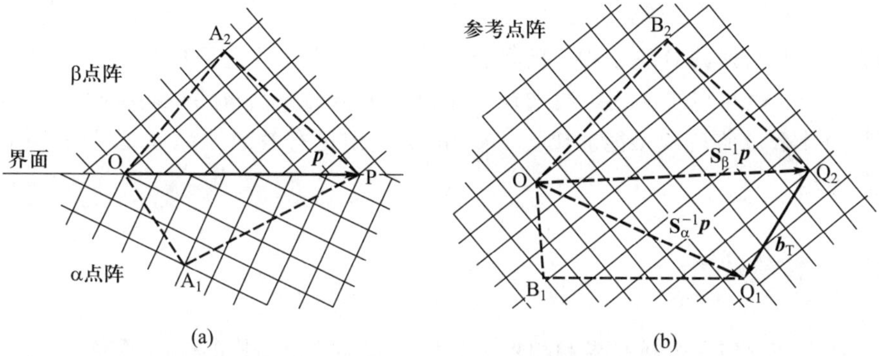

图 4.11 Frank-Bilby 模型计算净位移矢量的示意图：(a) 在实际界面上沿公用矢量 $\boldsymbol{p}$ 所构造的闭合伯氏回路 PA_1OA_2P；(b) 把界面两侧的 α 相和 β 相分别转化到参考点阵后，伯氏回路 $Q_1B_1OB_2Q_2$ 不再闭合，回路起点和终点之间的矢量差 Q_1Q_2 定义了净位移矢量 $\boldsymbol{b}_T$

在确定 $\boldsymbol{b}_T$ 后，接下来的工作就是如何将通过式(4.42)得到的净位移矢量进行正确并合理的分解，以最终得到界面位错结构。在 Frank-Bilby 模型中，通常假定候选的伯氏矢量是三个不共面的点阵伯氏矢量。当界面上只存在一组位错时，如果某个候选的伯氏矢量 $\boldsymbol{b}_i$ 平行于 $\boldsymbol{b}_T$，界面位错的伯氏矢量就必然是 $\boldsymbol{b}_i$；当界面上存在两组位错时，根据公用矢量 $\boldsymbol{p}$ 跨过多少个伯氏矢量 $\boldsymbol{b}_i$ 和 $\boldsymbol{b}_j$，$\boldsymbol{b}_T$ 也一定可以表达成唯一形式的 $\boldsymbol{b}_i$ 和 $\boldsymbol{b}_j$ 的线性组合。问题是，当界面上存在三组位错，且三组位错的伯氏矢量共面时，如 4.6 节中图 4.9 所示的 K-S 位向关系下的 Cu-Nb 界面，此时存在无穷多种分解方法，Frank-Bilby 模型就失效了。这就是运用 Frank-Bilby 模型分析界面位错结构最明显的局限性。

下面我们再来看 O 点阵模型。如果参考点阵为 α 相，则式(4.42)可以改写成

$$\boldsymbol{b}_{T-\alpha} = [\mathbf{I} - \mathbf{S}_\alpha(\mathbf{S}_\beta)^{-1}]\boldsymbol{p} = [\mathbf{I} - (\mathbf{S}_\beta(\mathbf{S}_\alpha)^{-1})^{-1}]\boldsymbol{p} = (\mathbf{I} - \mathbf{A}^{-1})\boldsymbol{p} = \mathbf{T}\boldsymbol{p} \quad (4.43)$$

式中，下标 α 表明当前净位移矢量表达在参考点阵 α 相中。不难看出，此时净位移矢量实际上等价于公用矢量 $\boldsymbol{p}$ 的相对位移。如果我们进一步把公用矢量 $\boldsymbol{p}$ 分解成主 O 点阵矢量的线性组合，即

$$\boldsymbol{p} = \sum k_i \boldsymbol{x}_i^0 \tag{4.44}$$

则净位移矢量可以表达成

$$\boldsymbol{b}_{\text{T-}\alpha} = \mathbf{T} \sum k_i \boldsymbol{x}_i^0 = \sum k_i \boldsymbol{b}_{\text{i}} \tag{4.45}$$

从上述的推导中我们可以看出，O 点阵模型可以被视为一种离散化的 Frank-Bilby 模型。从表面上看，若将公用矢量 $\boldsymbol{p}$ 按照三个共面的主 O 点阵矢量分解，也有无穷种分解方法，不过应用 O 点阵模型可以有效地筛选出唯一的分解方法。在 4.5 节，我们曾经介绍过一般界面上位错结构的分析方法，通过记录公用矢量 $\boldsymbol{p}$ 与沿途的 O 胞壁相交的情况，将 $\boldsymbol{p}$ 分解为连接途经 O 胞的一系列主 O 点阵矢量，就可以唯一确定用来补偿净位移矢量的界面位错(见图 4.7)。这也就是为什么 O 点阵模型能够比 Frank-Bilby 模型更有效地计算一般界面位错组态的原因。

4.8　本章小结

O 点阵模型是分析晶界和相界上错配分布和位错结构的一种严谨而实用的数学工具，其适用条件是假定界面上存在由错配位错分隔开的匹配好区(即择优态区)，偏离择优态的错配完全被错配位错补偿。当界面两侧的点阵按照给定的位向关系跨过界面穿插时，在三维空间中会形成周期性的点阵匹配好区和差区，O 单元作为零错配的位置总是处于匹配好区的中心。对于处于一次择优态的相变体系，具有周期性位错的择优界面必须含有周期性分布的 O 单元，O 单元周围的阵点经过局部弛豫后会形成周期性分布的共格区，而 O 胞壁与界面截线是错配位错可能的位置，因此主 O 点阵面通常是择优界面的候选面。运用 O 点阵模型计算界面位错结构时，首先要合理选择参考点阵和名义点阵，然后在此基础上正确表达错配变形场矩阵和位移矩阵，并注意在晶体坐标系和公用直角坐标系之间进行必要的坐标转换。对于主 O 点阵面上的位错结构，位错的伯氏矢量一定在与主 O 点阵面相关的密排面(或次密排面)上。定义这个主 O 点阵面的倒易矢量 $\Delta\boldsymbol{g}_{\text{p}}$ 是该密排面倒易矢量 $\boldsymbol{g}_{\text{p-}\alpha}$ 的位移，即倒易矢量 $\boldsymbol{g}_{\text{p-}\alpha}$ 与其对应的 $\boldsymbol{g}_{\text{p-}\beta}$ 之间的矢量差。这些倒易矢量可以非常方便地在电子衍射花样上直接测量，并用于解释观察到的择优界面取向。对于一般界面上位错结构的分析，可以通过构造虚拟界面的方法，将实际界面近似分解成由一系列主 O 点阵面组成的刻面和台阶，再分别研究每个刻面或台阶上的位错结构。

参考文献

[1] Bollmann W. Crystal defects and crystalline interfaces. Berlin: Springer, 1970.

[2] Bollmann W. Crystal lattices, interfaces, matrices. Geneva: Bollmann, 1982.

[3] Zhang W Z, Purdy G R. O-lattice analyses of interfacial misfit. I. General considerations. Philosophical Magazine A, 1993, 68(2): 279-290.

[4] Zhang W Z, Yang X P. Identification of singular interfaces with $\Delta\boldsymbol{g}$s and its basis of the O-lattice. Journal of Materials Science, 2011, 46(12): 4135-4156.

[5] Christian J W. The theory of transformation in metals and alloys. Oxford: Pergamon Press, 2002.

[6] 张文征. O点阵模型及其在界面位错计算中的应用. 金属学报, 2002, 38(8): 785-794.

[7] 张文征. 相变晶体学//徐祖耀. 材料相变. 北京: 高等教育出版社, 2013: 145-190.

[8] Zhang W Z. Calculation of interfacial dislocation structures: Revisit to the O-lattice theory. Metallurgical and Materials Transactions A, 2013, 44(10): 4513-4531.

[9] Frank F C. The resultant content of dislocations in an arbitrary intercrystalline boundary// Symposium on The Plastic Deformation of Crystalline Solids. Pittsburgh: Carnegie Institute of Technology and Office of Naval Research, 1950: 150-152.

[10] Bilby B A, Bullough R, Smith E. Continuous distributions of dislocations: A new application of the methods of non-Riemannian geometry. Proceedings of the Physical Society of London, 1955, 231A: 263-273.

[11] Sutton A P, Balluffi R W. Interface in crystalline materials. Oxford: Oxford University Press, 1995.

[12] Howe J M. Interfaces in materials. New York: John Wiley & Sons, 1997.

第5章

与不变线相关的模型及其应用

顾新福

5.1 引言

自从 Bain 开创性地探索马氏体相变至今[1]，马氏体以其特有的晶体学特征吸引了众多研究者的兴趣。与单晶表面通常平行于低指数晶面不同，马氏体的择优界面(惯习面)是不平行于两侧晶体的任何低指数面的无理界面，并且马氏体与奥氏体之间具有无理位向关系，即位向关系不能用低指数晶面或晶向的平行关系表示。后来的大量研究发现很多沉淀相与母相之间也具有无理位向关系和无理法向的择优界面。为了解释为什么母相与新相之间会形成特定无理位向关系和无理界面，前人发展了多种相变晶体学模型[2,3]。关于马氏体相变晶体学的研究较早，20 世纪 50 年代就有学者提出了马氏体表象理论(phenomenological theory of martensite crystallography, PTMC)[4-7]、Frank 模型[8]等。对于沉淀相变晶体学，前人提出了结构台阶模型[9,10]、不变线模型[11,12]、O 线模型[13]、近重合位置(near coincidence site, NCS)模型[14]、边-边匹配模型[15]等。虽然这些模型或是针对不同的系统，或是在应用细节上不尽相同，但是这些模型的共性是可以解释具有无理取向的惯习面。马氏体相变的晶体学模型和多个沉淀相变的晶体学模型是建立在惯习面满足不变线条件基础上的，有的模型还可以近似等价为满足不变线条件。本章将介绍这些基于不变线条件的模型，重点介绍马氏体表象理论和 O 线模型的理论基础，并用具体的计算案例说明这些理论模型的应用方法。本章最后将简要介绍其他相变晶体学模型，并讨论不同模型之间的关联。

5.2　马氏体表象理论

5.2.1　马氏体表象理论基础

PTMC 于 20 世纪 50 年代初提出[4-7]，成功地解释了孪晶马氏体的晶体学特征，包括位向关系、惯习面、表面浮凸和内部缺陷，被誉为相变研究中里程碑式的工作。该理论的思想和数学方法对扩散型相变晶体学发展也产生了重要的影响。PTMC 是一种唯象的方法，可以建立马氏体相变前后的晶体学定量联系，但不涉及相变的具体物理过程。对内部存在孪晶或层错的马氏体，这个理论往往能够自圆其说地解释所有实验结果。对于不能完全解释的马氏体相变，如板条马氏体，人们对理论进行了各种修正，但这些修正尚未得到共识。以下主要介绍未修正的 PTMC，总结性地介绍 PTMC 的关键要点，关于更加细致的介绍，建议读者参考 Wayman 的经典著作[16]。

PTMC 基于下列几点实验基础或假设：① 如图 5.1 所示，预抛光表面的直线划痕 EH 在相变后保持连续，形成折线 EFGH，这个实验结果表明，惯习面是宏观不变面[17]；② 实验观察知，马氏体转变速度非常快，说明界面可滑动；③ 马氏体内部存在大量亚结构，如孪晶、位错、层错等。

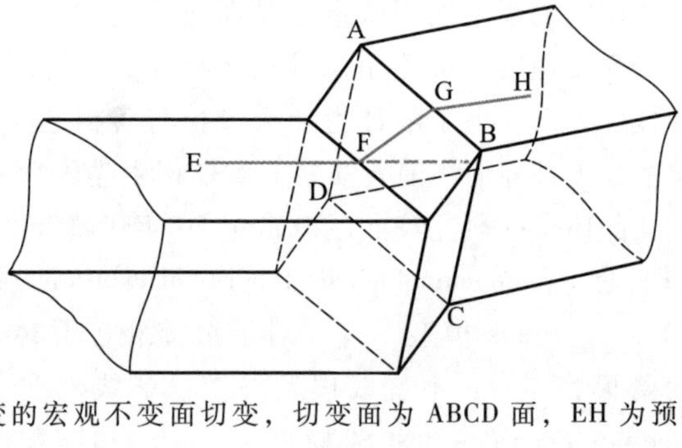

图 5.1　马氏体相变的宏观不变面切变，切变面为 ABCD 面，EH 为预抛光表面标记线或划痕

基于上述假设，PTMC 的宏观不变面切变可以写成均匀变形与非均匀变形

的乘积[16]，表达为

$$\mathbf{P}_1 = \mathbf{RBP}_2 \tag{5.1}$$

式中，$\mathbf{R}$ 为旋转矩阵；$\mathbf{P}_1$ 为宏观不变面切变，切变面为惯习面；$\mathbf{P}_2$ 为简单不变面切变(即非均匀变形)，对应马氏体内部的亚结构如孪晶或滑移。两个切变矩阵可以进一步表达为

$$\mathbf{P}_i = \mathbf{I} + m_i \boldsymbol{d}_i \boldsymbol{p}'_i \tag{5.2}$$

式中，$\boldsymbol{p}_i$ 和 $\boldsymbol{d}_i$ 分别为切变面法向和切变方向，均表达为单位矢量；m_i 为切变量。因为切变方向在切变面内，所以 $\boldsymbol{p}'_i\boldsymbol{d}_i=0$。如图 5.2 所示，孪晶和滑移变形都可以表示成简单切变，它们在数学上是等效的，并且不改变晶体的结构，因此又称为点阵不变切变。式(5.1)中，$\mathbf{B}$ 为 Bain 变形，是一个不含旋转的纯变形矩阵，描述从一个点阵转变到另一个点阵的均匀变形。$\mathbf{B}$ 在 fcc-bcc 系统中就是 Bain 变形(图 5.3)，使 fcc 结构变成 bcc 结构。选择一个直角坐标系，坐标轴平行且重合于 fcc 结构的基矢，即 $x /\!/ [1\ 0\ 0]_\mathrm{f} /\!/ [1\ 1\ 0]_\mathrm{b}$，$y /\!/ [0\ 1\ 0]_\mathrm{f} /\!/ [\bar{1}\ 1\ 0]_\mathrm{b}$，$z /\!/ [0\ 0\ 1]_\mathrm{f} /\!/ [0\ 0\ 1]_\mathrm{b}$，下标 f 或 b 代表矢量表示在 fcc 或 bcc 晶体坐标系下。在该坐标系下，Bain 变形 $\mathbf{B}$ 可以表示为

$$\mathbf{B} = \begin{bmatrix} \dfrac{\sqrt{2}\,a_\mathrm{b}}{a_\mathrm{f}} & & \\ & \dfrac{\sqrt{2}\,a_\mathrm{b}}{a_\mathrm{f}} & \\ & & \dfrac{a_\mathrm{b}}{a_\mathrm{f}} \end{bmatrix} \tag{5.3}$$

式中，a_f 和 a_b 分别为 fcc 和 bcc 结构的点阵常数。$\mathbf{B}$ 表达了同一直角坐标系下两相点阵对应矢量之间的变化。如果相变前后的相关矢量在各自的晶体坐标系中表示，则它们由点阵对应关系矩阵联系(见第 2 章)。描述以上 Bain 位向关系下的点阵对应关系矩阵为[16]

$$\mathbf{C} = \begin{bmatrix} 1 & -1 & 0 \\ 1 & 1 & 0 \\ 0 & 0 & 1 \end{bmatrix} \tag{5.4}$$

由式(5.1)可知，错配变形场矩阵(即相变矩阵)为

$$\mathbf{A} = \mathbf{P}_1\mathbf{P}_2^{-1} = \mathbf{RB} \tag{5.5}$$

对于三维晶体结构，上式中的各矩阵均为 3×3 矩阵。PTMC 计算中输入马氏体和母相的点阵常数和点阵对应关系，因此 $\mathbf{B}$ 是确定的；对于切变 $\mathbf{P}_2$，切变面和切变方向是人为设定的，但切变量待求解；旋转矩阵待求解，需要 3 个参数表述；$\mathbf{P}_1$ 待求解，需要 5 个参数表述，包括切变方向 2 个参数、切变面法向 2

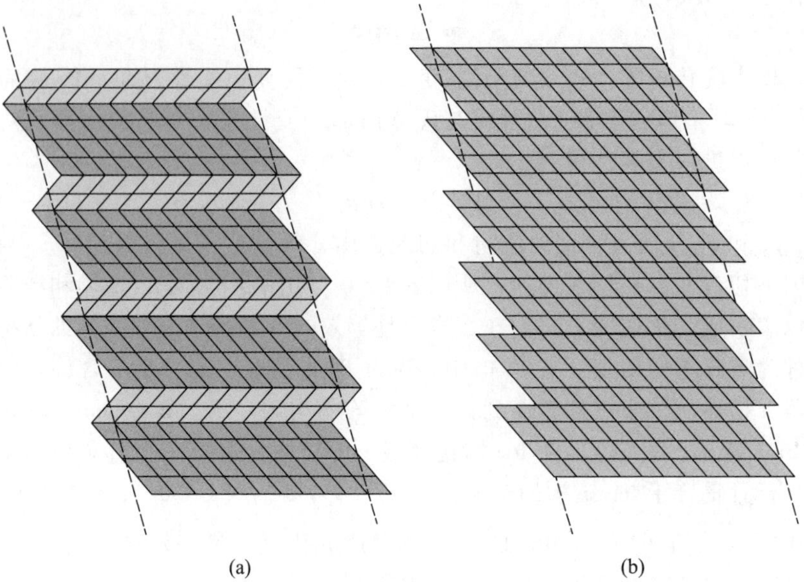

图 5.2　马氏体相变的点阵不变切变：(a)孪晶；(b)滑移

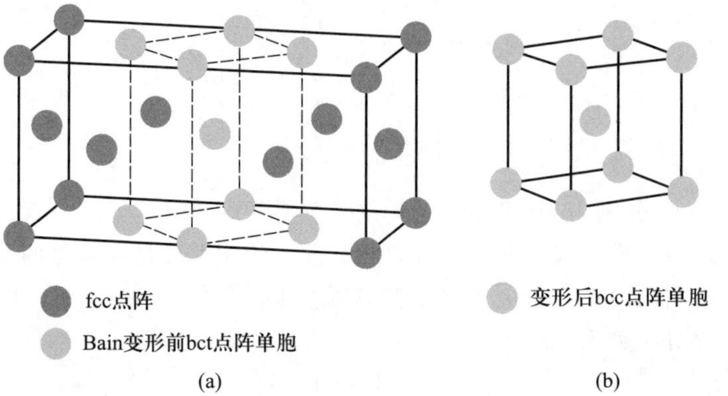

图 5.3　(a) fcc 点阵中的一个体心四方(bct)点阵单胞；(b) 经过 Bain 变形后形成 bcc 点阵单胞

个参数、切变量大小 1 个参数。因此，为了获得相变矩阵，共有 9 个变量待求解。考察式(5.1)，若令等式两边矩阵中各元素相等，刚好可以列出 9 个方程，因此式(5.1)是可解的，进而可以确定马氏体相变的晶体学特征，包括惯习面、位向关系等。然而，在通常的 PTMC 求解过程中，不使用 9 个方程联立求解，而是在理解 PTMC 的性质和约束的基础上，逐步计算获得相关的矩阵。

5.2.2 马氏体表象理论的性质

根据 Bowles 和 Mackenzie 的分析[4]，PTMC 有两条性质或约束条件。这些性质是构建 PTMC 的重要计算基础。

性质 1：存在不变线 $\boldsymbol{x}_{IL}$，并且 $\boldsymbol{x}_{IL}$ 在宏观切变 $\mathbf{P}_1$ 和点阵不变切变 $\mathbf{P}_2$ 的切变面 $\boldsymbol{p}_1$ 和 $\boldsymbol{p}_2$ 上。

根据不变面的性质，切变面上的任意矢量在切变前后不变。因此，若有两个法线方向为 $\boldsymbol{p}_1$ 和 $\boldsymbol{p}_2$ 的切变面，则同时躺在这两个面上的矢量经历式(5.5)的相变矩阵 **A** 后长度和方向不变。该矢量定义了一根不变线方向，**A** 为不变线变形矩阵。显然不变线就是矩阵 **A** 特征值为 1 的特征矢量。上述几何关系可以表达为

$$\mathbf{A}\boldsymbol{x}_{IL} = \boldsymbol{x}_{IL} \tag{5.6}$$

并且

$$\boldsymbol{x}'_{IL}\boldsymbol{p}_1 = 0 \tag{5.7}$$

$$\boldsymbol{x}'_{IL}\boldsymbol{p}_2 = 0 \tag{5.8}$$

这几个公式表明，宏观切变面 $\boldsymbol{p}_1$ 包含不变线，并且点阵不变切变面 $\boldsymbol{p}_2$ 在界面上也通过这根不变线。由于不变线在相变前后长度不变，即

$$\boldsymbol{x}'_{IL}\boldsymbol{x}_{IL} = 1 \tag{5.9}$$

并且

$$(\mathbf{A}\boldsymbol{x}_{IL})'(\mathbf{A}\boldsymbol{x}_{IL}) = (\mathbf{B}x_{IL})'(\mathbf{B}\boldsymbol{x}_{IL}) = 1 \tag{5.10}$$

则由此定义了所有不变线所在的圆锥方程，称为不伸长圆锥。另外，式(5.8)和式(5.10)将不变线约束为已知的点阵不变切变面与圆锥的交线。

性质 2：倒易不变线(即不变法线)垂直于 $\mathbf{P}_1$ 和 $\mathbf{P}_2$ 的切变方向 $\boldsymbol{d}_1$ 和 $\boldsymbol{d}_2$。

倒空间中的相变矩阵可以在式(5.5)基础上写为

$$\mathbf{A}^* = \mathbf{P}_1^*\mathbf{P}_2' = \mathbf{R}\mathbf{B}^* \tag{5.11}$$

式中，$\mathbf{A}^* = (\mathbf{A}^{-1})'$，$\mathbf{P}_1^* = (\mathbf{P}_1^{-1})'$，$\mathbf{B}^* = (\mathbf{B}^{-1})'$。当正空间存在不变线时，倒空间也存在不变线(或称不变法线)$\boldsymbol{x}_{IL}^*$，满足

$$\mathbf{A}^*\boldsymbol{x}_{IL}^* = \boldsymbol{x}_{IL}^* \tag{5.12}$$

同样，利用不变线长度相变前后不变的条件，类似于式(5.9)和式(5.10)，可得

$$\boldsymbol{x}_{IL}^{*\prime}\boldsymbol{x}_{IL}^* = 1 \tag{5.13}$$

$$(\mathbf{B}^*\boldsymbol{x}_{IL}^*)'(\mathbf{B}^*\boldsymbol{x}_{IL}^*) = 1 \tag{5.14}$$

类似于性质 1 的讨论，由于倒空间中 $\mathbf{P}_1^*$ 和 $\mathbf{P}_2^*$ ($=(\mathbf{P}_2^{-1})'$)的切变面法向分别为 $\boldsymbol{d}_1$ 和 $\boldsymbol{d}_2$，根据式(5.11)和式(5.12)，倒易不变线躺在 $\mathbf{P}_1^*$和 $\mathbf{P}_2^*$的切变面上，因

此可得

$$\boldsymbol{x}_{\mathrm{IL}}^{*\prime}\boldsymbol{d}_1 = 0 \tag{5.15}$$

$$\boldsymbol{x}_{\mathrm{IL}}^{*\prime}\boldsymbol{d}_2 = 0 \tag{5.16}$$

与正空间的情况类似，上述性质约束了倒易不变线。

5.2.3 求解过程

根据上述 PTMC 的两个关于正空间和倒易不变线的性质，我们可以分别建立如下两个方程组：

$$\begin{cases} \boldsymbol{x}_{\mathrm{IL}}'\boldsymbol{x}_{\mathrm{IL}} = 1 \\ (\mathbf{B}\boldsymbol{x}_{\mathrm{IL}})'(\mathbf{B}\boldsymbol{x}_{\mathrm{IL}}) = 1 \\ \boldsymbol{x}_{\mathrm{IL}}'\boldsymbol{p}_2 = 0 \end{cases} \tag{5.17}$$

和

$$\begin{cases} \boldsymbol{x}_{\mathrm{IL}}^{*\prime}\boldsymbol{x}_{\mathrm{IL}}^{*} = 1 \\ (\mathbf{B}^{*}\boldsymbol{x}_{\mathrm{IL}}^{*})'(\mathbf{B}^{*}\boldsymbol{x}_{\mathrm{IL}}^{*}) = 1 \\ \boldsymbol{x}_{\mathrm{IL}}^{*\prime}\boldsymbol{d}_2 = 0 \end{cases} \tag{5.18}$$

这两个方程组分别在正空间和倒空间完全约束了可能的不变线，因此可以求出 $\boldsymbol{x}_{\mathrm{IL}}$ 和 $\boldsymbol{x}_{\mathrm{IL}}^{*}$。根据式(5.5)和式(5.6)还可知

$$\mathbf{RB}\boldsymbol{x}_{\mathrm{IL}} = \mathbf{R}(\mathbf{B}\boldsymbol{x}_{\mathrm{IL}}) = \boldsymbol{x}_{\mathrm{IL}} \tag{5.19}$$

说明旋转矩阵 $\mathbf{R}$ 实际上是将由 $\mathbf{B}$ 造成的 $\boldsymbol{x}_{\mathrm{IL}}$ 方向偏离转回到原 $\boldsymbol{x}_{\mathrm{IL}}$ 的方向，同理 $\mathbf{R}$ 也将 $\mathbf{B}^{*}$ 导致的 $\boldsymbol{x}_{\mathrm{IL}}^{*}$ 偏离转回到 $\boldsymbol{x}_{\mathrm{IL}}^{*}$ 的方向，从而使 $\boldsymbol{x}_{\mathrm{IL}}$ 和 $\boldsymbol{x}_{\mathrm{IL}}^{*}$ 在经过相变变形之后其长度和方向都不发生变化，形成不变线。

根据旋转矩阵 $\mathbf{R}$ 的作用可构造其表达式

$$\mathbf{R} = \mathbf{R}_{\mathrm{a}}\mathbf{R}_{\mathrm{b}}' \tag{5.20}$$

式中

$$\mathbf{R}_{\mathrm{a}} = [\boldsymbol{x}_{\mathrm{IL}} \quad \boldsymbol{x}_{\mathrm{IL}}^{*} \quad \boldsymbol{x}_{\mathrm{IL}} \times \boldsymbol{x}_{\mathrm{IL}}^{*}] \tag{5.21}$$

$$\mathbf{R}_{\mathrm{b}} = [\mathbf{B}\boldsymbol{x}_{\mathrm{IL}} \quad \mathbf{B}^{*}\boldsymbol{x}_{\mathrm{IL}}^{*} \quad \mathbf{B}\boldsymbol{x}_{\mathrm{IL}} \times \mathbf{B}^{*}\boldsymbol{x}_{\mathrm{IL}}^{*}] \tag{5.22}$$

显然，根据已知量可以计算得到 $\mathbf{R}_{\mathrm{a}}$ 和 $\mathbf{R}_{\mathrm{b}}$，进而求出形成不变线的旋转矩阵 $\mathbf{R}$。读者可以验证，这样构造的 $\mathbf{R}$ 满足式(5.19)。有了旋转矩阵 $\mathbf{R}$，就可以进一步计算出相变矩阵 $\mathbf{A}$。

惯习面单位法向平行于宏观不变平面切变的切变面法向，即

$$\boldsymbol{n} \,/\!/\, \boldsymbol{p}_1 \tag{5.23}$$

因为 $\boldsymbol{p}_2$ 与 $\boldsymbol{d}_2$ 垂直，由式(5.2)可得 $\mathbf{P}_2'\boldsymbol{p}_2 = \boldsymbol{p}_2$，即 $\mathbf{P}_2'$ 不改变 $\boldsymbol{p}_2$，所以由式(5.11)可得 $\mathbf{A}^{*}\boldsymbol{p}_2 = \mathbf{P}_1^{*}\boldsymbol{p}_2$。又因 $\mathbf{P}_1^{*}$ 作用于 $\boldsymbol{p}_2$ 产生的位移，即 $(\mathbf{I}-\mathbf{P}_1^{*})\boldsymbol{p}_2 = (\mathbf{I}-\mathbf{A}^{*})\boldsymbol{p}_2$，沿 $\boldsymbol{p}_1$ 方向，所以惯习面法向可由下式确定：

$$\boldsymbol{n} \parallel (\mathbf{I} - \mathbf{A}^{*})\boldsymbol{p}_2 \tag{5.24}$$

因为 $\boldsymbol{d}_2$ 在 $\boldsymbol{p}_2$ 平面内，所以 $\mathbf{P}_2$ 作用于 $\boldsymbol{d}_2$ 不改变 $\boldsymbol{d}_2$，即 $\mathbf{P}_2\boldsymbol{d}_2=\boldsymbol{d}_2$，则由式(5.5)可得 $\mathbf{A}\boldsymbol{d}_2=\mathbf{P}_1\boldsymbol{d}_2$。相应地，$\mathbf{A}$ 对 $\boldsymbol{d}_2$ 产生的位移等于 $\mathbf{P}_1$ 对 $\boldsymbol{d}_2$ 产生的位移，即 $(\mathbf{A}-\mathbf{I})\boldsymbol{d}_2=(\mathbf{P}_1-\mathbf{I})\boldsymbol{d}_2$，而 $\mathbf{P}_1$ 产生的位移一定平行于 $\boldsymbol{d}_1$ 方向，因此可以确定宏观切变方向 $\boldsymbol{d}_1$

$$\boldsymbol{d}_1 \parallel (\mathbf{A} - \mathbf{I})\boldsymbol{d}_2 \tag{5.25}$$

宏观切变的切变量为

$$m_1 = \frac{|(\mathbf{A} - \mathbf{I})\boldsymbol{d}_2|}{\boldsymbol{n}'\boldsymbol{d}_2} \tag{5.26}$$

式中，分母为 $\boldsymbol{d}_2$ 矢量末端距宏观切变面的距离。在得到 $\boldsymbol{n}$、$\boldsymbol{d}_1$、m_1 的基础上，根据式(5.2)可求得 $\mathbf{P}_1$，进而可得 $\mathbf{P}_2=\mathbf{A}^{-1}\mathbf{P}_1$。点阵不变切变的切变量为

$$m_2 = \frac{|\mathbf{P}_2\boldsymbol{v} - \boldsymbol{v}|}{\boldsymbol{v}'\boldsymbol{p}_2} \tag{5.27}$$

式中，$\boldsymbol{v}$ 为不在 $\boldsymbol{p}_2$ 面内的任意矢量。

位向关系由相对于 Bain 位向关系的转动 $\mathbf{R}$ 确定。为了与实验结果对照，习惯上将无理位向关系表示为两相相关密排方向 $\boldsymbol{v}$ 和 $\boldsymbol{A}\boldsymbol{v}$ 之间的夹角和相关密排面 $\boldsymbol{g}$ 和 $\mathbf{A}^{-1}{}'\boldsymbol{g}$ 之间的夹角，分别表达为

$$\theta = \arccos\frac{\boldsymbol{v}'\boldsymbol{A}\boldsymbol{v}}{|\boldsymbol{v}||\boldsymbol{A}\boldsymbol{v}|} \tag{5.28}$$

$$\gamma = \arccos\frac{\boldsymbol{g}'\mathbf{A}^{*}\boldsymbol{g}}{|\boldsymbol{g}||\mathbf{A}^{*}\boldsymbol{g}|} \tag{5.29}$$

至此，就计算得出了位向关系、惯习面、宏观切变方向和切变量等相变晶体学关注的信息。

PTMC 成功地解释了铁基合金中马氏体的$(3\ 10\ 15)_f$ 或者$(2\ 5\ 9)_f$ 惯习面，但是不能解释板条马氏体近$(2\ 2\ 5)_f$ 和$(1\ 1\ 1)_f$ 的惯习面。因此，人们对 PTMC 作了一些改进。其中之一是尝试非常规的点阵不变切变系统[18,19]；另一种改进是引入膨胀参数，允许惯习面承受微小的长程应变场[20]，这样可以得到惯习面$(2\ 2\ 5)_f$ 的解，相应的膨胀量一般小于 2%[16]；还有一种改进方法是不采用膨胀参数，仍用惯习面为不变面的条件，允许包含双切变系统[21-23]。通过选择两个合适的点阵不变切变，Kelly[24] 解释了可能的板条马氏体的晶体学特征，但是还存在一些问题，例如位错间距与实验结果不符等。马氏体双切变模型中的双切变系统有多种组合，而且对于给定两个切变系统，相比于原始 PTMC 多了一个自由度可调。因此，适用性似乎更广，但是双切变模型中界面的可动性值得商榷。虽然在后续发展中这些模型还有待进一步研究，但是

PTMC 作为第一个完全定量的解出所有马氏体相变的晶体学特征的理论模型，它的整体概念和理论推导对推动相变晶体学研究具有十分重要的价值。

5.2.4　求解实例

下面使用 Wayman[16] 所述 Fe-31wt%Ni 合金马氏体相变的实例说明 PTMC 计算过程，软件求解过程见附录 4。计算中奥氏体点阵常数为 0.359 1 nm，马氏体的点阵常数为 0.287 5 nm。

步骤 1：计算 Bain 变形矩阵。

在坐标轴重合于 fcc 晶胞基矢的公用直角坐标系下，根据式(5.3)可得 Bain 变形矩阵

$$\mathbf{B}=\begin{bmatrix}1.132 & & \\ & 1.132 & \\ & & 0.801\end{bmatrix} \tag{5.30}$$

可见，由 fcc 转变为 bcc 结构时，沿 $\boldsymbol{x}$ 和 $\boldsymbol{y}$ 的 Bain 轴拉伸约 13%，$\boldsymbol{z}$ 方向压缩近 20%。

步骤 2：求解正空间和倒易不变线 $\boldsymbol{x}_{\mathrm{IL}}$ 和 $\boldsymbol{x}^*_{\mathrm{IL}}$。

设定简单切变系统中 $\boldsymbol{p}_2$ 及 $\boldsymbol{d}_2$ 的方向分别为$[1\ 0\ 1]_{\mathrm{f}}$ 和$[\bar{1}\ 0\ 1]_{\mathrm{f}}$。根据方程组(5.17)得到下面两组求解不变线的结果：

$$\boldsymbol{x}_{\mathrm{IL1}}=[-0.663\quad -0.348\quad 0.663]'_{\mathrm{f}} \tag{5.31}$$

$$\boldsymbol{x}_{\mathrm{IL2}}=[-0.663\quad 0.348\quad 0.663]'_{\mathrm{f}} \tag{5.32}$$

类似地，应用方程组(5.18)可以计算得到倒空间的不变线

$$\boldsymbol{x}^*_{\mathrm{IL1}}=[0.531\quad 0.661\quad 0.531]'_{\mathrm{f}} \tag{5.33}$$

$$\boldsymbol{x}^*_{\mathrm{IL2}}=[0.531\quad -0.661\quad 0.531]'_{\mathrm{f}} \tag{5.34}$$

步骤 3：求解旋转矩阵 **R**。

由于 $\boldsymbol{x}_{\mathrm{IL}}$ 和 $\boldsymbol{x}^*_{\mathrm{IL}}$ 各有两个解，两两组合确定旋转矩阵 **R** 共有 4 种可能性。这里采用 $\boldsymbol{x}_{\mathrm{IL1}}$ 和 $\boldsymbol{x}^*_{\mathrm{IL1}}$ 的组合为例进行说明。根据式(5.20)～式(5.22)可得

$$\mathbf{R}_{\mathrm{a}}=\begin{bmatrix}-0.663 & 0.531 & 0.639\\ -0.347 & 0.660 & 0.724\\ 0.663 & 0.531 & -0.261\end{bmatrix} \tag{5.35}$$

$$\mathbf{R}_{\mathrm{b}}=\begin{bmatrix}-0.751 & 0.469 & -0.586\\ -0.393 & 0.583 & 0.767\\ 0.531 & 0.663 & -0.261\end{bmatrix} \tag{5.36}$$

$$\mathbf{R}=\begin{bmatrix}0.991 & -0.0327 & 0.129\\ 0.018\,7 & 0.994 & 0.108\\ -0.131 & -0.105 & 0.986\end{bmatrix} \tag{5.37}$$

步骤 4：计算相变矩阵 **A**。

已知 **R** 和 **B**，根据式(5.5)可以计算获得相变矩阵

$$\mathbf{A}=\begin{bmatrix}1.122 & -0.037 & 0.103\\ 0.021 & 1.125 & 0.087\\ -0.149 & -0.119 & -0.789\end{bmatrix} \tag{5.38}$$

步骤 5：求解惯习面取向及宏观切变和点阵不变切变。

因为 $\boldsymbol{p}_2 /\!/ [1\ 0\ 1]'_{\rm f}$，根据式(5.24)，可以计算从惯习面的单位法向为

$$\boldsymbol{p}_1=[0.185\quad 0.783\quad 0.594]'_{\rm f} \tag{5.39}$$

因为 $\boldsymbol{d}_2 /\!/ [\bar{1}\ 0\ 1]'_{\rm f}$，根据式(5.25)，可求得宏观切变方向 $\boldsymbol{d}_1$ 为

$$\boldsymbol{d}_1=[-0.210\quad 0.710\quad 0.673]'_{\rm f} \tag{5.40}$$

根据式(5.26)，计算宏观切变的切变量 m_1 为 0.226。将宏观切变方向和切变量代入式(5.2)可以得到宏观不变面切变为

$$\mathbf{P}_1=\begin{bmatrix}0.991 & -0.037 & -0.028\\ 0.0296 & 1.125 & 0.095\\ -0.028 & -0.119 & 0.910\end{bmatrix} \tag{5.41}$$

于是 $\mathbf{P}_2$ 可以根据式(5.1)计算得到，其切变量 m_2 可由式(5.27)计算，结果为 $m_2=0.257$。

步骤 6：计算两相对应密排面和密排方向之间的夹角。

根据式(5.4)的点阵对应关系矩阵，可以计算两相对应的密排面和对应的密排方向，利用式(5.28)和式(5.29)计算它们之间的夹角。结果为，晶面$(1\ 1\ 1)_{\rm f}$接近平行于对应晶面$(0\ 1\ 1)_{\rm b}$，夹角约为 0.53°；$[\bar{1}\ 0\ 1]_{\rm f}$ 方向接近其相关方向$[\bar{1}\ \bar{1}\ 1]_{\rm b}$，夹角约为 3.61°。这个位向关系接近实验观察到的 Greninger-Troiano(G-T)关系[25]。

5.3 O 线模型

第 4 章中介绍了界面错配分析的一般理论方法，即 O 点阵理论。当相变位移矩阵 **T** 的秩为 2 时存在不变线，此时 O 点阵方程不一定可解，但是可以调整位向关系使之可解，即得到 O 线解。张文征和 Purdy[13] 将界面包含一套 O 线作为择优界面的一个判据，根据这个判据计算两相之间的位向关系和惯习面。判据所对应的实验结果是，界面上有且仅有一组周期性平行排列的位错，这与他们在 Zr-Nb 合金中的实验结果相吻合。该择优判据在许多其他合金系统中也得到了验证，例如双相钢、钛合金等系统[26-30]，可用来解释其中板条或柱状析出相的晶体学特征。在第 3 章图 3.12 中显示了 Ti-Cr 合金中 α 析出相的惯

习面结构[27]，界面上包含一组平行排列的位错，该惯习面满足 O 线条件。本节将介绍 O 线界面结构及其性质，并基于这些性质介绍 O 线模型的求解方法。

5.3.1　O 线界面的性质

基于形成 O 线的约束条件，可以推导出几个关于 O 线界面的重要性质，包括界面的位移特征，界面两侧晶面和晶向的匹配。了解这些性质有两点意义：一是有利于理解 O 线界面的特点，在实验中判定系统是否满足 O 线条件；二是理解运用矩阵方法建立求解 O 线的解析法。

5.3.1.1　O 线界面内的位移和 O 线解的条件

根据第 4 章介绍的 O 点阵理论，对于母相为 α、新相为 β 的相变体系，主 O 点阵矢量 $\boldsymbol{x}^0$ 由下式给出[31]

$$\mathbf{T}\boldsymbol{x}^0 = \boldsymbol{b}_\alpha \tag{5.42}$$

即沿主 O 点阵矢量 $\boldsymbol{x}^0$ 的位移为 $\boldsymbol{b}_\alpha$。当相变位移矩阵 $\mathbf{T}$ 的秩为 2 时，式(5.42)不一定有解，但是一定存在一根不变线 $\boldsymbol{x}_{IL}$。根据式(5.6)，不变线 $\boldsymbol{x}_{IL}$ 方向具有相变前后不发生改变的特征。因为位移矩阵为 $\mathbf{T}=\mathbf{I}-\mathbf{A}^{-1}$，所以

$$\mathbf{T}\boldsymbol{x}_{IL} = \mathbf{0} \tag{5.43}$$

显然，沿不变线方向没有错配位移。矢量 $\boldsymbol{x}_{IL}$ 中的元素可看作 $\mathbf{T}$ 矩阵中列矢量的线性组合系数。上式也表明，不变线垂直于 $\mathbf{T}$ 矩阵中的行矢量，因此可以通过任意两个行矢量的叉积得到 $\boldsymbol{x}_{IL}$。

当系统存在正空间不变线时，倒空间也存在不变线，即倒易不变线，或称为不变法线，根据式(5.12)，可以得到如下关系：

$$\mathbf{T}'\boldsymbol{x}_{IL}^* = \mathbf{0} \tag{5.44}$$

式(5.44)表明，倒易不变线垂直于 $\mathbf{T}$ 矩阵中的列矢量，因此可以通过位移矩阵 $\mathbf{T}$ 中任意两个列矢量的叉积得到。

当 $\mathbf{T}$ 的秩为 2 时，若 O 点阵式(5.42)有解，$\boldsymbol{b}_\alpha$ 可由 $\mathbf{T}$ 的列矢量线性组合而成，即 $\boldsymbol{b}_\alpha$ 与 $\mathbf{T}$ 的列矢量在同一个平面上，面法向为 $\boldsymbol{x}_{IL}^*$。因此可以得到[13,31]

$$\boldsymbol{x}_{IL}^{*\prime}\boldsymbol{b}_a = 0 \tag{5.45}$$

此公式即为位错的伯氏矢量对倒易不变线的约束条件，给定伯氏矢量即可求出倒易不变线 $\boldsymbol{x}_{IL}^*$。满足此约束条件时，O 点阵式(5.42)有 O 线解。式(5.45)也是求解 O 线模型的重要基础。

对于正空间中任意矢量 $\boldsymbol{x}$，根据式(2.35)，其位移为 $\Delta\boldsymbol{x}=\mathbf{T}\boldsymbol{x}$，则

$$\boldsymbol{x}_{IL}^{*\prime}\Delta\boldsymbol{x} = \boldsymbol{x}_{IL}^{*\prime}\mathbf{T}\boldsymbol{x} = (\mathbf{T}'\boldsymbol{x}_{IL}^*)'\boldsymbol{x} = 0 \tag{5.46}$$

因此，倒空间不变线 $\boldsymbol{x}_{IL}^*$ 垂直于正空间的任意位移矢量 $\Delta\boldsymbol{x}$，式(5.45)只是这个

结果的一个特例。

根据线性代数的基础知识，当 $\mathbf{T}$ 的秩为 2，并且式(5.42)可解时，主 O 点阵矢量的通解 $\boldsymbol{x}^0$ 可以由一个特定解 $\boldsymbol{x}_1^0$ 和一个平行于不变线的矢量组成，即

$$\boldsymbol{x}^0 = m\boldsymbol{x}_{\mathrm{IL}} + \boldsymbol{x}_1^0 \tag{5.47}$$

为了验证这个结果，在式(5.47)两侧同时乘以矩阵 $\mathbf{T}$，可得

$$\mathbf{T}(m\boldsymbol{x}_{\mathrm{IL}} + \boldsymbol{x}_1^0) = \boldsymbol{b}_\alpha \tag{5.48}$$

显然，这个公式仍然满足 O 点阵计算公式[即式(5.42)]的基本形式。这时 $\boldsymbol{x}^0$ 构成了平行于不变线的位置，定义了一根 O 线。这根 O 线以 $\boldsymbol{x}_1^0$ 为平移矢量进行平移，可得周期性分布的 O 线。这些 O 线所在的平面称为 O 线面，O 线由周期性分布的平行位错间隔，位错的伯氏矢量为 $\boldsymbol{b}_\alpha$。

在求得满足 O 线条件的 $\boldsymbol{x}_{\mathrm{IL}}^*$后，绕 $\boldsymbol{x}_{\mathrm{IL}}^*$旋转，可使式(5.45)一直成立，从而得到一系列满足 O 线条件的不同位向关系。由于位向关系的改变，含 O 线的界面法向也随之变化，于是可得一系列 O 线界面。一般情况下，一个位向关系下通常只存在一组 O 线。特殊情况下(如图 4.2 所示情况)，当 $\boldsymbol{x}_{\mathrm{IL}}^*$垂直于多组伯氏矢量时，即两相点阵中有一对晶面相互平行且面间距相等，此位向关系下可以存在多组 O 线解。

5.3.1.2 倒空间位移矢量的性质及其与 O 线界面取向的关系

当界面含有 O 线时，倒空间位移矢量 $\Delta\boldsymbol{g}$ 具有下列几个重要性质。在这些性质中，$\Delta\boldsymbol{g}$ 平行的特征对确定界面取向有重要意义。

性质 1：垂直于 $\Delta\boldsymbol{g}$ 的界面必须含不变线。

与正空间位移矢量 $\Delta\boldsymbol{x}$ 垂直于倒易不变线类似，倒空间位移矢量 $\Delta\boldsymbol{g}$ 一定垂直于正空间不变线，可以由下式证明：

$$\boldsymbol{x}'_{\mathrm{IL}}\Delta\boldsymbol{g} = \boldsymbol{x}'_{\mathrm{IL}}\mathbf{T}'\boldsymbol{g} = (\mathbf{T}\boldsymbol{x}_{\mathrm{IL}})'\boldsymbol{g} = 0 \tag{5.49}$$

因此，可以得到该性质的一个推论，即任意两个 $\Delta\boldsymbol{g}$ 矢量的叉积平行于 $\boldsymbol{x}_{\mathrm{IL}}$。

性质 2：对于含 $\boldsymbol{b}_\alpha$ 的晶面，其法向 $\boldsymbol{g}$ 相关的 $\Delta\boldsymbol{g}$ 互相平行，并且垂直于 O 线界面。

这条性质是第 1 章介绍的 $\Delta\boldsymbol{g}$ 平行法则Ⅱ的依据。对于含 $\boldsymbol{b}_\alpha$ 的面，其法向平行于倒易矢量 $\boldsymbol{g}$，则 $\boldsymbol{g}'\boldsymbol{b}_\alpha=0$。因此，根据 O 点阵公式可得

$$\boldsymbol{g}'\boldsymbol{b}_\alpha = \boldsymbol{g}'\mathbf{T}\boldsymbol{x}^0 = \Delta\boldsymbol{g}'\boldsymbol{x}^0 = 0 \tag{5.50}$$

说明 $\Delta\boldsymbol{g}$ 必须垂直于主 O 点阵矢量 $\boldsymbol{x}^0$，或者说倒易矢量 $\Delta\boldsymbol{g}$ 定义的面包含 $\boldsymbol{x}^0$。结合性质 1，$\Delta\boldsymbol{g}$ 同时垂直于 $\boldsymbol{x}_{\mathrm{IL}}$和 $\boldsymbol{x}^0$，说明 $\Delta\boldsymbol{g}$ 平行于 O 线界面的法向。因为满足 $\boldsymbol{g}'\boldsymbol{b}_\alpha=0$ 的低指数 $\boldsymbol{g}$ 有多个，所以垂直于 O 线界面的 $\Delta\boldsymbol{g}$ 也有多个，这些 $\Delta\boldsymbol{g}$ 互相平行。

存在多个 $\Delta\boldsymbol{g}$ 互相平行的结果也可以根据 $\boldsymbol{g}$ 与 $\boldsymbol{x}_{\mathrm{IL}}^*$共面的关系证明。因为满

足 $\boldsymbol{g}'\boldsymbol{b}_{\alpha}=0$ 的任何两个倒易矢量 $\boldsymbol{g}_1$ 和 $\boldsymbol{g}_2$ 可以由下列线性关系关联：

$$\boldsymbol{g}_1 = k\boldsymbol{g}_2 + j\boldsymbol{x}^*_{\mathrm{IL}} \tag{5.51}$$

式中，k 和 j 为组合系数。根据式(5.44)，可得 $\mathbf{T}'\boldsymbol{g}_1 /\!/ \mathbf{T}'\boldsymbol{g}_2$，即 $\Delta\boldsymbol{g}_1 /\!/ \Delta\boldsymbol{g}_2$。

因为低指数 $\boldsymbol{g}$ 矢量经常可以在透射电子显微镜(transmission electron microscope，TEM)获得的电子衍射花样中直接表征，所以可以用界面附近获得的两相重叠的衍射花样直接观察多个 $\Delta\boldsymbol{g}$ 平行的特征[27,30,32]，从而判断界面是否满足 O 线条件。还可以根据 $\Delta\boldsymbol{g}$ 平行的性质，推测界面可能存在的位错及其伯氏矢量。该方法特别有助于在不易直接观察界面位错的情况下判断可能出现的界面位错结构。

性质 3：垂直于 O 线界面 $\Delta\boldsymbol{g}$ 相关的 $\boldsymbol{g}$ 面在 O 线界面两侧一一匹配。

如图 5.4 所示，在正空间中，相对应的两组不平行晶面重叠可形成水纹面。若 α 和 β 两相中两个晶面的倒易矢量分别为 $\boldsymbol{g}_{\alpha}$ 和 $\boldsymbol{g}_{\beta}$，则两者的差 $\Delta\boldsymbol{g}$ 垂直于水纹面，并且两组晶面在水纹面位置一一匹配。由于 O 线界面垂直于多个平行的 $\Delta\boldsymbol{g}$，则界面两侧有多组晶面一一匹配。

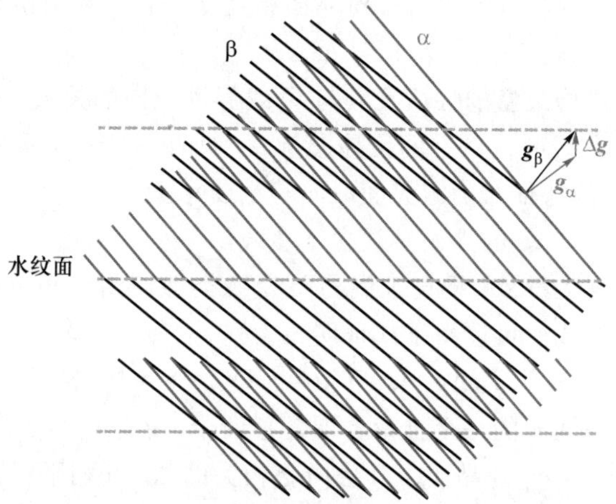

图 5.4　α 相和 β 相中两组垂直于纸面的晶面重叠形成水纹面，并在水纹面位置一一匹配(参见书后彩图)

这个重要性质可用来方便地在 TEM 中验证择优界面与 $\Delta\boldsymbol{g}$ 之间的关系。一方面因为在 TEM 下两晶体重叠的区域可以直接观察到水纹图；另一方面在高分辨 TEM 照片中可以判断两相对应晶面的匹配情况。图 5.5 为 Ni-Cr 系统中界面的高分辨照片[33]和界面两侧原子匹配的模拟图，可见界面两侧的多组低指数晶面在界面连续，即一一匹配。该界面看似共格，但是计算表明，该界面满足 O 线条件，为半共格界面。这是因为位错的伯氏矢量平行于观察方向，所以沿该方向观察所得到的原子匹配图像中看不到错配。此外，当多个 $\Delta \boldsymbol{g}$ 平行时，它们一般不会平行于低指数方向，所以当惯习面垂直于一系列 $\Delta \boldsymbol{g}$ 时，惯习面经常是无理界面，界面上会包含台阶结构。

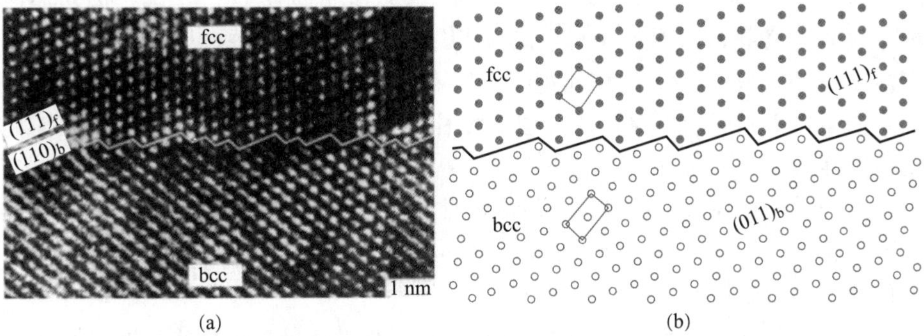

图 5.5　Ni-Cr 合金系统中界面的高分辨照片[33] (a)和相应的原子结构示意图(b)

5.3.1.3　界面两侧晶面匹配或晶向匹配

由于 O 线界面垂直于多组 $\Delta \boldsymbol{g}$ 矢量，因此可将上述晶面之间的匹配延续到三维空间中，结果等价于早期马氏体理论中的棱柱匹配关系[34,35]。这些 $\Delta \boldsymbol{g}$ 相关的 $\boldsymbol{g}$ 矢量必须包含 $\boldsymbol{b}_\alpha$，而且根据水纹面的性质，O 线界面两侧多组 $\Delta \boldsymbol{g}$ 相关的晶面一一匹配。

如图 5.6 所示，ABC 为 O 线界面，晶面 ABB_1A_1 与 ABB_2A_2 在界面上相交于 AB，晶面 ACC_1A_1 与 ACC_2A_2 在界面上相交于 AC，晶面 BCC_1B_1 与 BCC_2B_2 在界面上相交于 BC，因此这些晶面在界面上匹配。晶面 ABB_1A_1、ACC_1A_1、

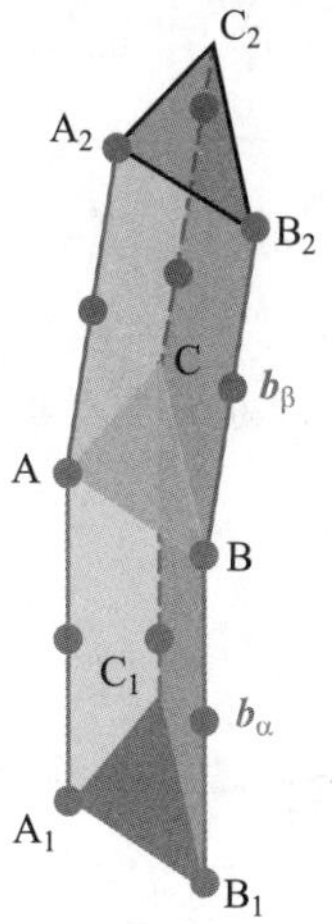

图 5.6　界面 ABC 两侧晶面或晶向的匹配(参见书后彩图)

BCC_1B_1 均包含 $\boldsymbol{b}_\alpha$ 方向，与之匹配的晶面 ABB_2A_2、ACC_2A_2、BCC_2B_2 包含 $\boldsymbol{b}_\beta$，因此 O 线界面两侧的匹配除了用晶面匹配来描述外，还可描述成晶向之间的匹配。

图 5.6 中晶面之间的交线(晶向或原子列)在界面上一一匹配，例如晶向 AA_1 与 AA_2 在界面匹配于 A 点，晶向 BB_1 与 BB_2 在界面匹配于 B 点。这种匹配被 Bilby 和 Frank 称为棱柱匹配[34,35]。称之为棱柱的原因是，晶体结构可由三个晶向在空间周期平移堆垛而成。棱柱匹配的概念有助于理解 O 线界面的结构和性质。

首先，棱柱模型中的棱柱一般沿密排或近密排方向，因此与界面上 β 点阵的阵点相近邻的 α 点阵的阵点必然位于 α 点阵的棱柱 $\boldsymbol{b}_\alpha$ 上，因此界面上的错配位移矢量沿棱柱 $\boldsymbol{b}_\alpha$ 方向。

其次，绕垂直于 $\boldsymbol{b}_\alpha$ 和 $\boldsymbol{b}_\beta$ 的矢量旋转可以保持棱柱匹配结构，即保持 O 线结构。根据式(5.45)可知，倒易不变线 $\boldsymbol{x}_{IL}^*$ 就是该旋转轴，即 O 线条件仅限制了位向关系 3 个自由度中的 2 个，还有一个自由度可变。由于 O 线界面垂直于 $\Delta\boldsymbol{g}$，绕 $\boldsymbol{x}_{IL}^*$ 旋转时，O 线界面法向或 $\Delta\boldsymbol{g}$ 的方向在一个椭圆锥面上[36,37]，在极

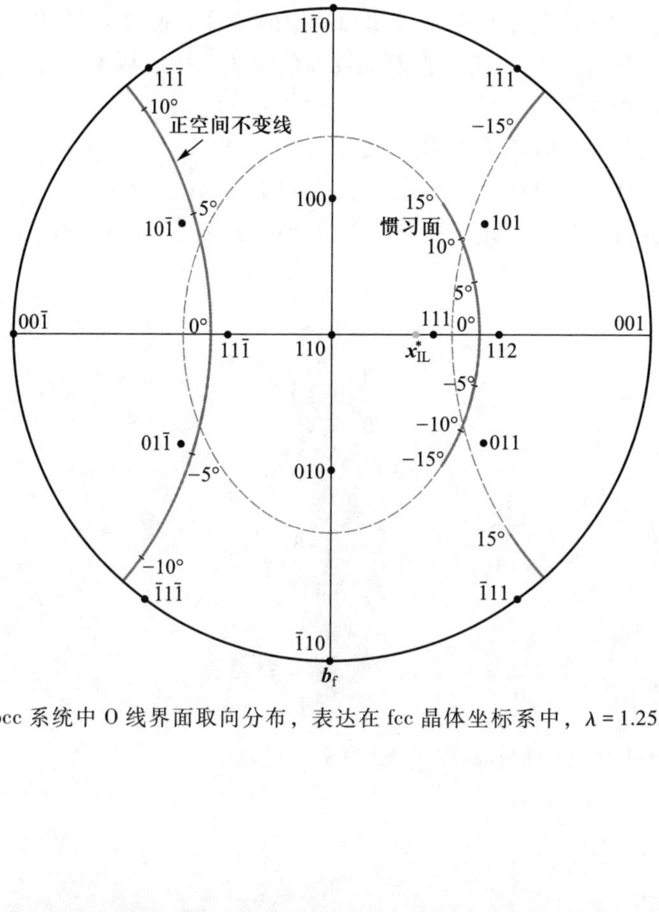

图 5.7　fcc-bcc 系统中 O 线界面取向分布，表达在 fcc 晶体坐标系中，$\lambda=1.255$

射投影图中显示为椭圆。如图5.7所示，椭圆为fcc-bcc系统中O线界面的法向投影。此时，$\boldsymbol{b}_\alpha$ 和 $\boldsymbol{b}_\beta$ 分别为$[\bar{1}\ 1\ 0]_f/2$ 和$[\bar{1}\ 0\ 0]_b$，若建立直角坐标系为 $x/\!/[1\ \bar{1}\ 0]_f$，$y/\!/[0\ 0\ 1]_f$，$z/\!/[1\ 1\ 0]_f$，O线界面的法向满足以下椭圆锥方程[36,37]：

$$\frac{x^2}{\lambda^2}+\frac{y^2}{\lambda^2-1}-\frac{z^2}{2-\lambda^2}=0 \tag{5.52}$$

式中，λ 是两相点阵常数比，即 $\lambda=a_f/a_b$。当 $\boldsymbol{b}_\alpha$ 和 $\boldsymbol{b}_\beta$ 分别为$[1\ 0\ \bar{1}]_f/2$ 和$[\bar{1}\ \bar{1}\ 1]_b$ 时，如果选取坐标系，$x/\!/[\bar{1}\ 0\ 1]_f$，$y/\!/[1\ 0\ 1]_f$，$z/\!/[0\ 1\ 0]_f$，O线界面的法向满足以下椭圆锥方程[36,37]：

$$\frac{x^2}{3\lambda^2}+\frac{y^2}{3\lambda^2-4}-\frac{z^2}{6-3\lambda^2}=0 \tag{5.53}$$

这里只给出了O线界面法向在fcc晶体坐标系中的表达式，其在bcc晶体坐标系中也可以表达成类似的椭圆锥方程。这些曲线有助于系统地分析O线界面取向分布及其随点阵常数的变化规律。

5.3.2 O线模型的解析计算

5.3.2.1 输入条件

上文中已经提到，式(5.45)是求解O线模型的基本公式，它是存在O线的充要条件。在O线模型计算过程中，需要输入伯氏矢量 $\boldsymbol{b}_\alpha$ 以及错配位移场矩阵 $\mathbf{T}$。对于常见的fcc-bcc和bcc-hcp系统，计算矩阵 $\mathbf{T}$ 所需要的点阵对应关系矩阵 $\mathbf{C}$，以及母相和新相的点阵常数通常是已知的。对于未知点阵对应关系的系统，可以利用匹配好位置(good matching site，GMS)团簇内的匹配关系建立择优态结构中的点阵对应关系(见第1章)。矩阵 $\mathbf{T}$ 的计算还取决于两相之间的位向关系，获得满足O线存在条件的位向关系是求解O线界面的关键。

满足O线模型的位向关系的求解方法已经从早期的数值法演化到解析法[13,26,29,36,38,39]，这得益于对O线模型认识的不断深入。数值法的依据是不变线存在时 $\mathbf{T}$ 的秩为2，相应的 $|\mathbf{T}|=0$，以及O线条件下 $\Delta \boldsymbol{g}$ 平行的性质。在计算机编程中，从实验测量的位向关系附近的有理位向关系出发，按照特定步长改变位向关系，用 $|\mathbf{T}|<\varepsilon$ 及多个 $\Delta \boldsymbol{g}$ 矢量之间夹角小于 ε 作为判定条件(ε 为计算精度)，从而得到满足O线条件的位向关系。解析法则是借鉴了PTMC的方法，对于给定伯氏矢量，其倒易不变线 $\boldsymbol{x}_{\mathrm{IL}}^*$ 是固定不变的，因此可绕倒易不变线转动，得到一系列O线解。下面介绍邱冬和张文征发展的解析法[26]。

5.3.2.2　求解位向关系

第 1 步：求解倒易不变线。

如上文所述，若式(5.42)有 O 线解，要求 $\boldsymbol{b}_\alpha$ 垂直于倒易不变线 $\boldsymbol{x}^*_{\mathrm{IL}}$，即要满足式(5.45)。首先需要求解 $\boldsymbol{x}^*_{\mathrm{IL}}$，它满足如下方程组：

$$\begin{cases} \boldsymbol{x}^{*\prime}_{\mathrm{IL}}\boldsymbol{x}^*_{\mathrm{IL}} = 1 \\ (\mathbf{B}^*\boldsymbol{x}^*_{\mathrm{IL}})'(\mathbf{B}^*\boldsymbol{x}^*_{\mathrm{IL}}) = 1 \\ \boldsymbol{x}^{*\prime}_{\mathrm{IL}}\boldsymbol{b}_\alpha = 0 \end{cases} \tag{5.54}$$

该方程组与 PTMC 中的式(5.18)形式相同。对于给定的相变系统和伯氏矢量，O 线是否存在等价于方程组(5.54)是否有解，因此根据此方程组也可以确定 O 线存在时两相点阵常数的范围[26]。在方程组可解的条件下，可得到一个或两个倒易不变线的解。

第 2 步：求解相变矩阵。

接下来可以先规定两相中对应的伯氏矢量互相平行，在此条件下求出初始相变矩阵 $\mathbf{A}_0$，满足倒易不变线 $\boldsymbol{x}^*_{\mathrm{IL}}$存在的条件。在第 2 章中已经强调，晶体学计算会涉及多种坐标系之间的变换，计算相变矩阵时所有矢量均需表达在公用直角坐标系中。任意一个相变矩阵都可以在特定的公用直角坐标系下表示为一个刚性旋转 $\mathbf{R}_1$ 和一个不含旋转的纯变形(如 Bain 变形)$\mathbf{B}$ 的组合[11,40]。纯变形矩阵是一个实对称矩阵，如果公用直角坐标系的三个坐标轴重合于变形的三个主轴，那么这个矩阵将具有仅对角元素不为零的简单形式。不妨将 $\mathbf{A}_0$ 表示为

$$\mathbf{A}_0 = \mathbf{R}_1\mathbf{B} \tag{5.55}$$

若设 $\mathbf{A}^*_0 = (\mathbf{A}_0^{-1})'$，根据式(5.12)可得

$$\mathbf{A}^*_0\boldsymbol{x}^*_{\mathrm{IL}} = \mathbf{R}_1\mathbf{B}^*\boldsymbol{x}^*_{\mathrm{IL}} = \boldsymbol{x}^*_{\mathrm{IL}} \tag{5.56}$$

该公式说明，旋转矩阵 $\mathbf{R}_1$ 实际上是将 $\mathbf{B}^*\boldsymbol{x}^*_{\mathrm{IL}}$转回到 $\boldsymbol{x}^*_{\mathrm{IL}}$的方向。参考 PTMC 求解旋转矩阵的办法[16]，$\mathbf{R}_1$ 可以写成两个旋转矩阵的乘积，即

$$\mathbf{R}_1 = \mathbf{R}_{\mathrm{a}}\mathbf{R}'_{\mathrm{b}} \tag{5.57}$$

式中

$$\mathbf{R}_{\mathrm{a}} = \left[\boldsymbol{x}^*_{\mathrm{IL}} \quad \frac{\boldsymbol{b}_\alpha}{|\boldsymbol{b}_\alpha|} \quad \boldsymbol{x}^*_{\mathrm{IL}} \times \frac{\boldsymbol{b}_\alpha}{|\boldsymbol{b}_\alpha|}\right] \tag{5.58}$$

$$\mathbf{R}_{\mathrm{b}} = \left[\mathbf{B}^*\boldsymbol{x}^*_{\mathrm{IL}} \quad \frac{\mathbf{B}\boldsymbol{b}_\alpha}{|\mathbf{B}\boldsymbol{b}_\alpha|} \quad \mathbf{B}^*\boldsymbol{x}^*_{\mathrm{IL}} \times \frac{\mathbf{B}\boldsymbol{b}_\alpha}{|\mathbf{B}\boldsymbol{b}_\alpha|}\right] \tag{5.59}$$

矩阵 $\mathbf{R}_{\mathrm{a}}$ 和 $\mathbf{R}_{\mathrm{b}}$ 的第三项为前两项的叉积。这样构造的旋转矩阵 $\mathbf{R}_1$ 可将 $\mathbf{B}^*\boldsymbol{x}^*_{\mathrm{IL}}$ 转回到 $\boldsymbol{x}^*_{\mathrm{IL}}$的方向，同时将 $\mathbf{B}\boldsymbol{b}_\alpha$ 转回到 $\boldsymbol{b}_\alpha$ 的方向，即

$$\mathbf{A}_0^*\boldsymbol{x}_{\mathrm{IL}}^* = \mathbf{R}_a\mathbf{R}_b'\mathbf{B}^*\boldsymbol{x}_{\mathrm{IL}}^* = \mathbf{R}_a[1 \quad 0 \quad 0]' = \boldsymbol{x}_{\mathrm{IL}}^* \tag{5.60}$$

$$\mathbf{A}_0\boldsymbol{b}_\alpha = \mathbf{R}_a\mathbf{R}_b'\mathbf{B}\boldsymbol{b}_\alpha = \mathbf{R}_a[0 \quad 1 \quad 0]'|\mathbf{B}\boldsymbol{b}_\alpha| = \frac{|\mathbf{B}\boldsymbol{b}_\alpha|}{|\boldsymbol{b}_\alpha|}\boldsymbol{b}_\alpha \tag{5.61}$$

接下来，固定 $\boldsymbol{x}_{\mathrm{IL}}^*$，让晶体绕其旋转，则在任意旋转角度式(5.45)均成立，确保存在 O 线解。绕 $\boldsymbol{x}_{\mathrm{IL}}^*$ 旋转的矩阵 $\mathbf{R}_2$ 可以表达为

$$\mathbf{R}_2 = \mathbf{R}_a\mathbf{R}_3\mathbf{R}_a' \tag{5.62}$$

式中，$\mathbf{R}_3$ 为

$$\mathbf{R}_3 = \begin{bmatrix} 1 & 0 & 0 \\ 0 & \cos\omega & -\sin\omega \\ 0 & \sin\omega & \cos\omega \end{bmatrix} \tag{5.63}$$

$\mathbf{R}_2$ 的转轴为 $\boldsymbol{x}_{\mathrm{IL}}^*$，旋转角为 ω。因为

$$\mathbf{R}_2\boldsymbol{x}_{\mathrm{IL}}^* = \mathbf{R}_a\mathbf{R}_3\mathbf{R}_a'\boldsymbol{x}_{\mathrm{IL}}^* = \boldsymbol{x}_{\mathrm{IL}}^* \tag{5.64}$$

所以这个旋转不改变 $\boldsymbol{x}_{\mathrm{IL}}^*$。

最终的相变矩阵为

$$\mathbf{A} = \mathbf{R}_2\mathbf{R}_1\mathbf{B} = \mathbf{R}_a\mathbf{R}_3\mathbf{R}_b'\mathbf{B} \tag{5.65}$$

类似式(5.60)，我们可以验证，相变矩阵 **A** 相应的倒易不变线仍为 $\boldsymbol{x}_{\mathrm{IL}}^*$。绕倒易不变线旋转，可产生无数满足 O 线解的位向关系，相应地可得无数正空间不变线 $\boldsymbol{x}_{\mathrm{IL}}$，以及不同法向的惯习面(O 线界面)。因为 $\boldsymbol{x}_{\mathrm{IL}}^*$垂直于 $\boldsymbol{b}_\alpha$ 和 $\boldsymbol{b}_\beta$，且 $\omega=0°$时，$\boldsymbol{b}_\alpha /\!/ \boldsymbol{b}_\beta$，所以 ω 为 $\boldsymbol{b}_\alpha$ 与 $\boldsymbol{b}_\beta$ 的夹角。为了保证转动可以维持择优态所规定的点阵对应关系有效[26]，必须规定 ω 的最大范围，根据已知的实验和计算结果，其值大约为 10°~15°。确定旋转角 ω 需要额外的约束条件，将在后文描述。

第 3 步：确定位向关系。

位向关系可以使用多种方式表述(见第 1 章)。根据式(5.65)，对于 fcc-bcc 系统，位向关系由 Bain 位向关系基础上增加 $\mathbf{R}_2\mathbf{R}_1$ 的转动确定，但是这样表述位向关系与常规方法不同，不方便与实验结果比较。根据 O 线计算结果，我们用一对晶向和一对晶面之间偏离的角度表述位向关系，如以相关伯氏矢量和含伯氏矢量的低指数晶面之间的夹角表示。根据式(5.28)，在公用直角坐标系下，任何相关矢量 $\boldsymbol{v}_\alpha$ 与 $\mathbf{A}\boldsymbol{v}_\alpha$ 之间的夹角为

$$\gamma = \arccos\frac{\boldsymbol{v}_\alpha'\mathbf{A}\boldsymbol{v}_\alpha}{|\mathbf{A}\boldsymbol{v}_\alpha||\boldsymbol{v}_\alpha|} \tag{5.66}$$

根据式(5.29)，相关晶面 $\boldsymbol{g}_\alpha$ 与 $\mathbf{A}^*\boldsymbol{g}_\alpha$ 之间的夹角为

$$\delta = \arccos\frac{\boldsymbol{g}_\alpha'\mathbf{A}^*\boldsymbol{g}_\alpha}{|\boldsymbol{g}_\alpha||\mathbf{A}^*\boldsymbol{g}_\alpha|} \tag{5.67}$$

将 α 点阵的矢量代入以上公式，即可计算出位向关系相对于一个有理位向关系的偏离角度。

另一种方法是使用位向关系矩阵 **M**，这种表达方式更严谨。根据第 2 章中的式(2.108)，**M** 矩阵可以基于点阵对应关系和相变矩阵由以下公式计算：

$$\mathbf{M} = \mathbf{C}\mathbf{S}_{\alpha}^{-1}\mathbf{A}^{-1}\mathbf{S}_{\alpha} \tag{5.68}$$

式中，$\mathbf{S}_{\alpha}$ 为 α 相的结构矩阵。输入满足 O 线条件的 **A** 矩阵便可以计算出相应的 **M**，根据 **M** 就可以计算矢量在两晶体坐标系之间的转换(具体内容参见第 2 章)。也可以借助极射投影图找到近邻的对应晶面和晶向后计算角度。

5.3.2.3　界面位错结构

1. O 线界面上的位错结构

O 线界面上的位错位于 O 线之间，其方向沿不变线 $\boldsymbol{x}_{\mathrm{IL}}$，其间距 D 与 O 线间距相同，可以根据 O 胞壁与界面之间的截线求得(见第 4 章)[41]，表达为

$$D = \frac{1}{|\boldsymbol{n} \times \boldsymbol{c}^{\mathrm{O}}|} \tag{5.69}$$

式中，$\boldsymbol{n}$ 为界面单位法线；$\boldsymbol{c}^{\mathrm{O}}$ 是 O 胞壁的倒易矢量，可表达为

$$\boldsymbol{c}^{\mathrm{O}} = \mathbf{T}'\boldsymbol{b}_{\alpha}^{*} \tag{5.70}$$

式中，$\boldsymbol{b}_{\alpha}^{*}$ 为倒易伯氏矢量，可由正空间的伯氏矢量 $\boldsymbol{b}_{\alpha}$ 求得，即

$$\boldsymbol{b}_{a}^{*} = \frac{\boldsymbol{b}_{\alpha}}{|\boldsymbol{b}_{\alpha}|^{2}} \tag{5.71}$$

已知 O 线界面法向 $\boldsymbol{n}$ 平行于

$$\Delta\boldsymbol{g} = \mathbf{T}'\boldsymbol{g} \tag{5.72}$$

式中，$\boldsymbol{g}$ 必须满足 $\boldsymbol{g}'\boldsymbol{b}_{\alpha}=0$。$\boldsymbol{n}$ 和 $\boldsymbol{c}^{\mathrm{O}}$ 都是 **T** 的函数，因此 O 线界面上位错间距 D 是位向关系的复杂函数。

2. 其他界面的位错结构

如上文所述，含周期性排列的 O 线的界面一般只有一个，而实际系统中一个新相必须由不同法向的界面包围。其他包含不变线的界面也会形成刻面，在这些刻面上任何矢量 $\boldsymbol{x}_1$ 与其他矢量 $\boldsymbol{x}_2$ 之间的关系都可以写成

$$\boldsymbol{x}_1 = k\boldsymbol{x}_2 + j\boldsymbol{x}_{\mathrm{IL}} \tag{5.73}$$

式中，k 和 j 为组合系数。由于 $\boldsymbol{x}_{\mathrm{IL}}$ 的位移为 0，$\boldsymbol{x}_1$ 和 $\boldsymbol{x}_2$ 的位移互相平行。这说明，上述刻面上的错配位移必须在一个固定方向。由于不满足 O 线条件，界面上应该含有多于一组的位错。根据界面奇异性的趋势，界面应含尽可能少的位错，因此刻面趋于含两组位错。

如果定义刻面上垂直于不变线方向的单位矢量为 $\boldsymbol{x}_{\perp}$，其位移可以表达为

$$\Delta\boldsymbol{x}_{\perp} = m_1\boldsymbol{b}_{\alpha1} + m_2\boldsymbol{b}_{\alpha2} \tag{5.74}$$

式中，$\boldsymbol{b}_{\alpha1}$和 $\boldsymbol{b}_{\alpha2}$为两组位错的伯氏矢量；m_i 为组合系数。于是，界面位移必须在含上述两个伯氏矢量的晶面上，即满足以下条件：

$$\boldsymbol{b}'_{\alpha1}\boldsymbol{g} = \boldsymbol{b}'_{\alpha2}\boldsymbol{g} = 0 \tag{5.75}$$

因此，位移在密排面或次密排面上，即

$$\Delta\boldsymbol{x}'_{\perp}\boldsymbol{g} = \boldsymbol{x}'_{\perp}\mathbf{T}'\boldsymbol{g} = \boldsymbol{x}'_{\perp}\Delta\boldsymbol{g} = 0 \tag{5.76}$$

由式(5.76)可知，该界面法向平行于某个 $\Delta\boldsymbol{g}$。由于满足上述条件的晶面，即密排面或次密排面数量有限，相应地除了定义 O 线界面的一组 $\Delta\boldsymbol{g}$ 之外，只有少量几个候选的 $\Delta\boldsymbol{g}$ 可以定义刻面。当 $\boldsymbol{g}$ 确定后，界面上位错的具体分布可以根据 GMS 团簇及其与伯氏矢量的相关性进行推测(具体方法见附录 1)[42]。

侧面的位错间距以及其他界面的位错结构可通过较新发展的广义 O 单元进行求解[43]。广义 O 单元定义为

$$\boldsymbol{x}^{\mathrm{g}} = \mathbf{T}^{+}\sum_{i}k_i\boldsymbol{b}_{\alpha i} + (\mathbf{I} - \mathbf{T}^{+}\mathbf{T})\boldsymbol{w} \tag{5.77}$$

式中，$\boldsymbol{w}$ 为三维空间中任一矢量；$\mathbf{T}^{+}$为位移矩阵 $\mathbf{T}$ 的伪逆(见附录 2)。广义 O 单元定义了局部错配最小的位置，适用于 $\mathbf{T}$ 的秩为不同值的情况。当 $\mathbf{T}$ 的秩为 3 时，上式即为通常的 O 点阵公式，广义 O 单元的错配位移为 0。$\mathbf{T}$ 的秩小于 3 时，式(5.77)中后一项为无错配方向。$\mathbf{T}$ 的秩为 2 时，可以应用公式计算得到广义 O 线的分布，通过构造合理的 O 胞壁，得到任意法向界面上的位错结构，具体计算和例子见附录 2。刻面的位错间距是广义 O 单元之间的距离，即广义 O 点阵矢量的基矢长度，表达为

$$D = |\boldsymbol{x}^{\mathrm{g}}| \tag{5.78}$$

5.3.2.4　fcc-bcc 系统的 O 线解析解

用 O 线模型解析法可以求得 O 线模型中位向关系、惯习面、位错间距等的解析解，fcc-bcc 系统的计算结果见表 5.1 和表 5.2[36,44]。根据点阵对应关系，将 fcc-bcc 系统中可能的伯氏矢量分为两类(附录 4)，代表性伯氏矢量为$[\bar{1}\,1\,0]_{\mathrm{f}}/2\,|\,[\bar{1}\,0\,0]_{\mathrm{b}}$ 和$[\bar{1}\,0\,1]_{\mathrm{f}}/2\,|\,[\bar{1}\,\bar{1}\,1]_{\mathrm{b}}/2$，对应的解析解分别在表 5.1 和表 5.2 中列出[36,44]。各晶体学参量为旋转角 ω 的函数，不变线方向和惯习面法向分别表达在 fcc 和 bcc 晶体坐标系中。关于 ω 角度的约束条件将在下一节中讨论。

表 5.1　fcc-bcc 系统中 $\boldsymbol{b}_f^L=[\bar{1}\,1\,0]_f/2$ 和 $\boldsymbol{b}_b^L=[\bar{1}\,0\,0]_b$ 对应的解析解

晶体学特征	fcc	bcc
$[\bar{1}\,1\,0]_f \wedge [\bar{1}\,0\,0]_b$	ω	
$(1\,1\,1)_f \wedge (0\,1\,1)_b$	$\arccos\dfrac{\lambda^2+\sqrt{2}\cos\omega+(3-2\sqrt{2}\cos\omega)\sqrt{(\lambda^2-1)(2-\lambda^2)}}{\sqrt{6}\lambda}$	
$[\bar{1}\,\bar{1}\,\bar{2}]_f \wedge [0\,\bar{1}\,1]_b$	$\arccos\dfrac{\sqrt{2}\lambda^2\cos\omega+2+(3\sqrt{2}\cos\omega-4)\sqrt{(\lambda^2-1)(2-\lambda^2)}}{2\sqrt{3}\lambda}$	
不变线($\boldsymbol{x}_{IL}$)	$\begin{bmatrix} 1-\dfrac{\sqrt{2-\lambda^2}\sin\omega}{\sqrt{2}(1+\lambda)-(2+\lambda)\cos\omega} \\ 1+\dfrac{\sqrt{2-\lambda^2}\sin\omega}{\sqrt{2}(1+\lambda)-(2+\lambda)\cos\omega} \\ \dfrac{\sqrt{2}(2+\lambda)-2(1+\lambda)\cos\omega}{\sqrt{2}(1+\lambda)-(2+\lambda)\cos\omega}\sqrt{\dfrac{2-\lambda^2}{\lambda^2-1}} \end{bmatrix}_f$	$\begin{bmatrix} \sqrt{4-2\lambda^2}\sin\omega \\ 2+(1+\lambda)-\sqrt{2}(2+\lambda)\cos\omega \\ [2+\lambda-\sqrt{2}(1+\lambda)\cos\omega]\sqrt{\dfrac{2-\lambda^2}{\lambda^2-1}} \end{bmatrix}_b$
惯习面法向	$\dfrac{1}{2\sqrt{3-2\sqrt{2}\cos\omega}}\begin{bmatrix} (\sqrt{2}\cos\omega-2)\sqrt{2-\lambda^2}-\sqrt{2}\lambda\sin\omega \\ (\sqrt{2}\cos\omega-2)\sqrt{2-\lambda^2}+\sqrt{2}\lambda\sin\omega \\ 2(1-\sqrt{2}\cos\omega)\sqrt{\lambda^2-1} \end{bmatrix}_f$	$\dfrac{1}{\lambda^2}\begin{bmatrix} \sqrt{2}\sin\omega \\ (\sqrt{2}\cos\omega-1)\sqrt{2-\lambda^2} \\ (2-\sqrt{2}\cos\omega)\sqrt{\lambda^2-1} \end{bmatrix}_b$
位错间距	$a_f\sqrt{\dfrac{3-2\sqrt{2}\cos\omega}{5+6\lambda+2\lambda^2-2\sqrt{2}(2+3\lambda+\lambda^2)\cos\omega+(1+\lambda^2)\cos 2\omega}}$	

表 5.2 fcc-bcc 系统中 $\boldsymbol{b}_{\mathrm{f}}^{\mathrm{L}}=[\bar{1}\ 0\ 1]_{\mathrm{f}}/2$ 和 $\boldsymbol{b}_{\mathrm{b}}^{\mathrm{L}}=[\bar{1}\ \bar{1}\ 1]_{\mathrm{b}}/2$ 对应的解析解

晶体学特征	fcc	bcc
$[\bar{1}\ 0\ 1]_{\mathrm{f}}\wedge[\bar{1}\ \bar{1}\ 1]_{\mathrm{b}}$	ω	
$(1\ 1\ 1)_{\mathrm{f}}\wedge(0\ 1\ 1)_{\mathrm{b}}$	$\arccos\dfrac{8\sqrt{6}-3\sqrt{6}\lambda^2-12(1-\lambda^2)\cos\omega+(5\sqrt{6}-12\cos\omega)\sqrt{(3\lambda^2-4)(2-\lambda^2)}}{12\lambda}$	
$[0\ 1\ 0]_{\mathrm{f}}\wedge[\bar{1}\ 1\ 0]_{\mathrm{b}}$	$\arccos\dfrac{3\lambda^2-4+\sqrt{6}(2-\lambda^2)\cos\omega}{\sqrt{2}\lambda}$	
不变线($\boldsymbol{x}_{\mathrm{I}}$)	$\begin{bmatrix}\sqrt{2-\lambda^2}[\sqrt{6}(1+\lambda)-(2+3\lambda)\cos\omega-\sqrt{3\lambda^2-4}\sin\omega]\\ \sqrt{6}(1+\lambda)\sqrt{3\lambda^2-4}-(3+2\lambda)\sqrt{3\lambda^2-4}\cos\omega+\lambda\sin\omega\\ \sqrt{2-\lambda^2}[\sqrt{6}(2+\lambda)-(4+3\lambda)\cos\omega+\sqrt{3\lambda^2-4}\sin\omega]\end{bmatrix}_{\mathrm{f}}$	$\begin{bmatrix}1+\dfrac{\sqrt{6}(1+\lambda)\sqrt{3\lambda^2-4}-(3+2\lambda)\sqrt{3\lambda^2-4}\cos\omega-\lambda\sin\omega}{6\sqrt{2-\lambda^2}[-\sqrt{6}(1+\lambda)+(2+3\lambda)\cos\omega-\sqrt{3\lambda^2-4}\sin\omega]}\\ 1+\dfrac{\sqrt{6}(1-\lambda)\sqrt{3\lambda^2-4}-(3+2\lambda)\sqrt{3\lambda^2-4}\cos\omega-\lambda\sin\omega}{6\sqrt{2-\lambda^2}[-\sqrt{6}(1+\lambda)+(2+3\lambda)\cos\omega-\sqrt{3\lambda^2-4}\sin\omega]}\\ \dfrac{-\sqrt{6}(2+\lambda)+(4+3\lambda)\cos\omega+\sqrt{3\lambda^2-4}\sin\omega}{6[-\sqrt{6}(1+\lambda)+(2+3\lambda)\cos\omega-\sqrt{3\lambda^2-4}\sin\omega]}\end{bmatrix}_{\mathrm{b}}$
惯习面法向	$\dfrac{1}{2(\sqrt{3}-\sqrt{2})\cos\omega}\begin{bmatrix}(\sqrt{3}\cos\omega-\sqrt{2})\sqrt{3\lambda^2-4}+\sqrt{3}\lambda\sin\omega\\ -\sqrt{2}\sqrt{2-\lambda^2}(\sqrt{6}\cos\omega-3)\\ (\sqrt{3}\cos\omega-\sqrt{2})\sqrt{3\lambda^2-4}-\sqrt{3}\lambda\sin\omega\end{bmatrix}_{\mathrm{f}}$	$\begin{bmatrix}1-\dfrac{(3\sqrt{6}\cos\omega-6)\sqrt{2-\lambda^2}-2\sqrt{6}\sin\omega}{(3-\sqrt{6}\cos\omega)\sqrt{3\lambda^2-4}}\\ 1+\dfrac{(3\sqrt{6}\cos\omega-6)\sqrt{2-\lambda^2}+2\sqrt{6}\sin\omega}{(3-\sqrt{6}\cos\omega)\sqrt{3\lambda^2-4}}\\ 1-\dfrac{\sqrt{6}\sin\omega}{(3-\sqrt{6}\cos\omega)\sqrt{3\lambda^2-4}}\end{bmatrix}_{\mathrm{b}}$
位错间距	$a_{\mathrm{f}}\sqrt{\dfrac{-15+6\sqrt{6}\cos\omega}{2\sqrt{6}(8+10\lambda+3\lambda^2)\cos\omega-(10+12\lambda+3\lambda^2)\cos2\omega-2\sqrt{3\lambda^2-4}[\sqrt{6}(2+\lambda)-(4+3\lambda)\cos\omega]\sin\omega-6(5+6\lambda+2\lambda^2)}}$	

5.3.2.5　关于旋转角度的经验约束

式(5.63)中的旋转角度 ω 是描述满足 O 线条件下位向关系的单一变量，惯习面法向及其位错结构均为 ω 的函数。根据实验结果的引导，人们采用了若干经验判据确定 ω。在实际计算中，可以在选择合适的判据后，直接计算得到结果，或者应用数值法，选定特定步长(如 0.005°)，在 ω 的变化区间内计算判据值，从而寻找对应判据择优的结果。主要有以下几种判据：

(1) 位错间距最大。

该判据要求界面上的位错间距尽可能大。假设界面能随位错间距的减小而增大[45]，因此具有最大位错间距的界面就可能对应着界面能的一个能谷，可能成为自然择优界面。应用这个判据的计算结果与 Zr-Nb 合金、Ti-Cr 合金、双相不锈钢中观察到的惯习面符合[27,30,46]。

(2) 偏离某有理位向关系最小。

该判据主要考虑在相变初期析出相和母相的初态位向关系趋于保持匹配对应晶向平行和匹配对应晶面平行的有理位向关系，使形核过程中的界面能尽可能低。随着析出相的长大，位向关系将逐渐向近邻的 O 线位向关系转变。应用这个判据的计算结果与许多 fcc-bcc 体系中观察到的惯习面符合[26]。

(3) 位错线在滑移面上。

该判据要求位错线(平行于不变线方向)在滑移面上，使界面位错易于滑移，从而实现相变的快速进行。该判据曾用于二维不变线模型[11]和 PTMC[4-7]。

(4) 界面能最小。

选用不同伯氏矢量，输入随 ω 变化的位向关系，可得到所有含 O 线的界面。计算这些界面的界面能[47-50]，低能界面对应于惯习面。与位错间距最大和偏离有理位向关系最小的判据比较，这几个判据都是为了得到低能界面，但是直接计算界面能显然能够得到更准确的结果。例如，对于位错间距最大判据，当位错间距变化时，位错类型也可能变化，从而对界面能产生额外的影响。

上述择优判据本质上是根据相变的热力学或动力学来推测相变过程的择优结果。正如第 1 章所讨论的，实际系统的选择可能与相变条件有关，目前尚未得到一个能够约束 O 线界面的统一判据。

5.3.3　与马氏体表象理论的对比

由于 O 线模型的解析法采用了 PTMC 中 B-M 计算方法的一部分公式，因此 O 线模型的求解与 PTMC 有共性之处。

根据 Bowles 和 Mackenzie 的分析[4]，PTMC 有三个约束条件：① 存在不变线；② 不变线在点阵不变切变 $\mathbf{P}_2$ 的切变平面上；③ 倒易不变线（不变法线）垂直于 $\mathbf{P}_2$ 的切变方向。这些条件是 PTMC 中 B-M 方法的计算基础。O 线模型满足约束条件①和③，因此 PTMC 的解可以看成 O 线模型的特殊解，即应用约束条件②进一步限制 O 线模型[51]。因为同样原因，O 线界面的许多性质，例如 $\Delta \boldsymbol{g}$ 平行，惯习面垂直于 $\Delta \boldsymbol{g}$ 等特征也适用于马氏体相变，便于对马氏体无理惯习面的表征和理解。O 线模型的解不是唯一的，其相对于 PTMC 在应用上更加灵活，但预测能力更差。

若直接从 PTMC 出发进行计算，删除条件②的约束，便成为马氏体相变的棱柱匹配模型[34]。当棱柱匹配模型中的棱柱平行于伯氏矢量时，其对位向关系和惯习面的约束与 O 线模型的完全等价。

严格来说，只有当点阵不变切变 $\mathbf{P}_2$ 中的切变方向为伯氏矢量时，PTMC 才属于 O 线模型的特例。在运用 PTMC 解释孪晶马氏体的晶体学时，其实只需输入孪晶面，孪晶切变方向可以根据孪晶关系推出。对于 bcc-hcp 系统中孪晶马氏体情况，$\mathbf{P}_2$ 的切变方向为无理方向[20]，这是与 O 线模型中伯氏矢量为有理方向的不同之处。

5.4 与 O 线模型相关的其他模型

为了解释板条状或针状新相的无理惯习面特征，人们建立了许多模型，除了 O 线模型，还包括结构台阶模型[9,10]、不变线模型[11,12]、边-边匹配模型[15]和近重合位置模型[14]等。下面我们简要介绍这些模型，并比较它们与 O 线模型的异同。各模型的具体计算方法详见相关参考文献，实际计算推荐使用作者编写的开源软件 PTCLab[52]（详见附录 4）。

5.4.1 不变线模型

许多材料中的析出相呈板条状或针状形貌，其析出相的长轴经常可以用不变线解释。Dahmen 于 1982 年提出了二维不变线模型[11]，计算满足不变线条件的位向关系，并用来解释实验结果。该模型中假设两相中一组密排面严格平行，不变线被限制在此密排面上。惯习面可由不变线和另一小变形方向（相变矩阵中最小特征值对应的特征矢量）所在的平面确定[12]。在二维不变线模型中，相变矩阵可以是密排面法线为转轴的旋转矩阵 $\mathbf{R}$ 和面上的点阵变形矩阵 $\mathbf{B}$（二维 Bain 变形）的乘积，表达为

$$\mathbf{A} = \mathbf{RB} = \begin{bmatrix} \cos\theta & \sin\theta \\ -\sin\theta & \cos\theta \end{bmatrix} \begin{bmatrix} a & 0 \\ 0 & b \end{bmatrix} \tag{5.79}$$

式中，a 和 b 取决于两相的点阵常数比；θ 表示点阵绕着密排面法线旋转的角

度。根据不变线存在条件 $\mathbf{A}\boldsymbol{x}_{\mathrm{IL}}=\boldsymbol{x}_{\mathrm{IL}}$，即 $|\mathbf{A}-\mathbf{I}|=0$ 或 $|\mathbf{T}|=0$，可求得旋转角，即

$$\cos\theta=\frac{1+ab}{a+b} \tag{5.80}$$

式(5.79)中描述的不变线形成的数学过程可以用图 5.8 理解。图 5.8a 中，单位圆经过沿纵轴拉伸和沿横轴压缩变形为椭圆。椭圆与原始单位圆的交线在变形前后长度不变，只要将椭圆旋转 θ 角就可以使交线转至变形前的位置，如图 5.8b 所示，从而形成不变线。形成不变线要求二维变形中 a 和 b 必须满足

$$(1-a)(b-1)\geqslant 0 \tag{5.81}$$

即 a 和 b 有一个大于或等于 1，而另一个小于 1，从而使式(5.80)可解。因此，点阵常数需要在特定的范围内才能形成不变线。

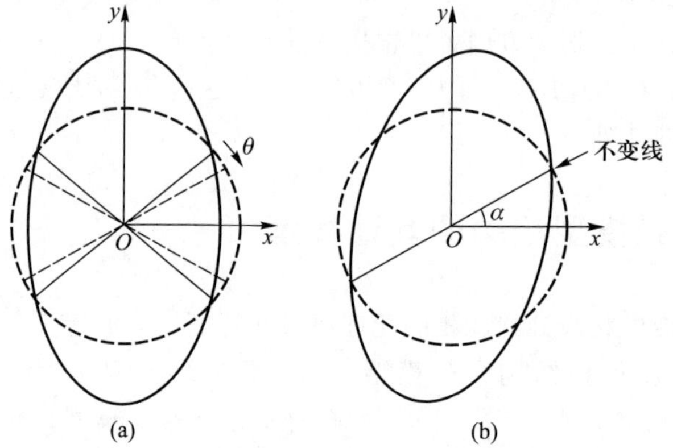

图 5.8　不变线形成的二维示意图：(a) 单位圆变形为椭圆；(b) 椭圆旋转 θ 角形成不变线

Xiao 和 Howe[40] 分析了更一般的点阵变形条件。这时变形矩阵 $\mathbf{B}$ 的形式为

$$\mathbf{B}=\begin{bmatrix} a & s \\ 0 & b \end{bmatrix} \tag{5.82}$$

类似式(5.79)，可推导出形成不变线的旋转角为

$$\cos\theta=\frac{(1+ab)(a+b)\ \pm s\sqrt{s^2-(a^2-1)(b^2-1)}}{(a+b)^2+s^2} \tag{5.83}$$

不变线的方向与横轴 x 的夹角 α 为

$$\tan\alpha=\frac{-as\ \pm\sqrt{s^2-(a^2-1)(b^2-1)}}{s^2+b^2-1} \tag{5.84}$$

二维不变线模型成功地解释了一些析出相的位向关系和长轴方向。然而，有时实验中观察到的不变线并不在密排面上，因此罗承萍和 Weatherly 提出了

三维不变线模型[12]。在此模型中，没有不变线在密排面上的约束，但是需要输入实验测量的位向关系。虽然输入的有理位向关系不一定满足不变线条件，但是可以求解得到近似的不变线。与二维模型一样，三维不变线模型中的惯习面仍由（近似）不变线和一个小变形方向决定。由于近似不变线很接近真实不变线，该模型成功地解释了 Cu-Cr 合金中沉淀相的长轴和惯习面取向[53]。

与二维不变线模型相比，O 线模型没有不变线在密排面上的约束，因此适用于更多的相变体系。相对于三维（近似）不变线方法，O 线模型可以输出而不是输入位向关系，但是仍然需要施加具有一定物理意义的经验判据才可以确定位向关系。例如，Cu-Cr 合金中析出相的长轴和惯习面取向可以用 O 线模型计算得到[26]，计算得到的位向关系也很接近实验观察到的 K-S 位向关系。计算中采用偏离 K-S 位向关系最小作为对位向关系的约束，该解也同时满足了界面能最小的条件[50]。

特殊情况下，O 线模型计算也可以参考二维不变线模型，用二维解析方法得到。吴静等[39]提出了倒空间二维解析计算方法，要求倒易不变线垂直于平行的低指数方向 $\boldsymbol{b}_\alpha /\!/ \boldsymbol{b}_\beta$，在这个晶带轴下使 $\Delta\boldsymbol{g}$ 平行的位向关系即是 O 线对应的位向关系，惯习面垂直于平行的 $\Delta\boldsymbol{g}$。类似于正空间不变线的求解，基于 $\boldsymbol{b}_\alpha /\!/ \boldsymbol{b}_\beta$ 晶带轴下的衍射花样，可以定义倒空间的初始相变矩阵

$$\mathbf{A}_0^* = \begin{bmatrix} a & 0 \\ s & b \end{bmatrix} \tag{5.85}$$

则其获得倒易不变线的旋转角为

$$\sin\theta = \frac{-s(1+ab) \pm (a+b)\sqrt{s^2-(a^2-1)(b^2-1)}}{(a+b)^2+s^2} \tag{5.86}$$

二维倒易不变线模型的解即为 5.3.2 节介绍的 O 线计算模型中 $\omega = 0°$ 的特殊解。同样，要形成倒易不变线，也需满足特定的点阵常数范围，使式(5.86)中根号下的值大于 0。

5.4.2 结构台阶模型

无理取向的惯习面在原子尺度上包含台阶，一些模型从这些台阶特征出发解释惯习面取向。20 世纪 50 年代初，Frank 发展的马氏体惯习面模型就是采用了这种方法[8]。他发现，如果台面上的位移正好被台阶位移抵消，可以改善惯习面上的匹配。另外，界面两侧晶体要进行微小的转动使界面两侧对应的晶面匹配，特别是作为台面的晶面，可以实现边-边匹配，如图 5.5b 所示的匹配关系。这个结果等价于惯习面垂直于一组互相平行的 $\Delta\boldsymbol{g}$，与 $\boldsymbol{b}_\alpha /\!/ \boldsymbol{b}_\beta$ 约束下的 O 线界面等价。

另一个影响广泛的模型是由 Aaronson 等[9,10]提出的结构台阶模型。与二维不变线模型相似，结构台阶模型同样假设两相中一对匹配对应的密排面平行，例如 fcc-bcc 系统中，$(1\,1\,1)_f /\!/ (0\,1\,1)_b$，在 N-W 位向关系下，将这对密排面重叠，如图 5.9a 所示。面上匹配好位置团簇（错配位移小于 15% $|\boldsymbol{b}|$ 判据）

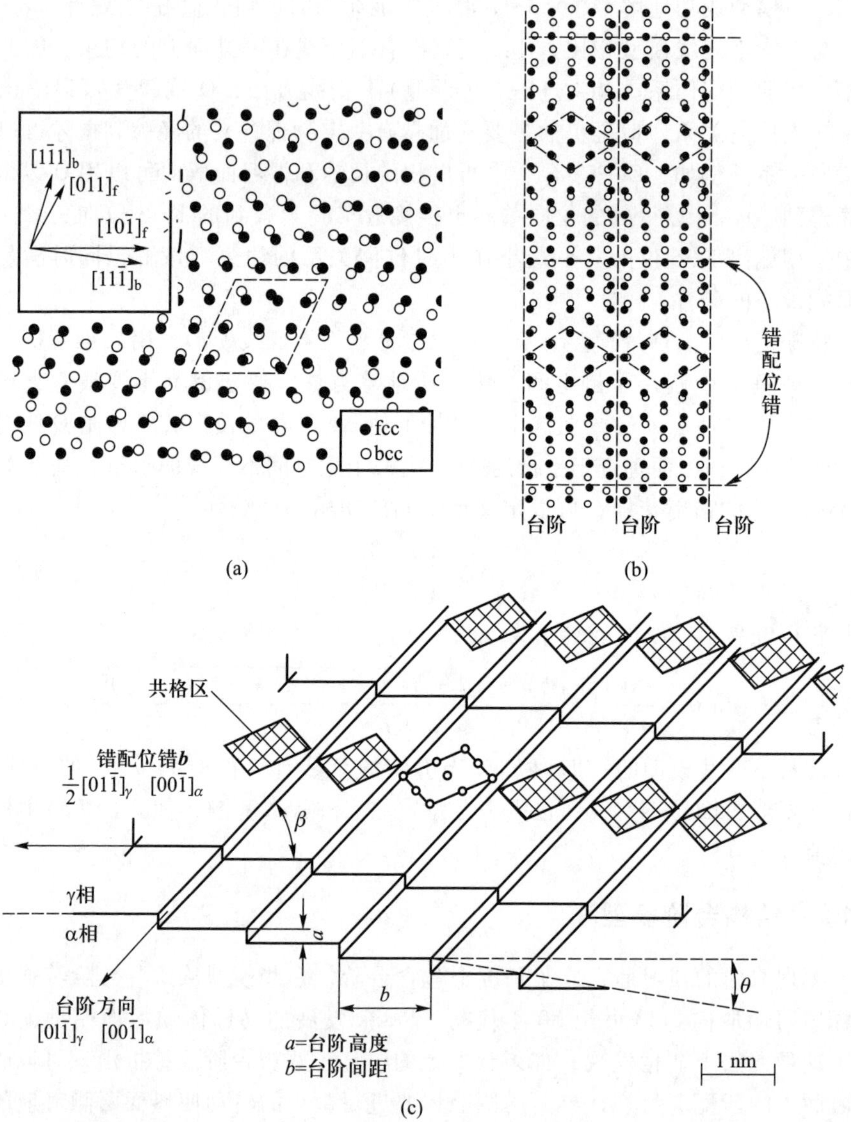

图 5.9　界面结构台阶示意图[9,10]：(a) N-W 位向关系下 $(1\,1\,1)_f /\!/ (0\,1\,1)_b$ 面上的点阵匹配情况，虚线标出了匹配好区；(b) 结构台阶投影图，匹配好区在界面上的面积比例通过界面台阶增加；(c) 结构台阶三维视图

形成的匹配好区在图中用虚线标出。图 5.10 中画出了该面上更大范围的好区分布图，可见在同一层上，$(1\ 1\ 1)_f$ 面匹配好区之间的距离较远，好区比例在 8%左右。在图 5.10 中还可以看到，由于两相点阵中密排面堆垛次序的差别，邻近密排面上的好区位置会相对有个位移，这些相邻好区在投影方向上可以连成一片。因此，如果将邻近层的匹配好区用台阶连接起来，可以增加好区比例，如图 5.9b 所示。这种增加界面好区比例的台阶称为结构台阶。在图 5.9c 中给出了结构台阶的三维视图，可以看到界面台阶上相邻好区中心的连线方向错配接近 0，台阶面上好区之间的错配可以通过一组位错来补偿，伯氏矢量沿着台面和阶面的交线，即台阶方向。然而，这个模型中由台阶高度不同所产生的错配需要有额外的刃型位错进行抵消。

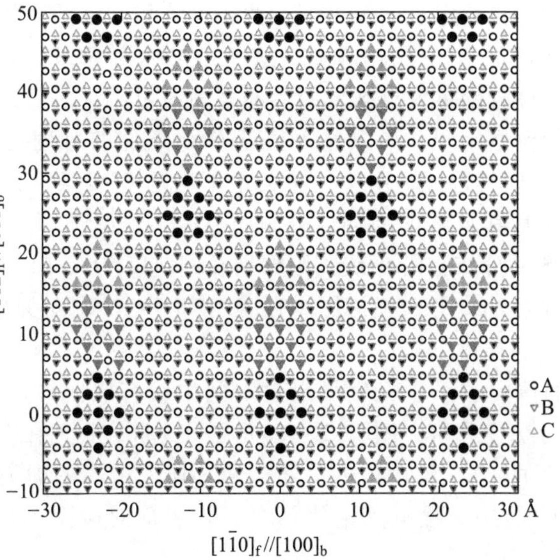

图 5.10 N-W 位向关系下，不同层的$(1\ 1\ 1)_f$ 面上的点阵匹配(参见书后彩图)。不同形状的点分别代表不同$(1\ 1\ 1)_f$ 层上的阵点，实心点代表匹配好区内的阵点

Furuhara 等[54]在分析 bcc-hcp 系统的界面时放宽了对位向关系的限制，允许台阶面上由于台面高度的不同而产生的错配通过两相的小角度旋转抵消，使得界面好区真正连续，于是连接不同层好区的方向为零错配的方向，也就是不变线。界面上错配用一组位错可以完全抵消，这与 O 线模型的要求是一致的。这种情况属于位错的伯氏矢量限定在台面上的 O 线界面的特例。Dahmen 也提出了类似的观点[55]：如果增加一个转动使台阶沿着不变线的方向分布，可以消除因为台阶高度差而增加的额外刃型位错，那么修正后的台阶模型原则上也

是界面上含有平行于不变线的一组位错。

结构台阶模型简单直观，模型输入的有理位向关系在实验结果附近，计算的界面取向与实验结果通常符合得较好，经常可以合理地解释无理取向界面。该模型建立了界面原子尺度匹配与无理择优界面的联系，可帮助人们从界面微观结构认识择优界面的成因，对人们从原子尺度匹配理解惯习面的无理择优取向有重要的意义，并为后来发展的近重合位置(NCS)模型[14]和基于 GMS 的分析方法[56-58]提供了基本思路。

5.4.3 近重合位置模型

在结构台阶模型中通过好区位置比例的方法研究了平行密排面上的好区分布，用好区比例来评价界面匹配的好坏[10]。Liang 和 Reynolds[14]把这个概念拓展到了三维空间。在给定位向关系下，两相点阵相互穿插，然后寻找间距小于一定值(通常 15%$|\boldsymbol{b}_\alpha|$)的两相阵点，这些点被称为 NCS。NCS 聚集的区域即为匹配好区，穿过较密重位点区域的界面即为惯习面。

与结构台阶模型相同，如果输入接近 O 线条件的有理位向关系，原点附近的 NCS 分布与 O 线近似。由于位向关系不满足 O 线条件，在远离原点的位置，NCS 分布将偏离 O 线的周期性分布而显得不连续[14,59]。如果输入 O 线位向关系，则 NCS 的分布会沿 O 线无限伸展。图 5.11 为 fcc-bcc 系统中，O 线位向关系下界面附近 NCS 分布投影图。在 N-W 和 K-S 位向关系下均可以看到，NCS 以 O 线为中心连续分布。

对于给定的位向关系，我们可以对空间中所有取向界面上好区所占比例(NCS 比例)进行统计分析。图 5.12 中显示了 fcc-bcc 系统中满足 O 线条件时近 N-W 位向关系下的 NCS 比例值的分布，NCS 比例最高的面为 O 线界面(法向为图中箭头所示极点)，接近理论值 30%，该界面对应图 5.11a 中的界面。图

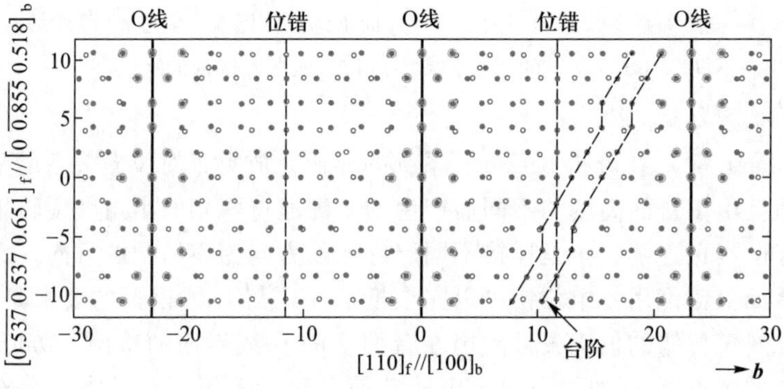

(a)

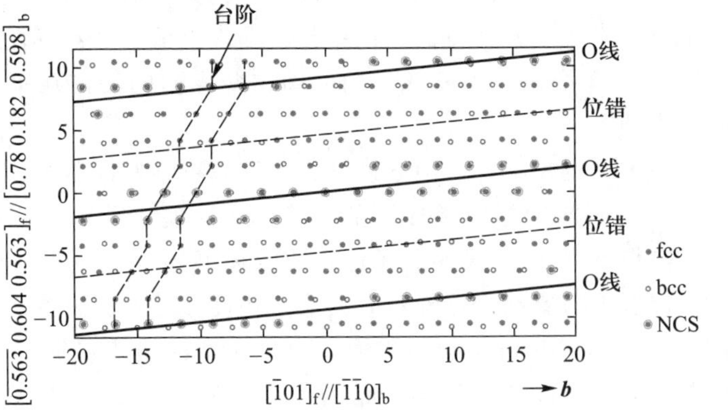

(b)

图 5.11 O 线位向关系下界面附近 NCS 分布投影图(参见书后彩图)：(a) 近 N-W 位向关系，界面为 $(0.46\quad 0.46\quad 0.76)_f // (0\quad 0.52\quad 0.86)_b$，位错线方向为 $[0.54\quad 0.54\quad \overline{0.65}]_f$，与伯氏矢量垂直；(b) 近 K-S 位向关系，界面为 $(0.43\quad 0.80\quad 0.43)_f // (\overline{0.24}\quad 0.80\quad 0.56)_b$，位错线方向为 $[\overline{0.76}\quad 0.057\quad 0.65]_f$，与伯氏矢量夹角约 5.4°。由于界面取向偏离低指数晶面，界面包含结构台阶

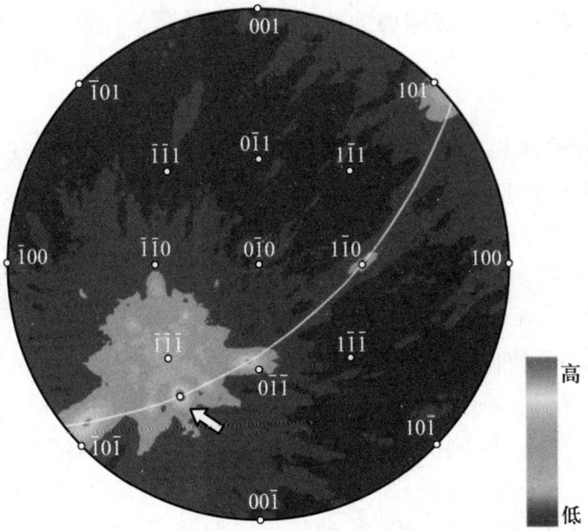

图 5.12 fcc-bcc 系统中满足 O 线条件的近 N-W 位向关系下，不同取向界面上的 NCS 分布比例，用不同颜色表示比例的高低(参见书后彩图)。图中各指数标注了 fcc 相的极点，实线是不变线方向的极点所对应的大圆，箭头指示位置为 O 线界面的法线方向对应的极点，具有最高的 NCS 比例

5.12 中除了 O 线界面还有其他两个界面取向也具有较高的 NCS 比例，它们对应于析出相中可能出现的其他刻面，这些刻面垂直于某个 $\Delta\boldsymbol{g}$。值得注意的是，所有高 NCS 密度的面都包含不变线方向，即这些界面的法向在不变线方向的极点所对应的大圆上。

在已知位向关系的情况下，NCS 模型能够反映三维好区分布，图形化结果能够直观地显示界面匹配好区和坏区的交错分布，便于理解界面结构。与 O 线模型通常只能得到一个 O 线界面相比，NCS 模型还可以直观地分析其他刻面。同时，该模型不需要确定点阵对应关系，并且计算方法简单，不需要学习复杂的错配位移分析的矩阵运算。然而，NCS 模型虽然能够确认 NCS 好区之间的位错位置，但是不能提供界面位错的伯氏矢量，需要辅以 O 点阵计算分析。在 NCS 模型上进一步发展的 GMS 模型还可以分析匹配好区团簇内的对应关系，引导点阵对应关系和相变矩阵的建立。

5.4.4　边-边匹配模型

边-边匹配模型是 Kelly 和张明星基于低能界面的结构特征提出的[15]。低能界面结构包含经常两个平行的低指数方向，方向上的阵点列互相匹配[60,61]，如图 5.13 所示。边-边匹配模型对位向关系和择优界面的计算步骤如下：

(1) 选择错配小于一定阈值的两个低指数晶向，使两者相互平行；

(2) 选择含上述方向的晶面，并且两相对应晶面间距之间的错配小于一定阈值；

(3) 适当转动两相，使界面两侧多组晶面在界面位置实现边-边匹配，匹配方向沿上述平行的低指数晶向。

然而，并不是所有择优界面都包含如图 5.13 所示的一系列匹配阵点列。为此，Kelly 和张明星拓展了边-边匹配模型[3,62-65]，允许较高指数的晶向平行。事实上，由于两相晶面在界面匹配，那么界面的法向可以由一组平行的 $\Delta\boldsymbol{g}$ 定义。具有无理位向关系的是由奇异位错结构决定的(参见第 1 章)，某些界面的奇异位错结构要求位向关系服从 $\Delta\boldsymbol{g}$ 平行法则 Ⅱ 或 Ⅲ，于是得到 $\Delta\boldsymbol{g}$ 平行所对应的晶面边-边匹配的几何结构。如果匹配的晶面属于一次择优态的对应晶面，并且伯氏矢量平行，则边-边匹配模型与 PTMC 中的 Frank 模型[8]等价，这是 O 线模型中伯氏矢量平行的特例，服从 $\Delta\boldsymbol{g}$ 平行法则 Ⅱ。边-边匹配模型也适用于二次择优态的晶面，即边-边匹配的晶面属于服从 $\Delta\boldsymbol{g}$ 平行法则 Ⅲ 的情况。因为转动是围绕选定的一对矢量，计算可以简化至二维进行。当互相匹配的晶面和晶向选好之后，位向关系可以应用倒空间二维不变线模型计算[39]，计算中需要建立匹配晶面之间的对应关系。

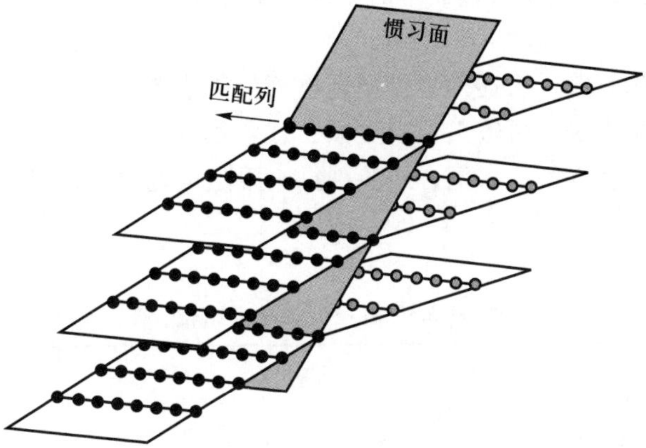

图 5.13　两相的晶面在界面处边-边匹配，深黑色和灰色的圆点代表两相原子

边-边匹配的方法主要优点是能用简单的方法预测可能的位向关系和择优界面。不过该方法强调晶向在界面上的匹配，而不是晶面在界面上的匹配，因此这个方法不能预测平行于低指数晶面的界面(即服从 $\Delta \boldsymbol{g}$ 平行法则 Ⅰ 的择优界面)。张文征等后来发展的近列匹配方法克服了这个问题[66]。该方法的第一步与边-边匹配方法类似，但是第二步是寻找能够形成代表择优态的 GSM 团簇的一对平行晶面。边-边匹配方法要求晶面的边在界面上严格匹配，匹配的位置不一定存在阵点列，而近列匹配方法要求阵点列必须位于界面上，但是允许列之间有少量错配。近列匹配方法得到的初态位向关系是两对有理指数矢量平行的有理位向关系。图 5.13 中显示的也是有理位向关系，这是同时满足边-边匹配和列匹配条件的特例。

5.4.5　各模型优缺点对比

上述各模型都能解释一些体系中观察到的无理惯习面，不过各几何模型的视角不同，具体输入不同，约束也不一样。为了便于比较，现将各模型的优缺点总结于表 5.3[67]。

基于解析计算的方法需要输入点阵对应关系并运用矩阵计算，这包括 PTMC 和其他包含不变线条件的模型/方法。PTMC 是马氏体相变晶体学开拓性的理论，对析出相的相变晶体学发展也产生了很大影响。不变线的概念在解释针状或杆状析出相的长轴方向上非常成功。

基于错配分布图像的分析方法，结果非常直观。结构台阶模型揭示了无理界面原子尺度的匹配分布。NCS 模型拓展了结构台阶模型的方法，原则上可以考察不同位向关系下的三维错配分布，但是主要用来分析特定位向关系下的择优界面。边-边匹配模型通过简单的错配判据预测位向关系和择优界面，也有不少成功的例子。

前面的讨论表明，上述许多模型可以等价于或者近似等价于 O 线条件。O 线模型属于解析方法，可输出位向关系、惯习面取向及界面结构等。然而，O 线模型可获得许多组解，需配合经验判据来限定可能的解，因此该模型预测能力不足。

表 5.3　各模型优缺点比较

晶体学模型	输入	输出			特点
		位向关系	惯习面	界面位错结构	
PTMC	对应关系 切变矢量	可	可	可	数学严谨，对孪晶马氏体非常有效
二维不变线模型	平行晶面	部分	可	不可	不变线解析解，但限制不变线躺在密排面上
结构台阶模型	位向关系	不可	可	可	直观，界面含伯氏矢量
O 线模型	对应关系 伯氏矢量 经验约束	可	可	可	普适多解，数学严谨，但要输入伯氏矢量及经验约束
NCS 模型	位向关系	不可	可	不可	直观，但缺少位错信息
边-边匹配模型	平行晶向	部分	可	不可	简单直观，限定晶向平行

5.5　O 线模型应用实例

对于以铁合金为代表的 fcc-bcc 系统，由于母相与新相都是立方结构，在计算上比较简单，应用 5.3.2 节的公式即可求解。该系统的解析解详见文献［36］，也可以应用 PTCLab 软件[51]求解（详见附录 4）。本节将介绍稍微复杂一些的系统，即 Ti-Cr 合金中的 bcc-hcp 系统。我们将详细介绍一般求解过程以及涉及的各种坐标系变换，读者可以使用 PTCLab 软件检验计算结果。该体系的点阵对应关系和坐标变换的内容在第 2 章已详细论述，但其介绍侧重于矩阵计算方法。这里为了完整地介绍 O 线模型的应用，将再次介绍这部分内容，着重分析其中的点阵和原子对应关系。

Ti-Cr 合金系统中两相界面包含一组平行排列的位错，叶飞等在 TEM 表征中也观察到界面垂直于多组 **Δg** 矢量[27]。这些特征表明，O 线模型适用于解释该系统中的晶体学特征。本节所应用的点阵常数见表 5.4。

表 5.4　Ti 合金中两相的晶体结构[27]

相	a/Å	b/Å	c/Å	α/(°)	β/(°)	γ/(°)	空间群	原子位置
β 相，bcc 结构	3.25	3.25	3.25	90	90	90	$Im\bar{3}m$	(0，0，0)
α 相，hcp 结构	2.9564	2.9564	4.6928	90	90	120	$P6_3/mmc$	(1/3，2/3，1/4)

5.5.1　建立点阵对应关系

在特定位向关系下，建立对应关系可以有两种方法：一是在正空间中根据原点附近阵点的最近邻关系；二是在倒空间中根据 TEM 衍射花样中原点附近衍射斑的最近邻关系。显然第一种方法比较直观。图 5.14a 是在 bcc 点阵中画出的类似图 5.14b 中 hcp 点阵的晶胞，可见 Ti-Cr 合金中 bcc-hcp 系统是一个满足一次择优态的体系。

根据图 5.14，可以得到一些主要低指数晶向的对应关系，列于表 5.5。建立点阵对应关系时未考虑 hcp 结构中间层的原子，因为这一层原子在 hcp 结构中是和底层的原子共同构成简单六方点阵的基元。因此 bcc-hcp 体系位错之间的一次择优态区域是原子的一一对应，而不是阵点的一一对应，因此在建立点阵对应关系时要考虑到允许这一层原子的少量挪动。

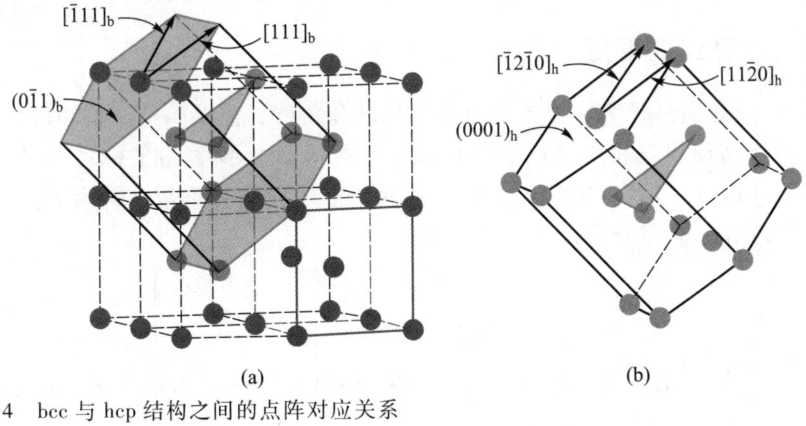

图 5.14　bcc 与 hcp 结构之间的点阵对应关系

为了便于计算，可将 hcp 结构中的矢量表示为三指数形式，得到点阵对应

关系矩阵[27]

$$\mathbf{C}=\begin{bmatrix}1 & 1/2 & 1/2\\ 0 & 1 & 1\\ 0 & -1/2 & 1/2\end{bmatrix} \tag{5.87}$$

由于伯氏矢量有多种可能性，O 线解也有多种可能性。表 5.5 中低指数矢量作为可能的伯氏矢量，可划分为等价的三类，分别以$[1\ \bar{1}\ 1]_b/2\,|\,[2\ \bar{1}\ \bar{1}\ 3]_h/6$、$[\bar{1}\ \bar{1}\ \bar{1}]_b/2\,|\,[\bar{1}\ \bar{1}\ 2\ 0]_h/3$以及$[0\ 1\ 0]_b\,|\,[0\ 1\ \bar{1}\ \bar{1}]_h/2$为代表，其中最后一组伯氏矢量组合没有 O 线解。这里仅以伯氏矢量$[1\ \bar{1}\ 1]_b/2\,|\,[2\ \bar{1}\ \bar{1}\ 3]_h/6$为例进行计算。

表 5.5　hcp 结构中与$\langle 1\ \bar{1}\ 1\rangle_b/2$和$\langle 1\ 0\ 0\rangle_b/2$对应的矢量

bcc	hcp
$[1\ \bar{1}\ 1]_b/2$	$[2\ \bar{1}\ \bar{1}\ 3]_h/6$
$[1\ 1\ \bar{1}]_b/2$	$[2\ \bar{1}\ \bar{1}\ \bar{3}]_h/6$
$[\bar{1}\ \bar{1}\ \bar{1}]_b/2$	$[\bar{1}\ \bar{1}\ 2\ 0]_h/3$
$[\bar{1}\ 1\ 1]_b/2$	$[\bar{1}\ 2\ \bar{1}\ 0]_h/3$
$[0\ 1\ 0]_b$	$[0\ 1\ \bar{1}\ \bar{1}]_h/2$
$[0\ 0\ 1]_b$	$[0\ 1\ \bar{1}\ 1]_h/2$
$[1\ 0\ 0]_b$	$[2\ \bar{1}\ \bar{1}\ 0]_h/3$

5.5.2　计算纯变形矩阵

对于任意晶系，为了便于计算晶向长度和角度，需要构造结构矩阵(见 2.3 节)，通过结构矩阵将矢量的表达由晶体坐标系转换到直角坐标系。对于 bcc 和 hcp 结构，在第 2 章中曾经给出，若两相中建立的直角坐标系为 $x/\!/a$，$z/\!/c$，它们的结构矩阵分别为

$$\mathbf{S}_b=\boldsymbol{a}_b\begin{bmatrix}1 & 0 & 0\\ 0 & 1 & 0\\ 0 & 0 & 1\end{bmatrix},\qquad \mathbf{S}_h=a_h\begin{bmatrix}1 & -\dfrac{1}{2} & 0\\ 0 & \dfrac{\sqrt{3}}{2} & 0\\ 0 & 0 & \dfrac{c_h}{a_h}\end{bmatrix} \tag{5.88}$$

式中，a_b 为 bcc 相的点阵常数；a_h 和 c_h 为 hcp 相的点阵常数。取 bcc 相中任意三个不共面矢量$[1\ 0\ 0]_b$、$[1\ 0\ 0]_b$、$[1\ 0\ 0]_b$，根据式(5.87)，计算得到 hcp 相中对应的矢量分别为$[1\ 0\ 0]_h$、$[1\ 2\ \bar{1}]_h/2$、$[1\ 2\ 1]_h/2$。使建立两相结构矩阵的直角坐标系重合，得到一个公用的直角坐标系。在此坐标系下，根据上述 bcc 和 hcp 结构之间的对应关系，可以计算初始相变矩阵 $\mathbf{A}_B$，表达为

$$\mathbf{A}_B = \left(\mathbf{S}_h \begin{bmatrix} 1 & 0.5 & 0.5 \\ 0 & 1 & 1 \\ 0 & -0.5 & 0.5 \end{bmatrix}\right) \left(\mathbf{S}_b \begin{bmatrix} 1 & 0 & 0 \\ 0 & 1 & 0 \\ 0 & 0 & 1 \end{bmatrix}\right)^{-1} \tag{5.89}$$

$\mathbf{A}_B$ 并不是纯变形矩阵。为了利用 5.3.2 节的过程求解 O 线，需选择合适的坐标系，将 $\mathbf{A}_B$ 转化为纯变形矩阵。请注意，这里选用建立结构矩阵时的直角坐标系和相应的位向关系，与实际位向关系完全不同，这是为了简化坐标变换过程。当然相变矩阵 $\mathbf{A}_B$ 也可以根据已知实验位向关系建立，如第 2 章的在伯格斯位向关系基础上建立。

纯变形矩阵是一个对角矩阵，可利用奇异值分解获得。将 $\mathbf{A}_B$ 奇异值分解，可得

$$\boldsymbol{A}_B = \mathbf{UDV}' \tag{5.90}$$

式中，$\mathbf{D}$ 为 $\mathbf{A}_B$ 的奇异值构成的对角矩阵，$\mathbf{U}$ 和 $\mathbf{V}$ 为正交矩阵，具体结果见表 5. 6。$\mathbf{D}$ 即为纯变形矩阵。利用结构矩阵将 $\mathbf{V}$ 的正交列矢量表达在 bcc 相的晶体坐标系中，可以确认为$[0\ 1\ 1]'_b$、$[0\ 1\ \bar{1}]'_b$、$[\bar{1}\ 0\ 0]'_b$。根据式(5.90)，若将 $\mathbf{A}_B$ 表达在以 $\mathbf{V}$ 的正交列矢量定义的直角坐标系中，可得

$$\tilde{\mathbf{A}}_B = \mathbf{V}'\mathbf{A}_B\mathbf{V} = \mathbf{V}'\mathbf{UD} \tag{5.91}$$

矩阵 $\tilde{\mathbf{A}}_B$ 上方的“~”表示矩阵表达在这个新的公用直角坐标系中，与上面式(5.89)使用的公用直角坐标系区分。此时从 bcc 晶体坐标系到这个公用直角坐标系的转换为

$$\tilde{\mathbf{Q}}_b = \mathbf{V}'\mathbf{S}_b \tag{5.92}$$

表 5.6　$\mathbf{A}_B$ 奇异值分解得到的 U、D、V 矩阵

U 矩阵	D 矩阵	V 矩阵
$\begin{bmatrix} 0 & 0 & -1 \\ 1 & 0 & 0 \\ 0 & -1 & 0 \end{bmatrix}$	$\begin{bmatrix} 1.1141 & 0 & 0 \\ 0 & 1.0210 & 0 \\ 0 & 0 & 0.9097 \end{bmatrix}$	$\mathbf{V} = \begin{bmatrix} 0 & 0 & -1 \\ \sqrt{2}/2 & \sqrt{2}/2 & 0 \\ \sqrt{2}/2 & -\sqrt{2}/2 & 0 \end{bmatrix}$

5.5.3　确定倒易不变线 $\boldsymbol{x}_{\mathrm{IL}}^{*}$

如上所述，选择伯氏矢量为$[1\ \bar{1}\ 1]_{\mathrm{b}}/2\ |\ [2\ \bar{1}\ \bar{1}\ 3]_{\mathrm{h}}/6$。根据式(5.92)，伯氏矢量在公用直角坐标系下为

$$\tilde{\boldsymbol{b}}_{\mathrm{b}}=\tilde{\mathbf{Q}}_{\mathrm{b}}\boldsymbol{b}_{\mathrm{b}}^{\mathrm{L}}=a_{\mathrm{b}}[0\quad -\sqrt{2}/2\quad 1/2]' \tag{5.93}$$

应用纯变形矩阵 **D**，并根据式(5.54)所示的方程组，可求得两个倒易不变线，在公用直角坐标系中分别表达为

$$\tilde{\boldsymbol{x}}_{\mathrm{IL1}}^{*}=[-0.6263\quad -0.4501\quad 0.6366]' \tag{5.94}$$

$$\tilde{\boldsymbol{x}}_{\mathrm{IL2}}^{*}=[0.6263\quad -0.4501\quad 0.6366]' \tag{5.95}$$

将倒易不变线由公用直角坐标系转换到 bcc 晶体坐标系，可得

$$\boldsymbol{x}_{\mathrm{IL1}}^{*\mathrm{L}}=\tilde{\mathbf{Q}}_{\mathrm{b}}'\tilde{\boldsymbol{x}}_{\mathrm{IL1}}^{*}=[0.6366\quad -0.7611\quad 0.1246]_{\mathrm{b}}' \tag{5.96}$$

$$\boldsymbol{x}_{\mathrm{IL2}}^{*\mathrm{L}}=\tilde{\mathbf{Q}}_{\mathrm{b}}'\tilde{\boldsymbol{x}}_{\mathrm{IL2}}^{*}=[0.6366\quad -0.1246\quad 0.7611]_{\mathrm{b}}' \tag{5.97}$$

两个倒易不变线对应的 O 线解在晶体学上是等价的。下面选取 $\tilde{\boldsymbol{x}}_{\mathrm{IL2}}^{*}$进行后续计算。

5.5.4　建立相变矩阵 A

利用式(5.58)和式(5.59)可以确定相变矩阵中的 $\tilde{\mathbf{R}}_{\mathrm{a}}$ 与 $\tilde{\mathbf{R}}_{\mathrm{b}}$。使 hcp 相绕 $\tilde{\boldsymbol{x}}_{\mathrm{IL2}}^{*}$旋转，随旋转角 ω 的不同，位向关系和惯习面结构也不同。这与叶飞等的计算结果一致[27]，计算时采用位错间距最大为判据。令 ω 在-10°~10°的范围内变化，步长为 0.005°，根据式(5.69)计算位错间距，求得最大位错间距对应的 ω 为 4.385°。进而用式(5.63)确定公用直角坐标系下的旋转矩阵 $\tilde{\mathbf{R}}_3$，用式(5.65)确定相变矩阵 $\tilde{\mathbf{A}}$，并计算相应的位移矩阵 $\tilde{\mathbf{T}}$。在定义 bcc 相结构矩阵的直角坐标系下，相变矩阵为 $\mathbf{A}=\mathbf{V}\tilde{\mathbf{A}}\mathbf{V}'$。这些结果列在表 5.7 中。

表 5.7　O 线模型计算过程中的旋转矩阵、相变矩阵、位移矩阵和位向关系矩阵结果

$\tilde{\mathbf{R}}_{\mathrm{a}}=\begin{bmatrix}-0.6263 & 0 & -0.7796\\ 0.4501 & -0.8165 & -0.3616\\ -0.6366 & -0.5774 & 0.5113\end{bmatrix}$	$\tilde{\mathbf{R}}_{\mathrm{b}}=\begin{bmatrix}-0.5621 & 0 & -0.8271\\ 0.4408 & -0.8461 & -0.2996\\ -0.6998 & -0.5330 & 0.4756\end{bmatrix}$	$\tilde{\mathbf{R}}=\begin{bmatrix}0.9950 & 0.0072 & 0.1003\\ -0.0064 & 0.9999 & -0.0081\\ -0.1003 & 0.0074 & 0.9949\end{bmatrix}$
$\tilde{\mathbf{A}}=\begin{bmatrix}1.1085 & 0.0074 & 0.0912\\ -0.0072 & 1.0210 & -0.0074\\ -0.1118 & 0.0076 & 0.9050\end{bmatrix}$	$\tilde{\mathbf{T}}=\begin{bmatrix}0.1070 & 0.0058 & 0.0900\\ -0.0071 & 0.0206 & -0.0073\\ -0.1102 & 0.0089 & -0.0937\end{bmatrix}$	$\tilde{\mathbf{Q}}_{\mathrm{b}}=\begin{bmatrix}0 & 2.2981 & 2.2981\\ 0 & 2.2981 & -2.2981\\ -3.25 & 0 & 0\end{bmatrix}$
$\mathbf{A}=\begin{bmatrix}0.9050 & -0.0844 & -0.0737\\ 0.0697 & 1.0646 & 0.0510\\ 0.0593 & 0.0365 & 1.0648\end{bmatrix}$	$\mathbf{M}=\begin{bmatrix}1.0301 & 0.5337 & 0.5153\\ -0.1274 & 0.8988 & 0.8873\\ 0.0051 & -0.4862 & 0.4932\end{bmatrix}$	—

5.5.5　确定位向关系和界面结构特征

选取 $\boldsymbol{g}_b$ 为$(0\ 1\ 1)_b$，并转换到公用直角坐标系中表达，根据式(5.72)可计算获得惯习面法线

$$\tilde{\boldsymbol{n}} = [0.7644 \quad 0.0412 \quad 0.6435]' \tag{5.98}$$

根据式(5.92)得到惯习面在 bcc 相晶体学坐标下的表达

$$\boldsymbol{n}_b^L = \tilde{\mathbf{Q}}_b' \tilde{\boldsymbol{n}} = [-0.6435 \quad 0.5696 \quad 0.5114]_b' \tag{5.99}$$

根据式(5.69)，计算得到惯习面上 O 线或者位错的间距为 10.9 nm。

根据式(5.68)可得位向关系矩阵 **M**。利用位向关系矩阵可以方便地得到两相中晶向和晶面的平行关系，还可以计算各晶面或晶向之间的夹角。例如，计算$(0\ \bar{1}\ 1)_b$与$(0\ 0\ 0\ 1)_h$的夹角，结果为 0.6°；计算晶向$[1\ 1\ 1]_b$与$[1\ 1\ \bar{2}\ 0]_h$的夹角，结果为 0.5°。这些 O 线模型的计算结果均与 Ti-Cr 合金中观察到的实验结果吻合得较好[27]。

不同择优界面的形成可以用 NCS 模型帮助理解。在上述计算的 O 线位向关系下，空间 NCS 的分布如图 5.15 所示。惯习面为直立状态，竖直方向的直线为惯习面的迹线，惯习面法线方向为 $\Delta\boldsymbol{g}_1$，通过最密的匹配好区团簇。NCS 团簇分布密度次高的界面为 $\Delta\boldsymbol{g}_2$ 定义的平面，相应地 $\boldsymbol{g}_2$ 为$(0\ \bar{1}\ 1)_b$，这个面会

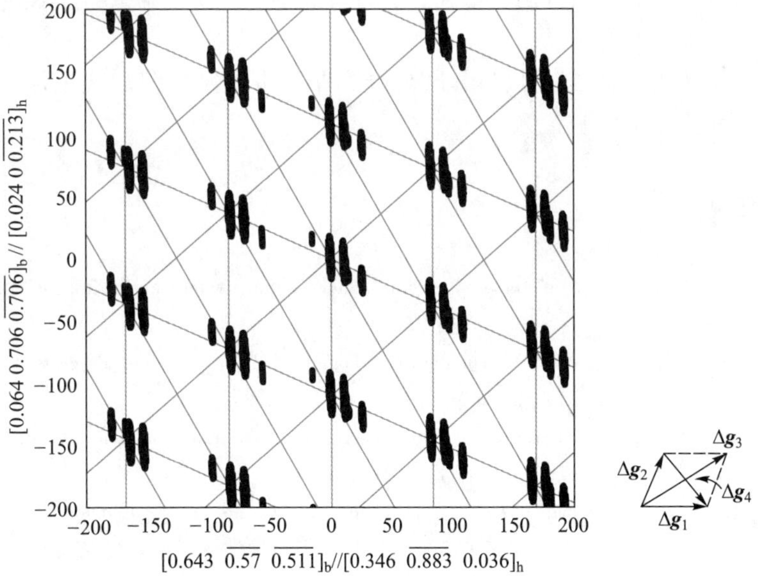

图 5.15　Ti-Cr 合金中位向关系满足 O 线条件时 NCS 的分布（沿 O 线方向投影观察）

形成实验观察到的刻面。

5.6　本章小结

本章主要介绍了 PTMC 和 O 线模型求解的一般方法和应用实例。PTMC 和 O 线模型都要求惯习面包含不变线，而不变线通常在无理方向，因此择优界面经常具有无理取向，两相之间经常具有无理择优位向关系。

PTMC 是在大量实验事实基础上建立的，包括惯习面是宏观不变面，界面可滑动，马氏体内部存在大量亚结构等。PTMC 发展的计算方法可以计算出所有马氏体相变的晶体学特征，包括位向关系、惯习面法向、内部亚结构或界面位错、表面浮凸等特征。

O 线模型是基于惯习面含一组位错的界面结构特征建立的，其计算方法借鉴了 PTMC 理论。该模型可以计算得到满足 O 线条件的位向关系、界面法向以及界面上的位错结构。在 O 线界面上，以 O 线为中心的周期性好区结构与结构台阶模型特征相同，界面周期性好区和位错特征与 NCS 模型的基本相同。O 线界面垂直于一组平行 $\Delta \boldsymbol{g}$ 的性质与边-边匹配模型的要求一致。与其他模型相比，O 线模型的适用范围更宽，其位错的伯氏矢量不必须如结构台阶模型所要求的那样在台面上，其晶面匹配的边也不必须如边-边匹配模型中所设定的那样沿着一对低指数方向。然而，在计算过程中，仍然需要一个额外的约束条件才可以确定 O 线界面。

PTMC 和 O 线模型均可以用开源软件 PTCLab 计算。附录 4 中详细介绍了该软件，并提供了应用实例。

参考文献

[1] Bain E C. The nature of martensite. Transactions of the American Institute of Mining and Metallurgical Engineers, 1924, 70: 25-46.

[2] Zhang W Z, Weatherly G C. On the crystallography of precipitation. Progress in Materials Science, 2005, 50(2): 181-292

[3] Zhang M X, Kelly P M. Crystallographic features of phase transformations in solids. Progress in Materials Science, 2009, 54(8): 1101-1170.

[4] Bowles J S, Mackenzie J K. The crystallography of martensite transformations I. Acta Metallurgica, 1954, 2(1): 129-137.

[5] Mackenzie J K, Bowles J S. The crystallography of martensite transformations Ⅱ. Acta Metallurgica, 1954, 2(1): 138-147.

[6] Bowles J S, Mackenzie J K. The crystallography of martensite transformations Ⅲ. Face-

centred cubic to body-centred tetragonal transformations. Acta Metallurgica, 1954, 2(1): 224-234.

[7] Wechsler M S, Lieberman D S, Read T A. On the theory of formation of martensite. Transactions of the American Institute of Mining and Metallurgical Engineers, 1953, 197: 1503-1515.

[8] Frank F C. Martensite. Acta Metallurgica, 1953, 1(1): 15-21.

[9] Hall M G, Aaronson H I, Kinsma K R. The structure of nearly coherent fcc: bcc boundaries in a Cu-Cr alloy. Surface Science, 1972, 31(1): 257-274.

[10] Rigsbee J M, Aaronson H I. The interfacial structure of the broad faces of ferrite plates. Acta Metallurgica, 1979, 27(3): 365-376.

[11] Dahmen U. Orientation relationships in precipitation systems. Acta Metallurgica, 1982, 30(1): 63-73.

[12] Luo C P, Weatherly G C. The invariant line and precipitation in a Ni-45wt.%Cr alloy. Acta Metallurgica, 1987, 35(8): 1963-1972.

[13] Zhang W Z, Purdy G R. O-lattice analyses of interfacial misfit. Ⅱ. Systems containing invariant lines. Philosophical Magazine A, 1993, 68(2): 291-303.

[14] Liang Q, Reynolds W T. Determining interphase boundary orientations from near-coincidence sites. Metallurgical and Materials Transactions A, 1998, 29(8): 2059-2072.

[15] Kelly P M, Zhang M X. Edge-to-edge matching: A new approach to the morphology and crystallography of precipitates. Materials Forum, 1999, 23: 41-62.

[16] Wayman C M. Introduction to the crystallography of martensitic transformations. NewYork: MacMillan, 1964.

[17] Wayman C M. The phenomenological theory of martensite crystallography: Interrelationships. Metallurgical and Materials Transactions A, 1994, 25(9): 1787-1795.

[18] Crocker A G, Bilby B A. The crystallography of the martensite reaction in steel. Acta Metallurgica, 1961, 9(7): 678.

[19] Wechsler M, Read T, Lieberman D. The crystallography of the austenite-martensite transformation: The (111) shear solutions. Transactions of the American Institute of Mining and Metallurgical Engineers, 1960, 218: 202-207.

[20] Mackenzie J K, Bowles J S. The crystallography of martensite transformations—Ⅳ body-centred cubic to orthorhombic transformations. Acta Metallurgica, 1957, 5(3): 137-149.

[21] Ross N D H, Crocker A G. A generalized theory of martensite crystallography and its application to transformations in steels. Acta Metallurgica, 1970, 18(4): 405-418.

[22] Acton A F, Bevis M. A generalized martensite crystallography theory. Materials Science and Engineering, 1969, 5(1): 19-29.

[23] Crocker A G. Shear resolution applied to the martensite reaction in steel. Acta Metallurgica, 1965, 13(7): 815-825.

[24] Kelly P M. Crystallography of lath martensite in steels. Materials Transactions, JIM, 1992,

33(3): 235-242.

[25] Greninger A B, Troiano A R. The mechanism of martensite formation. JOM, 1949, 1(9): 590-598.

[26] Qiu D, Zhang W Z. A systematic study of irrational precipitation crystallography in fcc-bcc systems with an analytical O-line method. Philosophical Magazine, 2003, 83(27): 3093-3116.

[27] Ye F, Zhang W Z, Qiu D. A TEM study of the habit plane structure of intragranular proeutectoid α precipitates in a Ti-7.26wt%Cr alloy. Acta Materialia, 2004, 52(8): 2449-2460.

[28] 邱冬. 双相不锈钢系统奥氏体沉淀相的相变晶体学研究. 博士学位论文. 北京：清华大学，2005.

[29] Qiu D, Shen Y X, Zhang W Z. An extended invariant line analysis for fcc/bcc precipitation systems. Acta Materialia, 2006, 54(2): 339-347.

[30] Qiu D, Zhang W Z. A TEM study of the crystallography of austenite precipitates in a duplex stainless steel. Acta Materialia, 2007, 55(20): 6754-6764.

[31] Bollmann W. Crystal defects and crystalline interfaces. Berlin: Springer, 1970.

[32] Zhang W Z, Purdy G R. A TEM study of the crystallography and interphase boundary structure of α precipitates in a Zr-2.5wt.%Nb alloy. Acta Metallurgica et Materialia, 1993, 41(2): 543-551.

[33] Furuhara T, Wada K, Maki T. Atomic structure of interphase boundary enclosing bcc precipitate formed in fcc matrix in a Ni-Cr alloy. Metallurgical and Materials Transactions A, 1995, 26(8): 1971-1978.

[34] Bilby B A, Frank F C. The analysis of the crystallography of martensitic transformations by the method of prism matching. Acta Metallurgica, 1960, 8(4): 239-248.

[35] Gu X F, Zhang W Z. Application of O-line model to the martensite crystallography. Science China (Technological Sciences), 2012, 55(2): 464-469.

[36] Gu X F, Zhang W Z. Analytical O-line solutions to phase transformation crystallography in fcc/bcc systems. Philosophical Magazine, 2010, 90(34): 4503-4527.

[37] Gu X F, Zhang W Z. A simple method for calculating the possible habit planes containing one set of dislocations and its applications to fcc/bct and hcp/bcc systems. Metallurgical and Materials Transactions A, 2014, 45(4): 1855-1865.

[38] Gu X F, Zhang W Z. A two-dimensional analytical method for the transformation crystallography based on vector analysis. Philosophical Magazine, 2010, 90(24): 3281-3292.

[39] Wu J, Zhang W Z, Gu X F. A two-dimensional analytical approach for phase transformations involving an invariant line strain. Acta Materialia, 2009, 57(3): 635-645.

[40] Xiao S Q, Howe J M. Analysis of a two-dimensional invariant line interface for the case of a general transformation strain and application to thin-film interfaces. Acta Materialia, 2000,

48(12)：3253-3260.

[41] Zhang W Z, Purdy G R. O-lattice analyses of interfacial misfit. I. General considerations. Philosophical Magazine A, 1993, 68(2)：279-290.

[42] Qiu D, Zhang W Z. An extended near-coincidence-sites method and the interfacial structure of austenite precipitates in a duplex stainless steel. Acta Materialia, 2008, 56(9)：2003-2014.

[43] Zhang J Y, Gao Y, Wang Y, et al. A generalized O-element approach for analyzing interface structures. Acta Materialia, 2019, 165(2)：508-519.

[44] 顾新福. FCC/BCC 系统中相变晶体学择优规律的研究. 博士学位论文. 北京：清华大学，2011.

[45] Weatherly G C, Zhang W Z. The invariant line and precipitate morphology in fcc-bcc systems. Metallurgical and Materials Transactions A, 1994, 25(9)：1865-1874.

[46] 叶飞. Ti-7.26wt%Cr 合金中 β(bcc)/α(hcp)相变晶体学的研究. 博士学位论文. 北京：清华大学，2004.

[47] Dai F Z, Zhang W Z. A systematic study on the interfacial energy of O-line interfaces in fcc/bcc systems. Modelling and Simulation in Materials Science and Engineering, 2013, 21(7)：075002.

[48] 戴付志，张文征. 双相不锈钢中沉淀相平衡形貌及界面结构的原子尺度计算. 金属学报，2014，50(9)：1123-1127.

[49] Gu X F, Zhang W Z. An energetic study on the preference of the habit plane in fcc/bcc system. Solid State Phenomena, 2011, 172-174：260-266.

[50] Zhang J Y, Dai F Z, Sun Z P, et al. Structures and energetics of semicoherent interfaces of precipitates in hcp/bcc systems：A molecular dynamics study. Journal of Materials Science and Technology, 2021, 67(3)：50-60.

[51] Zhang W Z, Weatherly G C. A comparative study of the theory of the O-lattice and the phenomenological theory of martensite crystallography to phase transformations. Acta Materialia, 1998, 46(6)：1837-1847.

[52] Gu X F, Furuhara T, Zhang W Z. PTCLab：A free and open source program for calculating phase transformation crystallography // Proceeding of International Solid-to-Solid Phase Transformation in Inorganic Materials Conferences, 2015：875-876.

[53] Luo C P, Dahmen U, Westmacott K H. Morphology and crystallography of Cr precipitates in a Cu-0.33wt.%Cr alloy. Acta Metallurgica et Materialia, 1994, 42(6)：1923-1932.

[54] Furuhara T, Howe J M, Aaronson H I. Interphase boundary structures of intragranular proeutectoid α plates in a hypoeutectoid Ti-Cr alloy. Acta Metallurgica et Materialia, 1991, 39(11)：2873-2886.

[55] Dahmen U. Surface relief and the mechanism of a phase transformation. Scripta Metallurgica, 1987, 21(8)：1029-1034.

[56] Yang X P, Zhang W Z. A systematic analysis of good matching sites between two lattices.

Science China(Technological Sciences), 2012, 55(5): 1343-1352.

[57] Zhang W Z. Reproducible orientation relationships developed from phase transformations: Role of interfaces. Crystals, 2020, 10(11): 1042.

[58] Zhang W Z, Gu X F, Dai F Z. Faceted interfaces: A key feature to quantitative understanding of transformation morphology. Npj Computational Materials, 2016, 2: 16021.

[59] Zhang W Z, Qiu D, Yang X P, et al. Structures in irrational singular interfaces. Metallurgical and Materials Transactions A, 2006, 37(3): 911-927.

[60] Howe J M. Interfaces in materials. New York: John Wiley and Sons, 1997.

[61] Shiflet G J, Merwe J H. The role of structural ledges as misfit-compensating defects: Fcc-bcc interphase boundaries. Metallurgical and Materials Transactions A, 1994, 25(9): 1895-1903.

[62] Kelly P M, Zhang M X. Comments on edge-to-edge matching and the equivalence of the invariant line, $\Delta \boldsymbol{g}$ and Moiré fringe approaches to the crystallographic features of precipitates. Scripta Materialia, 2005, 52(7): 679-682.

[63] Zhang M X, Kelly P M. Edge-to-edge matching and its applications: Part Ⅱ. Application to Mg-Al, Mg-Y and Mg-Mn alloys. Acta Materialia, 2005, 53(4): 1085-1096.

[64] Zhang M X, Kelly P M. Edge-to-edge matching and its applications: Part I. Application to the simple HCP/BCC system. Acta Materialia, 2005, 53(4): 1073-1084.

[65] Zhang M X, Kelly P M. Edge-to-edge matching model for predicting orientation relationships and habit planes: The improvements. Scripta Materialia, 2005, 52(10): 963-968.

[66] Zhang W Z, Sun Z P, Zhang J Y, et al. A near row matching approach to prediction of multiple precipitation crystallography of compound precipitates and its application to a Mg/Mg_2Sn system. Journal of Materials Science, 2017, 52(8): 4253-4264.

[67] Qiu D, Zhang W Z. Research progress in precipitation crystallography models. Acta Metallurgica Sinica, 2006, 42(4): 341-349.

第 6 章
重位点阵模型及其应用

黄雪飞　张敏

6.1　引言

当两相点阵常数的差异较大时，两相之间的界面趋于形成非一一匹配的二次择优态。二次择优态是界面上自然择优形成的低能周期性结构，其周期性与重位点阵(coincidence site lattice，CSL)一致。在 CSL 的基础上，Bollmann 发展了完整图形平移点阵(displacement complete pattern-shift lattice，DSCL)的概念[1]。CSL/DSCL 模型是定量描述二次择优态、计算二次错配位移场和二次位错结构的重要基础。一个相变体系中的界面会呈现什么样的二次择优态，往往需要根据界面晶体学的实验观测结果进行具体建模和推测。

本章首先介绍 CSL/DSCL 模型相关的基本概念，其次通过钢中渗碳体和镁合金中 $Mg_{17}Al_{12}$ 析出相这两个界面结构分析实例，说明这个模型与匹配好位置(good matching site，GMS)模型、二次 O 点阵模型以及 $\Delta\boldsymbol{g}$ 平行法则相结合的相变晶体学分析方法，最后介绍与 CSL 模型密切相关的结构单元模型。

6.2　重位点阵和完整图形平移点阵

6.2.1　重位点阵

两个晶体点阵中结点重合的位置称为重位点。设想：两晶体点阵从一个共同的原点出发，彼此双向扩展延伸，如果在三维空间存在一系列周期性的重位点，这些重位点形成的规则点阵就是 CSL。该理论最初主要应用于研究立方结构金属中的特殊大角度晶界[2-4]。该模型认为一些特殊大角度晶界是含高密度重位点的界面，两侧晶粒的原子在该界面匹配良好，因而界面能较低。

CSL 中重位点的分布密度通常用参量 Σ 表示

$$\Sigma = \frac{\text{CSL 单胞体积}}{\text{晶体单胞体积}} \tag{6.1}$$

CSL 单胞体积越大，Σ 越大，重位点越少，因此 1/Σ 反映了重位点相对于阵点的体密度。对于单相立方结构多晶体，两个晶粒之间存在很多特殊转轴-转角关系，可以形成严格的 CSL。当界面位置与 CSL 的密排面重合时，界面上具有高密度重位点，该界面被认为具有较好的匹配。

下面我们以立方晶体中 Σ5 CSL 为例说明 CSL 的构造。图 6.1 中给出的是简单立方点阵的(0 0 1)晶面，立方点阵 1 和 2 的单胞分别用红色和蓝色直线画出。当两个晶粒的一个阵点在原点重合，并让其中一个点阵(如图中红色点阵)绕[0 0 1]方向逆时针旋转 36.87°时，将两个晶粒的(0 0 1)晶面穿插在一

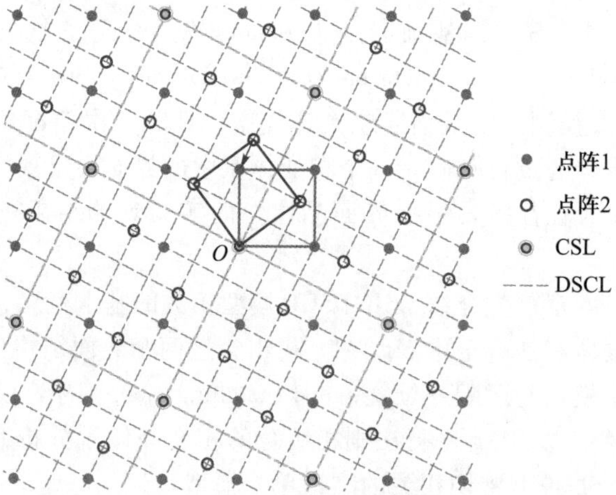

图 6.1　两个简单立方点阵重叠形成 Σ5 CSL(参见书后彩图)

起，可看到两个晶粒的部分阵点完全重合，如图中绿色点所示。

在(0 0 1)面内的 CSL 最小单胞如图中粗(黄色)虚线所示。可见 CSL 单胞内有 4 个红或蓝阵点，加上顶角的 1 个，该单胞内有 5 个阵点。可以利用简单几何算出 CSL 单胞边长与点阵单胞边长的关系，并得到单胞面积为点阵单胞面积的 5 倍的结果。因为沿转轴方向不同层界面上的图形是一样的，所以在三维空间中 $\Sigma=5$，通常记为 Σ5。

6.2.2 完整图形平移点阵

如果将图 6.1 中两个点阵随机相对位移，那么 CSL 可能完全消失。只有特殊位移才可以使 CSL 保持不变，这些特殊位移是使 CSL 图像花样不变的位移矢量。Bollmann 将能在位移后保持 CSL 图像不变的所有位移矢量组成的点阵称为 DSCL[1]。图 6.1 中细虚线网格显示了一个 DSCL，由两个方向互相垂直的基矢构成。图中用箭头标出了一个 DSCL 基矢，可以看到，这个矢量是由两个晶体的阵点之间的位移矢量构成的。将任意一个立方点阵 1 或是 2 移动一个 DSCL 平移矢量，图中 CSL 的构型和周期性并不会发生变化，只是 CSL 的阵点相对位置发生了平移。还可以注意到，两个立方点阵的阵点与部分 DSCL 阵点是重叠的，因此将任意一个立方点阵沿着点阵基矢平移，图中 CSL 的构型和周期性不会发生任何变化，因此这两个立方点阵的基矢也是 DSCL 点阵的平移矢量。也就是说，DSCL 点阵包括两个立方点阵，或者说两个立方点阵是其子集。

CSL 与 DSCL 存在倒易关系，即倒空间 DSCL 与正空间 CSL 之间互为倒易点阵；正空间 DSCL 与倒空间 CSL 之间互为倒易点阵。因此，可以通过构建 CSL 进行与 DSCL 相关的计算和分析[5]。

DSCL 可用于确定二次位错的伯氏矢量。根据 DSCL 的性质，在位错位置发生 DSCL 的平移矢量位移之后，位错的两侧仍然具有等价的 CSL 图像。因此若要确保二次位错隔开的二次择优态区域具有等价的结构，该二次位错的伯氏矢量必须是一个 DSCL 平移矢量，并且是长度尽可能小的矢量。

6.3 二次择优态界面结构分析

图 6.1 中示意的 Σ5 晶界的 CSL/DSCL 模型简单清晰，经常用来作为解释 CSL/DSCL 的例子。然而，这样理想的 CSL 主要出现在立方结构材料体系中的晶界，而在非立方结构材料中，除非有特殊的点阵常数，很可能在任何取向关系下，点阵之间都不能形成严格的 CSL。对于相界面的情况更是如此，界面两侧的晶体结构和点阵常数差异很大，能够得到具有三维周期性重位点的情况非

常少。真实界面在位向关系和点阵常数上与形成理想 CSL 的条件之间存在一定的偏差，这些偏差正是界面二次错配的来源。当界面存在二次错配时，具有周期性结构的二次择优态仍然可以不连续地维持在界面的大部分面积上，并由二次位错分隔开。

建立合理的 CSL/DSCL 模型是计算二次位错结构，并理解由二次错配主导形成的择优界面取向和稳态位向关系的重要步骤。在界面上，二维 CSL 的周期性结构作为代表界面二次择优态的结构，是计算二次错配的参考态，这种结构通常要根据实验结果进行推测。在第 1 章曾指出，界面形成的择优态结构中的匹配关系与界面两侧阵点形成的匹配好位置(good matching site，GMS)团簇中的匹配关系是一致的。对于给定的相变体系，在实验得到的位向关系附近将近似平行于择优界面的两相晶面重叠，有可能在一定范围内得到具有二维周期性的 GMS 团簇。在 GMS 内部得到的非一一匹配的周期性结构可以引导建立作为理想二次择优态的参考结构，团簇内的周期性就代表了界面二次择优态结构的周期性。

我们可以人为地对某一相的点阵施加一个小变形，使原来 GMS 团簇中不严格匹配的阵点强制成为完全匹配的 CSL 点。通过变形形成的 CSL 称为强制 CSL(constrained CSL，CCSL)，就是作为理想二次择优态的参考结构，相应的 DSCL 称为强制 DSCL(constrained DSCL，CDSCL)。因为 GMS 团簇相对完全匹配状态的偏离定义了二次错配，所以使某一相的变形就是二次错配变形。如果将强制变形的相恢复到变形前，这时两相的 DSCL 不完全重合，因此我们也可以说二次错配变形就是两相 DSCL 之间的差异。用类似第 2 章中的方法，可以构造两相 DSCL 之间的二次错配变形场矩阵 $\mathbf{A}^{\mathrm{II}}$，进而应用第 4 章介绍的 O 点阵方法，就可以计算界面上的二次位错结构[1]。与一次 O 点阵计算过程的差别仅仅是用二次错配位移矩阵 $\mathbf{T}^{\mathrm{II}}$ 在相应的计算公式中取代一次错配位移矩阵 $\mathbf{T}$，二次位错的伯氏矢量 $\boldsymbol{b}^{\mathrm{II}}$ 为 DSCL 中的短平移矢量。

如第 1 章所述，在二次择优态体系中，两相之间通常存在一对低指数晶向平行，界面匹配择优的结果也有可能使择优界面含台阶结构，形成含有二次不变线或准不变线的周期性位错结构。类似于一次择优态界面，满足这个条件的位向关系可以简化为绕上述平行方向的旋转，使 $|\mathbf{T}^{\mathrm{II}}|=0$，旋转角也可用在倒空间求不变线的二维解析模型来计算，计算得到的位向关系和界面取向会满足 $\Delta\boldsymbol{g}$ 平行法则。

构建 CCSL 和 CDSCL 是分析二次择优态界面结构的首要步骤。下面将介绍利用 CCSL/CDSCL 模型分析界面择优态结构和二次错配的两个实例，着重介绍 CCSL 和 CDSCL 的构建，及其在分析界面结构中的作用。因为二次 O 点阵计算位错结构和不变线的过程与第 4 章中介绍的一次择优态体系的计算过程相同，所以本章不再赘述。

6.3.1 $Mg-Mg_{17}Al_{12}$界面结构

Mg-Al 合金是应用最广泛的镁合金，因此在研究中受到较多的关注。$Mg_{17}Al_{12}$析出相是 Mg-Al 合金中的主要强化相，它可以通过连续沉淀或不连续沉淀两种方式析出，这里主要讨论连续沉淀形成 $Mg_{17}Al_{12}$析出相的界面结构特征。

Mg-Al 合金的基体为具有 hcp 结构的 α-Mg，点阵常数为 $a_\alpha = 0.319\,4$ nm，$c_\alpha = 0.519\,5$ nm，以下简称 α 相。析出相是 β-$Mg_{17}Al_{12}$，具有 bcc 结构，点阵常数为 $a_\beta = 1.058$ nm，以下简称为 β 相。β 相与母相之间存在可重复的位向关系，通常为伯格斯位向关系，即$(0\,1\,1)_\beta // (0\,0\,0\,1)_\alpha$，$[1\,\bar{1}\,1]_\beta // [2\,\bar{1}\,\bar{1}\,0]_\alpha$。$Mg_{17}Al_{12}$析出相的形貌为长条状或者非对称方片状。惯习面平行于$(0\,1\,1)_\beta$和$(0\,0\,0\,1)_\alpha$，精确的实验表征确认，这两个晶面严格平行。另外，还有一个宽度较大的侧刻面，为$(4\,3\,\bar{3})_\beta$[6]。$[1\,\bar{1}\,1]_\beta$和$[2\,\bar{1}\,\bar{1}\,0]_\alpha$之间实际上有一个约 0.5°的角度差[6,7]，这可能是由于刻面的择优要求。

下面介绍通过 CCSL/CDSCL 模型对这个体系择优界面结构进行分析的过程[8]。内容侧重倒空间的定量分析，从分析惯习面结构出发构造 CCSL，然后利用选区电子衍射(selected-area electron diffraction，SAED)花样计算满足 $\Delta\boldsymbol{g}$ 平行条件的位向关系，并确定刻面取向和结构。

6.3.1.1 构造 CCSL 和 CDSCL

因为两相的点阵常数差异很大，惯习面很可能含二次择优态结构。已知析出相的惯习面为$(0\,1\,1)_\beta // (0\,0\,0\,1)_\alpha$，可以先将 α 相和 β 相的这两个晶面按照伯格斯位向关系重叠，根据 GMS 团簇的结构查找代表二次择优态的二维重位点阵。如图 6.2 所示，GMS 的分布形成 GMS 团簇带，沿水平方向 $[1\,\bar{1}\,1]_\beta //$

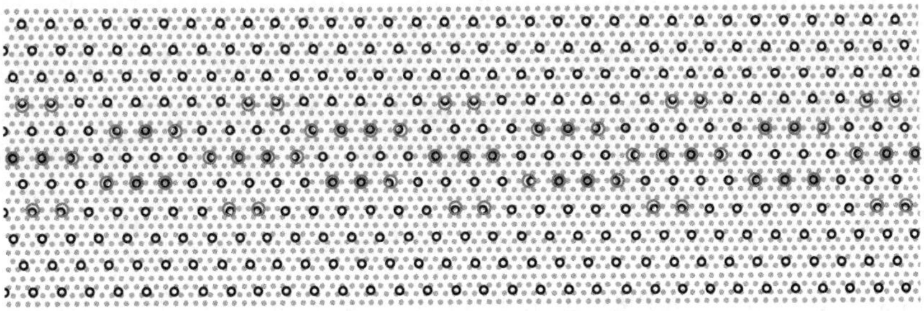

图 6.2 伯格斯位向关系下$(0\,1\,1)_\beta$和$(0\,0\,0\,1)_\alpha$晶面点阵重叠得到的 GMS 团簇的结构(参见书后彩图)

$[2\bar{1}\bar{1}0]_\alpha$ 分布。不同区域形成的 GMS 分布与图形中心原点附近的分布相同。

根据原点附近的 GMS 团簇分布形成的二维周期性结构可以将两相中的一相变形，在正空间中建立 CCSL，例如 α 母相强制变形。如图 6.3 所示，其中的网格显示了相应的 CDSCL。

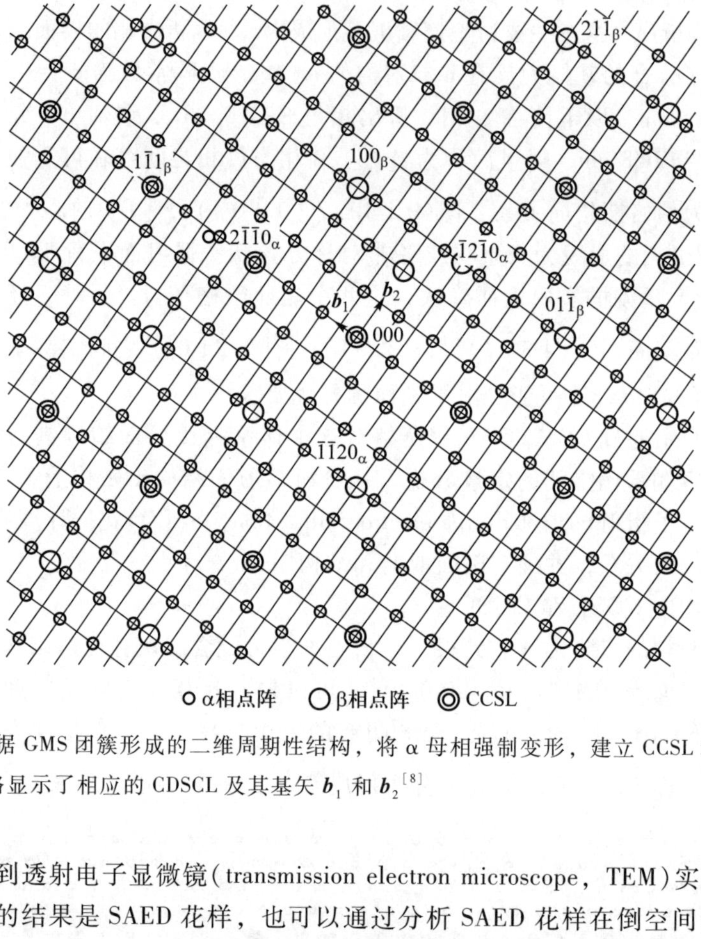

图 6.3　根据 GMS 团簇形成的二维周期性结构，将 α 母相强制变形，建立 CCSL 和 CDSCL。图中细网格显示了相应的 CDSCL 及其基矢 $\boldsymbol{b}_1$ 和 $\boldsymbol{b}_2$[8]

考虑到透射电子显微镜（transmission electron microscope，TEM）实验分析中直接获得的结果是 SAED 花样，也可以通过分析 SAED 花样在倒空间中建立倒易 CCSL 和倒易 CDSCL。下面详细介绍这种方法，也从中进一步理解倒空间和正空间 CSL 和 DSCL 之间的联系。

在这个体系中，$[0\,1\,1]_\beta /\!/ [0\,0\,0\,1]_\alpha$ 是很方便用来验证位向关系的晶带轴，在文献中常有报道[6,7]。图 6.4 给出了入射电子束方向为 $[0\,\bar{1}\,\bar{1}]_\beta /\!/ [0\,0\,0\,\bar{1}]_\alpha$ 的 SAED 花样模拟图，在倒空间中可能形成 CCSL 的倒易斑点由图 6.4 中的虚线圆示意。将母相 α 强制变形，在倒空间的二维 CCSL 如图 6.5 所示。在晶带轴方向上，可以根据倒易矢量长度或面间距的大小推测 $(0\,3\,3)_\beta$ 与 $(0\,0\,0\,2)_\alpha$

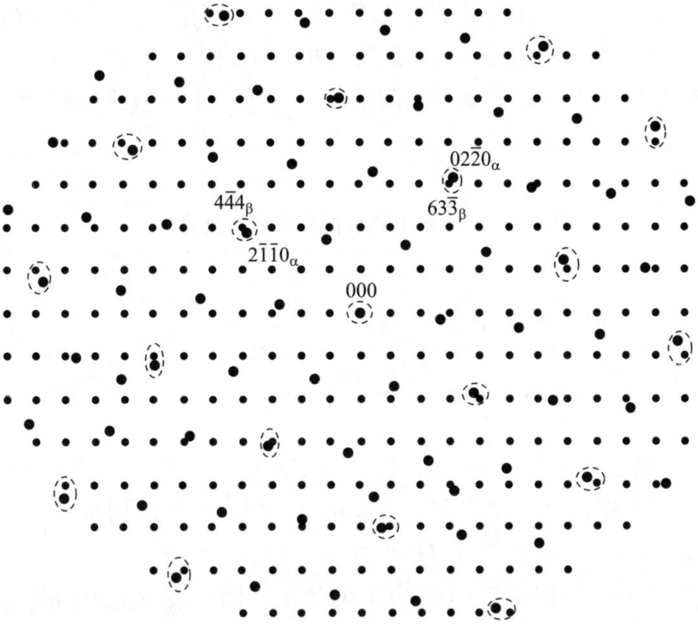

图 6.4 伯格斯位向关系下 α-Mg 和 β-$Mg_{17}Al_{12}$ 重叠的 SAED 花样示意图。晶带轴方向为 $[0\ \bar{1}\ \bar{1}]_\beta // [0\ 0\ 0\ \bar{1}]_\alpha$ [8]

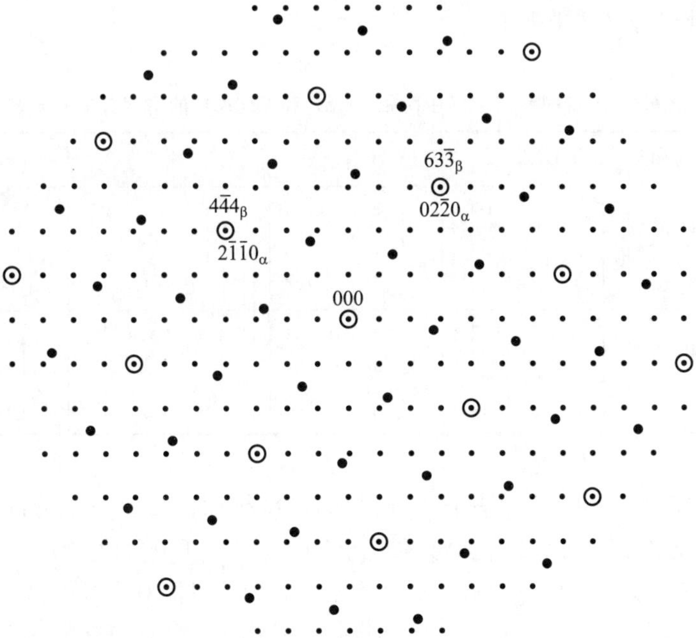

图 6.5 将 α-Mg 强制变形后形成的倒空间 CCSL 示意图[8]

之间的重位匹配关系。这样，我们就得到了倒空间中三维 CCSL 的匹配关系。表 6.1 给出了 α 相变形前后的点阵常数。按照从倒空间中确定的点阵对应关系和点阵常数，我们也可以得到正空间的$(0\ 1\ 1)_\beta /\!/ (0\ 0\ 0\ 1)_\alpha$面上的 CCSL，即图 6.3 所示的结果。

表 6.1　α 相强制变形前后点阵常数的对比

	a/nm	b/nm	c/nm	α/(°)	β/(°)	γ/(°)
变形前	0. 3194	0. 3194	0. 5195	90	90	120
变形后	0. 3054	0. 3259	0. 4987	90	90	117. 9384

表 6.2 中给出了两相的 $\mathbf{G}^{L}_{CCSL}$，包含倒空间中三个不共面的 CCSL 矢量，表达为列向量。根据正空间和倒空间中 CSL 和 DSCL 之间的倒易关系，可得

$$\mathbf{G}^{L}_{CCSL}{}'\mathbf{S}^{L}_{CDSCL} = \mathbf{I} \tag{6.2}$$

式中，$\mathbf{S}^{L}_{CDSCL}$含有正空间中三个 CDSCL 的矢量，同样表达为列向量。根据这个公式可以计算得出正空间的 CDSCL，与图 6.3 中显示的结果一致。同理，可以根据正空间的 $\mathbf{S}^{L}_{CCSL}$计算出倒空间的 $\mathbf{G}^{L}_{CDSCL}$，表达式为

$$\mathbf{G}^{L}_{CDSCL}{}'\mathbf{S}^{L}_{CCSL} = \mathbf{I} \tag{6.3}$$

这些结果均在表 6.2 中列出。

表 6.2　正空间和倒空间中两相 CCSL 和 CDSCL 的对应矢量和矩阵

相和点阵结构	$\mathbf{G}^{L}_{CCSL}$	$\mathbf{G}^{L}_{CDSCL}$	$\mathbf{S}^{L}_{CCSL}$	$\mathbf{S}^{L}_{CDSCL}$
β-$Mg_{17}Al_{12}$ 相 bcc	$\begin{bmatrix} 4 & 6 & 0 \\ -4 & 3 & 3 \\ 4 & -3 & 3 \end{bmatrix}$	$\frac{1}{4}\begin{bmatrix} 2 & 0 & 0 \\ 1 & -4 & 2 \\ -1 & 4 & 2 \end{bmatrix}$	$\frac{1}{2}\begin{bmatrix} 4 & 1 & 0 \\ 0 & -1 & 2 \\ 0 & 1 & 2 \end{bmatrix}$	$\frac{1}{36}\begin{bmatrix} 3 & 4 & 0 \\ -3 & 2 & 6 \\ 3 & -2 & 6 \end{bmatrix}$
α-Mg 相 hcp	$\begin{bmatrix} 2 & 0 & 0 \\ -1 & 2 & 0 \\ 0 & 0 & -2 \end{bmatrix}$	$\frac{1}{18}\begin{bmatrix} 6 & 0 & 0 \\ -1 & 3 & 0 \\ 0 & 0 & -6 \end{bmatrix}$	$\begin{bmatrix} 3 & 1 & 0 \\ 0 & 6 & 0 \\ 0 & 0 & -3 \end{bmatrix}$	$\frac{1}{4}\begin{bmatrix} 2 & 1 & 0 \\ 0 & 2 & 0 \\ 0 & 0 & -2 \end{bmatrix}$

在图 6.3 中，$(0\ 1\ 1)_\beta$ 晶面是 β 相的最密排面，面上一半的阵点形成了 CCSL 点。这个密度非常高，说明在这个$(0\ 1\ 1)_\beta /\!/ (0\ 0\ 0\ 1)_\alpha$ 的惯习面上二次择优态可能具有这个体系中最小的结构单元，因此可能对应最小界面能。不过从图 6.2 中可见，这个界面上 GMS 团簇占据范围不大，这意味着这个面上二次错配是比较大的。在实验上观察到惯习面为$(0\ 1\ 1)_\beta /\!/ (0\ 0\ 0\ 1)_\alpha$，因此引入

台阶应该不能使界面能进一步降低。

6.3.1.2 确定刻面取向和结构

从图 6.2 和图 6.3 可以看到，$[1\bar{1}1]_\beta /\!/ [2\bar{1}\bar{1}0]_\alpha$ 方向上的 CCSL 密度很高，若刻面上包含这个方向，可以获得较好的界面匹配。在图 6.2 中也可以看到，在这个方向上 GMS 为共列排布，相邻团簇列之间的间隔较大，团簇列之间的错配位移为$[2\bar{1}\bar{1}0]_\alpha/3$。然而，图 6.3 显示在这个方向上的 CDSCL 矢量更短，是$[2\bar{1}\bar{1}0]_\alpha/6$(图 6.3 中 $\boldsymbol{b}_1$)。因此，为了提高界面上 GMS 密度，这个方向的团簇列需要形成台阶结构，并且每个台阶包含一个具有$[2\bar{1}\bar{1}0]_\alpha/6$ 伯氏矢量的二次位错。

形成这样的台阶结构要求位向关系和界面服从 $\Delta\boldsymbol{g}$ 平行法则，界面含准不变线方向。根据实验结果，刻面上也含有图 6.4 所示晶带轴方向，即$[0\ 1\ 1]_\beta /\!/ [0\ 0\ 0\ 1]_\alpha$，因此可以用图 6.4 所示倒空间的面上分析满足 $\Delta\boldsymbol{g}$ 平行法则的精确位向关系和刻面法向。具体计算步骤如下：

（1）根据 O 点阵的性质，因为伯氏矢量为$[2\bar{1}\bar{1}0]_\alpha/6$，所以平行的 $\Delta\boldsymbol{g}$ 中其中一组为近邻倒易矢量$(0\ 2\ \bar{2}\ 0)_\alpha \mid (6\ 3\ \bar{3})_\beta$，伯氏矢量与相应的 $\boldsymbol{g}$ 矢量垂直。

（2）其他平行的 $\Delta\boldsymbol{g}$ 可以根据实验观察到的刻面法线确定，也可以根据 GMS 分布确定。在图 6.3 中，台阶的台面沿 GMS 密度较高的方向$[1\bar{1}1]_\beta /\!/ [2\bar{1}\bar{1}0]_\alpha$，台面宽度与 GMS 团簇尺寸相当。台阶的阶面在图 6.3 中可以沿两个方向，这两个方向都按照 β 相的低指数方向选择，但只有一个方向在 α 相中也是低指数晶向，即$[\bar{1}\ 0\ 0]_\beta \mid [\bar{1}\bar{1}\ 2\ 0]_\alpha$，这两个方向是正空间中的对应方向。在 SAED 花样中选择垂直于这两个方向的倒易矢量$(1\ \bar{1}\ 0\ 0)_\alpha \mid (0\ \bar{3}\ 3)_\beta$ 作为计算准不变线的另一组对应点，构成另一个 $\Delta\boldsymbol{g}$。

（3）如图 6.6 所示，定义垂直于$[0\ 1\ 1]_\beta /\!/ [0\ 0\ 0\ 1]_\alpha$ 的平面为一个直角坐标系的 x-y 面，在伯格斯位向关系下，将上述两对相关矢量，即$(6\ 3\ \bar{3})_\beta \mid (0\ 2\ \bar{2}\ 0)_\alpha$ 和$(0\ \bar{3}\ 3)_\beta \mid (1\ \bar{1}\ 0\ 0)_\alpha$，表达在这个直角坐标系中，构成 2×2 矩阵 $\mathbf{G}_\alpha$ 和 $\mathbf{G}_\beta$ 的列向量。

（4）计算初始二次错配变形场矩阵，在倒空间中表达为

$$\mathbf{A}_0^{\mathrm{II}\,*} = \mathbf{G}_\beta \mathbf{G}_\alpha^{-1} \tag{6.4}$$

因此在正空间中

$$\mathbf{A}_0^{\mathrm{II}} = (\mathbf{A}_0^{\mathrm{II}\,*\,-1})' = (\mathbf{G}_\beta^{-1})'\mathbf{G}_\alpha' \tag{6.5}$$

（5）根据二维不变线的性质(见第 5 章)，在二次位移矩阵 $|\mathbf{T}^{\mathrm{II}}| = 0$ 的条

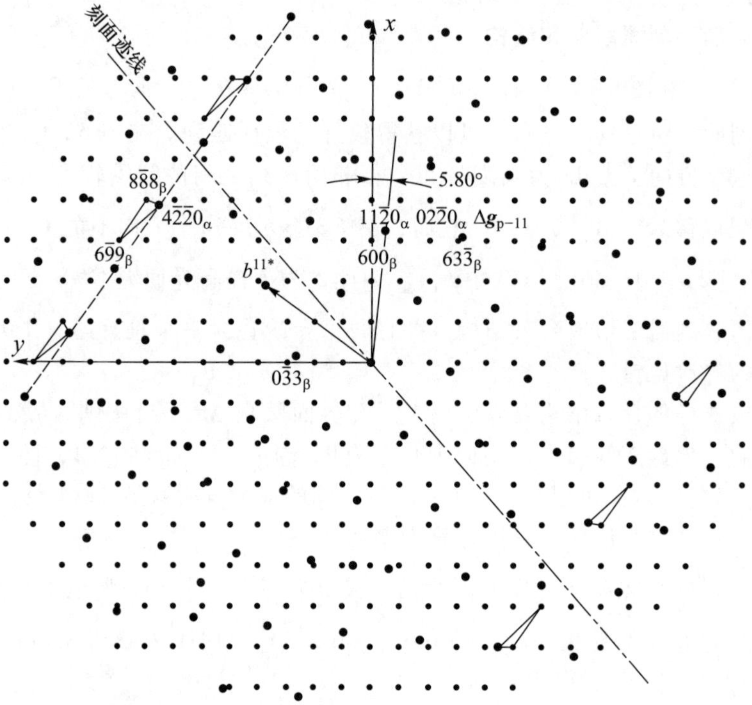

图 6.6　满足 $\Delta \boldsymbol{g}$ 平行法则时的衍射花样[8]。图中$(6\ 0\ 0)_\beta$与$(1\ 1\ \bar{2}\ 0)_\alpha$之间的夹角为-5.80°，此时所选取的 $\Delta \boldsymbol{g}$ 相互平行。点划线表示主刻面的迹线方向，与平行的 $\Delta \boldsymbol{g}$ 垂直

件下可以求出绕晶带轴旋转的角度，即满足准不变线条件时的位向关系，结果是$(1\ 1\ \bar{2}\ 0)_\alpha$与$(6\ 0\ 0)_\beta$之间的夹角为-5.80°（取 α 相逆时针转动方向为正），这个角度相对于理想的伯格斯位向关系偏转了 0.54°。从实验获得的 SAED 花样测量时，这个夹角介于 5.26°~5.80°[6]，说明计算结果与实验结果基本一致。图 6.6 为根据计算出的位向关系所画出的 SAED 花样[8]，与实验得到的 SAED 花样一致[6,7]。图中用短线将上述计算的对应点连接起来，从图中可看出这些短线相互平行，它们就是相应的 $\Delta \boldsymbol{g}$，可见位向关系满足 $\Delta \boldsymbol{g}$ 平行法则。

（6）平行的 $\Delta \boldsymbol{g}$ 定义了界面法向。计算得到平行 $\Delta \boldsymbol{g}$ 的方向为$(1\ 0.8\ \overline{0.8})_\beta$，这就是含准不变线的刻面取向，与实验观察中的$(4\ 3\ \bar{3})_\beta$基本一致。该刻面含方向为$[1.6\ \bar{1}\ 1]_\beta$的准不变线。

用这个略偏离严格伯格斯位向关系的计算结果重新计算$(0\ 1\ 1)_\beta /\!/ (0\ 0\ 0\ 1)_\alpha$面上 GMS 分布，如图 6.7 所示。在图 6.7 中可以看到，相对于理想的伯格斯位

向关系下的 GMS 团簇分布，GMS 团簇带由图 6.2 中沿$[1\,\bar{1}\,1]_\beta /\!/ [2\,\bar{1}\,\bar{1}\,0]_\alpha$方向转为沿准不变线$[1.6\,\bar{1}\,1]_\beta$方向。

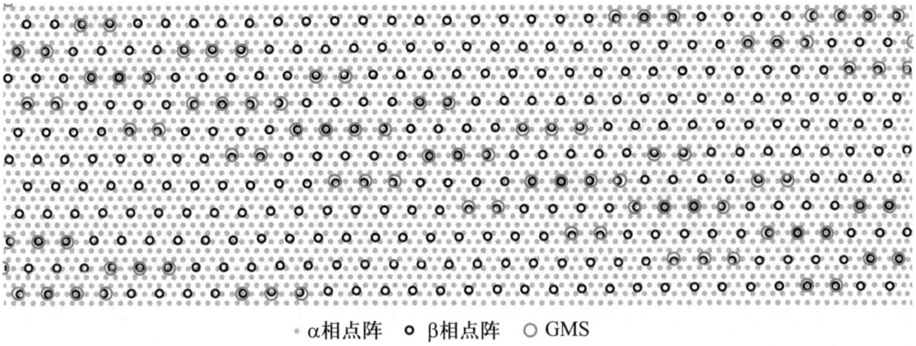

图 6.7 位向关系满足 **Δg** 平行法则时$(0\,1\,1)_\beta /\!/ (0\,0\,0\,1)_\alpha$面上 GMS 团簇的分布（参见书后彩图）

沿着这个 GMS 团簇带按照刻面取向分别画出两相阵点，并将界面沿 GMS 团簇列分解为台阶结构，如图 6.8 所示，可见台阶与二次位错一一对应，二次位错的伯氏矢量为$[2\,\bar{1}\,\bar{1}\,0]_\alpha/6$。由图 6.8 还可以看到，界面两侧一些低指数晶面在界面上完美匹配，这些晶面对应的 **Δg** 垂直于刻面。

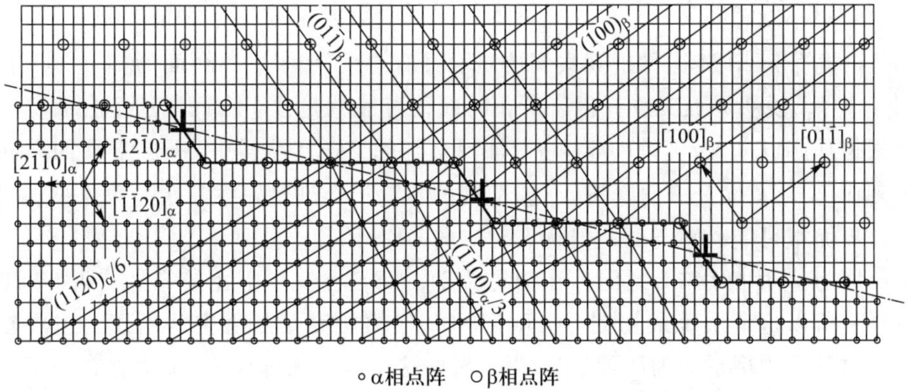

图 6.8 从$[0\,1\,1]_\beta /\!/ [0\,0\,0\,1]_\alpha$方向观察刻面结构的示意图[8]

前面在分析刻面上的台阶结构时，提到台阶的阶面有两种可能的选择。如果选择另一侧台阶，也可以计算出准不变线，该准不变线近似给出了另一个刻面的取向，即该界面同样存在台面含近似紧邻 GMS 团簇的结果。实际观察结果表明[6]，$Mg_{17}Al_{12}$析出相有两个择优的侧刻面，决定位向关系的刻面是图 6.8 显示的主刻面，它明显比次刻面更宽。次刻面的法向是由另一侧的台阶及台面的紧邻 GMS 团簇构成的。位向关系只满足主刻面上的二次错配被台阶携带的二次位错完全抵消，而在次刻面上的错配只能被台阶携带的二次位错近似抵消，遗留的少量错配仍然以长程弹性应变场的形式存在。

6.3.2　奥氏体-渗碳体界面结构

在这个系统中，奥氏体基体是 fcc 结构，点阵常数为 $a = 0.36$ nm。渗碳体是复杂的间隙化合物，分子式为 Fe_3C，晶体结构属于正交晶系，点阵常数为 $a = 0.4526$ nm，$b = 0.5091$ nm，$c = 0.67434$ nm。渗碳体与奥氏体之间存在多种可重复的位向关系。早期的研究中 Pitsch 给出了如下的渗碳体(C)与奥氏体(A)之间的位向关系[9,10]：

$$
\begin{aligned}
(1\,0\,0)_C &\mathbin{/\!/} (5\,\bar{5}\,4)_A \\
(0\,1\,0)_C &\mathbin{/\!/} (1\,1\,0)_A \\
(0\,0\,1)_C &\mathbin{/\!/} (\bar{2}\,2\,5)_A
\end{aligned}
\tag{6.6}
$$

这个位向关系中只有一组低指数面平行。与这个位向关系对应的渗碳体形貌是片状的[11]，惯习面不平行于任何低指数晶面，平均取向为$(1\,\bar{1}\,4)_A /\!/ (5\,0\,4)_C$。重复出现的位向关系和择优界面表明，渗碳体与奥氏体的界面上存在择优的匹配结构。因为两相的点阵常数差异很大，惯习面趋于形成二次择优态结构。

在高分辨 TEM 图像中观察到惯习面具有台阶结构[12]，台面为$(1\,\bar{1}\,3)_A$和$(1\,0\,1)_C$，说明界面二次择优态所在的面很可能就是这个台面。这个台面也可以根据从$[1\,1\,0]_A /\!/ [0\,1\,0]_C$晶带轴观察到的 SAED 花样中 $\Delta\boldsymbol{g}$ 匹配列的方向推测而得[13]，垂直于倒空间 $\Delta\boldsymbol{g}$ 匹配列的界面上会满足正空间匹配的要求，因此该界面很可能存在与二次择优态对应的 GMS 团簇。

因为 CSL 和 DSCL 之间存在倒易关系，而且在实验上比较容易获得 SAED 花样，所以这个系统最初的 CCSL/CDSCL 建模研究是从倒空间出发，主要参考衍射花样中衍射斑的匹配信息[14]。然而这个方法在选择 CCSL 时存在一定的不确定性。下面介绍的计算过程则从正空间的 GMS 团簇出发，更加直观，也更容易确定择优态相应的 CCSL。在正空间中，根据实验结果推测的择优态晶面出发，建立二维 GMS 团簇确定代表择优态的二维 CCSL，然后外推到三维的 CCSL。这个过程与上一个 Mg-$Mg_{17}Al_{12}$系统的界面分析示例类似，但 Mg-$Mg_{17}Al_{12}$系统中是由一个侧刻面决定位向关系偏离有理位向关系的转动，而本节的示例中，位向关系完全由惯习面决定。

6.3.2.1 构造 CCSL 和 CDSCL

根据实验结果，选择可能出现二次择优态的晶面，即$(1\bar{1}3)_A$和$(101)_C$，在实验确定的位向关系附近，将这两个晶面点阵重合，如图 6.9 所示。根据$(1\bar{1}3)_A$和$(101)_C$面内阵点之间的匹配，可以计算出 GMS 分布。若采用的

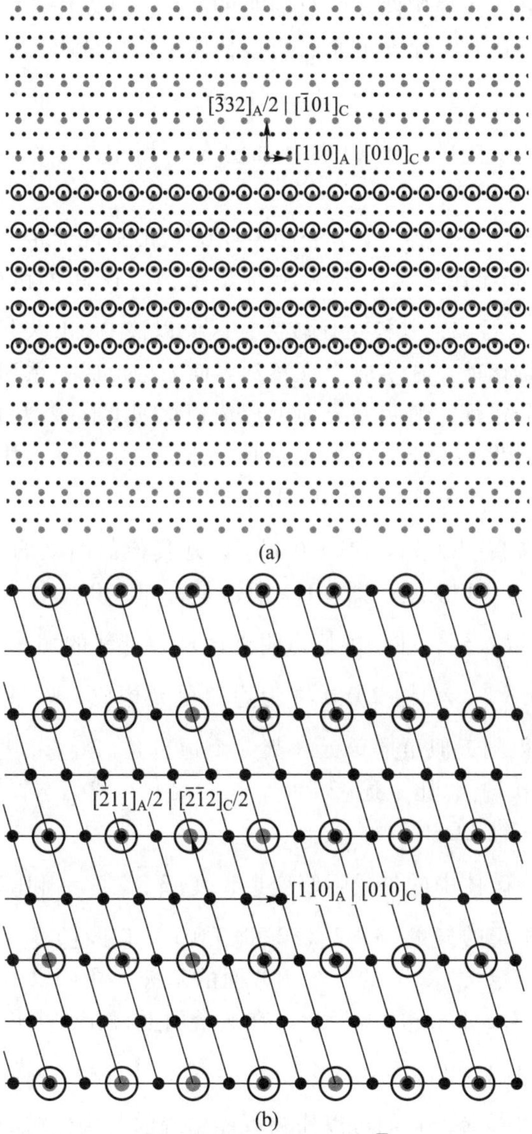

图 6.9 (a) Pitsch 位向关系下奥氏体和渗碳体点阵在$(1\bar{1}3)_A /\!/ (101)_C$晶面上 GMS 的分布；(b) 根据图(a)中 GMS 团簇中两相阵点的匹配对渗碳体点阵强制变形后得到的二维 CCSL/CDSCL 点阵。(参见书后彩图)

GMS 判据为两相阵点之间的间距小于 25%奥氏体点阵最短平移矢量$\langle 1\ 1\ 0\rangle_A/2$的长度，可得 GMS 分布如图 6.9a 所示，可见原点附近有很长的带状 GMS 团簇，确认了平行于$(1\ \bar{1}\ 3)_A/\ (1\ 0\ 1)_C$的台面含二次择优态结构。

根据 GMS 团簇内的周期性结构，在台面内确定构建代表择优态结构的二维 CCSL。根据 GMS 团簇中两相阵点的匹配关系，可以任选一相点阵变形。这里选对渗碳体点阵施加一个小变形，可以使匹配对应的奥氏体阵点与渗碳体阵点重合，如$[\bar{3}\ 3\ 2]_A/2\,|\,[\bar{1}\ 0\ 1]_C$与$[1\ 1\ 0]_A\,|\,[0\ 1\ 0]_C$重合，从而得到台面$(1\ \bar{1}\ 3)_A$和$(1\ 0\ 1)_C$上的二维 CCSL，如图 6.9b 所示。在图 6.9 中也同时用网格画出了相应的 CDSCL。

由图 6.9a 可见，沿$[1\ 1\ 0]_A /\!/ [0\ 1\ 0]_C$方向的错配非常小，但是在界面上垂直于该方向的错配比较大，必须由位错抵消。在这个错配大方向相近的 DSCL 矢量为$[\bar{2}\ 1\ 1]_A/2$，其模量比较大，因此以该 DSCL 矢量为伯氏矢量的位错会具有较高的位错能。在实验上观察到界面上会形成一系列台阶，台阶的形成可以补偿一部分错配，避免在界面上形成以$[2\ 1\ 1]_A/2$为伯氏矢量的位错。由于台阶的形成，我们不能简单地在台面上分析二维 DSCL 并确定位错伯氏矢量，而是必须建立三维的 CCSL/CDSCL 模型。

下面让我们考察$(1\ \bar{1}\ 3)_A$和$(1\ 0\ 1)_C$以外其他晶面上的 GMS 分布，进而建立三维 CCSL/CDSCL 模型。图 6.10a 所示是将$(1\ 1\ 0)_A$和$(0\ 1\ 0)_C$重叠得到的 GMS 分布，可以看到，在偏离原点附近区域，近邻的团簇点由以$[\bar{3}\ 3\ 2]_A/2\,|\,[\bar{1}\ 0\ 1]_C$和$[3\ \bar{3}\ 2]_A/2\,|\,[2\ 0\ 0]_C$为边的单元构成。如果在原点附近分析 GMS 分布，则会得到近似矩形单元，其一个边也是$[\bar{3}\ 3\ 2]_A/2\,|\,[\bar{1}\ 0\ 1]_C$，但是另一个边为$[2\ 0\ 1]_C$，比上述$[2\ 0\ 0]_C$长。因此，我们选择前一种 GMS 密度更高的方式建立三维 CCSL。

将相对应的渗碳体中的矢量强制变形，使$[3\ \bar{3}\ 2]_A/2$和$[2\ 0\ 0]_C$重合，加上在台面上已经确定的矢量$[\bar{3}\ 3\ 2]_A/2$和$[\bar{1}\ 0\ 1]_C$以及$[1\ 1\ 0]_A$和$[0\ 1\ 0]_C$重合，我们就确定了定义 CCSL 的三个不共面的基矢。在$(1\ 1\ 0)_A /\!/ (0\ 1\ 0)_C$面上的 CCSL 和 CDSCL 如图 6.10b 所示。在这个面上存在三个长度较小的 CDSCL 矢量，分别为$\boldsymbol{b}_1^L=[1\ \bar{1}\ 2]_A/4\,|\,[3\ 0\ 1]_C/6$，$\boldsymbol{b}_2^L=[1\ \bar{1}\ \bar{2}]_A/4\,|\,[0\ 0\ \bar{1}]_C/3$，$\boldsymbol{b}_3^L=[1\ \bar{1}\ 0]_A/2\,|\,[3\ 0\ \bar{1}]_C/6$，它们可以作为可能出现的二次位错的伯氏矢量。这个 CCSL/CDSCL 模型结果与从倒空间出发确定的结构相一致[14]。

(a)

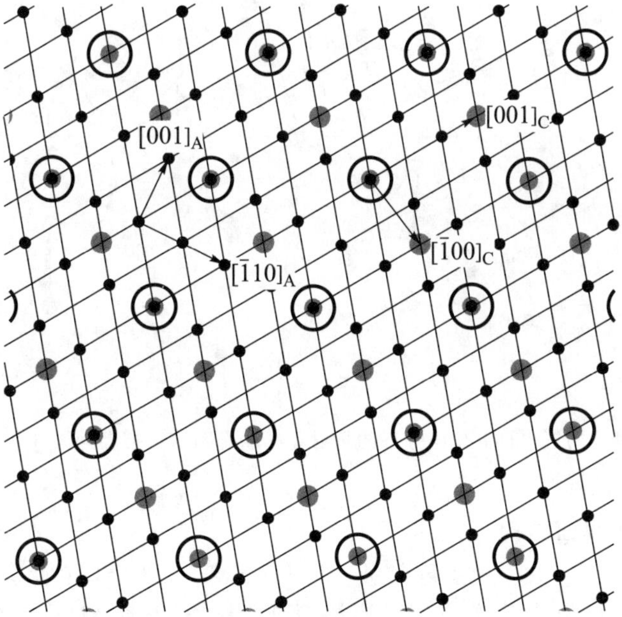

(b)

图 6.10 (a) Pitsch 位向关系下奥氏体和渗碳体点阵在$(1\ 1\ 0)_A // (0\ 1\ 0)_C$晶面上 GMS 的分布；(b) 根据图(a)中 GMS 团簇中两相阵点的匹配对渗碳体点阵强制变形后得到的 CCSL/CDSCL 点阵。(参见书后彩图)

6.3.2.2　确定位向关系和惯习面取向

我们已经知道实际测量的 Pitsch 位向关系下二次择优态所在的面$(1\,\bar{1}\,3)_A$和$(1\,0\,1)_C$并不互相平行，而且惯习面是含台阶结构的，惯习面的法向垂直于一系列平行 $\Delta\boldsymbol{g}$ 以满足一个台阶对应一个二次位错的条件(参考第 1 章 $\Delta\boldsymbol{g}$ 平行法则Ⅲ)。在保持$[1\,1\,0]_A /\!/ [0\,1\,0]_C$的条件下，可以通过类似求二维空间不变线的方法求准不变线条件下的位向关系。

计算过程需要利用以$[1\,1\,0]_A$与$[0\,1\,0]_C$为晶带轴的衍射花样，选择一组平行的 $\Delta\boldsymbol{g}$ 计算确定位向关系和惯习面。图 6.11 为根据计算出的位向关系画出的衍射花样。具体计算过程与上文中 Mg 合金的示例相同。由图 6.11 可见，$(0\,0\,2)_A$与$(2\,0\,4)_C$夹角为 5.06°时满足 $\Delta\boldsymbol{g}$ 平行的条件，这时惯习面为$(1\ \bar{1}\ 3.93)_A /\!/ (4\ \ 0\ \ 4.76)_C$[15]。

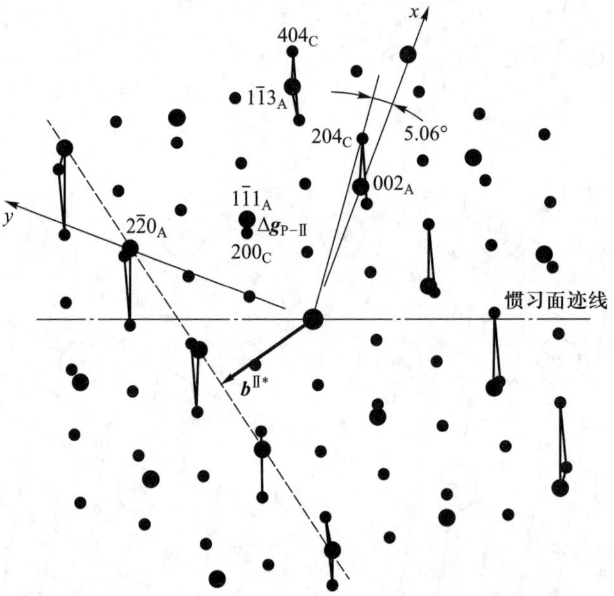

图 6.11　计算得到的近 Pitsch 位向关系的衍射花样示意图。晶带轴为$[1\,1\,0]_A /\!/ [0\,1\,0]_C$[15]

6.3.2.3　分析界面结构

输入上述位向关系、点阵常数，以及根据三维 CCSL/CDSCL 建立的匹配对应关系，便可以求二次错配变形场矩阵。图 6.12a 是输入上述位向关系在$(1\,1\,0)_A /\!/ (0\,1\,0)_C$面上二次 O 点阵的计算结果，对应 $\boldsymbol{b}_1^L$、$\boldsymbol{b}_2^L$、$\boldsymbol{b}_3^L$ 的主 O 点阵矢量 $\boldsymbol{x}_1^0$、$\boldsymbol{x}_2^0$、$\boldsymbol{x}_3^0$ 已在图上标出。由图 6.12 可见，每个 GMS 团簇的中心正好有一个主 O 点阵单元，惯习面包含 $\boldsymbol{x}_2^0$，并穿过一系列 GMS 团簇。因此，惯习

面上出现与二次位错相应的伯氏矢量就是 $\boldsymbol{b}_2^{L}$，即$[1\bar{1}\bar{2}]_A/4 | [00\bar{1}]_C/3$。惯习面所垂直的最短 $\Delta\boldsymbol{g}$ 为$(1\bar{1}1)_A$和$(200)_C$连接的倒易矢量，因为惯习面上位错的伯氏矢量在各自晶体中分别垂直于这两个倒易矢量，所以这个 $\Delta\boldsymbol{g}$ 定义了惯习面所平行的二次主 O 点阵面[16]。台阶位置二次位错的伯氏矢量是无台阶的界面上所需位错伯氏矢量长度的一半，因此位错能量更低。

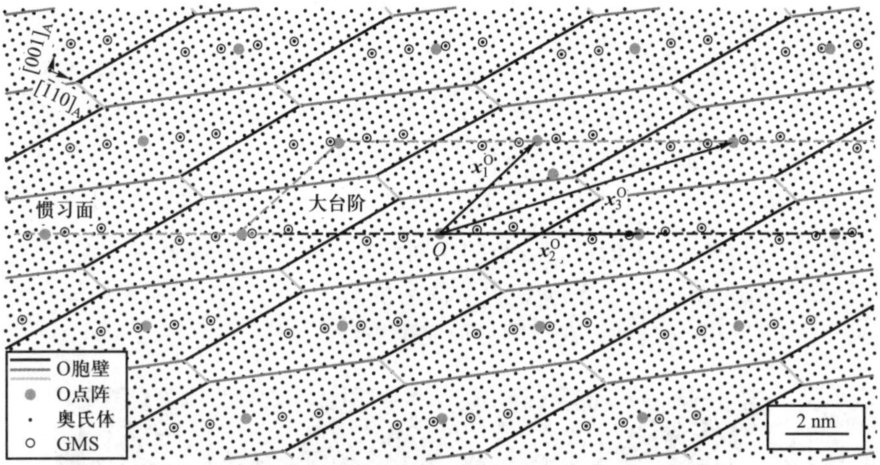

(a)

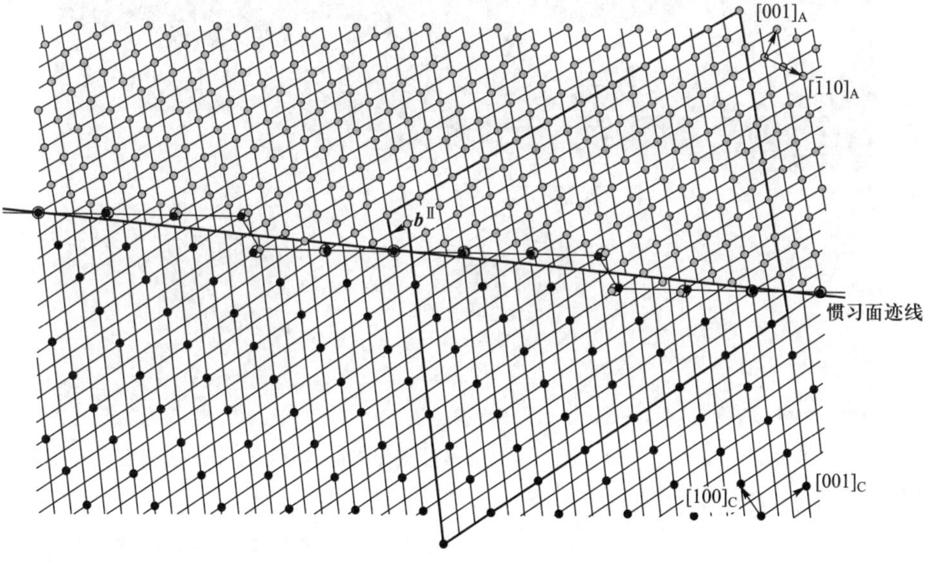

(b)

图 6.12 (a) 应用二次 O 点阵方法计算$(110)_A // (010)_C$面上 O 点和 O 胞壁的构型以及惯习面位错组态[13]；(b) 惯习面上的二次位错与台阶一一匹配的示意图[14]。(参见书后彩图)

按照图 6.12a 中的结果，使惯习面连接的紧邻 GMS 团簇的上方为奥氏体，下方为渗碳体，界面沿不同层的紧邻 GMS 团簇逐级而下，就可以得到图 6.12b 中惯习面上的二次位错与台阶一一匹配的示意图。按照 CDSCL 的基矢画伯氏回路，也可以确认二次位错的伯氏矢量 $\boldsymbol{b}^{\mathrm{II}}$ 为 $\boldsymbol{b}_2^{\mathrm{L}}$。

主 O 点阵矢量 $\boldsymbol{x}_1^{\mathrm{O}}$ 连接最近的不同层紧邻 GMS 团簇，说明在惯习面上可以形成较大的台阶结构，台面为惯习面，阶面包含 $\boldsymbol{x}_1^{\mathrm{O}}$，说明阶面上出现位错的伯氏矢量就是相应的 $\boldsymbol{b}_1^{\mathrm{L}}$ 矢量$[1\,\bar{1}\,2]_{\mathrm{A}}/4\,|\,[3\,0\,1]_{\mathrm{C}}/6$。

根据理论模型分析得到的惯习面位错和台阶特征与实验观察结果一致[12,13]。图 6.13 是 Pitsch 位向关系下奥氏体-渗碳体界面的 TEM 图像。观察方向平行于台阶方向（台面和阶面的交线方向），即$[1\,1\,0]_{\mathrm{A}}/\!/[0\,1\,0]_{\mathrm{C}}$，这时界面为直立状态。在界面上可以看到两种尺度的台阶。插图所示的高分辨 TEM 图像显示了惯习面上的尺度较小的规则台阶，其台面平行于$(1\,\bar{1}\,3)_{\mathrm{A}}/(1\,0\,1)_{\mathrm{C}}$。台阶间距大致等于 4.3 nm，台阶的高度为一个$(1\,0\,1)_{\mathrm{C}}$晶面间距。这些结果与图 6.12b 中通过计算获得的界面完全一致。

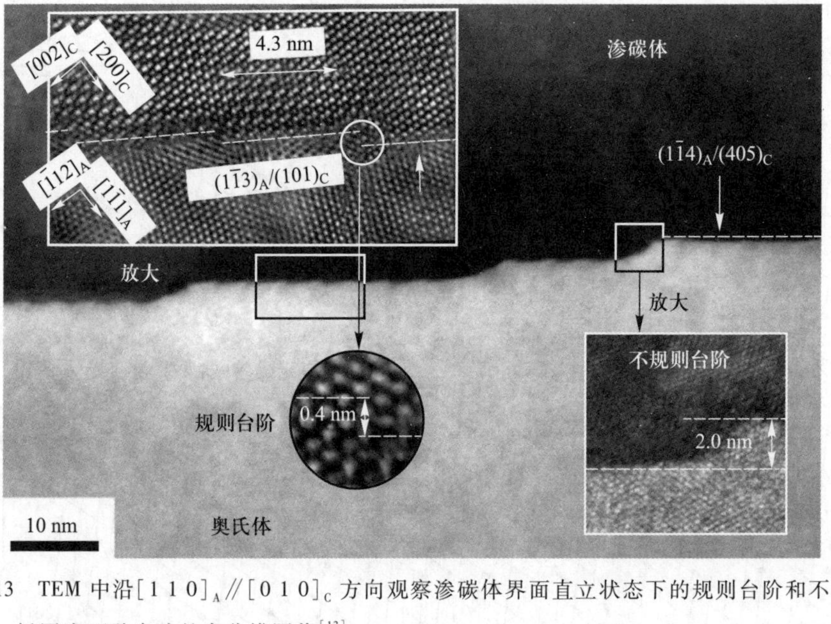

图 6.13　TEM 中沿$[1\,1\,0]_{\mathrm{A}}/\!/[0\,1\,0]_{\mathrm{C}}$方向观察渗碳体界面直立状态下的规则台阶和不规则台阶。插图为两种台阶的高分辨图像[13]

该界面上还含不规则台阶。因为析出相的生长可以通过这些台阶的移动进行，所以称为生长台阶。显然这些生长台阶的高度和位置不定，它们有一致的高度最小值，这个高度最小值与图 6.12a 中 O 点阵的层间距一致，就是所标示的大台阶高度。

图 6.14 中给出了上述两种尺度台阶结构的示意图，图 6.15 中也相应地给

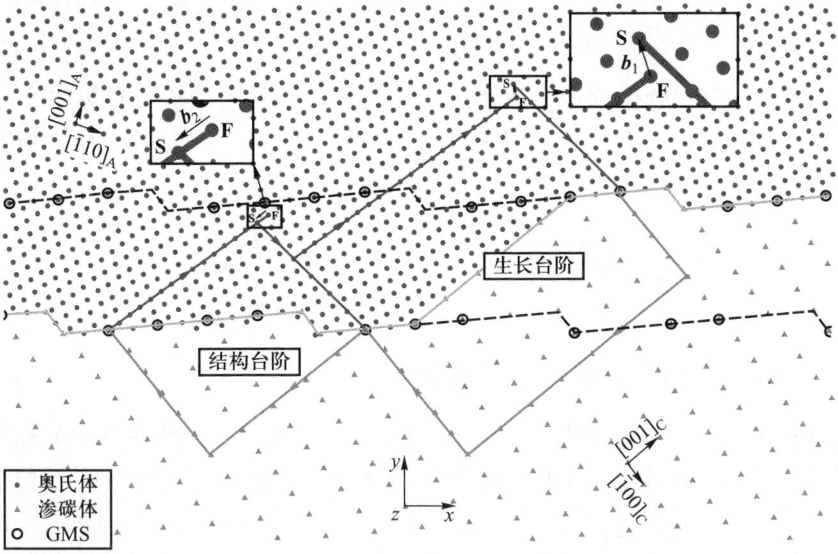

图 6.14　应用伯氏回路确定规则分布的台阶和不规则分布的生长台阶伴随位错的伯氏矢量[13]

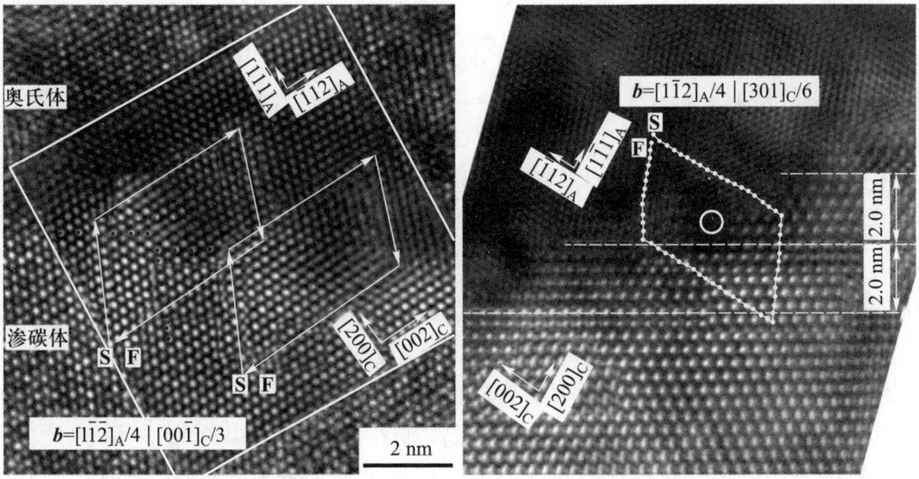

(a)　(b)

图 6.15　在 TEM 高分辨图像中应用伯氏回路作图方法确定界面位错的伯氏矢量[13]：(a) 规则分布小间距台阶伴随位错的伯氏矢量；(b) 不规则分布大间距生长台阶伴随位错的伯氏矢量

出了这两种台阶的高分辨像。用伯氏回路作图法可以方便地确定两种台阶伴随的二次位错的伯氏矢量。图 6.15a 中的两个伯氏回路分别围绕着两个规则小台阶，从伯氏回路没有闭合的部分可以确定两个规则小台阶伴随位错的伯氏矢量均为$[1\,\bar{1}\,\bar{2}]_A/4\,|\,[0\,0\,\bar{1}]_C/3$。图 6.15b 中的一个伯氏回路围绕着一个大生长台阶，从伯氏回路没有闭合的部分可以确定大台阶伴随位错的伯氏矢量为$[1\,\bar{1}\,2]_A/4\,|\,[3\,0\,1]_C/6$。这些用伯氏回路确认的伯氏矢量结果与图 6.14 中刚性模型所得的结果一致。

6.4　结构单元模型

6.4.1　结构单元模型的提出和发展

在第 1 章已经简单介绍，界面择优态区周期性结构的基本平移单元称为界面的结构单元。在计算满足择优态条件的晶体学模型中，往往忽略了结构单元的具体结构，而是根据择优态结构的周期性和匹配对应关系对界面的宏观几何约束进行计算。然而，我们必须认识到结构单元的结构和性质是界面的基本特征，只是目前相关理论和实验数据依然十分有限。

早期界面结构单元模型的提出主要是针对晶界结构，其基本思想是由 Bishop 和 Chalmers 于 1968 年提出的[17]。他们综合考虑了描述界面结构的 CSL 模型、位错模型和台阶模型，通过分析 fcc 结构的多晶体中〈1 0 0〉对称倾侧晶界结构，提出如果允许界面结构发生一定的弛豫，那么界面结构会由弛豫之后的一系列结构单元构成。在 Bishop 和 Chalmers 的分析中，结构单元是直接基于 CSL 周期性的一系列多面体，并没有对可能出现的结构单元做出限定。

图 6.16 所示都是严格 CSL 条件下的界面周期性结构单元，在这些结构基础上允许变形(弛豫)，包括破坏重位关系的挪动。例如，{3 2 0}界面上过于接近的原子间的斥力可能导致原子挪动；相对地，{3 1 0}界面上结构单元不会有明显变形。图 6.16 中的结构还显示了二维 CSL 所对应的界面匹配(相当于三角形的斜边一一对应的匹配)与低能基础结构单元相关性。在平行于含高密度重位点的 CSL 面的界面上，存在周期性排列的一种结构单元，其周期性由 CSL 的周期性决定。这些结构单元以台面宽度方向上的原子间距为特征，例如位向差为 28.1°和 36.9°的〈1 0 0〉倾侧晶界分别对应四原子台面和三原子台面。

略微偏离某个 CSL 宏观几何的界面除了含这一种基础结构单元之外，还含有其他结构单元。图 6.16 中所示的立方晶界简单模型描述了位向差从 0°到 90°变化中界面结构包含的基础单元。混合结构单元排列的结果实际上是相对特定的、Σ 值较小的 CSL 界面的偏离。如果略微偏离某个 CSL，界面将含有周期性连续分布的一种基础结构单元，同时还含有其他基础结构单元，也就是说，界面结构含基础结构单元类型不变，但是数量会随着界面宏观几何发生改变。例如，位向差在 28.1°到 36.9°之间的界面上只含四原子台面和三原子台面结构单元；当位向差从 28.1°变到 36.9°，界面上四原子台面结构单元减少，而三原子台面结构单元增加。

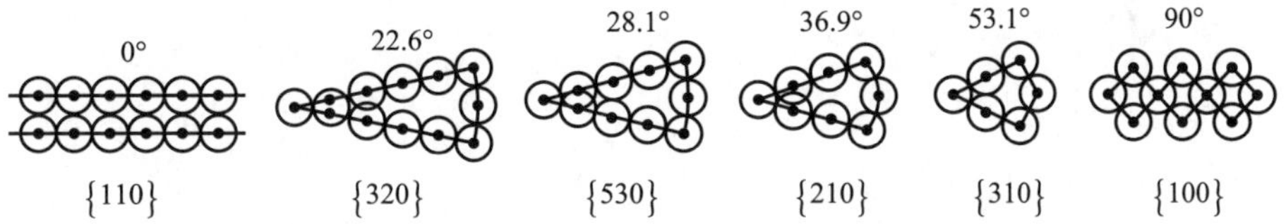

图 6.16　0°到 90°之间⟨1 0 0⟩倾侧晶界以台阶结构相对组成的界面结构单元[17]

上述结构单元模型是基于界面原子几何结构的分析推测，一个能够代表真实界面原子结构的描述必须考虑原子间的相互作用。Sutton 和 Vitek 根据原子模拟及能量计算的结果，进一步发展了结构单元模型[18-20]。他们考虑了原子间相互作用，在系统内能最低的要求下，将 CSL 模型确定的晶界结构弛豫，以获得平衡和低能晶界的界面结构。

计算结果表明，界面结构可以用有限种类的基础结构单元作为基本组成来描述，基础结构单元是在一系列晶界中的最小结构单元。以铝合金为例，以旋转轴为$[1\bar{1}0]$的一系列可用有理指数表示的对称倾侧晶界，其中包含许多高 Σ 值的晶界。计算结果表明，这一系列界面上只含两种结构单元。如图 6.17 所示，Σ27 (1 1 5)晶界(旋转 31.59°)中只包含一种结构单元 A。这个结构单元由一个不规则五边形(记为 p)和一个四面体(记为 t)构成。Σ11(1 1 3)晶界(旋转角度 50.48°)也只包含一种结构单元 B，是一个面冠三棱柱。其他界面结构都是由这两种不同基础单元堆砌出来的。

一个含周期性分布重位点的 CSL 密排面，弛豫后可由一种(或两种)基本结构单元周期性地分布组成。例如，简单立方 MgO 晶体沿⟨0 0 1⟩轴转动 36.87°形成的 Σ5 (3 1 0)对称倾侧晶界以及转动 28.07°形成的 Σ17 (4 1 0)对称倾侧晶界，其上的结构单元排列分别如图 6.18a 和 b 所示，都沿界面呈周期性分布。这两种结构单元的结构比较简单，图 6.18 中显示的基于原子间相互作用的计算结果与图 6.16 所示基于 CSL 点阵的周期性构建的多面体结构单元相同。当晶粒取向在两个取向之间变化时，晶界弛豫后的结构单元由两种结构单元按照一定的周期堆砌而成。例如绕⟨0 0 1⟩轴旋转 35.3°形成的(22　7　0)晶界，其晶界的结构单元排列周期由 Σ5(3 1 0)的结构单元和 Σ17 (4 1 0)的结构

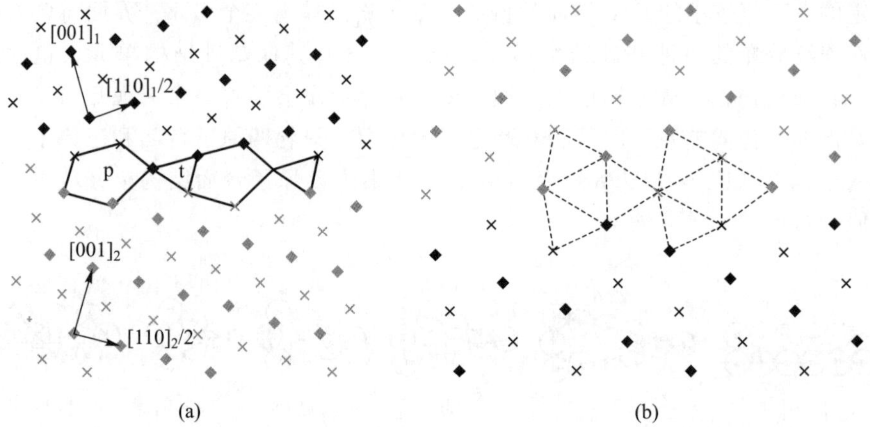

图 6.17　铝中旋转轴为[1 $\bar{1}$ 0] 的倾侧晶界结构的原子模拟计算结果(参见书后彩图)：(a) Σ27 (1 1 5)晶界由晶界结构单元 A 构成；(b) Σ11 (1 1 3)晶界由结构单元 B 构成。方形和十字形符号区分了(2 $\bar{2}$ 0)面不同堆垛层上的原子

单元组合形成，这个结果得到了实验的验证，如图 6.18c 所示。

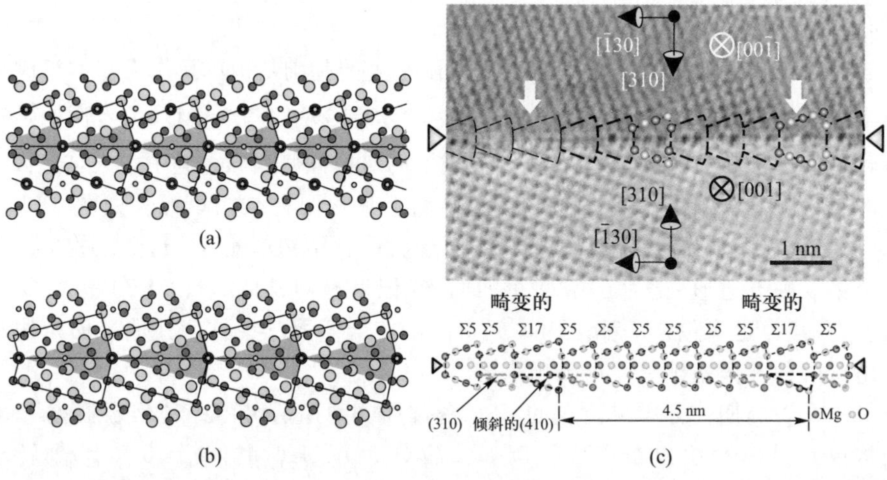

图 6.18　(a) 简单立方晶体的 Σ5 (3 1 0)晶界的结构单元模型；(b) Σ17 (4 1 0)晶界的结构单元模型；(c) MgO 中绕〈0 0 1〉轴旋转 35.3°形成的(22　7　0)对称倾侧晶界的 STEM 环形明场像及其对应的晶界结构单元模型[21]

6.4.2　界面择优态、CSL 与结构单元的关系

择优态结构特征之一是其结构的周期性。对于新相与母相的点阵常数差异

很大的相变系统，相变中观察到的择优界面上通常包含二次择优态结构[21]。二次择优态结构中周期性分布的结构单元是由界面两侧晶体的匹配决定的。仅由一种周期性分布的无畸变结构单元构成的界面也称为优选界面[18]。

优选界面是完全由择优态结构构成的界面，但是择优态的周期性平移单元可以包含不止一种结构单元。当一个体系的点阵常数和界面的宏观几何界面允许界面完全为二次择优态结构，且这个界面同时包含完美的二维 CSL 结构时，结构单元与 CSL 的周期性往往是一致的。不过优选界面不一定对应低 Σ 值，如图 6.17 中绕[$1\ \bar{1}\ 0$]旋转形成的对称倾侧晶界就是优选界面，分别为 Σ27(1 1 5) 和 Σ11(1 1 3)，而不是 Σ 值更小的 Σ9(1 1 4)。

如果界面几何略微偏离优选界面的要求，界面上不能维持连续的择优态，择优态区中断的位置就会出现二次位错。图 6.18c 中连续 6 个周期性排列的相同结构单元对应的区域就是该界面的择优态区，在择优态区之间的少数结构单元位置就是二次位错，相应地位错芯具有少数结构单元的结构[20]。从这个角度也可以理解一次择优态界面。当将晶体结构单元作为一次择优态的结构单元时，位错芯也可以视为其他的结构单元，则半共格界面同样可以用结构单元模型描述。因此，结构单元模型与位错模型可以提供相同的位错间距描述，不过结构单元模型主要应用于二次择优态界面，这时结构单元不同于晶体结构单元。作为在原子尺度上描述界面结构的模型，结构单元模型比位错模型应用范围更广，因为位错模型的应用前提是存在择优态区，而以结构单元描述的界面结构不要求界面择优态的存在。

Sutton 等将大角度晶界和相界分为奇异界面、邻位界面和一般界面[20]。这个分类是基于界面能量状态，用结构单元模型可以理解这些界面的具体结构。根据界面的奇异性特征，对应于界面能谷点的低能界面为奇异界面。这类界面是含同一种结构单元的优选界面。当宏观界面几何略微偏离，则需要在界面结构中加入少量其他类型的结构单元。在少量结构单元附近会有一定程度的点阵畸变，引起界面能相对于优选界面的升高。这种结构仍然包含了奇异界面的特征，界面能在能谷附近，称为邻位界面。当界面上含混乱分布的多种结构单元时，界面上没有择优态，属于非共格界面。由于大多数结构单元都会发生变形，因此界面能会明显提高。如果这个界面的宏观几何发生少量改变，那么在原有界面结构上增加或减少若干结构单元对界面结构的特征及其界面能没有本质上的影响。这种结构和界面能都对宏观几何改变不敏感的界面称为一般界面。根据这些分析可见，结构单元模型可以全面描述奇异界面、邻位界面和一般界面的原子尺度界面结构。然而，什么样的二维 CSL 周期性可以代表奇异界面的优选结构？一个任意宏观几何的非共格界面上的结构会存在什么结构单元？该结构是否能由有限种结构单元布满？这些问题的答案有待基于能量的计算机模拟的深入研究。

以结构单元描述界面结构的模型已经被界面结构和能量计算直接验证。随着计算机技术的发展和物理模型的进步，基于原子尺度模拟的能量计算已经从较简单的纯金属晶界系统扩展到不同成分和结构的相界系统。然而，关于相界面上结构单元原子结构的知识仍然十分有限。Bollmann 提出的二次择优态的概念回避了在原子层次精确描述界面结构的困境[1]，他规定二次择优态的结构为周期性分布的低能结构单元，并建议由实验观察到的自然择优界面引导构建界面的二次择优态。因此，我们可以在允许少量错配的基础上，以实验引导构造代表择优态的 CSL，进而理解实验观察到的惯习面及相应的位向关系。

6.5　本章小结

本章介绍了 CSL 模型以及与之密切相关的 DSCL 概念，然后介绍了结构单元方法在分析界面结构中的应用，阐述了结构单元与 CSL 模型之间的联系。着重以 Mg-Al 合金中的 $Mg_{17}Al_{12}$ 析出相和奥氏体中的魏氏组织渗碳体析出相为例，详细介绍了二次择优态界面晶体学分析的系统方法。在分析过程中，以 GMS 团簇的分布为基础建立 CCSL 和 CDSCL，分析二次择优态的界面结构及界面位错的伯氏矢量，进而结合 O 点阵模型计算界面二次位错的结构和组态。这些计算结果能够成功地解释实验观察到的位向关系、惯习面取向，以及惯习面上的位错和台阶结构特征。

参考文献

[1] Bollmann W. Crystal lattices, interfaces, matrices. Geneva: Bollmann, 1982.

[2] Bollmann W. Crystal defects and crystalline interfaces. Berlin: Springer, 1970.

[3] Smith D A, Pond R C. Bollmann's O-lattice theory: A geometrical approach to interface structure. International Metallurgical Reviews, 1976, 21(1): 61-74.

[4] Pumphrey P H. The role of special high angle grain boundaries. Scripta Metallurgica, 1973, 7: 1043-1046.

[5] Grimmer H. A reciprocity relation between the coincidence site lattice and the DSC lattice. Scripta Metallurgica, 1974, 8(11): 1221-1223.

[6] Duly D, Zhang W Z, Audier M. High-resolution electron microscopy observations of the interface structure of continuous precipitates in a Mg-Al alloy and interpretation with the O-lattice theory. Philosophical Magazine A, 1995, 71(1): 187-204.

[7] Nie J F, Xiao X L, Luo C P, et al. Characterisation of precipitate phases in magnesium

alloys using electron microdiffraction. Micron, 2001, 32(8): 857-863.

[8] Zhang M, Zhang W Z, Ye F. Interpretation of precipitation crystallography of $Mg_{17}Al_{12}$ in a Mg-Al alloy in terms of singular interfacial structure. Metallurgical and Materials Transactions A, 2005, 36(7): 1681-1688.

[9] Pitsch W. Der orientierungszusammenhang zwischen zementit und austenit. Acta Metallurgica. 1962, 10(9): 897-900.

[10] Pitsch W. Die kristallographischen Eigenschaften der zementitausscheidung im austenit. Archiv Für Das Eisenhuttenwesen, 1963, 34(5): 381-390.

[11] Mangan M A, Kral M V, Spanos G. Correlation between the crystallography and morphology of proeutectoid Widmanstätten cementite precipitates. Acta Materialia, 1999, 47(17): 4263-4274.

[12] Howe J M, Spanos G. Atomic structure of the austenite-cementite interface of proeutectoid cementite plates. Philosophical Magazine A, 1999, 79(1): 9-30.

[13] 徐文胜. 高锰钢中魏氏渗碳体相变晶体学的电镜研究. 博士学位论文. 北京：清华大学，2019.

[14] Ye F, Zhang W Z. Coincidence structures of interfacial steps and secondary misfit dislocations in the habit plane between Widmanstätten cementite and austenite. Acta Materialia, 2002, 50(11): 2761-2777.

[15] Zhang W Z, Ye F, Zhang C, et al. Unified rationalization of the Pitsch and T-H orientation relationships between Widmanstätten cementite and austenite. Acta Materialia, 2000, 48(9): 2209-2219.

[16] Zhang W Z, Weatherly G. On the crystallography of precipitation. Progress in Materials Science, 2005, 50(2): 181-292.

[17] Bishop G H, Chalmers B. A coincidence—ledge—dislocation description of grain boundaries. Scripta Metallurgica, 1968, 2(2): 133-140.

[18] Sutton A P, Vitek V. On the structure of tilt grain boundaries in cubic metals Ⅰ. Symmetrical tilt boundaries. Mathematical and Physical Sciences, 1983, 309(1506): 1-36.

[19] Sutton A P, Vitek V. On the structure of tilt grain boundaries in cubic metals Ⅱ. Asymmetrical tilt boundaries. Mathematical and Physical Sciences, 1983, 309(1506): 37-54.

[20] Sutton A P, Balluffi R W. Interfaces in crystalline materials. Oxford: Oxford University Press, 1995.

[21] Inoue K, Saito M, Wang Z, et al. On the periodicity of 〈001〉 symmetrical tilt grain boundaries. Materials Transactions, 2015, 56(3): 281-287.

第 7 章

界面的原子尺度模拟

戴付志　孙志鹏

7.1　引言

界面是相变发生的前沿，其微观结构及热力学、动力学性质对新相的形核和生长有决定性的影响。界面研究的主要理论方法是几何模型[1-12]，以研究界面结构为主，基于“结构—能量”之间的假设推测界面能是否极小。例如，结构台阶模型中假设界面的匹配好点(good matching site，GMS)比例越高，其界面能可能越低[6,13]。从化学成键的角度看，这一假设比较合理，也经常被其他模型采用[如近重合位置(near coincidence site，NCS)模型[9]]，并在材料科学基础教科书中予以介绍[14,15]，得到了广泛传播。相变晶体学研究也往往从界面着手，通过分析界面的匹配特征研究界面晶体学择优规律。

虽然很多几何模型可以成功地解释实验现象，但是模型提出的假设正确与否还有待检验。另外，几何模型中满足同一约束条件的界面往往并不唯一，例如满足 O 线判据的界面有无穷多个[8,16,17]，如何进一步辨析这些界面的相对择优性，O 线模型自身无法给出明确的答案。界面几何模型本质上是刚性模型，虽然可以提供界面的宏观几何与位错组态之间的关系，但是缺乏对界面弛豫后结构的描述。界面的能量和界面的迁移特性取决于界面弛豫后的结构，可由原子尺度模拟获得。因此，界面的原子尺度模拟对深入理解界面择优和界面迁移行为具有重要的意义。

随着计算机技术和材料物理模型的发展，计算模拟已经是材料研究中不可或缺的方法，扮演着越来越重要的角色。在界面研究中，计算模拟的引入极大地深化了人们对界面热力学和动力学性质的理解[18-22]，尤其是在晶界研究领域。例如，特殊晶界的结构相变[19]，晶界的“迁移—切变”耦合[18,20]以及晶界元素偏聚[21]等。同时，用于研究界面的模拟方法也非常多，跨越多个时间和空间尺度，如第一性原理[18,21]、分子动力学(molecular dynamics，MD)[18,20]、微观及介观尺度方法[22]等。相比而言，采用计算模拟方法研究相变晶体学的工作则少得多[18,23-36]。这可能是由于 fcc-bcc 及 bcc-hcp 体系中择优相界面往往是无理的，并且两相间位向关系也是无理的，导致界面原子结构复杂，建模困难。

本章将主要以 fcc-bcc 体系为例介绍原子尺度模拟在相变晶体学领域的应用，帮助读者比较宏观且全面地了解界面的原子尺度模拟。本章首先将详细介绍界面模拟中需要考虑的自由度，讨论界面初始结构(重点考虑原子数自由度，见 7.2 节)对计算结果可靠性的影响，并给出一般界面初始结构的构造方法。然后通过 fcc-bcc 体系中的具体实例介绍界面能计算、界面结构分析、界面迁移的原子尺度模拟及析出相长大过程模拟等内容，为深入理解相变过程中界面结构的形成和演化提供参考。

7.2　界面原子尺度模拟中涉及的自由度

自由度表示的是所研究问题中独立可变参数的数目。研究同一个问题，采用不同方法对应的独立可变参数的数目也不一样。例如，研究界面所用的几何模型假设晶体是刚性的，各相原子的位置完全由其点阵周期性决定，即每个原子的坐标只是晶体坐标原点和晶体取向的函数，因此原子的坐标并不是独立可变参数。实际上，由于两相晶体结构的差异和晶体取向的差异，使得界面附近原子由各相点阵周期性确定的位置往往不再是平衡位置，即按照两相晶体结构决定的位置上原子所受外力不为零。另外，由于界面附近点阵错配分布的差异，每个原子偏离平衡位置的程度也不一样，真实界面附近的原子会自发弛豫到其平衡位置。

原子尺度模拟便是通过计算的方式将每个原子都调整到其平衡位置。对于 N 个原子的体系，需要考虑 $3N-3$ 个而不是 $3N$ 个原子坐标自由度。这是由于在空间中任意平移整个体系并不影响最终结果，因此可以固定一个原子，其他原子相对于这个原子位置可变。另外，如果原子是运动的，那么每个原子的动量同样也是独立可变的。此时，每个原子的自由度不仅包含坐标空间的3个自由度，同时还包含动量空间的3个自由度，即每个原子的自由度将是6。由此可见，采用原子尺度模拟研究界面所需要考虑的自由度要远多于界面几何模型。

除了原子的坐标和动量自由度以外，实际界面模拟中还需要考虑其他自由度，如界面相对参考原点的位置、界面附近元素的分布、外场等。在第1章介绍了界面的宏观几何自由度，包括界面两侧晶体的位向关系和界面法向的几何自由度。除了宏观几何自由度以外，界面的其他自由度一般统称为界面的微观几何自由度。根据 Sutton 和 Balluffi 的定义[37]，界面的微观几何自由度包含了描述界面原子构型的所有自由度，因此要完全描述界面的微观几何自由度很复杂。原则上，只有完全考虑了所有自由度后计算出的界面能极小值相应的界面结构才可能最接近界面的平衡状态，会使所研究问题过于复杂而无从下手。因此，本章中构造的界面固定在参考原点，也不考虑元素的分布特征。已有相变晶体学研究表明，不同的合金体系中晶体学择优往往满足相似的结构特征，元素的分布对结果的影响可能并不占主导作用。这也是几何模型能够广泛适用的基础。

宏观几何自由度和两个重要的微观几何自由度，即相对位移自由度和原子数自由度，是构造界面原子结构模型的基础，如果设定不合理，会得到不可靠的结果。界面的宏观几何自由度已经在第1章详细介绍，这里不再赘述。下面将详细介绍界面的原子尺度模拟中需要考虑的相对位移自由度和原子数自由度。

7.2.1 相对位移自由度

两个晶体之间的相对位移是一种较为简单的微观几何自由度。由于晶体具有周期性，因此晶体A相对于晶体B的位移不超过A的原胞大小。同理，晶体B相对于晶体A的位移也限制在B的原胞范围内。描述这一相对位移需要三个自由度。在界面原子尺度模拟中经常会考虑晶体间的相对位移。然而，在一些模拟工作中仅考虑沿界面法向的相对位移[38]，而不考虑其他位移。这样处理相对位移自由度过于简单，而实际上两相间相对位移对界面的影响是很复杂的。对于一些界面而言，两相沿着一些特殊方向产生相对位移时会引起界面迁移，相关理论分析可以参考 Bollmann 的专著[39]。实验中经常能够观察到生长台阶与晶体内位错相连的现象[40-42]，这个现象就可能与界面的微观几何自由度相关，即某一相的部分区域滑移形成位错，导致部分界面迁移，形成生长台阶。目前，在界面模拟中，还没有系统研究两相相对位移对界面的影响。

与相对位移自由度有关的一个概念是广义层错能，是指晶体沿某一晶面滑移一个有限矢量后单位面积内升高的能量。这个有限矢量可以是面内的任意矢量。由于点阵周期性，其取值范围可以限定在该晶面的二维原胞内。滑移前，晶体是完整的，不存在界面；滑移后，点阵周期性被破坏，滑移面则成为两侧晶体之间的界面。当滑移矢量遍历整个二维原胞后，可以获得广义层错能随滑移矢量的变化关系，称为广义层错能曲面（也称为 γ 曲面）。广义层错能曲面可以通过第一性原理计算得到，也可以通过经验势函数计算得到。这一曲面在界面研究中具有重要的地位，可以作为 Peierls 模型的输入以分析小角度扭转晶界的界面能及界面位错结构[22]。

7.2.2　原子数自由度

在原子尺度模拟中，一个很重要而经常被忽视的自由度是原子数自由度。一般而言，计算体系中的原子数目是人为设定的，计算软件在计算过程中通常不会增加或删减原子。特殊情况下，如两个原子靠得太近时，会产生巨大的排斥力，导致计算中断，因此一般软件中可以设定一个原子间距阈值来删除靠得太近的原子。此外，如果计算中包含蒙特卡罗（Monte Carlo，MC）过程，可以在模拟过程中增加或删减原子，如文献[40]中的研究。然而，若增加或减少界面处的原子数目，计算得到的界面能结果是不一样的[28,29,43]，甚至界面结构都有可能随界面原子数目产生变化[19]。正如其他微观几何自由度一样，实际界面附近的原子数会自发弛豫到低能态所对应的数目（如扩散）。因此，在构造界面结构时需要优化界面附近的原子数目，使界面能尽可能达到极小值。

绝大多数界面模拟工作一般都是采用有理指数界面，即界面平行于两侧晶体的晶面。有理指数晶面原子堆积规则，形成的界面原子结构比较简单，直接构造出的界面结构接近其真实结构，在此基础上获得的计算结果也基本可靠，因此几乎不涉及原子数自由度问题。然而，在 fcc-bcc 及 bcc-hcp 相变体系中，择优界面往往为无理指数，并且两相间的位向关系也呈现无理取向[12,16,40-47]。这些无理界面的原子尺度结构非常复杂，计算结果对原子数自由度敏感，受人为设定的初始结构的影响巨大。如果不仔细优化初始界面结构，模拟得到的结果可能并不可靠。

7.3　界面初始结构的构造

简单来讲，界面原子尺度模拟的大致流程为“构造→计算→分析”三步。对一个给定的界面而言，若界面的宏观几何自由度完全确定，“构造”是给出所研究界面的一个初始构型，使得界面尽可能真实地重现实际界面的原子构型。在研究中，构造模型过程往往需要研究人员自己编程实现，这也是本节讨论的重点。“计算”过程一般可以由成熟的软件完成，不需要自行编程。常用的 MD 模拟软件主要有 LAMMPS [48]、IMD [49] 和 DL_POLY [50] 等，可以直接从网上下载并学习使用。分子动力学模拟的相关知识已经有很多专业书籍介绍，这里不再阐述。模拟中使用的势函数可以从软件自带的势函数库中选择，也可以从 NIST 的网站下载[51]，或者根据文献中给出的参数自己生成，抑或通过机器学习方法学习第一性原理数据而生成。一般而言，使用不同的软件计算相同的任务，结果基本是一样的。软件的计算结果还需要进一步分析以获得所关心的信息，例如界面能、界面位错结构等。“分析”过程也可以借助相关软件实现，如 VMD [52]、AtomEye [53]、OVITO [54] 等。这些软件能够实现许多分析功能，有助于加深对计算结果的理解。然而，这些软件目前在自动识别位错信息方面还有不足。如何在模拟结果基础上较为准确地分析位错结构请参考相关文献[55-58] 以及附录 3。下面主要介绍构造可靠的无理指数界面原子结构的方法。

7.3.1 界面间隙原子与界面空位

假设界面法向在晶体 A 和 B 中的分别为 $\boldsymbol{n}_A$ 和 $\boldsymbol{n}_B$，按照 $\boldsymbol{n}_A$ 和 $\boldsymbol{n}_B$ 在晶体 A 和 B 中分别切出两个表面，并将两个表面按照给定的位向关系粘到一起，则可以获得初始的界面结构。一般而言，对于简单的有理界面，界面构造至此完成。然而，对于无理界面，切出的表面会包含“台面-台阶-弯折”的复杂结构，如图 7.1 所示。由于点阵结构的差异，两个表面的“台面-台阶-弯折”结构一般无法实现完美咬合，直接粘接得到的界面存在靠得很近或者离得很远的原子对，如图 7.2 所示。为了获得可靠的模拟结果，一个关键的步骤就是需要确定哪些原子靠得太近，需要删除；哪些原子离得太远，中间需要添加新的原子。为方便描述，需要删除的原子称为界面间隙原子；而需要添加原子的位置称为界面空位。由此可见，对于这种复杂结构界面而言，通过简单方式构造的原子结构可能存在大量的界面间隙原子和界面空位。

为了去除界面间隙原子和界面空位，首先需要准确识别界面间隙原子和界面空位。从能量角度考虑，仿照晶体，可以定义界面在 0 K 下的平衡态为界面既无空位又无间隙原子的状态。相对于这个参考态，无论是增加或者是删除任何原子都会使界面能量升高。换言之，增加的能量即为界面间隙原子或界面空位的形成能。从结构的角度考虑，在晶体中，间隙原子与空位的鉴定可以参考点阵周期性而定；然而对于界面而言，由于缺乏周期性，要确定间隙原子与空位并不容易。

我们可以通过简单的二维模型理解无理界面中间隙原子和空位的几何特

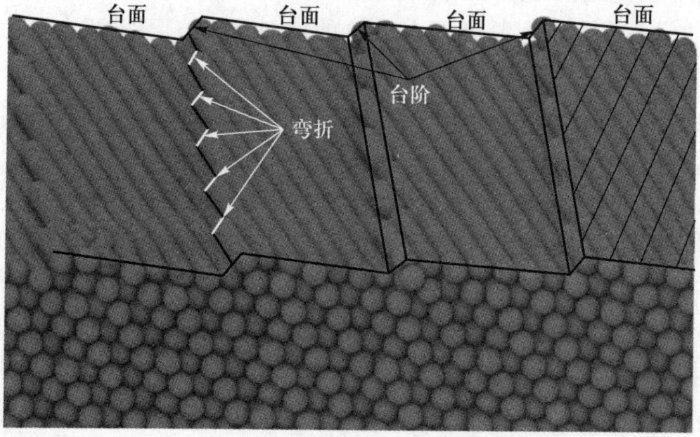

图 7.1　无理表面的“台面-台阶-弯折”结构(参见书后彩图)

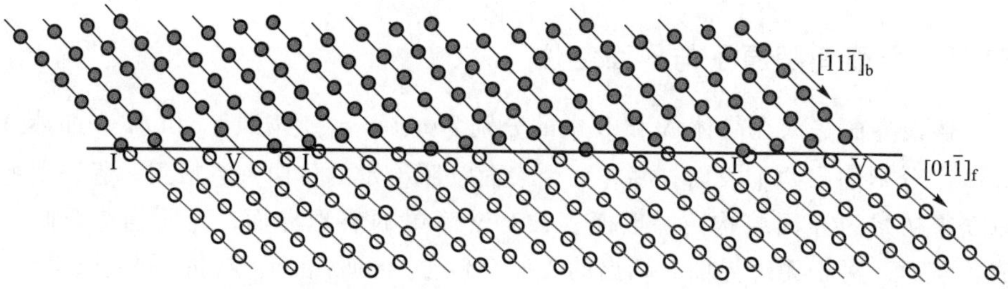

图 7.2　界面的间隙原子(I)和空位(V)

征，并评估直接黏合的界面中间隙原子和空位的比例[28]。图 7.2 所示为 bcc 晶体(上半部分)按无理晶面切割后，与按无理晶面切割的 fcc 晶体(下半部分)直接黏合而形成的界面，观察方向是$[1\ 1\ 1]_f//[0\ 1\ 1]_b$。两相在界面上形成原子列一一匹配的关系，并且匹配原子列之间近似平行。根据 O 线界面的性质，两相沿着界面位错伯氏矢量方向的原子列在界面上一一匹配[5,59]，并且匹配原子列的夹角一般很小，不超过 15°(见第 5 章)。因此，图 7.2 也可近似视为fcc-bcc 体系 O 线界面的一个二维截面[28]，其中界面位错的伯氏矢量为$[0\ 1\ \bar{1}]_f/2\,|\,[\bar{1}\ 1\ \bar{1}]_b/2$。按照点阵周期性在界面上下分别填充好两相后，可以看到界面附近会形成靠得很近或者离得很远的原子对，这些位置将分别对应界面间隙原子与界面空位。原子列一一匹配的特点使得确定间隙原子和空位问题可简化为一维问题。

对一维晶体而言，某个阵点沿着伯氏矢量 $\boldsymbol{b}$ 方向移动 $0.5\,|\boldsymbol{b}|$ 将会由一个

阵点的空间进入另一个阵点的空间。因此，如果两个原子间距小于 0.5 $|\boldsymbol{b}|$，则可以认为这两个原子占据了同一空间，其中任一原子可以视为间隙原子；如果两个原子间距大于 1.5 $|\boldsymbol{b}|$，则可以认为这两个原子之间缺失了一个原子，即两个原子之间存在空位。若 $\boldsymbol{d}$ 为连接两个原子的矢量，$\boldsymbol{b}_{\mathrm{f}}$ 为 fcc 晶体沿匹配原子列方向的伯氏矢量，$\boldsymbol{b}_{\mathrm{b}}$ 为 bcc 晶体沿匹配原子列方向的伯氏矢量，类比晶体中间隙原子和空位的定义，可以建立界面间隙原子与空位的判据[28]：

(1) 若 $|\boldsymbol{d}\cdot\boldsymbol{b}_{\mathrm{f}}|<0.5|\boldsymbol{b}_{\mathrm{f}}|^2$，则两个原子距离太近，其中任一原子可认为是界面间隙原子；

(2) 若 $|\boldsymbol{d}\cdot\boldsymbol{b}_{\mathrm{f}}|>1.5|\boldsymbol{b}_{\mathrm{f}}|^2$，则两个原子距离太远，两者之间定义为界面空位；

(3) 若 $0.5|\boldsymbol{b}_{\mathrm{f}}|^2\leqslant|\boldsymbol{d}\cdot\boldsymbol{b}_{\mathrm{f}}|\leqslant1.5|\boldsymbol{b}_{\mathrm{f}}|^2$，则不存在界面间隙原子或界面空位。

在图 7.2 中用字母 I 和 V 分别标注了间隙原子和空位的位置。对于直接黏合后的界面，$\boldsymbol{d}$ 落在 $0\sim|\boldsymbol{b}_{\mathrm{f}}+\boldsymbol{b}_{\mathrm{b}}|$ 区间内。由于匹配对应的伯氏矢量近似平行且长度也近似相等，则这个区间近似为 $0\sim2|\boldsymbol{b}_{\mathrm{f}}|$。根据上述判据，直接黏合得到的界面大约还有 25%的界面间隙和 25%界面空位，即只有 50%界面区域的初始结构是合理的。由此可见，直接黏合得到的无理界面中往往存在大量的界面间隙原子和空位。如果不去除这些界面间隙原子和空位，可能会导致模拟结果失真，例如导致计算的界面能远高于真实结果，模拟界面迁移时会产生非真实的钉扎效应等。

7.3.2 界面结构的构造方法

对 O 线界面而言，由于原子列一一匹配，定义界面间隙原子和界面空位可以简化为一维问题。然而，一般界面并不具有原子列一一匹配的性质，在随机堆垛的三维原子构型中，可以采用 Wigner-Seitz 原胞辅助的方法确定界面间隙原子和界面空位。

对简单晶体而言，整个空间可以划分为该晶体 Wigner-Seitz 原胞的集合，每个原胞中心含一个阵点。任何间隙原子必定落在某个 Wigner-Seitz 原胞内。界面间隙原子的定义也以晶体的 Wigner-Seitz 原胞为参考。当晶体 A 的原子处于晶体 B 的某个 Wigner-Seitz 原胞中时，A 晶体的该原子定义为界面间隙原子；反之亦然。晶体的 Wigner-Seitz 原胞由伯氏矢量的中垂面（面法线为 $0.5\boldsymbol{b}_i/|\boldsymbol{b}_i|^2$）定义。如果一个 A 原子进入了 B 原子的 Wigner-Seitz 原胞，则满足公式 $\max\{|\boldsymbol{d}\cdot\boldsymbol{b}_i|/|\boldsymbol{b}_i|^2\}\leqslant0.5$ ($i=1, 2, 3, \cdots$)。例如，fcc 晶体中 $\boldsymbol{b}_i$ 为 $\langle 1\ 1\ 0\rangle_{\mathrm{f}}/2$，而 bcc 晶体的 $\boldsymbol{b}_i$ 为 $\langle 1\ 1\ 1\rangle_{\mathrm{b}}/2$ 和 $\langle 1\ 0\ 0\rangle_{\mathrm{b}}$。

确定界面空位可以采用间接法。根据晶体周期性将 A 晶体延伸到晶体 B 占据的空间，并删除间隙原子。因为在晶体内部，Wigner-Seitz 原胞完全占满空间，只有界面附近会留有一些空位，因此未被删除的原子全部集中在界面附近，即填入了界面空位中，因此这些未被删除的原子就是初始结构中界面空位的位置。

若能够准确确定间隙原子和空位，我们就可以进一步给出构造界面结构的简单方法，使得界面既无空位又无间隙原子。如图 7.3 所示，假设界面处于 $z=0$ 位置，其上下分别被晶体 B 和 A 占据。首先将晶体 A 延伸到晶体 B 内一定深度，即晶体 B 依然占据 $z\geqslant 0$ 的空间，而晶体 A 占据的空间由 $z\leqslant 0$ 延伸到 $z\leqslant h(h>0)$。只要 h 选择足够大，那么界面空位将被来自晶体 A 的原子所填充。由此可以保证界面处已经不存在空位，同时也引入了大量的界面间隙原子，这些原子均来自晶体 A。然后，根据晶体 B 的 Wigner-Seitz 原胞删除间隙位置的 A 原子。除了延伸填充引入的间隙原子，原本处于 $z\leqslant 0$ 一定范围的 A 原子也可能进入 B 的 Wigner-Seitz 原胞，也需要删除。因此，删除间隙原子时需要将 $-h\leqslant z\leqslant h$ 范围内的 A 原子全部考虑进去。

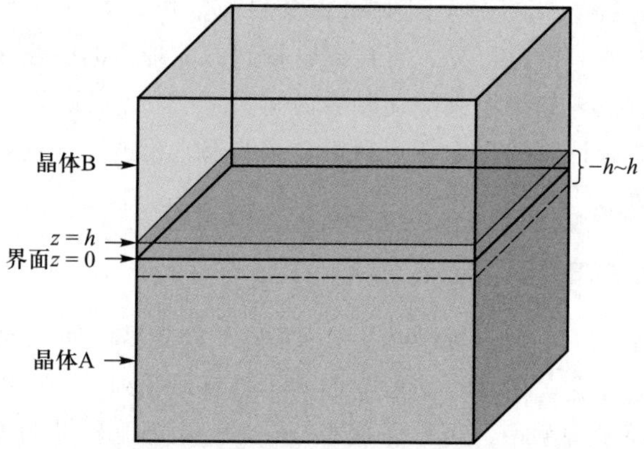

图 7.3　界面原子结构构造方法示意(参见书后彩图)

采用这种方法构造界面时，若两相原子平均体积类似，可以任意选择一个晶体作为晶体 B，用来删除另一相的原子，如 fcc-bcc 和 bcc-hcp 相变体系。如果两相原子平均体积差异较大，那么确定间隙原子时则还需要考虑原子尺寸因素，并适当调整上述判据。

图 7.4 对比了 fcc-bcc 体系中两类 O 线界面不同初始结构计算出的界面能差异。根据第 5 章的分析知道，在 O 线条件下，两相间的位向关系仍然存在一个可变自由度。图 7.4 中以 O 线所对应的伯氏矢量之间的夹角作为可变参数来

描述位向关系的变化，两张图中位错伯氏矢量分别为$[0\ 1\ \bar{1}]_f/2\,|\,[\bar{1}\ 1\ \bar{1}]_b/2$和$[\bar{1}\ 1\ 0]_f/2\,|\,[\bar{1}\ 0\ 0]_b$[16]，$\delta_{d1}$和$\delta_{d2}$为两相对应的伯氏矢量之间的夹角。由图可见，当界面空位和界面间隙原子被去除后，计算得到的界面能明显较低。图7.4中作为对比的界面结构没有将晶体A向上延伸填充，而是直接删除了间隙原子。如果不删除间隙原子，得到的界面能会比图7.4中显示的两个曲线数值更大，或者计算中断而无法获得结果。因此，要获得可靠的界面模拟结果，需要保证构造的初始界面结构既无间隙原子又无空位。

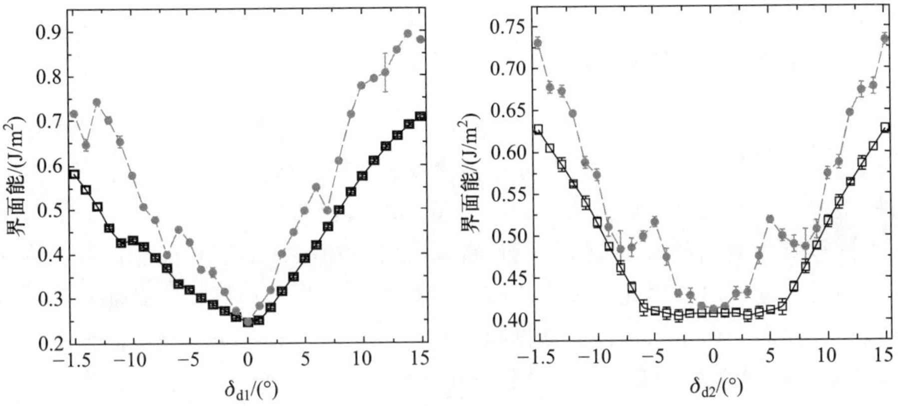

(a)　　(b)

图7.4　初始结构对界面能计算结果的影响。O线模型计算采用的伯氏矢量为：(a) $[0\ 1\ \bar{1}]_f/2\,|\,[\bar{1}\ 1\ \bar{1}]_b/2$；(b) $[\bar{1}\ 1\ 0]_f/2\,|\,[\bar{1}\ 0\ 0]_b$。实线的初始结构既填充了空位又删除了间隙原子，虚线仅删除了间隙原子

与上述参考Wigner-Seitz原胞的方法相比，为克服原子靠得太近而导致原子受力过大的问题，目前的计算中一般采用两种方法：删除靠得太近的原子[27]；或者修改势函数，降低排斥力[60]。然而，按照这种方式删除原子，没有一致的判据，因此删除效果不如参考Wigner-Seitz原胞的方法好。

初始结构的合理性不仅会影响界面能的计算结果，同时也会影响界面动力学性质的模拟。如果初始界面设定不合理，那么界面附近将存在大量的间隙原子和空位，从而对界面产生非真实的钉扎效应，降低界面的迁移速度。为了验证这种非真实钉扎效应的存在，我们选择了fcc-bcc系统的两个O线界面(后文表7.2中的界面OIF3和OIF6)，模拟其迁移动力学。表7.1对比了初始界面结构优化前后迁移率的模拟结果。由此可见，对于未经优化的界面，由于大量点缺陷的存在产生了非真实的钉扎效应，会显著降低界面的迁移速度。

表 7.1　初始界面结构优化前后界面的迁移速度　　单位：m/s

界面	未优化的界面	优化后的界面
1	53. 2	106. 7
2	1. 3	44. 0

7.4　界面原子尺度模拟应用实例

7.4.1　界面能及界面结构

本节将以 fcc-bcc 体系为例，根据界面能计算结果解释相变晶体学择优规律和析出相形貌特征(相关工作可以参考文献[26，29，30])，同时还将对几何模型中的一些观点予以澄清。计算中使用的势函数为文献[61]中 Fe 的势函数。该势函数给出的 fcc 晶体和 bcc 晶体内聚能相等，适于界面能计算。由于界面均为无理取向，因此计算中所有边界均设定为自由边界，没有强制为周期性边界。界面的初始结构构造参见图 7.3，其中 fcc 晶体和 bcc 晶体的大小均为 100 Å × 1000 Å × 50 Å($x \times y \times z$)。图中 x 轴方向为界面位错线方向(即不变线方向)，z 轴方向为界面法向，$y /\!/ z \times x$。y 轴方向设定晶体尺寸较大是为了能够充分采样，获得可靠的界面能结果。计算时应用 LAMMPS 软件，采用能量极小化方法获得界面平衡原子结构，不涉及动力学模拟。

已有的实验结果和理论分析显示，fcc-bcc 体系中析出相的晶体学择优界面倾向于满足 O 线条件，即某一界面仅含一组平行的位错或某一晶带轴下一组 $\Delta \boldsymbol{g}$ 互相平行[12,44,46,62]。由于 O 线条件只能限制位向关系三个自由度中的两个，还有一个可变自由度。为了进一步限制这个自由度，以往研究中提出了多种约束条件，如偏离有理位向最小和位错间距最大[8,16]等。偏离有理位向最小的约束条件不是根据能量准则提出的，因此无法利用界面能的数据检验这个约束条件，我们将在 7.4.3 节中通过析出相演化的模拟进行检验。最大位错间距约束的提出是基于如下假设[8,16]：位错间距越大，界面能越低。当界面位错类型保持一致时，这个假设是合理的，如对称倾侧晶界。然而，如果界面位错类型会随着位向关系和界面取向发生变化，基于上述假设可能导致不正确的结论。

如图 7.5 所示，对于伯氏矢量为$[0\,1\,\bar{1}]_f/2 \mid [\bar{1}\,1\,\bar{1}]_b/2$ 的 O 线界面，两相中伯氏矢量方向夹角在±15°之间变化时，界面能的变化规律与位错间距不一致，界面位错间距最大并不对应界面能的极小。虽然邱冬和张文征根据位错间距最大的约束条件得到双相不锈钢中析出相的 O 线模型计算结果与实验结果一致[44,63]，但是该界面的界面能与其他取向的 O 线界面的相比并不是极小，因此该晶体学择优的约束条件还需要进一步研究。

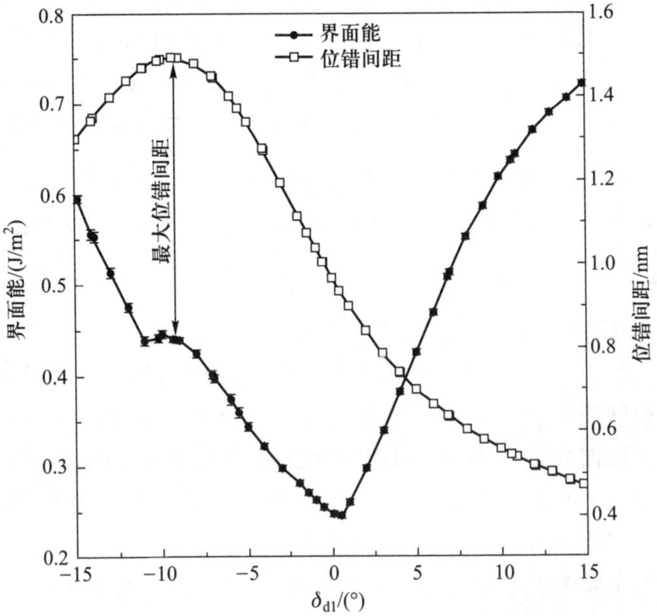

图 7.5 伯氏矢量为$[0\ 1\ \bar{1}]_f/2 \mid [\bar{1}\ 1\ \bar{1}]_b/2$ 的 O 线界面的界面能和界面位错间距

在图 7.5 中，若不变线(位错线)处于晶面$(1\ 1\ 1)_f$和$(0\ 1\ 1)_b$内，并且两相伯氏矢量$[0\ 1\ \bar{1}]_f/2$和$[\bar{1}\ 1\ \bar{1}]_b/2$的夹角$\delta_{d1}$约为 0.5°，O 线界面能量最低。这个计算结果与 Cu-Cr 合金中富 Cr 析出相惯习面的实验结果一致[46]。

根据这个位向关系，进一步计算惯习面以外其他取向界面的界面能，结合乌尔夫理论可以计算出析出相的平衡形貌。fcc-bcc 系统中的析出相往往呈现板条状或者针状形貌[44-47]，其生长方向为不变线方向，存在包含不变线方向的多个择优刻面。因此，方便起见，这里计算平衡形貌只考虑垂直于生长方向的截面形状。严格来讲，为了与 Cu-Cr 的实验结果对比，应该使用 Cu-Cr 体系的势函数给出计算结果。前面已经提过，本节中所有界面能计算将使用文献[61]中 Fe 的势函数。虽然采用不同势函数计算出的界面能绝对值不一样，但是并不影响不同界面的界面能相对大小，对形貌影响不大。同时，采用 Fe 势函数的好处是 fcc 和 bcc 内聚能相等，当界面附近部分原子需要相变才能获得平衡结构时(例如形成纳米尺度台阶)，相变不会产生额外能量消耗，更容易获得正确结果。

图 7.6a 显示了包含不变线方向不同取向界面的界面能，图 7.6b 显示了根据界面能数据绘出的平衡形貌。计算中界面与 O 线界面的夹角 φ 每隔 5°选一个点。除此以外，还选择了一些特殊的 φ 值。这些特殊的 φ 值对应主 $\Delta\boldsymbol{g}$ 的方向及$(1\ 1\ 1)_f$ 晶面方向。前面章节提到过，择优界面倾向于形成奇异界面结构，可能垂直于主 $\Delta\boldsymbol{g}$ 或者某个 $\boldsymbol{g}$ 矢量。主 $\Delta\boldsymbol{g}$ 对应的 $\boldsymbol{g}$ 必须至少含有两个伯氏矢量。对于一个 fcc 晶体而言，主 $\Delta\boldsymbol{g}$ 共有 7 个，其对应的 $\boldsymbol{g}$ 分别为四个$\{1\ 1\ 1\}_f$ 和三个$\{2\ 0\ 0\}_f$。图 7.6 中 O 线对应的伯氏矢量为$[0\ 1\ \bar{1}]_f/2$，根据 O 线的性质，O 线界面法向为 $\Delta\boldsymbol{g}_{(111)f} /\!/ \Delta\boldsymbol{g}_{(\bar{1}11)f} /\!/ \Delta\boldsymbol{g}_{(200)f}$。除了 O 线面，还剩下四个主 $\Delta\boldsymbol{g}$ 面，法向定义为 $\Delta\boldsymbol{g}_i$(i=1，2，3，4)，对应的 $\boldsymbol{g}$ 分别为$(0\ 2\ 0)_f$、$(1\ \bar{1}\ 1)_f$、$(1\ 1\ \bar{1})_f$ 和$(0\ 0\ 2)_f$，与 O 线界面的夹角分别约为-68°、-63°、-38°和-36°。由图 7.6a 可见，相比其他包含不变线的界面而言，O 线界面能量最低，因此是析出相的惯习面。除了 O 线界面对应界面能极小外，其他主 $\Delta\boldsymbol{g}$ 界面一般也对应界面能的局域极小值。计算结果正好验证了主 $\Delta\boldsymbol{g}$ 为法向的界面是潜在的低能界面这一推测。根据图 7.6b 可以推测，析出相的平衡形貌接近板条状，包含两个主要刻面，一个是 O 线界面，另一个是 $\Delta\boldsymbol{g}_1$ 对应的界面。计算的平衡形貌与实验观测结果类似，但也存在一定差异。除了计算给出的两个择优刻面外，罗承萍等[46,64]观察到，富 Cr 析出相还经常出现$(1\ 1\ 1)_f$ 择优界面

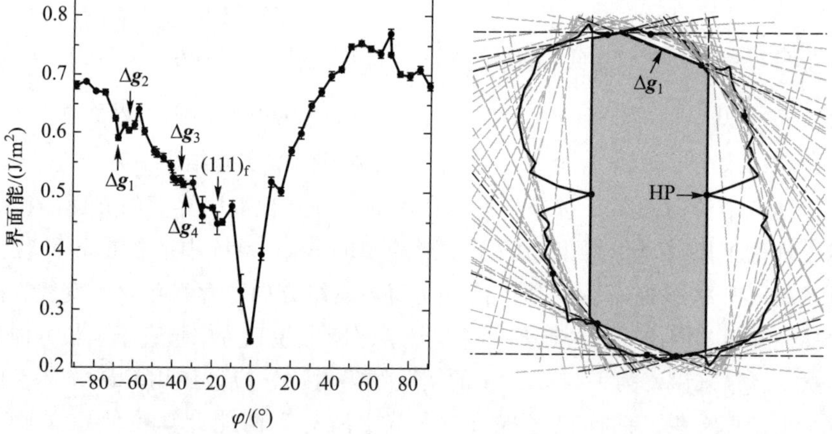

(a)　　　　　　　　　　　　　　　　(b)

图 7.6　(a) 包含不变线方向的界面能量随 φ 的变化，其中 φ 为界面与 O 线界面的夹角；(b) 析出相平衡截面形貌，HP 表示惯习面

和接近 $\Delta\boldsymbol{g}_4$ 的择优界面。计算结果与这个观察结果有差异的原因可能是由于实验中的析出相尺寸还比较小，未完全达到平衡状态。

从计算的模型中还能够得到界面的细节结构，如纳米尺度台阶、位错等。图 7.7 显示了 O 线界面和 $\Delta\boldsymbol{g}_1$ 界面的细节结构特征。O 线界面确实只含一组间距大约 10 Å 的 $[0\,1\,\bar{1}]_f/2$ 位错；$\Delta\boldsymbol{g}_1$ 界面包含两组位错，间距约 13 Å 的 $[1\,0\,\bar{1}]_f/2$ 位错及间距约 86 Å 的 $[0\,0\,1]_f$ 位错。此外，$\Delta\boldsymbol{g}_1$ 界面存在纳米尺度台阶，并且台阶与 $[0\,0\,1]_f$ 位错一一对应，台面与界面的平均取向相差约 6°（接近 $\Delta\boldsymbol{g}_2$），阶面与界面平均取向相差约 40°（接近 $\Delta\boldsymbol{g}_{(2\bar{2}0)f}$），台阶高度约 8.7 Å，接近 $\Delta\boldsymbol{g}_2$ 定义的水纹面间距，即 $1/|\Delta\boldsymbol{g}_2| = 8.3$ Å。

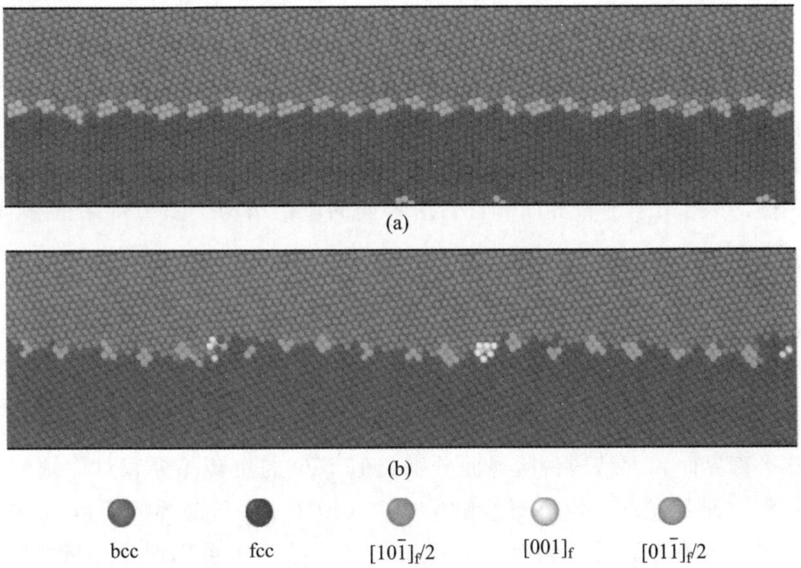

图 7.7　O 线界面（a）和法向为 $\Delta\boldsymbol{g}_1$ 的择优界面（b）的结构（参见书后彩图）。位错芯原子根据其伯氏矢量进行着色

界面能计算结果不仅可以用来解释实验结果，还能够检验几何模型中的一些假设。目前，研究相变晶体学的主要理论方法是各种几何模型（见第 5 章）。这些几何模型往往通过分析界面匹配着手，研究界面的几何结构特征，基于“结构—能量”之间的假设判断界面是否择优。例如，结构台阶模型[6,13]中提出界面匹配好点比例越高，对应的界面能越低。这个假设在界面领域具有里程碑意义，也被很多研究者采用和拓展，如 NCS 模型[9]。对于 a_f/a_b 约 1.25 的 fcc-bcc 体系而言，无论 N-W 还是 K-S 位向关系，原子尺度平直界面 $(1\,1\,1)_f /\!/ (0\,1\,1)_b$ 上的匹配好点比例只有约 8%。然而，由于 fcc 与 bcc 晶体在 $(1\,1\,1)_f$

和$(0\ 1\ 1)_b$方向的堆垛差异，不同层之间的匹配好点团簇中心存在一个平移。因此，如果在界面上引入结构台阶，使不同层之间的匹配好点团簇连接起来，那么界面的匹配好点比例将会明显增加(详见第 5 章)。此时，界面近似满足 O 线条件，O 线连接匹配好点团簇中心。根据结构台阶模型的假设，由于含有结构台阶的界面包含更高的匹配好点比例，因此界面能更低。

为了比较含结构台阶的界面与原子尺度平直界面的能量相对大小，这里计算了四个界面的界面能。两个平直界面$(1\ 1\ 1)_f /\!/ (0\ 1\ 1)_b$，分别具有 N-W 和 K-S 位向关系，界面能分别为 312 mJ/m^2 和 333 mJ/m^2。另外两个是近 N-W 和 K-S 位向关系下的 O 线界面，在伯氏矢量平行时，界面取向分别近似为$(0.46\ 0.46\ 0.76)_f /\!/ (0\ 0.52\ 0.86)_b$以及$(0.80\ 0.45\ 0.40)_f /\!/ (0.22\ 0.82\ 0.53)_b$，计算得到的界面能分别为 410 mJ/m^2 和 249 mJ/m^2。O 线界面含有结构台阶，在 K-S 位向关系下，含结构台阶的界面能更低，与结构台阶模型的结论一致；而在 N-W 位向关系下，含结构台阶的界面能反而比简单的平直界面的更高。

为进一步说明 N-W 位向关系下$(1\ 1\ 1)_f /\!/ (0\ 1\ 1)_b$平直界面的能量更低的结果，图 7.8 给出了平直界面和含台阶界面的位错结构。图 7.8a 中的平直界面上包含两组近螺型位错，间距约 21 Å，伯氏矢量分别为$[0\ 1\ \bar{1}]_f/2 \mid [\bar{1}\ 1\ \bar{1}]_b/2$和$[1\ 0\ \bar{1}]_f/2 \mid [1\ 1\ \bar{1}]_b/2$。图 7.8b 中的结构台阶界面含一组间距为 23 Å 的刃型位错，伯氏矢量为$[1\ \bar{1}\ 0]_f/2 \mid [1\ 0\ 0]_b/2$，位错芯明显发生分解，相应的伯氏矢量分解为$[0\ 1\ \bar{1}]_f/2 \mid [\bar{1}\ 1\ \bar{1}]_b/2$和$[1\ 0\ \bar{1}]_f/2 \mid [1\ 1\ \bar{1}]_b/2$。根据界面位错结构，平直界面和含结构台阶界面分别类似于 6°的扭转晶界和对称倾侧晶界。Otsuki 等[65]测量发现，当位向差相等时，$\langle 0\ 0\ 1\rangle_f$扭转晶界的能量与$\langle 0\ 0\ 1\rangle_f$对称倾侧晶界的能量近似相等或者更低。这一结论也可以通过比较文献[66]中的表 1 和表 2 的数据得到。此外，由于结构台阶界面位错芯分解，也可以认为其含两组位错，位错间距及位错伯氏矢量与平直界面均类似。然而，此时位错线方向与伯氏矢量之间的夹角约 37°，能量高于平直界面的螺型位错；位错线偏离密排面与台阶交割会使能量进一步升高，而且台阶的出现自身也会提高能量。

上述分析表明，界面能受到位错密度、位错类型、台阶密度等多方面因素共同影响，因此不能仅凭匹配好点密度高低来评判界面能量的高低。刚性模型中匹配好点比例由界面的错配维度决定[67]。一般情况下，根据错配维度的差异，匹配好点比例仅存在四个分立的值，用这样四个分立值显然很难判断界面能的相对高低。例如，一个小角度扭转晶界，即$\{1\ 0\ 0\}_f$扭转晶界，无论扭转角是大是小，其错配维度总是 2，因此匹配好点一直保持约 7%的比例。众所周知，随着扭转角的增大，界面能也会提高，而匹配好点比例却一直保持不

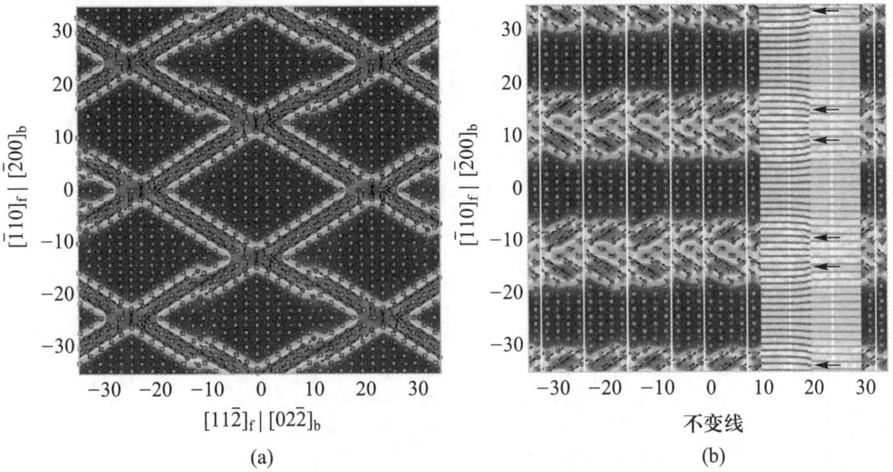

图 7.8 N-W 位向关系下的平直界面(a)和含台阶界面的位错结构(b)(参见书后彩图)。“■”和“●”分别表示 bcc 和 fcc 的原子，小箭头显示了位错的伯氏矢量，(b)中的竖线为结构台阶位置，插入的图像显示了位错芯与多余原子面之间的关系

变。同样，对一个小角度对称倾侧晶界而言，界面能随着倾侧角的增大而升高，虽然其匹配好点一直保持约 30%(错配维度为 1)的比例。同样，对相界面而言，虽然所有 O 线界面的匹配好点的比例基本差不多，大约为 30%，图 7.4 显示界面能的差异可以很明显。因此，根据匹配好点比例判断两个界面能量的相对高低很可能会产生完全错误的结论。比较小角度扭转晶界和对称倾侧晶界的能量高低很容易发现这一点。扭转晶界的匹配好点的比例为 7%，明显低于对称倾侧晶界 30%的匹配好点比例。然而，实验测量结果却显示，同等位向差角度的扭转晶界能量与对称倾侧晶界能量近似相等或者更低[65,68]，更不用说用较小角度的扭转晶界与较大角度的对称倾侧晶界进行对比了。

7.4.2 界面迁移

本节将以 O 线界面为例，介绍如何用 MD 模拟界面迁移，并分析界面的迁移模式及其原子尺度机制。表 7.2 列出了模拟的 O 线界面(即 O-line Interface，记为 OIF)的晶体学信息。这些 O 线界面共分为三组，每组三个界面。同一组 O 线界面具有相同的不变线方向，该不变线在某个低指数滑移面内。这些 O 线界面大部分为实验观察结果。例如，OIF1 与罗承萍等观察到的 Cu-Cr 合金[46]和 Ni-Cr 合金[45]中惯习面一致，OIF4 与 Chen 等观察到的 Ni-Cr 合金中惯习面一致[40]，OIF6 与 Jiao 等[47]以及邱冬等[44]观察到的双相不锈钢中惯习面一致，OIF8 与 Hall 等观察到的 Cu-Cr 合金中惯习面一致[6]。

表 7.2　构建的 O 线界面的晶体学信息。δ_d 为 $[1\ 0\ 1]_f$ 和 $[1\ 1\ 1]_b$ 的夹角，δ_p 为 $(1\ 1\ \bar{1})_f$ 和 $(0\ 1\ \bar{1})_b$ 的夹角

O 线界面	滑移面	位错线或不变线方向	界面位错伯氏矢量	位向关系		界面法向	位错间距 /Å
				δ_d	δ_p		
OIF1	$(1\ 1\ \bar{1})_f$	$[0.79\ \overline{0.20}\ 0.58]_f$	$[1\ 0\ 1]_f/2 \mid [1\ 1\ 1]_b/2$	0.53°	0.53°	$(\overline{0.53}\ \overline{0.71}\ 0.46)_f \mid (0.11\ \overline{0.79}\ 0.60)_b$	10
OIF2			$[1\ \bar{1}\ 0]_f/2 \mid [1\ 0\ 0]_b$	0.62°	1.33°	$(\overline{0.62}\ \overline{0.19}\ 0.77)_f \mid (\overline{0.26}\ \overline{0.43}\ 0.87)_b$	23
OIF3			$[0\ 1\ 1]_f/2 \mid [\bar{1}\ 1\ 1]_b/2$	0.91°	2.94°	$(\overline{0.55}\ 0.18\ 0.81)_f \mid (\overline{0.44}\ \overline{0.13}\ 0.89)_b$	19
OIF4	$(\bar{1}\ 1\ 1)_f$	$[0.79\ 0.20\ 0.58]_f$	$[1\ 0\ 1]_f/2 \mid [1\ 1\ 1]_b/2$	2.94°	0.91°	$(\overline{0.30}\ \overline{0.70}\ 0.65)_f \mid (0.27\ \overline{0.60}\ 0.75)_b$	14
OIF5			$[1\ \bar{1}\ 0]_f/2 \mid [1\ 0\ 0]_b$	2.79°	1.07°	$(\overline{0.52}\ \overline{0.30}\ 0.80)_f \mid (\overline{0.13}\ \overline{0.45}\ 0.89)_b$	28
OIF6			$[0\ 1\ 1]_f/2 \mid [\bar{1}\ 1\ 1]_b/2$	2.25°	2.25°	$(\overline{0.60}\ 0.05\ 0.80)_f \mid (\overline{0.42}\ \overline{0.27}\ 0.87)_b$	19
OIF7	$(2\ 0\ \bar{2})_f$	$[0.58\ 0.57\ 0.58]_f$	$[1\ 0\ 1]_f/2 \mid [1\ 1\ 1]_b/2$	5.80°	1.56°	$(\overline{0.11}\ \overline{0.65}\ 0.75)_f \mid (0.36\ \overline{0.43}\ 0.83)_b$	18
OIF8			$[1\ \bar{1}\ 0]_f/2 \mid [1\ 0\ 0]_b$	5.26°	0.98°	$(\overline{0.41}\ \overline{0.41}\ 0.81)_f \mid (0.00\ \overline{0.45}\ 0.89)_b$	29
OIF9			$[0\ 1\ 1]_f/2 \mid [\bar{1}\ 1\ 1]_b/2$	4.78°	1.60°	$(\overline{0.65}\ \overline{0.10}\ 0.75)_f \mid (\overline{0.36}\ \overline{0.42}\ 0.83)_b$	18

界面结构模型的建立可参考图 7.3。建立一个坐标系，使 x 轴方向为界面位错线方向(即不变线方向)，z 轴方向为界面法向，$y /\!/ z \times x$。母相(fcc)和新相(bcc)在界面法向的厚度分别设为 90 Å 和 30 Å，较大的母相厚度是为了给界面足够的空间向母相迁移。z 方向设为自由边界条件。模拟发现，z 轴方向自由表面仅在界面非常接近表面时才对界面迁移产生影响。否则，z 轴方向的周期性边界条件会形成两个相向运动的界面，产生互相影响。为了避免 x 和 y 轴方向自由表面对界面迁移的影响，在 x 和 y 轴方向引入微小应变，使之满足周期性边界条件，具体可以参考文献[31]。按照位向关系和界面取向构造界面结构后，用 7.3.2 节介绍的方法删除界面间隙原子和界面空位，使界面初始结构尽可能合理。

MD 模拟中使用的势函数为 Fe 修正后的 Finnis-Sinclair 势，该势函数的性质和优点详见参考文献[31]。计算时采用 LAMMPS 软件。界面结构模型首先在固定边界条件下弛豫至能量极小的状态。然后，采用 Nosé-Hoover 恒温恒压器在等温等压(NPT)系统下进行分子动力学模拟。模拟温度为 500 K，压强为 0 Pa，步长为 1 fs，计算总时间一般为 200 ps(部分界面会模拟至 1 000 ps)。

模拟显示，O 线界面可能发生匀速迁移、非匀速迁移或者不迁移等情况。图 7.9 中给出了 OIF4、OIF5、OIF8 界面位置随时间的变化。其中，OIF4 界面是匀速迁移的(图 7.9a)；OIF5 界面未发生迁移(见图 7.9b)；OIF8 以非匀速的方式迁移(图 7.9c)。界面迁移过程中，界面位错沿着滑移面滑移。图 7.10 以 OIF2 和 OIF4 为例展示了匀速迁移界面迁移过程中界面位错的运动情况。由图 7.10 可见，界面迁移伴随着界面位错在滑移面上的滑移，两者是同步的，这使得界面在迁移的过程中时刻保持平整并且始终包含界面位错。因此，界面位错的滑移特性决定了界面的迁移模式，并且位错结构是影响相界面迁移速率的重要因素。

虽然 O 线界面上仅包含一组位错，但是 OIF2、OIF5 和 OIF8 三个界面上位错的伯氏矢量为$[1\ 0\ 0]_b$，模量较大，因此位错芯会发生分解，在两相结构中分别表达为

$$[1\ 0\ 0]_b \rightarrow [1\ 1\ 1]_b/2 + [1\ \bar{1}\ \bar{1}]_b/2 \tag{7.1}$$

$$[1\ \bar{1}\ 0]_f/2 \rightarrow [1\ 0\ 1]_f/2 + [0\ \bar{1}\ \bar{1}]_f/2 \tag{7.2}$$

因此，OIF2、OIF5 和 OIF8 界面的迁移过程取决于分解后两组位错的协同运动能力。图 7.10a 显示，尽管 OIF2 的位错发生分解，但分解生成的两组位错共用同一个滑移面，因此能够保证两组位错同步滑移，这与仅有一组位错的情况是类似的，相应地可以保证界面匀速迁移。

相比而言，OIF8 迁移过程中首先是在一些特定位置形成具有特定高度的

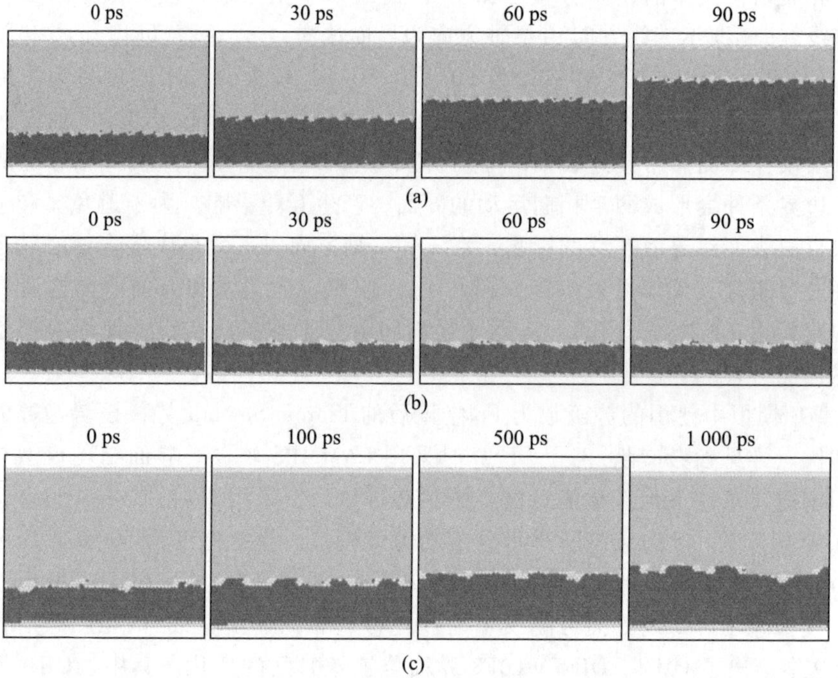

图 7.9　O 线界面 OIF4(a)、OIF5(b)、OIF8(c)的迁移过程[31](参见书后彩图)。绿色、蓝色、红色分别为 fcc、bcc、hcp 原子，白色为无法识别结构的原子

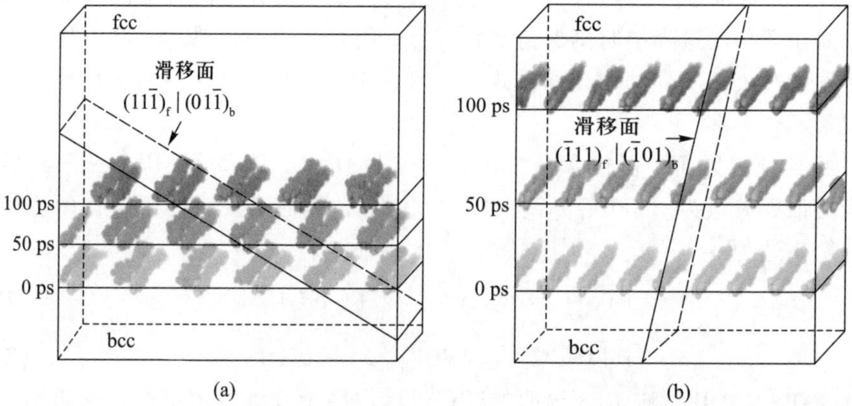

图 7.10　O 线界面 OIF2(a)和 OIF4(b)迁移过程中界面位错的运动[31](参见书后彩图)。橙色为$[1\ 0\ 1]_f/2 \mid [1\ 1\ 1]_b/2$位错芯部原子，绿色为$[0\ 1\ 1]_f/2 \mid [\bar{1}\ 1\ 1]_b/2$位错芯部原子

凸起的台阶，且这些台阶具有特定的高度(见图 7.9c 中 100 ps 的图像)。这些台阶形核后并不继续向前迁移，而是通过横向扩展促进台阶附近未转变区域发生转变，直至界面再次达到平直状态(见图 7.9c 中 500 ps 的图像)，从而实现一次完整的迁移过程。OIF8 就是通过这种往复式台阶形核和台阶横向扩展的模式向前缓慢迁移。图 7.11 显示了 OIF8 迁移过程中的位错运动轨迹和位错反应。与 OIF2 类似，界面位错的位错芯会发生分解，形成两组位错。然而，OIF8 中分解后的两组位错不再沿同一滑移面滑移。$[1\ 0\ 1]_f/2\,|\,[1\ 1\ 1]_b/2$ 位错和 $[0\ 1\ 1]_f/2\,|\,[\bar{1}\ 1\ 1]_b/2$ 位错的滑移面分别为 $(1\ 0\ \bar{1})_f\,|\,(1\ 1\ \bar{2})_b$ 和 $(0\ \bar{1}\ 1)_f\,|\,(1\ \bar{1}\ 2)_b$。同一根位错分解出来的两根位错通过滑移产生局部界面迁移，并形成图 7.9c 中凸起的台阶。随着位错的滑移，两组位错的某些位错会再次相遇，重新形成 $[1\ \bar{1}\ 0]_f/2\,|\,[1\ 0\ 0]_b$ 位错(见图 7.11b)。在驱动力的作用下，界面位错会再次分解，分解后的位错会再次滑移，直至再次相遇并发生反应。这种周期性的位错“分解—滑移—合成”伴随着界面迁移的整个过程。每次位错分解及滑移均对应台阶的形核过程。由于位错反应是一个耗时的过程，因此这种界面迁移的平均速度较慢。由此可见，分解后位错的协同运动能力影响了界面迁移模式和迁移速度。对 OIF8 而言，两组位错的滑移面与界面夹角几乎相等(见图 7.11a)，这使得两组位错可以协同运动，进而使界面迁移。然而，OIF5 界面位错分解后，两组位错的滑移面与界面夹角相差较大(分别为 54.2° 和 25.1°)，使得两组位错很难协同运动，导致界面难以迁移。

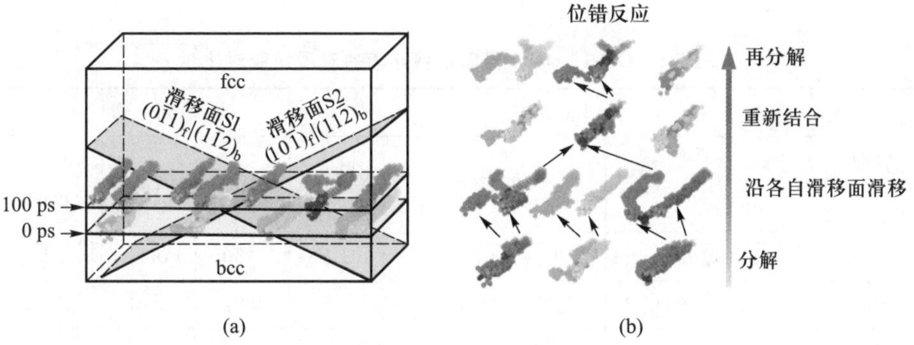

图 7.11 OIF8 界面迁移过程中的位错运动轨迹和位错反应[31](参见书后彩图)：(a) 界面位错分解后两组位错的滑移运动；(b) 两组位错的周期性“分解—滑移—合成”过程

晶界的迁移过程经常会伴随体系的宏观切变[20,69]，这种现象称为界面迁移-切变耦合。与晶界类似，相界面迁移过程也可能会产生宏观切变。图 7.12 显示了 OIF4 迁移过程造成的宏观切变。由于 MD 模拟中 x 和 y 轴方向均为周期性边界，位移出模拟盒子的原子会从另一侧重新进入模拟盒子。为了能够显示出切变量，这里将这些原子移到其真实的位置。体系的宏观变形发生在已转变的那部分 bcc 相中，而原有的 bcc 相以及未发生转变的 fcc 相只有刚性平移，并没有发生变形。

界面迁移伴随的切变如果延伸至表面就会引起表面浮凸效应，该切变与马氏体表象理论(phenomenological theory of martensitic crystallography，PTMC)中宏观变形等价(见第 5 章)，因此切变的大小和方向可以与 PTMC 计算结果比较。表 7.3 中列出了 OIF1~OIF4 界面迁移伴随的宏观切变的 MD 模拟结果及其与 PTMC 结果的对比。MD 模拟中的切变量可由未相变区域原子的平均位移除以界面迁移距离得到。从表 7.3 中可以看到，MD 模拟结果与 PTMC 的结果基本一致。

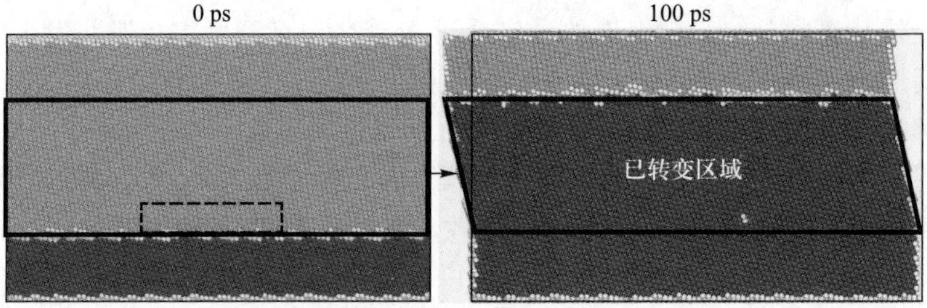

图 7.12　OIF4 界面迁移过程中伴随的迁移-切变耦合现象(沿 x 轴方向投影)[31](参见书后彩图)

表 7.3　OIF1~OIF4 界面迁移伴随的宏观切变对比

界面	切变方向			切变量		
	MD	PTMC	角度差/(°)	MD	PTMC	相对偏差/%
OIF1	$[\overline{0.12}\ \overline{0.42}\ \overline{0.90}]_f$	$[\overline{0.13}\ \overline{0.44}\ \overline{0.89}]_f$	1.5	0.30	0.29	1.58
OIF2	$[0.78\ \overline{0.13}\ 0.61]_f$	$[0.79\ \overline{0.11}\ 0.60]_f$	1.5	0.92	1.10	17.70
OIF3	$[\overline{0.71}\ 0.19\ \overline{0.68}]_f$	$[\overline{0.70}\ 0.20\ \overline{0.69}]_f$	2.4	0.38	0.48	9.40
OIF4	$[\overline{0.57}\ 0.26\ \overline{0.78}]_f$	$[\overline{0.60}\ 0.27\ \overline{0.75}]_f$	1.6	0.27	0.29	1.71

7.4.3　析出相长大过程的模拟

材料组织特征与其形成过程有关，想要获得对相变晶体学择优规律的深入认识，有必要细致地研究相变过程，了解晶体学择优特征的形成过程。长久以来，相变晶体学的理论研究都是以静态的思维考虑问题，通过总结相变最终结果，提炼共性择优特征并建立模型。虽然按照这样的方式建立了很多模型，能够成功地给出与许多实验结果比较吻合的计算数据，但是这种表象方式不能帮助我们理解晶体学择优特征形成的动力学规律。

本节将以 Cu-Cr 合金中 bcc-Cr 在 fcc-Cu 中的析出为例，将 MD 和 MC 方法结合，模拟析出相的生长过程，获取析出相初期界面结构及相变晶体学特征的演化细节。其中 MC 过程用于交换原子位置，促进固溶的 Cr 原子逐渐聚集到 Cr 析出相周围，使得析出相逐渐长大。选择 Cu-Cr 体系是因为该体系析出相形成初期和时效后的析出相都有较为全面的实验结果报道，便于与计算结果对比。同时，这一体系 Cr 析出相基本是以 bcc 相直接析出，没有经过其他亚稳态转变。模拟中使用的势函数为 Cu-Cr 合金的嵌入原子方法(embeded-atom method，EAM)势，模拟的具体参数设置可以参考文献[35]。

图 7.13 给出了析出相长大过程中形貌变化以及界面位错结构演变的模拟结果。由图 7.13 可见，析出相刚形成时是共格的，界面上没有错配位错(图 7.13a)；随着析出相的长大，界面上形成了两组位错环，伯氏矢量分别为$[1\ 1\ 1]_b/2 \mid [1\ 0\ 1]_f/2$和$[1\ 0\ 0]_b \mid [1\ \bar{1}\ 0]_f/2$，位错环的环面分别近似为$(1\ 1\ \bar{2})_b \mid (1\ 0\ \bar{1})_f$和$(0\ \bar{2}\ 1)_b \mid (\bar{2}\ \bar{2}\ 1)_f$。在长大过程中，析出相一直保持近似板条状，长轴近似平行于$[1\ 0\ 1]_f$方向。$[1\ 1\ 1]_b/2 \mid [1\ 0\ 1]_f/2$位错环的主要部分平行于析出相的长轴，即该位错主体部分为螺型位错，能量较低。虽然无法直接捕获界面形成错配的瞬间，但是由结果可以猜测$[1\ 1\ 1]_b/2 \mid [1\ 0\ 1]_f/2$位错可能是最先形核的，该位错是析出相形成初期最主要的界面位错，其数目总是大于或等于另一组位错。

随着析出相的长大，其晶体学特征也发生变化，尤其是析出相由共格转变为半共格后。图 7.14 用极射投影图给出了析出相尺寸对形貌特征以及析出相与母相间位向关系的影响。由图 7.14a 可见，析出相生长过程中长轴方向未发生明显改变，基本保持在$[1\ 0\ 1]_f/2$与最低能 O 线界面对应的不变线之间。相比而言，析出相的主刻面则发生了明显变化，由最初接近平行于密排面$(0\ 1\ \bar{1})_b \mid (1\ 1\ \bar{1})_f$逐渐转向最低能 O 线界面的取向。这个变化与图 7.13 中的结果一致，即由共格的平行于密排面$(0\ 1\ \bar{1})_b \mid (1\ 1\ \bar{1})_f$转变为半共格的含一组平行的$[1\ 1\ 1]_b/2 \mid [1\ 0\ 1]_f/2$近螺型位错的 O 线界面。错配位错的产生不仅会改变界面的取向，还会改变析出相与母相之间的位向关系。如图 7.14b 所示，析出相生长过程中$(0\ 1\ \bar{1})_b$与$(1\ 1\ \bar{1})_f$之间的夹角一直很小，近似平行。

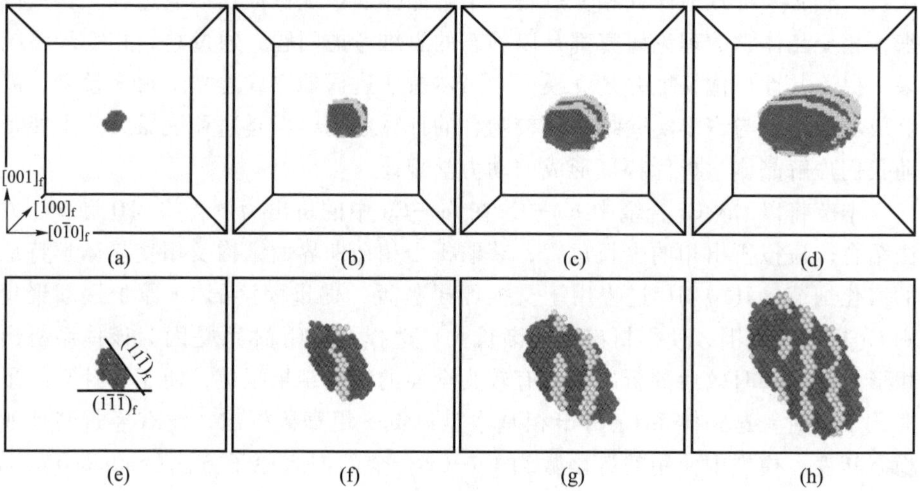

图 7.13　(a)~(d)不同尺寸析出相的平衡形貌；(e)~(h)与(a)~(d)相对应沿$[1\ 0\ 1]_f$方向的投影图[35](参见书后彩图)。随着析出相长大，析出相中 Cr 原子数分别为 206(a)、1 058(b)、3 154(c)、7 844(d)。蓝色为 Cr 原子，黄色和紫色分别为$[1\ 1\ 1]_b/2 \mid [1\ 0\ 1]_f/2$和$[1\ 0\ 0]_b \mid [1\ \bar{1}\ 0]_f/2$位错的芯部原子

当析出相尺寸很小时，$[1\ 0\ 0]_b$近似平行于$[1\ \bar{1}\ 0]_f$，即位向关系接近 N-W。随着析出相尺寸的长大，$[1\ 0\ 0]_b$与$[1\ \bar{1}\ 0]_f$之间的夹角逐渐增大，而$[1\ 1\ 1]_b$与$[1\ 0\ 1]_f$之间的夹角逐渐减小，即位向关系由近 N-W 转向近 K-S。位向关系的变化与界面错配位错的产生有关，并且呈现不连续变化的特征。这种不连续变化可以从图 7.14b 中$[1\ 0\ 0]_b$的投影看出。当析出相与母相共格或刚产生一根$[1\ 1\ 1]_b/2 \mid [1\ 0\ 1]_f/2$位错时，两者的位向关系基本为 N-W 位向关系；产生第二根位错后位向关系将产生约 2°的跳跃；产生第三根位错又会造成位向关系约 1°的跳跃。虽然后续生长中位错的形成依然会引起位向关系跳跃，但跳跃角度越来越小。产生位向关系跳跃的主要原因是，含有多条位错的惯习面为了降低能量，需要将位向关系转至最低能 O 线界面所对应的位向关系，即近 K-S 位向关系。跳跃幅度逐渐减小则是由于当位错较多时，新产生的位错占比低，其导致的析出相转动也逐渐减小。

上述模拟结果与 Cu-Cr 合金的实验结果高度吻合。例如，Fujii 等[70]观察到，短时间时效样品中的析出相既存在近 N-W 位向关系又存在近 K-S 位向关系，而长时间时效样品中则仅存在近 K-S 位向关系。由计算机模拟可知，这是因为随着时效时间延长，析出相尺寸逐渐增大，逐渐由 N-W 位向关系转变

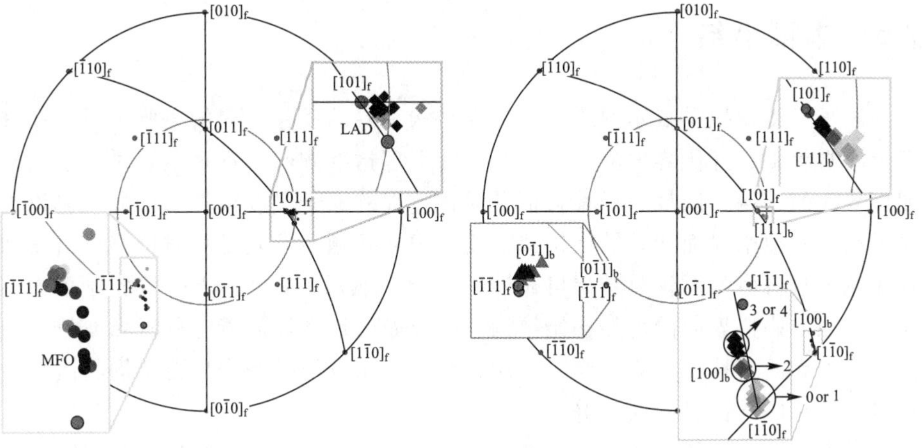

(a)　　　　　　　　　　　　　　　　(b)

图 7.14　析出相的形貌和位向关系随析出相尺寸的变化，表达在母相极射投影图中[35]（参见书后彩图）：(a) 析出相形貌信息，包括主刻面取向(major facet orientation，MFO，以黄色●表示)和长轴方向(long axis direction，LAD，以绿色◆表示)；(b) 析出相位向信息，用$[0\ \bar{1}\ 1]_b$(粉色▲)、$[1\ 0\ 0]_b$(绿色◆)和$[1\ 1\ 1]_b$(蓝色◆)的极点位置表达，右下方的数字表示随$[1\ 0\ 0]_b$与$[1\ \bar{1}\ 0]_f$之间的夹角逐渐增大时析出相周围$[1\ 0\ 1]_f/2$位错的数量。图中点的颜色越深，其对应的析出相尺寸越大，红色圆点为最低能 O 线界面对应的晶体学特征，红色小圆为所有不变线形成的圆锥投影

到 K-S 位向关系。同时，随着析出相的长大，其晶体学特征逐渐转向罗承萍等[46]在过时效样品中观察到的结果，即惯习面为最低能的 O 线界面。

既然析出相在生长过程中位向关系可以发生显著改变，那么 O 线模型中所提出的偏离有理位向最小的约束条件可能不合理。因为此约束的假设是析出相最开始以有理位向关系形核，且后期生长过程中位向关系不再发生显著变化。

模拟结果中还有一个值得注意的细节：$[1\ 1\ 1]_b/2\,|\,[1\ 0\ 1]_f/2$ 位错的位错环面近似为$(1\ 1\ \bar{2})_b\,|\,(1\ 0\ \bar{1})_f$。这一切变系统与片状马氏体中的孪生系统等价，同时也等价于板条状马氏体相变初期发现的孪生系统。PTMC 计算显示，这一切变系统是释放相变应变最有效的切变模式。由此可见，无论是马氏体相变还是沉淀相变，尽管最终观察到的相变晶体学特征并不一致，但是在初期选择释放相变应变的切变系统上存在共性，即选择释放相变应变最有效的切变模式。换而言之，可能是相变初期相变应变施加于这个切变模式的驱动力最大。

7.5　本章小结

原子尺度模拟是揭示原子尺度界面结构和界面迁移过程的主要工具。在许多金属材料中，择优界面的法向为晶体的无理指数方向。本章主要讨论了这类无理界面的结构、能量、迁移特征及演化过程的原子尺度模拟。首先，讨论了原子尺度模拟中界面初始结构构造需要考虑的问题，尤其是相对位移自由度和界面原子数自由度对计算结果可靠性的影响。然后，以 fcc-bcc 相变体系为例介绍了如何构造界面的可靠初始结构，以及如何计算界面能，分析界面位错结构，模拟界面迁移过程等；同时，还介绍了新相生长过程中界面结构的演化及其伴随的晶体学信息的演化等。

除了本章介绍的应用示例以外，上述方法还可以用于研究界面与位错的交互作用，析出相端面(具有相互交错的多组位错)的生长模拟，界面生长台阶的形成机理等。其中，界面台阶的形成机理可能涉及界面的相对位移自由度，即局部区域产生的滑移形成位错，同时伴随部分界面迁移而形成生长台阶[71]。这种台阶式生长可能源自 O 点阵(O 线)面的不连续。与几何模型相比，原子尺度模拟能够提供更丰富的信息，如界面能的相对大小、界面迁移过程中位错的分解以及分解后位错的协同运动等，同时也能够对几何模型中的一些假说进行检验。

按照 Bollmann 对两种界面择优态的分类[39]，本章讨论的相变系统是一次择优态系统，即界面位错之间为共格结构。然而，许多体系中，第二相与基体之间的界面为二次择优态，即位错之间为重位共格结构[12,72]。例如，铝合金、镁合金中沉淀形成的金属间化合物与基体之间的界面[12,73]。目前，由于势函数的缺乏，二次择优态体系的原子尺度模拟工作做得较少，往往仅能够通过第一性原理计算分析非常小的体系(上百个原子的模拟体系)。近些年，机器学习势函数的发展为二次择优态体系的模拟提供了新的希望[74-76]。机器学习势函数以第一性原理数据为参考(例如通过大量几十个原子超胞计算出的数据)，采用机器学习的方法(例如深度神经网络)训练高精度势函数，并用于分子动力学模拟。机器学习势函数能够有效衔接第一性原理和分子动力学，使分子动力学能够实现第一性原理的高精度，同时又保持分子动力学自身的高效率。目前，机器学习势函数已经能够实现端到端的训练，极大地简化了势函数的生成过程，为二次择优态系统的界面模拟提供了数据支持。

参考文献

[1] Wechsler M S, Lieberman D S, Read T A. On the theory of the formation of martensite. Transactions of the Amererican Institute of Mining and Metallurgical Engineers, 1953, 197: 1503-1515.

[2] Bowles J S, Mackenzie J K. The crystallography of martensite transformations Ⅰ. Acta Metallurgica, 1954, 2(1): 129-137.

[3] Mackenzie J K, Bowles J S. The crystallography of martensite transformations Ⅱ. Acta Metallurgica, 1954, 2(1): 138-147.

[4] Bowles J S, Mackenzie J K. The crystallography of martensite transformations Ⅲ. Face-centred cubic to body-centred tetragonal transformations. Acta Metallurgica, 1954, 2(2): 224-234.

[5] Bilby B A, Frank F C. The analysis of the crystallography of martensitic transformations by the method of prism matching. Acta Metallurgica, 1960, 8(4): 239-248.

[6] Hall M G, Aaronson H I, Kinsma K R. The structure of nearly coherent fcc: bcc boundaries in a Cu-Cr alloy. Surface Science, 1972, 31(1): 257-274.

[7] Dahmen U. Orientation relationships in precipitation systems. Acta Metallurgica, 1982, 30(1): 63-73.

[8] Zhang W Z, Purdy G R. O-lattice analyses of interfacial misfit. Ⅱ. Systems containing invariant lines. Philosophical Magazine A, 1993, 68(2): 291-303.

[9] Liang Q, Reynolds W T. Determining interphase boundary orientations from near-coincidence sites. Metallurgical and Materials Transactions A, 1998, 29(8): 2059-2072.

[10] Kelly P M, Zhang M X. Edge-to-edge matching: A new approach to the morphology and crystallography of precipitates. Materials Forum, 1999, 23: 41-62.

[11] Pond R C, Celotto S, Hirth J P. A model of martensite formation in terms of interfacial defect mechanisms. Journal de Physique Ⅳ (Proceedings), 2003, 112: 111-114.

[12] Zhang W Z, Weatherly G C. On the crystallography of precipitation. Progress in Materials Science, 2005, 50(2): 181-292.

[13] Rigsbee J M, Aaronson H I. A computer modeling study of partially coherent f. c. c.: b. c. c. boundaries. Acta Metallurgica, 1979, 27(3): 351-363.

[14] Porter D A, Easterling K E, Sherif M. Phase transformations in metals and alloys. 3rd ed. Florida: CRC Press, 2009.

[15] 潘金生，仝健民，田民波. 材料科学基础. 北京：清华大学出版社，1998.

[16] Qiu D, Zhang W Z. A systematic study of irrational precipitation crystallography in fcc-bcc systems with an analytical O-line method. Philosophical Magazine, 2003, 83(27): 3093-3116.

[17] Gu X F, Zhang W Z. Analytical O-line solutions to phase transformation crystallography in

fcc/bcc systems. Philosophical Magazine, 2010, 90(34): 4503-4527.

[18] Mishin Y, Asta M, Li J. Atomistic modeling of interfaces and their impact on microstructure and properties. Acta Materialia, 2010, 58(4): 1117-1151.

[19] Frolov T, Olmsted D L, Asta M, et al. Structural phase transformations in metallic grain boundaries. Nature Communications, 2013, 4: 1899.

[20] Cahn J W, Mishin Y, Suzuki A. Coupling grain boundary motion to shear deformation. Acta Materialia, 2006, 54(19): 4953-4975.

[21] Nie J F, Zhu Y M, Liu J Z, et al. Periodic segregation of solute atoms in fully coherent twin boundaries. Science, 2013, 340(6135): 957-960.

[22] Dai S, Xiang Y, Srolovitz D J. Structure and energy of (111) low-angle twist boundaries in Al, Cu and Ni. Acta Materialia, 2013, 61(4): 1327-1337.

[23] Song H, Hoyt J J. A molecular dynamics simulation study of the velocities, mobility and activation energy of an austenite-ferrite interface in pure Fe. Acta Materialia, 2012, 60(10): 4328-4335.

[24] Bos C, Sietsma J, Thijsse B J. Molecular dynamics simulation of interface dynamics during the fcc-bcc transformation of a martensitic nature. Physical Review B, 2006, 73(10): 104117.

[25] Tateyama S, Shibuta Y, Suzuki T. A molecular dynamics study of the fcc-bcc phase transformation kinetics of iron. Scripta Materialia, 2008, 59(9): 971-974.

[26] Nagano T, Enomoto M. Calculation of the interfacial energies between α and γ iron and equilibrium particle shape. Metallurgical and Materials Transactions A, 2006, 37(3): 929-937.

[27] Gu X F, Zhang W Z. An energetic study on the preference of the habit plane in fcc/bcc system. Solid State Phenomena, 2011, 172-174: 260-266.

[28] Dai F Z, Zhang W Z. A systematic study on the interfacial energy of O-line interfaces in fcc/bcc systems. Modelling and Simulation in Materials Science and Engineering, 2013, 21(7): 075002.

[29] Dai F Z, Zhang W Z. A simple method for constructing a reliable initial atomic configuration of a general interface for energy calculation. Modelling and Simulation in Materials Science and Engineering, 2014, 22(3): 035005.

[30] 戴付志，张文征. 双相不锈钢中沉淀相平衡形貌及界面结构的原子尺度计算. 金属学报，2014，50(9)：1123-1127.

[31] Sun Z P, Dai F Z, Xu B, et al. Dislocation-mediated migration of interphase boundaries. Journal of Materials Science & Technology, 2019, 35(11): 2714-2726.

[32] Sun Z P, Zhang J Y, Dai F Z, et al. A molecular dynamics study on formation of the self-accommodation microstructure during phase transformation. Journal of Materials Science & Technology, 2019, 35(11): 2638-2646.

[33] Sun Z P, Dai F Z, Xu B, et al. Three-dimensional growth of coherent ferrite in austenite:

A molecular dynamics study. Acta Metallurgica Sinica (English letters), 2019, 32(6): 669-676.

[34] Sun Z P, Dai F Z, Zhang W Z. A molecular dynamics study of dislocation-interphase boundary interactions in fcc/bcc phase transformation system. Computational Materials Science, 2021, 188(20): 110141.

[35] Dai F Z, Sun Z P, Zhang W Z. From coherent to semicoherent: Evolution of precipitation crystallography in an fcc/bcc system. Acta Materialia, 2020, 186(3): 124-132.

[36] Zhang J Y, Dai F Z, Sun Z P, et al. Structures and energetics of semicoherent interfaces of precipitates in hcp/bcc systems: A molecular dynamics study. Journal of Materials Science and Technology, 2021, 67(3): 50-60.

[37] Sutton A P, Balluffi R W. Interfaces in crystalline materials. Oxford: Oxford University Press, 1995.

[38] Demkowicz M J, Thilly L. Structure, shear resistance and interaction with point defects of interfaces in Cu-Nb nanocomposites synthesized by severe plastic deformation. Acta Materialia, 2011, 59(20): 7744-7756.

[39] Bollmann W. Crystal defects and crystalline interfaces. Berlin: Springer, 1970.

[40] Chen J K, Chen G, Reynolds W T. Interfacial structure and growth mechanisms of lath-shaped precipitates in Ni-45wt%Cr. Philosophical Magazine A, 1998, 78(2): 405-422.

[41] Furuhara T, Maki T. The role of matrix dislocations in growth ledge formation on f. c. c. -b. c. c. interfaces in a Ni-Cr alloy. Philosophical Magazine Letters, 1994, 69(1): 31-36.

[42] Luo C P, Weatherly G C. The interphase boundary structure of precipitates in a Ni-Cr alloy. Philosophical Magazine A, 1988, 58(3): 445-462.

[43] Demkowicz M J, Hoagland R G, Hirth J P. Interface structure and radiation damage resistance in Cu-Nb multilayer nanocomposites. Physical Review Letters, 2008, 100(13): 136102.

[44] Qiu D, Zhang W Z. A TEM study of the crystallography of austenite precipitates in a duplex stainless steel. Acta Materialia, 2007, 55(20): 6754-6764.

[45] Luo C P, Weatherly G C. The invariant line and precipitation in a Ni-45wt%Cr alloy. Acta Metallurgica, 1987, 35(8): 1963-1972.

[46] Luo C P, Dahmen U, Westmacott K H. Morphology and crystallography of Cr precipitates in a Cu-0.33wt%Cr alloy. Acta Metallurgica et Materialia, 1994, 42(6): 1923-1932.

[47] Jiao H, Aindow M, Pond R C. Precipitate orientation relationships and interfacial structures in duplex stainless steel Zeron-100. Philosophical Magazine, 2003, 83(16): 1867-1887.

[48] Plimpton S. Fast parallel algorithms for short-range molecular dynamics. Journal of Computational Physics, 1995, 117(1): 1-19.

[49] Stadler J, Mikulla R, Trebin H R. IMD: A software package for molecular dynamics studies on parallel computers. International Journal of Modern Physics C, 1997, 8(5):

1131-1140.

[50] Society T R. DL_POLY_3: the CCP5 national UK code for molecular: Dynamics simulations. Mathematical, Physical and Engineering Sciences, 2004, 362 (1822): 1835-1852.

[51] Interatomic Potentials Repository. Interatomic potentials (force field) http: //www.ctcms.nist.gov/potentials/.

[52] Humphrey W, Dalke A, Schulten K. VMD: Visual molecular dynamics. Journal of Molecular Graphics, 1996, 14(1): 33-38.

[53] Li J. AtomEye: An efficient atomistic configuration viewer. Modelling and Simulation in Materials Science and Engineering, 2003, 11(2): 173-177.

[54] Stukowski A. Visualization and analysis of atomistic simulation data with OVITO: The open visualization tool. Modelling and Simulation in Materials Science and Engineering, 2010, 18(1): 015012.

[55] Hartley C, Mishin Y. Characterization and visualization of the lattice misfit associated with dislocation cores. Acta Materialia, 2005, 53(5): 1313-1321.

[56] Stukowski A, Albe K. Extracting dislocations and non-dislocation crystal defects from atomistic simulation data. Modelling and Simulation in Materials Science and Engineering, 2010, 18(8): 085001.

[57] Stukowski A, Bulatov V V, Arsenlis A. Automated identification and indexing of dislocations in crystal interfaces. Modelling and Simulation in Materials Science and Engineering, 2012, 20(8): 085007.

[58] Dai F Z, Zhang W Z. An automatic and simple method for specifying dislocation features in atomistic simulations. Computer Physics Communications, 2015, 188(3): 103-109.

[59] Gu X F, Zhang W Z. A simple method for calculating the possible habit planes containing one set of dislocations and its applications to fcc/bct and hcp/bcc systems. Metallurgical and Materials Transactions A, 2014, 45(4): 1855-1865.

[60] Ackland G J, Bacon D J, Calder A F, et al. Computer simulation of point defect properties in dilute Fe-Cu alloy using a many-body interatomic potential. Philosophical Magazine A, 1997, 75(3): 713-732.

[61] Yang Z, Johnson R A. An EAM simulation of the alpha-gamma iron interface. Modelling and Simulation in Materials Science and Engineering, 1993, 1(5): 707-716.

[62] Ye F, Zhang W Z, Qiu D. A TEM study of the habit plane structure of intragrainular proeutectoid α precipitates in a Ti-7.26wt%Cr alloy. Acta Materialia, 2004, 52 (8): 2449-2460.

[63] Qiu D, Zhang W Z. An extended near-coincidence-sites method and the interfacial structure of austenite precipitates in a duplex stainless steel. Acta Materialia, 2008, 56 (9): 2003-2014.

[64] Luo C P, Dahmen U. Interface structure of faceted lath-shaped Cr precipitates in a Cu-

0.33wt%Cr alloy. Acta Materialia, 1998, 46(6): 2063-2081.

[65] Otsuki A, Isono H, Mizuno M. Energy and structure of [100] aluminium grain boundary. Le Journal de Physique Colloques, 1988, 49(C5): 563-568.

[66] Gjostein N A, Rhines F N. Absolute interfacial energies of [001] tilt and twist grain boundaries in copper. Acta Metallurgica, 1959, 7(5): 319-330.

[67] Yang X P, Zhang W Z. A systematic analysis of good matching sites between two lattices. Science China Technological Sciences, 2012, 55(5): 1343-1352.

[68] Hasson G, Guillot J B, Baroux B, et al. Structure and energy of grain boundaries: Application to symmetrical tilt boundaries around [100] in aluminium and copper. Physica Status Solidi(A), 1970, 2(3): 551-558.

[69] Trautt Z T, Adland A, Karma A, et al. Coupled motion of asymmetrical tilt grain boundaries: Molecular dynamics and phase field crystal simulations. Acta Materialia, 2012, 60(19): 6528-6546.

[70] Fujii T, Nakazawa H, Kato M. Crystallography and morphology of nanosized Cr particles in a Cu-0.2%Cr alloy. Acta Materialia, 2000, 48(5): 1033-1045.

[71] Rajabzadeh A, Legros M, Combe N, et al. Evidence of grain boundary dislocation step motion associated to shear-coupled grain boundary migration. Philosophical Magazine, 2013, 93(10-12): 1299-1316.

[72] Zhang W Z, Yang X P. Identification of singular interfaces with Δgs and its basis of the O-lattice. Journal of Materials Science, 2011, 46(12): 4135-4156.

[73] Shi Z Z, Dai F Z, Zhang M, et al. Secondary coincidence site lattice model for truncated triangular β-Mg_2Sn precipitates in a Mg-Sn-based alloy. Metallurgical and Materials Transactions A, 2013, 44(6): 2478-2486.

[74] Handley C M, Behler J. Next generation interatomic potentials for condensed systems. The European Physical Journal B, 2014, 87(7): 152.

[75] Wang H, Zhang L, Han J, et al. DeePMD-kit: A deep learning package for many-body potential energy representation and molecular dynamics. Computer Physics Communications, 2018, 228(7): 178-184.

[76] Zhang L, Han J, Wang H, et al. Deep potential molecular dynamics: A scalable model with the accuracy of quantum mechanics. Physical Review Letters, 2018, 120(14): 143001.

第 8 章

相变晶体学预测和指导材料设计的探索

石章智　孙志鹏

8.1　引言

合金的时效强化效果取决于析出相的体积分数、尺寸、分布以及形貌等因素。析出相的尺寸和分布与析出相和基体间界面的结构密切相关，如果能得到共格程度极好的界面，便可能得到细小弥散分布的析出相，从而优化析出强化效果并减少塑性损失。例如，吕昭平等用析出相与基体点阵错配最小化的理念设计了高密度Ni(Al, Fe)共格析出强化型超高强度钢，其强度达到 2.2 GPa 时塑性达 8.2%，同时实现了高强度和高塑性[1]。人们对析出相的体积分数、尺寸和分布对强度的影响较为熟悉，但是对析出相形貌对强度的影响关注较少。对于存在惯习面或者长轴的析出相，惯习面或长轴相对于位错滑移面的取向会明显影响析出相与位错的相互作用。对 hcp 结构金属材料，析出相的形貌对强度的影响尤为突出[2]。以 Mg-Sn 基合金为例，其中大多数 Mg_2Sn 析出相是惯习面平行于 Mg 基面[即(0 0 0 1)面]的片状或者条状相[3]。在室温下，hcp 结构的镁合金主要通过基面位错滑移实现塑性变形，惯习面平行于基面的 Mg_2Sn 析出相对基面位错滑移的阻碍作用较弱，因此合金的强度不高。加入 Zn 合金化后，时效处理形成长轴倾斜于 Mg 基面的 Mg_2Sn

析出相和长轴垂直于 Mg 基面的针状 $MgZn_2$ 析出相，它们能够更有效地阻碍基面位错滑移，从而提高合金的低温强度[3]。

目前，相变晶体学多用于解释析出相的形貌，而用于预测析出相的形貌进而指导合金设计尚不普遍。析出相和合金基体的点阵常数是相变晶体学预测析出相形貌的必要输入量。合金基体的名义点阵常数（忽略固溶元素的影响）较易获得，而析出相的种类和点阵常数会受到合金时效条件的影响。对于热力学稳定的析出相，可以从平衡相图中确定它的化学式和点阵常数。Mg-Sn 和 Mg-Al 合金分别以热力学稳定析出相 Mg_2Sn 和 $Mg_{17}Al_{12}$ 为强化相，可以方便地应用相变晶体学方法预测它们的形貌。对于出现亚稳析出相的合金体系，则需要先结合热力学、动力学和第一性原理计算预测可能出现的亚稳相。这是值得探索的方向，但是目前的研究成果不多，导致人们对亚稳相的形成缺乏理解，进而成为应用相变晶体学设计合金所面临的主要障碍之一。以 Mg-Nd 合金为例，它在时效过程中形成多种亚稳析出相，长时间时效后才会形成热力学稳定的 $Mg_{41}Nd_5$ 析出相[4]。有显著强化作用的往往是亚稳析出相，但它们的点阵常数难以在实验观察前被预测出来。缺少这项必要的输入，相变晶体学的预测亦难以进行。此外，亚稳析出相的界面通常富集溶质原子，导致点阵常数的局部变化，可能实现特殊界面匹配结构，这导致即使已知亚稳析出相和基体的点阵常数，预测亚稳析出相的形貌仍然具有挑战性。

金属间化合物是很多合金中常见的析出相类型，其点阵常数通常明显大于合金基体，因此两相界面上难以实现点阵的一一匹配。在这样的系统中，如果析出相与基体的多个界面中有一个或几个界面能够实现完美二维周期性的非一一匹配（即具有二次择优态），预测析出相的形貌就比较简单。即使完美匹配条件不能满足，析出相与合金基体之间仍然可能形成重复出现的明锐平直界面（即自然择优刻面）。已经在多种合金中观察到具有自然择优刻面的析出相，例如可降解医用锌合金中的 $MnZn_{13}$ 析出相[5]、镁合金中的 Mg_2Sn 析出相[6]以及铝合金中的 $\Omega-CuAl_2$ 析出相[7]。自然择优刻面含有低能二次择优态结构，具有这些低能界面的析出相通常对应较低的形核能垒。以镁合金中的 Mg_2Sn 析出相为例，目前已发现并标定了它与镁基体之间存在的 13 种重复出现的位向关系。根据对 Mg_2Sn 析出相的自然择优刻面的界面结构计算，证明了二次择优态界面的普遍性[4,6]。

一个二次择优态结构需要在特定位向关系下的特定界面上实现，但是许多位向关系显得比较复杂。例如镁合金中 Mg_2Sn 析出相的一种典型位向关系为 $[1\,1\,1]_{Mg_2Sn}//[0\,0\,0\,1]_{Mg}$，$(\bar{1}\,1\,0)_{Mg_2Sn}$ 偏离 $(\bar{2}\,1\,1\,0)_{Mg}$ 约 9.2°，形成了以 $(1\,1\,1)_{Mg_2Sn}//(0\,0\,0\,1)_{Mg}$ 为惯习面，以 3 个 $\{7.05\ \overline{7.15}\ 0.10\}_{Mg_2Sn}//\{\overline{2.87}\ 1.87\ 1\ 0\}_{Mg}$ 为侧面的

片状形貌相[8]。那么，如何确定在什么位向关系下，在哪个界面上可能局部出现二次择优态结构呢？二次择优态的存在是受界面几何匹配约束的，可以通过几何模型考察允许二次择优态出现的界面宏观几何。本章将介绍近列匹配法，并应用该方法预测可能出现二次择优态界面的宏观几何，进而指导材料设计。

8.2 近列匹配法预测析出相的自然择优刻面和位向关系

8.2.1 近列匹配法

根据第 1 章和第 6 章的介绍，二次择优态区域与刚性模型中的匹配好位置(good matching site，GMS)团簇存在对应关系。二次择优态中匹配对应关系的周期性可以用重位点阵(coincidence site lattice，CSL)描述，相应的 GMS 团簇内部的 GMS 分布与这个 CSL 具有相似的周期性。对某一相人为施加一个变形就可以将这些 GMS 转变为重位点，得到反映二次择优态的周期性结构。这个应变可以通过界面位错松弛形成二次择优态和界面位错周期性交替出现的界面结构，例如镁合金中 Mg_2Sn 和 $Mg_{54}Ag_{17}$ 析出相界面[9,10]。既然具有内部周期性的 GMS 团簇是界面上存在二次择优态的必要条件，我们就可以通过搜索 GMS 团簇找到可能出现二次择优态的界面。采用近列匹配法[11]可以系统、快速地搜索使两相界面内出现具有内部周期性的 GMS 团簇的几何条件。

首先我们需要理解列匹配和近列匹配的概念。假设将两相点阵分别记为 α 和 β，当 α 点阵的某一列阵点与 β 点阵的某一列阵点的列间距相同时，它们形成严格的列匹配，如图 8.1 所示。此时匹配列之间没有错配，而单个匹配列内，两相点阵之间允许存在错配。简言之，列匹配的几何条件是“列间无错配，列内有错配”的界面一维错配条件。从能量的角度来说，具有物理意义的列匹配通常是两相的最密排或较密排方向之间的列匹配，且列内错配越小越好。

实现列匹配往往要求两相点阵常数具有特殊的关系，而这在实际相变体系中不容易满足，这就需要放宽列匹配的一维错配条件为二维错配条件，也就是近列匹配。此时，匹配列之间也允许有小的错配。这时列匹配可以视为近列匹配的一种特殊情况。近列匹配为界面上形成具有内部周期性的 GMS 团簇提供了前提条件。

近列匹配法通过以下两个步骤计算 GMS 团簇，进而预测位向关系和可能出现的择优界面：

(1) 在两相中寻找匹配好的一对矢量，定义匹配列的方向。在 α 相和 β

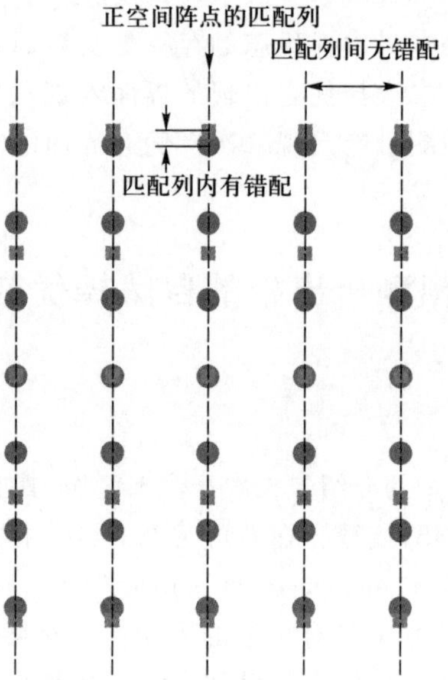

图 8.1　列匹配示意(参见书后彩图)

相中选择多个方向 $\boldsymbol{v}_{\alpha i}$和 $\boldsymbol{v}_{\beta j}$(下标 i 和 j 为正整数)，长度为所选方向上相邻阵点的间距。当 $n|\boldsymbol{v}_{\alpha i}|$ 和 $m|\boldsymbol{v}_{\beta j}|$($n$ 和 m 为互质的正整数)之间的差异满足 GMS 匹配的判据时，令 $\boldsymbol{v}_{\alpha i}/\!/\boldsymbol{v}_{\beta j}$作为匹配列的方向，在这些方向上可以得到一列含有至少 3 个 GMS 的一维 GMS 团簇。

(2) 寻找满足列间错配条件的两组阵点列：一组列是 $\boldsymbol{v}_{\alpha i}$以间距 $d_{\alpha i}$周期性分布构成的(含这组列的晶面法线为 $\boldsymbol{g}_{\alpha i}$)；另一组列是 $\boldsymbol{v}_{\beta j}$以间距 $d_{\beta j}$周期性分布构成的(含这组列的晶面为 $\boldsymbol{g}_{\beta j}$)。当 $pd_{\alpha i}$与 $qd_{\alpha i}$的值相差很小时(p 和 q 为互质的正整数)，在面法线满足 $\boldsymbol{g}_{\alpha i}/\!/\boldsymbol{g}_{\beta j}$的界面上就可能得到内部具有二维周期性的 GMS 团簇。进一步检查，确认 GMS 团簇形成，则面法线平行于 $\boldsymbol{g}_{\alpha i}/\!/\boldsymbol{g}_{\beta j}$的界面可能作为择优界面出现，两相的位向关系为 $\boldsymbol{v}_{\alpha i}/\!/\boldsymbol{v}_{\beta j}$，$\boldsymbol{g}_{\alpha i}/\!/\boldsymbol{g}_{\beta j}$。

8.2.2　近列匹配法应用实例

下面以 Mg-Mg_2Sn 相变系统为例介绍近列匹配法的应用[11]。其中 Mg 基体(α 相)是 hcp 结构，点阵常数为 $a_\alpha=0.320\ 9$ nm，$c_\alpha=0.521\ 1$ nm；Mg_2Sn 析出相(β 相)是 fcc 结构，点阵常数为 $a_\beta=0.676\ 3$ nm。因为 $a_\beta/a_\alpha=2.11$，这个相变系统属于二次择优态系统。已报道的 Mg 和 Mg_2Sn 的位向关系(orientation relationship，OR)有 13 种，每种位向关系对应的析出相至少有一个刻面。如上所述，分两步进行计算。

8.2.2.1 寻找匹配列

如果选择的匹配矢量太长，意味着界面原子密度小，界面能较高。因此，我们将选择的匹配矢量的长度约束在一定的范围。实验观察到析出相的刻面具有平直或者台阶结构，后者通常具有低指数台面，这也说明定义匹配列的矢量 $\boldsymbol{v}_\alpha$ 和 $\boldsymbol{v}_\beta$ 的长度 $|\boldsymbol{v}_\alpha|$ 和 $|\boldsymbol{v}_\beta|$ 不会太大。因为 $a_\beta=2.11a_\alpha$，为了使选取的匹配列矢量至少包含 $\langle 1\ 0\ 0\rangle_\beta$，我们选择长度的限定值为 $3a_\alpha$，约为 0.9 nm。这就是第一个限制条件，即判据 1，表达为

$$\text{判据 1：} |\boldsymbol{v}_\alpha|<0.9\ \text{nm},\ |\boldsymbol{v}_\beta|<0.9\ \text{nm} \tag{8.1}$$

在 β-Mg_2Sn 中满足上述条件的矢量是 $\langle 1\ 1\ 0\rangle_\beta/2$、$\langle 1\ 0\ 0\rangle_\beta$ 和 $\langle 1\ 1\ 2\rangle_\beta/2$；在 α-Mg 中满足条件的矢量是 $\langle 2\ \bar{1}\ \bar{1}\ 0\rangle_\alpha/3$、$\langle 0\ 0\ 0\ 1\rangle_\alpha$、$\langle 1\ \bar{1}\ 0\ 0\rangle_\alpha$、$\langle 2\ \bar{1}\ \bar{1}\ 3\rangle_\alpha/3$、$\langle 1\ \bar{1}\ 0\ 1\rangle_\alpha$、$\langle \bar{2}\ 4\ \bar{2}\ 3\rangle_\alpha/3$ 和 $\langle 4\ \bar{5}\ 1\ 0\rangle_\alpha/3$。

接下来，考虑 $\boldsymbol{v}_\alpha /\!/ \boldsymbol{v}_\beta$ 方向列内两相阵点的匹配情况，用错配度衡量。列内的匹配将在矢量 $n\boldsymbol{v}_\alpha$ 和矢量 $m\boldsymbol{v}_\beta$ 之间发生。匹配矢量越长，意味着沿该方向的 GMS 密度越小，相应二次择优态的结构单元尺度越大，对应的界面能可能越高。在降低界面能的自然趋势下，界面通常形成含小结构单元的二次择优态。因此，需要对矢量 $n\boldsymbol{v}_\alpha$ 和矢量 $m\boldsymbol{v}_\beta$ 的长度 $l_\alpha=n|\boldsymbol{v}_\alpha|$ 和 $l_\beta=m|\boldsymbol{v}_\beta|$ 给出限定条件。以两相密排方向的长度为基础确定这个限定值是合理的，计算得 $4|\langle 1\ 1\ 0\rangle_\beta/2|\approx 6|\langle 2\ \bar{1}\ \bar{1}\ 0\rangle_\alpha/3|\approx 1.9$ nm。参考这个数值，这里给出判据 2

$$\text{判据 2：} l_\alpha,\ l_\beta<1.7\ \text{nm} \tag{8.2}$$

进而，匹配相关矢量之间的错配度需要限制在一定范围，根据第 1 章给出的 GMS 判据，这里给出判据 3

$$\text{判据 3：} \frac{|l_\alpha-l_\beta|}{a_\alpha}<25\% \tag{8.3}$$

根据上述 3 个判据筛选出的匹配列如表 8.1 所示。

表 8.1 Mg-Mg_2Sn 系统中的匹配列[11]

Mg_2Sn(β)	Mg(α)	l_β/nm	l_α/nm	$\lvert l_\alpha-l_\beta\rvert/a_\alpha$/%
[1 1 0]/2	[0 0 0 1]	0.48	0.52	13
[1 1 0]/2	$[1\ \bar{1}\ 0\ 0]$	0.48	0.56	24
[1 0 0]	$[2\ \bar{1}\ \bar{1}\ 3]/3$	0.68	0.61	20
[1 0 0]	$2[2\ \bar{1}\ \bar{1}\ 0]/3$	0.68	0.64	11

续表

$Mg_2Sn(\beta)$	$Mg(\alpha)$	l_β/nm	l_α/nm	$\lvert l_\alpha - l_\beta \rvert / a_\alpha$/%
[1 1 2]/2	$[1\bar{1}0\,1]$	0.83	0.76	21
[1 1 2]/2	$[\bar{2}4\bar{2}3]/3$	0.83	0.83	1
[1 1 2]/2	$[4\bar{5}1\,0]/3$	0.83	0.85	7
[1 1 0]	$[2\bar{1}\bar{1}0]$	0.96	0.96	2
[1 1 2]	$5[2\bar{1}\bar{1}0]/3$	1.66	1.60	16
[1 1 2]	$3[1\bar{1}0\,0]$	1.66	1.67	3

8.2.2.2　寻找含近列匹配的界面

定义两相匹配列之间的矢量 $\boldsymbol{u}_\alpha$ 和 $\boldsymbol{u}_\beta$，它们垂直于匹配列，长度为各自点阵内相邻平行列的间距。在各自点阵内，任意两个平行列的间距为 $d_\alpha = p\lvert\boldsymbol{u}_\alpha\rvert$ 和 $d_\beta = q\lvert\boldsymbol{u}_\beta\rvert$。如果 p 和 q 的值太大，则 GMS 团簇中的 GMS 密度低，列匹配就失去了物理意义。因此，为了保证足够高的 GMS 密度，这里给出判据 4，表达为

$$\text{判据 4：} p \leqslant 14,\ q \leqslant 10 \tag{8.4}$$

相应地，可以给出列间距错配度的判据

$$\text{判据 5：} \frac{\lvert d_\alpha - d_\beta \rvert}{a_\alpha} < 16.5\% \tag{8.5}$$

这个判据数值小于判据 3 中的 25%。这一方面是因为列间距是列间好点距离的投影，另一方面列间距的匹配对二次择优态的选择有更大影响。

根据上述条件挑选出的 $\boldsymbol{v}_\alpha$ 和 $\boldsymbol{v}_\beta$，以及 $\boldsymbol{u}_\alpha$ 和 $\boldsymbol{u}_\beta$，通过矢量叉乘即可确定界面法线。若要使择优界面上的二次择优态具有较高密度的 CSL 结构单元，前提条件是界面在两相中是较密排的晶面，相应地晶面间距较大。根据实验结果，可以给出判据 6

$$\text{判据 6：} d_{\alpha\text{plane}} > 0.1\ \text{nm},\ d_{\beta\text{plane}} > 0.23\ \text{nm} \tag{8.6}$$

式中，$d_{\alpha\text{plane}}$ 和 $d_{\beta\text{plane}}$ 分别为 α-Mg 和 β-Mg_2Sn 中界面对应晶面的晶面间距。虽然 $d_{\beta\text{plane}}$ 判据数值较大，但由于 β-Mg_2Sn 点阵常数更大，这并不意味着 β-Mg_2Sn 点阵中筛选出的晶面密排程度更高。根据判据 6 筛选出的晶面为 $\{1\,1\,1\}_\beta$、$\{2\,0\,0\}_\beta$ 和 $\{2\,2\,0\}_\beta$。

值得注意的是，上面列出的判据都是参考实验结果设定的。判据的阈值既要足够大，以包括所有可能的择优情况；又要足够小，否则预测结果会失去预

测精度。很明显，这样确定的判据阈值是经验数据，当近列匹配法运用于不同析出相变系统时，还需要根据实际系统调整判据的阈值。

根据上述 6 个判据，可以筛选出 44 个候选位向关系和择优界面。一些位向关系下存在 2 个或更多的候选择优界面，也存在 2 个位向关系分享同 1 个候选择优界面的情况。表 8.2 列出了实验观察到的 10 个位向关系及其对应的择优界面，并且列出了列间距匹配满足判据 5 的情况。

表 8.2 近列匹配法预测的 10 个实验观察到的位向关系和相应的择优界面[11]

位向关系	列方向	择优界面	d_β/nm	d_α/nm	$\lvert d_\alpha - d_\beta \rvert / a_\alpha$/%
OR1	$[0\,1\,1]_\beta // [0\,0\,0\,1]_\alpha$	$(0\,1\,\bar{1})_\beta // (\bar{1}\,0\,1\,0)_\alpha$	0.68	0.64	11
OR2	$[1\,1\,0]_\beta // [0\,0\,0\,1]_\alpha$	$(\bar{1}\,1\,1)_\beta // (1\,2\,\bar{3}\,0)_\alpha$	0.83	0.85	6
OR3	$[1\,1\,2]_\beta // [1\,\bar{1}\,0\,0]_\alpha$	$(\bar{1}\,\bar{1}\,1)_\beta // (0\,0\,0\,1)_\alpha$	0.48	0.48	1
OR4	$[1\,1\,0]_\beta // [1\,\bar{1}\,0\,0]_\alpha$	$(\bar{1}\,1\,1)_\beta // (0\,0\,0\,1)_\alpha$	0.83	0.80	8
OR5	$[1\,1\,2]_\beta // [4\,\bar{5}\,1\,0]_\alpha$	$(\bar{1}\,\bar{1}\,1)_\beta // (0\,0\,0\,1)_\alpha$	0.24	0.21	9
OR6	$[1\,1\,0]_\beta // [0\,0\,0\,1]_\alpha$	$(0\,0\,1)_\beta // (\bar{1}\,0\,1\,0)_\alpha$	0.96	0.96	2
OR7	$[1\,1\,0]_\beta // [0\,0\,0\,1]_\alpha$	$(\bar{1}\,1\,1)_\beta // (\bar{1}\,0\,1\,0)_\alpha$	1.24	1.28	13
OR8	$[1\,0\,0]_\beta // [2\,\bar{1}\,\bar{1}\,0]_\alpha$	$(0\,0\,1)_\beta // (0\,\bar{1}\,1\,0)_\alpha$	1.01	1.04	9
OR9	$[0\,1\,1]_\beta // [0\,1\,\bar{1}\,0]_\alpha$	$(1\,1\,\bar{1})_\beta // (2\,\bar{1}\,\bar{1}\,4)_\alpha$	0.83	0.83	0
OR10	$[0\,\bar{1}\,\bar{1}]_\beta // [0\,1\,\bar{1}\,0]_\alpha$	$(\bar{1}\,\bar{1}\,1)_\beta // (2\,\bar{1}\,\bar{1}\,4)_\alpha$	0.83	0.83	0

如上所述，界面上形成周期性分布且内部具有周期性的 GMS 团簇是形成二次择优态的必要条件。表 8.2 中的择优界面上都存在满足这个特征的 GMS 团簇。图 8.2 给出了预测出来的候选择优界面的几种 GMS 团簇分布情况。图 8.2a 为 OR1 的$(0\,1\,\bar{1})_\beta // (\bar{1}\,0\,1\,0)_\alpha$界面，图中可见许多内部具有周期性的 GMS 团簇。该界面存在双匹配列特征，也就是在竖直和水平方向都满足列匹配条件。互相垂直的双匹配列确保了在原点附近存在内部具有二维周期性分布的 GMS 团簇。图 8.2a 中过原点竖直方向的一维 GMS 团簇含 3 个 GMS，过原点水平方向一维 GMS 团簇含 5 个 GMS。从右下角放大图可见，竖直方向是两列$[0\,0\,0\,1]_\alpha$与一列$[0\,1\,1]_\beta$匹配，列间距的错配为 $11\% a_\alpha$。

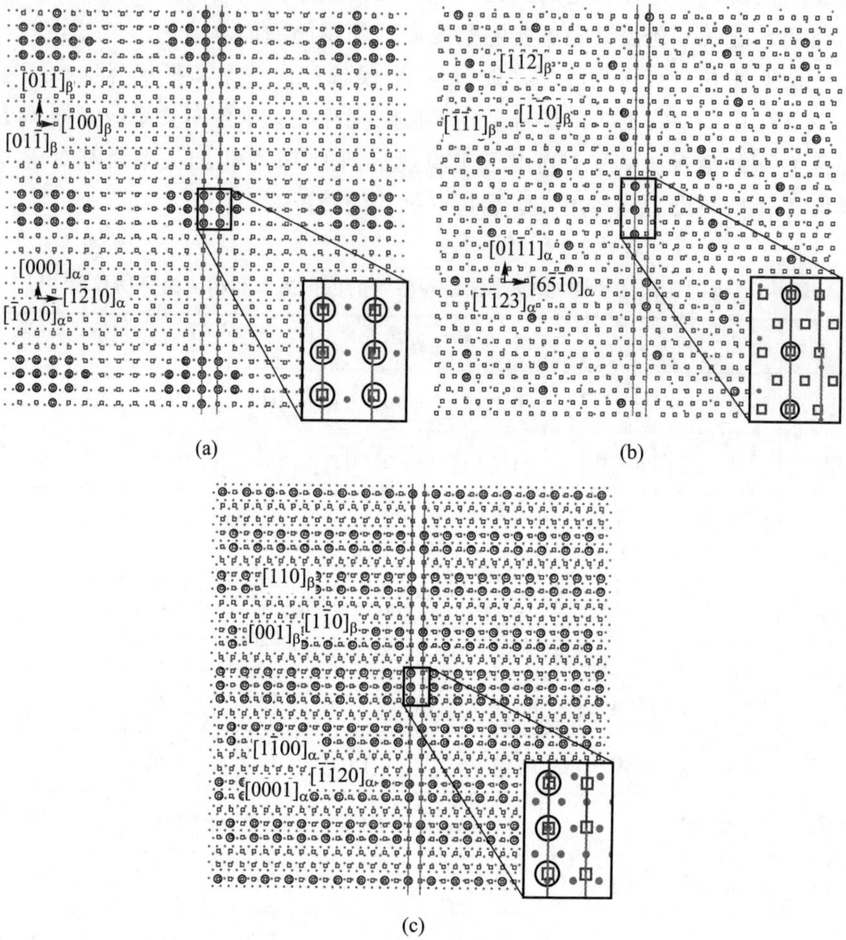

图 8.2　三种近列匹配界面 GMS 分布(参见书后彩图)：(a) 界面$(0\,1\,\bar{1})_\beta // (\bar{1}\,0\,1\,0)_\alpha$，匹配列方向$[0\,1\,1]_\beta // [0\,0\,0\,1]_\alpha$；(b) 界面$(\bar{1}\,\bar{1}\,1)_\beta // (\bar{1}\,\bar{1}\,2\,3)_\alpha$，匹配列方向$[1\,1\,2]_\beta // [0\,1\,\bar{1}\,1]_\alpha$；(c) 界面$(0\,0\,1)_\beta // (0\,0\,0\,1)_\alpha$，匹配列方向$[1\,1\,0]_\beta // [1\,\bar{1}\,0\,0]_\alpha$。图中小点表示 Mg 点阵，方形表示 Mg_2Sn 点阵，圆圈表示 GMS。匹配列用沿竖直方向的直线标出，上方蓝色直线表示 Mg_2Sn 点阵列，下方红色直线表示 Mg 点阵列

图 8.2b 所示为$(\bar{1}\,\bar{1}\,1)_\beta // (\bar{1}\,\bar{1}\,2\,3)_\alpha$界面，虽然在竖直方向上形成了近列匹配，但是界面上没有出现周期性分布的 GMS 团簇，所以这个界面不是择优界面，没有被实验观察到。这个结果表明，满足近列匹配条件的界面上未必出现周期性分布的 GMS 团簇。因此，需要检查 GMS 团簇是否存在。图 8.2c 所示的$(0\,0\,1)_\beta // (0\,0\,0\,1)_\alpha$界面上存在匹配很好的 GMS 团簇，但是相关界面和位

向关系并没有被实验观察到，这可能是因为实验观察的范围不够，也可能是由于该 GMS 团簇内部的 GMS 不够致密，使得所对应的二次择优态具有较高的界面能。

虽然表 8.2 中列出了一部分与实验观察结果一致的位向关系，但是许多预测结果并未被实验观察到。这种情况类似于用 CSL 模型预测低能晶界：并非所有 CSL 点密度较高的晶界都可以被实验观察到，但是所有被实验观察到的晶界都具有密度较高的 CSL 点。

近列匹配方法预测出的候选择优界面通常平行于至少一相(往往是晶体常数较大的相)的低指数晶面，这些界面是定义二次择优态二维周期性结构的一对晶面。如果没有偏离二次择优态的二次错配，择优界面自然平行于上述一对晶面。实际观察到的界面也可能偏离这一对晶面，即界面会含有台阶结构，二次择优态结构存在于台面上，这些局部低能结构由台阶隔开。产生台阶的原因是存在错配，简单而言是因为 GMS 团簇分布在不同层，包含台阶的界面穿过不同层的 GMS 团簇，界面上 GMS 团簇的密度比平直界面的更高，从而使界面匹配程度更好。

8.2.3 在倒空间中应用近列匹配法

正空间阵点的近列匹配与倒空间衍射斑的近列匹配是对应的，而衍射斑可以通过透射电子显微镜(transmission electron microscope，TEM)直接表征。因此，倒空间近列匹配能够在 TEM 表征结果中直接被辨识出来，用于推断正空间存在的近列匹配。下面以 Mg-Sn 基合金中的 OR9 型 Mg_2Sn 析出相为例，推导正空间与倒空间列匹配的对应关系[12]。OR9 为$[0\ 1\ 1]_\beta /\!/ [0\ 1\ \bar{1}\ 0]_\alpha$，$(1\ 1\ \bar{1})_\beta /\!/ (2\ \bar{1}\ \bar{1}\ 4)_\alpha$，对应的 TEM 明场像和衍射花样如图 8.3a 所示，可见两相衍射花样沿 $\boldsymbol{g}_{(2\bar{1}\bar{1}4)\alpha} /\!/ \boldsymbol{g}_{(11\bar{1})\beta}$方向形成了列匹配。图 8.3c 为用于分析列匹配的示意图，其中 D_r 为平行于 $\boldsymbol{g}_{(2\bar{1}\bar{1}4)\alpha} /\!/ \boldsymbol{g}_{(11\bar{1})\beta}$方向的衍射斑点列之间的间距，它可以在点阵 α 和点阵 β 中分别计算，计算公式分别为

$$D_{r-\alpha} = \left| \left| \boldsymbol{g}_{\alpha i} \right| \sin \theta_i \right| \tag{8.7}$$

$$D_{r-\beta} = \left| \left| \boldsymbol{g}_{\beta i} \right| \sin \rho_i \right| \tag{8.8}$$

式中，$\boldsymbol{g}_{\alpha i}$和 $\boldsymbol{g}_{\beta i}$(i=1，2，…)是满足这两个公式的任意倒易矢量，它们的起点为透射中心(原点)，终点为最近邻原点的衍射斑点列上的任意一个衍射斑点，θ_i 为 $\boldsymbol{g}_{\alpha i}$与 $\boldsymbol{g}_{(2\bar{1}\bar{1}4)\alpha}$之间的夹角，$\rho_i$ 为 $\boldsymbol{g}_{\beta i}$与 $\boldsymbol{g}_{(11\bar{1})\beta}$之间的夹角。由图 8.3 可见，倒空间的列间匹配接近完美，因此下式近似成立：

$$D_r = D_{r-\alpha} = D_{r-\beta} \tag{8.9}$$

惯习面 F1 为$(2\ \bar{1}\ \bar{1}\ 4)_\alpha /\!/ (1\ 1\ \bar{1})_\beta$，垂直于倒空间列匹配的方向。在这个

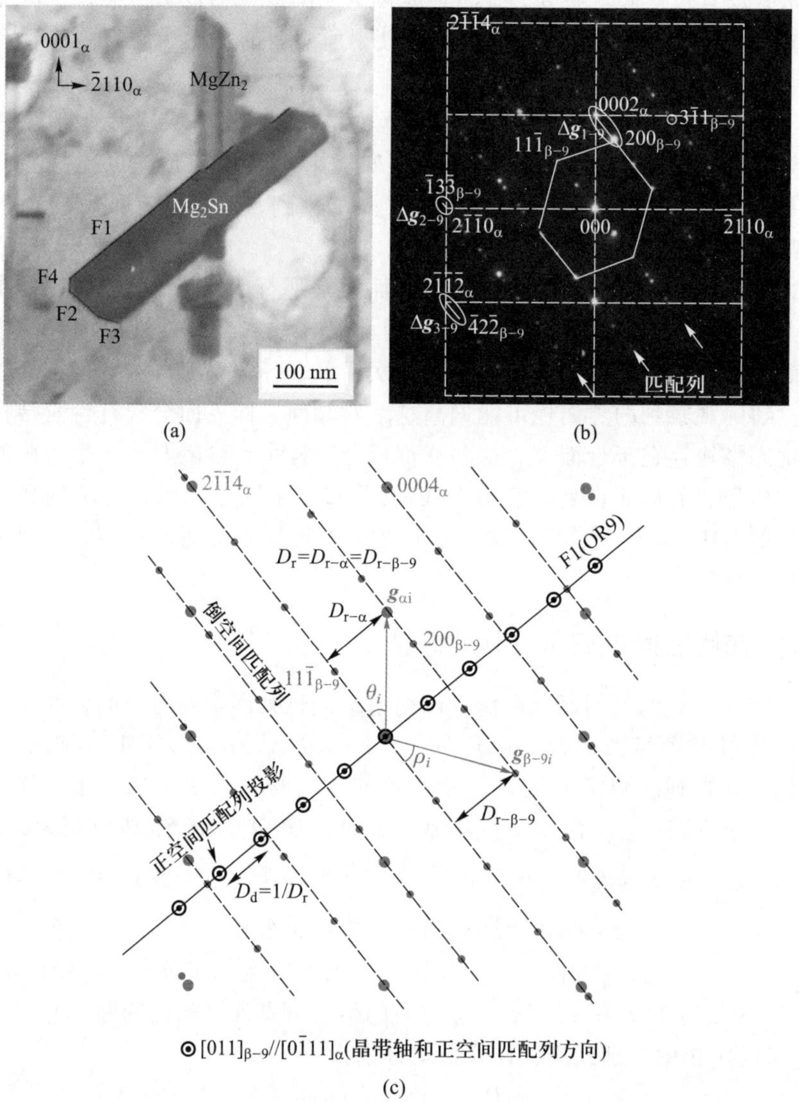

图 8.3　倒空间列匹配及其与析出相形貌的关系[12]：(a) OR9 型 Mg_2Sn 析出相的明场像；(b) 两相重叠的衍射斑花样，晶带轴为 $[0\,1\,1]_{\beta}/\!/[0\,1\,\bar{1}\,0]_{\alpha}$；(c) 倒空间列匹配与正空间列匹配的对应关系分析

界面上，原子列位于界面与晶面的交线上。因为衍射花样的晶带轴是 $[0\,1\,1]_{\beta}/\!/[0\,1\,\bar{1}\,0]_{\alpha}$，任何 $\boldsymbol{g}_{\alpha i}$ 或 $\boldsymbol{g}_{\beta i}$ 代表的面与 F1 面的交线(在图中投影为点)都平行于 $[0\,1\,1]_{\beta}/\!/[0\,1\,\bar{1}\,0]_{\alpha}$，即正空间的匹配列方向。这些交线之间的距离，即列间

距，为 D_{d}。类似地，D_{d}也可以在点阵 α 和点阵 β 中分别计算，类似 O 胞壁迹线计算公式[13]，分别为

$$D_{\mathrm{d}\text{-}\alpha}=\frac{1}{|\boldsymbol{n}\times\boldsymbol{g}_{\alpha i}|}=\frac{1}{|\boldsymbol{g}_{\alpha i}|\sin\theta_i}=\frac{1}{D_{\mathrm{r}\text{-}\alpha}} \tag{8.10}$$

$$D_{\mathrm{d}\text{-}\beta}=\frac{1}{|\boldsymbol{n}\times\boldsymbol{g}_{\beta i}|}=\frac{1}{|\boldsymbol{g}_{\beta i}|\sin\rho_i}=\frac{1}{D_{\mathrm{r}\text{-}\beta}} \tag{8.11}$$

式中，$\boldsymbol{n}$ 为 F1 面的单位法向，即

$$\boldsymbol{n}=\frac{\boldsymbol{g}_{(1\,1\,\bar{1})\beta}}{|\boldsymbol{g}_{(1\,1\,\bar{1})\beta}|}=\frac{\boldsymbol{g}_{(2\,\bar{1}\,\bar{1}\,4)\alpha}}{|\boldsymbol{g}_{(2\,\bar{1}\,\bar{1}\,4)\alpha}|} \tag{8.12}$$

根据式(8.9)可得

$$D_{\mathrm{d}}=D_{\mathrm{d}\text{-}\alpha}=D_{\mathrm{d}\text{-}\beta}=\frac{1}{D_{\mathrm{r}}} \tag{8.13}$$

这证明了倒空间列匹配必然对应正空间列匹配。

这种接近完美的列匹配关系在多个析出相变系统中被观察到。图 8.4 中给出了 Al_6(Mn，Fe)析出相与 Al 基体重叠的衍射花样，可以看到与上述镁合金示例中类似的倒空间列匹配结果。因此，形成含列匹配结构的择优界面是相变系统的共同趋势。

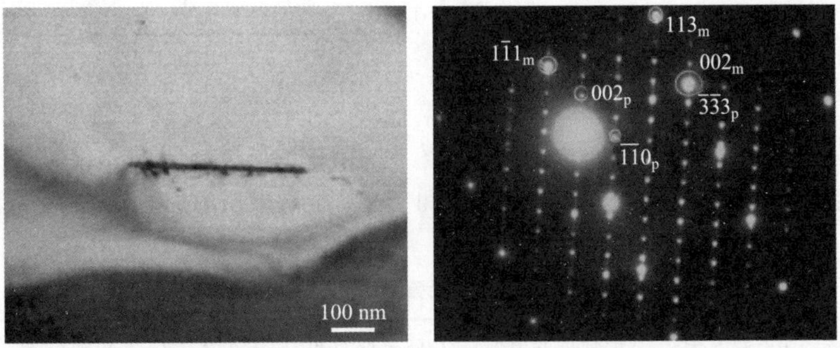

(a)　　　　(b)

图 8.4　铝合金中 Al_6(Mn，Fe)析出相的倒空间列匹配特征[14]：(a) TEM 明场像；(b) 两相重叠的衍射花样，晶带轴为$[2\,1\,\bar{1}]_{\mathrm{m}}//[1\,\bar{1}\,0]_{\mathrm{p}}$，下标 m 和 p 分别表示 Al 基体和 Al_6(Mn，Fe)析出相

8.3　近列匹配法预测和指导材料设计的实例

近列匹配法预测出的择优界面几何可以作为计算界面能的输入项，显著缩

短搜索择优界面的计算时间。也可以通过缩小判据或者搜索范围，预测可能出现的最佳择优界面，从而推测析出相形貌，为材料设计提供指导。下面，我们通过几个实例介绍近列匹配法在预测第二相形貌和指导材料设计中的应用。

8.3.1　Mg-Sn-Mn 合金的设计

镁合金具有密度低、比强度高、阻尼性能好以及铸造性能优越等特点，在运输及航天工业中有很大的应用潜力。商用 AZ 系列(Mg-Al-Zn)合金的强度随温度升高而迅速下降，其使用温度一般不超过 150 ℃。另一种商用 WE 系列(Mg-Y-Nd-HRE)合金虽然使用温度可达 300 ℃，但是其中的稀土元素价格较高。Mg-Sn 基合金中主要析出相 Mg_2Sn 的热稳定性可与 WE 系列合金中的析出相媲美，有望成为新一代高性价比的耐热镁合金[3]。根据镁合金中析出相与位错的作用产生的奥罗万(Orowan)强化作用[15]，引入沿 Mg 基体的[0 0 0 1]方向(c 轴)生长的析出相，可以进一步提高 Mg-Sn 合金的强度。下面根据相变晶体学指导 Mg-Sn 基合金设计，预测沿 c 轴生长的析出相。

为了在时效处理过程中形成析出相，加入的合金化元素(用 X 表示)在镁基体中的固溶度应随温度的降低而降低。这样的元素约有 30 种，见表 8.3 第 1 列。为了绿色环保，选择的合金元素应该无毒、无放射性，因此可以排除 Cd、Bi 等 7 种元素(见表 8.3 第 2 列)。为了控制合金成本，避免选择稀有或贵重元素，可以排除 Ag、RE 等 5 种元素(见表 8.3 第 3 列)。剩下 8 种元素是 Al、Ca、Ga、H、Li、Mn、Zn 和 Zr，其中既能形成 Sn-X 化合物又能形成 X 单质的元素为 Mn。因此，我们选择 Mn 元素对 Mg-Sn 合金进行合金化。接下来，我们用近列匹配法预测 Sn-Mn 化合物和 Mn 单质析出相的形貌。

表 8.3　合金元素 X 的性质[16]

能固溶在 Mg 中	有毒或放射性	稀有或贵重	Sn-X	X 单质	最终选择
Ag, Al, Bi, Ca, Cd, RE (Nd, Sm, Gd, Tb, Dy, Ho, Er, Tm, Yb, Lu), Ga, H, Hg, In, Li, Mn, Pb, Pu, Sc, Sn, Th, Tl, Y, Zn, Zr	Cd, Bi, Hg, Pb, Pu, Th, Tl	Ag, RE, In, Sc, Y	Li, Mn	Mn, Zr	Mn

8.3.1.1　寻找匹配列

表 8.4 中列出了已知的 Mg、Sn-Mn 化合物和 Mn 单质析出相的点阵结构和

点阵常数。选择 Mg 基体中的匹配列为 $\boldsymbol{v}_\alpha=[0\,0\,0\,1]_{Mg}$，其长度为 $|\boldsymbol{v}_\alpha|=0.521$ nm。设析出相中匹配列矢量的长度 $|\boldsymbol{v}_\beta|\leqslant 3|\boldsymbol{v}_\alpha|=1.56$ nm，则满足条件的匹配列矢量如表 8.5 所示。接下来，考虑 $\boldsymbol{v}_\alpha /\!/ \boldsymbol{v}_\beta$ 列内两相点阵的匹配情况，若可以出现的最稀疏列内匹配间距为 $3|\boldsymbol{v}_\alpha|$，则 $l_\alpha=n|\boldsymbol{v}_\alpha|$ 和 $l_\beta=m|\boldsymbol{v}_\beta|$ 均小于 $3|\boldsymbol{v}_\alpha|$，即 l_α 和 $l_\beta\leqslant 1.56$ nm。匹配相关矢量之间的错配度要满足 $|l_\alpha-l_\beta|/a_\alpha<25\%$，其中 a_α 是 Mg 的点阵常数，也是表 8.4 中最小的点阵常数值。由此筛选出来的匹配列见表 8.6，表中按照匹配程度由高到低的顺序排列。

表 8.4 用于晶体学预测的点阵常数

化合物或单质	点阵结构	a/nm	b/nm	c/nm	α/(°)	β/(°)	γ/(°)
Mg	六方	0.321	0.321	0.521	90	90	120
Mn_3Sn	六方	0.567	0.567	0.453	90	90	120
Mn_2Sn	六方	0.438	0.438	0.550	90	90	120
$MnSn_2$	体心四方	0.666	0.666	0.545	90	90	90
α-Mn	体心立方	0.891	0.891	0.891	90	90	90
β-Mn	简单立方	0.631	0.631	0.631	90	90	90

表 8.5 Sn-Mn 化合物和 Mn 单质析出相中满足条件 $|\boldsymbol{v}_\beta|\leqslant 3|\boldsymbol{v}_\alpha|=1.56$ nm 的匹配列矢量

化合物或单质	匹配列矢量
Mn_3Sn	$\langle 2\,\bar{1}\,\bar{1}\,0\rangle/3$，$\langle 0\,1\,\bar{1}\,0\rangle$，$\langle 0\,0\,0\,1\rangle$，$\langle 2\,\bar{1}\,\bar{1}\,3\rangle/3$，$\langle 0\,1\,\bar{1}\,1\rangle$，$\langle \bar{2}\,4\,\bar{2}\,3\rangle_\alpha/3$，$\langle 4\,\bar{5}\,1\,0\rangle/3$
Mn_2Sn	$\langle 2\,\bar{1}\,\bar{1}\,0\rangle/3$，$\langle 0\,1\,\bar{1}\,0\rangle$，$\langle 0\,0\,0\,1\rangle$，$\langle 2\,\bar{1}\,\bar{1}\,3\rangle/3$，$\langle 0\,1\,\bar{1}\,1\rangle$，$\langle \bar{2}\,4\,\bar{2}\,3\rangle/3$，$\langle 4\,\bar{5}\,1\,0\rangle/3$
$MnSn_2$	$\langle 1\,0\,0\rangle$，$\langle 1\,1\,0\rangle$，$\langle 1\,0\,1\rangle$，$\langle 1\,1\,1\rangle$，$\langle 2\,0\,1\rangle$，$\langle 1\,0\,2\rangle$，$\langle 1\,1\,2\rangle$
α-Mn	$\langle 1\,0\,0\rangle$，$\langle 1\,1\,0\rangle$，$\langle 1\,1\,1\rangle$
β-Mn	$\langle 1\,0\,0\rangle$，$\langle 1\,1\,0\rangle$，$\langle 1\,1\,1\rangle$，$\langle 2\,0\,1\rangle$，$\langle 2\,1\,1\rangle$

表 8.6　Sn-Mn 化合物和 Mn 单质析出相与 Mg 基体满足错配度 $|l_\alpha - l_\beta|/a_\alpha < 25\%$ 形成的匹配列

Mg 基体	析出相	l_α/nm	l_β/nm	$\|l_\alpha - l_\beta\|/a_\alpha$/%
$2\langle 0001\rangle_{Mg}$	$\langle \bar{2}4\bar{2}3\rangle_{Mn_2Sn}/3$	1.0420	1.0343	2.38
$3\langle 0001\rangle_{Mg}$	$\langle 2\bar{1}1\rangle_{\beta\text{-}Mn}$	1.5630	1.5456	5.41
$3\langle 0001\rangle_{Mg}$	$\langle 111\rangle_{\alpha\text{-}Mn}$	1.5630	1.5433	6.15
$\langle 0001\rangle_{Mg}$	$[0001]_{Mn_2Sn}$	0.5210	0.5500	9.03
$2\langle 0001\rangle_{Mg}$	$\langle 01\bar{1}1\rangle_{Mn_3Sn}$	1.0420	1.0815	12.31
$3\langle 0001\rangle_{Mg}$	$2\langle 01\bar{1}0\rangle_{Mn_2Sn}$	1.5630	1.5173	14.24
$\langle 0001\rangle_{Mg}$	$\langle 2\bar{1}\bar{1}0\rangle_{Mn_3Sn}/3$	0.5210	0.5670	14.33
$2\langle 0001\rangle_{Mg}$	$\langle 111\rangle_{MnSn_2}$	1.0420	1.0882	14.39
$2\langle 0001\rangle_{Mg}$	$\langle 111\rangle_{\beta\text{-}Mn}$	1.0420	1.0929	15.86
$2\langle 0001\rangle_{Mg}$	$\langle 01\bar{1}0\rangle_{Mn_3Sn}$	1.0420	0.9821	18.67
$3\langle 0001\rangle_{Mg}$	$\langle 4\bar{5}10\rangle_{Mn_3Sn}/3$	1.5630	1.5001	19.58
$\langle 0001\rangle_{Mg}$	$[0001]_{Mn_3Sn}$	0.5210	0.4530	21.18

8.3.1.2　寻找含近列匹配的界面

下面以 β-Mn 单质析出相为例说明寻找列间距匹配矢量的过程。选择 β-Mn 与 Mg 匹配最好的 $3\langle 0001\rangle_{Mg} // \langle 2\bar{1}1\rangle_{\beta\text{-}Mn}$列方向为研究对象，沿着这个列方向，将 β-Mn 与 Mg 点阵投影，按照$\langle 2\bar{1}\bar{1}0\rangle_{Mg} // \langle 11\bar{1}\rangle_{\beta\text{-}Mn}$的位向关系绘在图 8.5 中。在这个图里，每一个点代表一列阵点的投影。以原点为圆心，画经过这些点的圆形，圆的半径就是列间距。图上可以直观快捷地找到半径接近的圆，从而找到满足列间距匹配的矢量，含该矢量与匹配列的面就是满足近列匹配条件的潜在择优界面。

限定搜索半径小于 1 nm，列间距匹配的判据定为 15%，则原点附近存在 5 对半径接近的圆。半径最小的匹配对为 A1-B1，由垂直于列的矢量$\langle 2\bar{1}\bar{1}0\rangle_{Mg}/3$ 和 $\langle 11\bar{1}\rangle_{\beta\text{-}Mn}/3$ 定义，这两个矢量在图 8.5 中平行。定义匹配对 A2-B2 的矢量为$\langle 10\bar{1}0\rangle_{Mg}$和$\langle 251\rangle_{\beta\text{-}Mn}/6$，它们在图 8.5 中不平行，需要转动一个相的点阵使其平行，如图可令 β-Mn 点阵按虚线弧形箭头转动。类似地，可以定义一

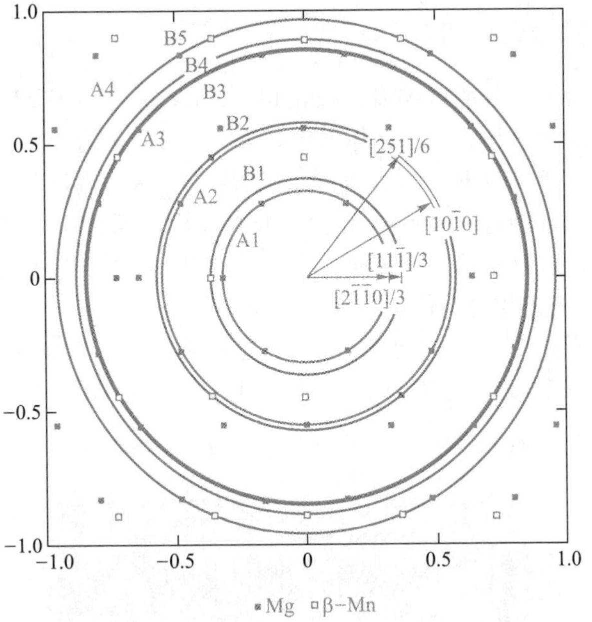

图 8.5 沿$\langle 0001\rangle_{Mg}//\langle 2\bar{1}1\rangle_{\beta\text{-}Mn}$方向的两相点阵投影确定满足匹配条件的匹配列的列间距矢量(参见书后彩图)。图中蓝色圆点表示 Mg 阵点的投影，红色方点表示 β-Mn 阵点的投影

系列匹配对。表 8.7 列出了这些列间距匹配对及潜在的择优界面。其中，匹配对 A1-B1 对应的匹配面$\{01\bar{1}0\}_{Mg}//\{011\}_{\beta\text{-}Mn}$由两相低指数晶面组成，该择优界面上的近匹配列间距最短，一定程度上反映了界面上 GMS 的面密度较高。这也是 TEM 实际观察到的位向关系，即$\langle 0001\rangle_{Mg}//\langle 2\bar{1}1\rangle_{\beta\text{-}Mn}$，$\{01\bar{1}0\}_{Mg}//\{011\}_{\beta\text{-}Mn}$[16]。

表 8.7 Mg-Mn 系统中的匹配列

匹配对		列间距匹配矢量		错配度/%	匹配面	
Mg	β-Mn	Mg	β-Mn		Mg	β-Mn
A1	B1	$\langle 2\bar{1}\bar{1}0\rangle/3$	$\langle 11\bar{1}\rangle/3$	13.5	$\{01\bar{1}0\}$	$\{011\}$
A2	B2	$\langle 10\bar{1}0\rangle$	$\langle 251\rangle/6$	6.2	$\{\bar{1}2\bar{1}0\}$	$\{\bar{1}02\}$
A3	B3	$\langle 5\bar{1}\bar{4}0\rangle/3$	$\langle 47\bar{1}\rangle/6$	1.6	$\{\bar{1}3\bar{2}0\}$	$\{\bar{1}13\}$
A3	B4	$\langle 5\bar{1}\bar{4}0\rangle/3$	$\langle 011\rangle$	13.4	$\{\bar{1}3\bar{2}0\}$	$\{\bar{1}\bar{1}1\}$
A4	B5	$\langle 2\bar{1}\bar{1}0\rangle$	$\langle 142\rangle/3$	0.3	$\{01\bar{1}0\}$	$\{\bar{2}\bar{1}3\}$

8.3.2　高强铜合金的设计

高强度铜合金中可能形成多种强化相。Fujiwara 考察了 236 种可能作为铜合金中析出相的化合物，按照晶体结构划分，立方点阵有 101 种，四方点阵有 16 种，正交点阵有 107 种，六方点阵有 12 种[17]，采用不同的方法计算不同沉淀相与母相之间可能存在的择优界面，并对位向关系作了一些假设。相比之下，近列匹配法可以直接预测位向关系。下面用近列匹配法来分析铜合金中一种重要的 Ni_2Si 析出相的晶体学特征。

Ni_2Si 为简单正交结构(空间群 *Pnma*)，点阵常数为 $a=0.499$ nm，$b=0.372$ nm，$c=0.706$ nm。实验观察到位向关系是 $[1\ 1\ 0]_{Cu} /\!/ [1\ 0\ 0]_{Ni_2Si}$，$[0\ 0\ 1]_{Cu} /\!/ [0\ 0\ 1]_{Ni_2Si}$，界面为 $(1\ \bar{1}\ 0)_{Cu} /\!/ (0\ 1\ 0)_{Ni_2Si}$，如图 8.6 所示。

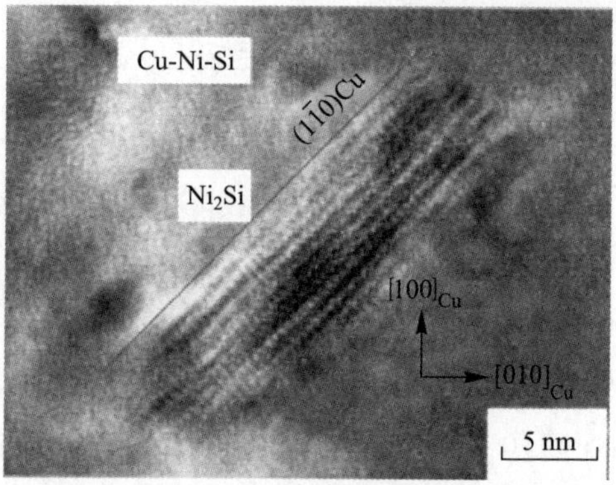

图 8.6　根据晶体学理论设计的 Cu-Ni-Si 合金中的 Ni_2Si 析出相[17]

假设列内/间匹配的最大长度均为 $3a_{Cu}=1.0845$ nm($a_{Cu}=0.3615$ nm)，列内/间错配度≤25%(相对于 $|\boldsymbol{b}_{Cu}|=|\langle 1\ 1\ 0\rangle/2|=0.2556$ nm)，则满足列内匹配条件的矢量有 4 对，列于表 8.8。

表 8.8　Cu-Ni_2Si 系统中的匹配对

序号	Cu		Ni_2Si		错配度/%
	矢量	长度/nm	矢量	长度/nm	
1	⟨0 0 1⟩	0.3615	[0 1 0]	0.372	4.1
2	⟨1 1 0⟩	0.5112	[1 0 0]	0.499	4.4
3	2⟨0 0 1⟩	0.723	[0 0 1]	0.706	6.7
4	3⟨1 1 0⟩/2	0.7669	2[0 1 0]	0.744	9.0

因为表 8.8 中的许多矢量互相垂直，所以可以预期界面会出现互相垂直的两个列匹配，即双列匹配的特殊情况，而且我们可以应用列内匹配的数据来确定列间匹配情况。从表 8.8 中选择$\langle 0\ 0\ 1\rangle_{Cu}//[0\ 0\ 1]_{Ni_2Si}$(列 3)作为列内匹配条件，选择与其垂直的$\langle 1\ 1\ 0\rangle_{Cu}//[1\ 0\ 0]_{Ni_2Si}$(列 2)作为列间匹配条件，那么包含列 3 和列 2 的$\{1\ \bar{1}\ 0\}_{Cu}//(0\ \bar{1}\ 0)_{Ni_2Si}$就是择优界面。同时，可得位向关系 OR1 为$\langle 0\ 0\ 1\rangle_{Cu}//[0\ 0\ 1]_{Ni_2Si}$，$\{1\ \bar{1}\ 0\}_{Cu}//(0\ \bar{1}\ 0)_{Ni_2Si}$。若从表 8.8 中选择$\langle 0\ 0\ 1\rangle_{Cu}//[0\ 1\ 0]_{Ni_2Si}$(列 1)作为列内匹配条件，选择与其垂直的$\langle 1\ 1\ 0\rangle_{Cu}//[1\ 0\ 0]_{Ni_2Si}$(列 2)作为列间匹配条件，那么包含列 1 和列 2 的$\{1\ \bar{1}\ 0\}_{Cu}//(0\ 0\ 1)_{Ni_2Si}$就是择优界面，可得位向关系 OR2 为$\langle 0\ 0\ 1\rangle_{Cu}//[0\ 1\ 0]_{Ni_2Si}$，$\{1\ \bar{1}\ 0\}_{Cu}//(0\ 0\ 1)_{Ni_2Si}$。

这两个位向关系对应的正空间和倒空间的点阵列匹配如图 8.7 和图 8.8 所示，图中 GMS 的判据都是 25%$|\boldsymbol{b}_{Cu}|$，反映了 OR1 和 OR2 位向关系条件下明显的列匹配特征。OR1 条件下，根据图 8.7a 倒空间中倒易点的分布(见右图)，列匹配一目了然，方向为$\boldsymbol{g}_{(2\bar{2}0)Cu}//\boldsymbol{g}_{(0\bar{2}0)Ni_2Si}$，它定义了满足列匹配的惯习面$\{1\ \bar{1}\ 0\}_{Cu}//(0\ \bar{1}\ 0)_{Ni_2Si}$的法向。惯习面上两相点阵的匹配情况如图 8.7b 所示，存在水平方向和竖直方向的双匹配列，该界面上每个 Ni_2Si 阵点都是一个 GMS，意味着界面结构接近完美的重位共格，这就是为什么这个界面是自然择优的界面。在与惯习面垂直的$\{0\ 0\ 1\}_{Cu}//(0\ 0\ 1)_{Ni_2Si}$界面上也有相当密集的 GMS(见图 8.7a 左图)，50%的 Ni_2Si 点阵点为 GMS，这个界面也可能成为择优刻面。

类似地，OR2 条件下，正空间和倒空间也都显现列匹配特征。倒空间中的匹配列方向，即$\boldsymbol{g}_{(2\bar{2}0)Cu}//\boldsymbol{g}_{(002)Ni_2Si}$，垂直于惯习面$\{1\ \bar{1}\ 0\}_{Cu}//(0\ 0\ 1)_{Ni_2Si}$的迹线(见图 8.8a)。惯习面上两相点阵的匹配情况如图 8.8b 所示，仍然存在双匹配列的特征，并且每个 Ni_2Si 阵点都是一个 GMS。因为$(0\ 0\ 1)_{Ni_2Si}$的阵点面密度大于$(0\ \bar{1}\ 0)_{Ni_2Si}$，因此 OR2 的惯习面上的 GMS 密度更高。OR1 和 OR2 下的择优界面共用列 2，而列 1 的错配小于列 3 的，故能推测 OR2 惯习面的错配更小。Fujiwara 的研究仅报道了 OR1，可能受观察范围所限，并未发现 OR2。由图 8.8 可见，在垂直于惯习面的面上，OR2 的匹配显然比 OR1 差。因此，如果 OR2 也存在，对应的析出相形貌可能不同。因为匹配好的界面更容易变大，所以 OR2 型 Ni_2Si 析出相可能会比 OR1 型 Ni_2Si 析出相更薄。

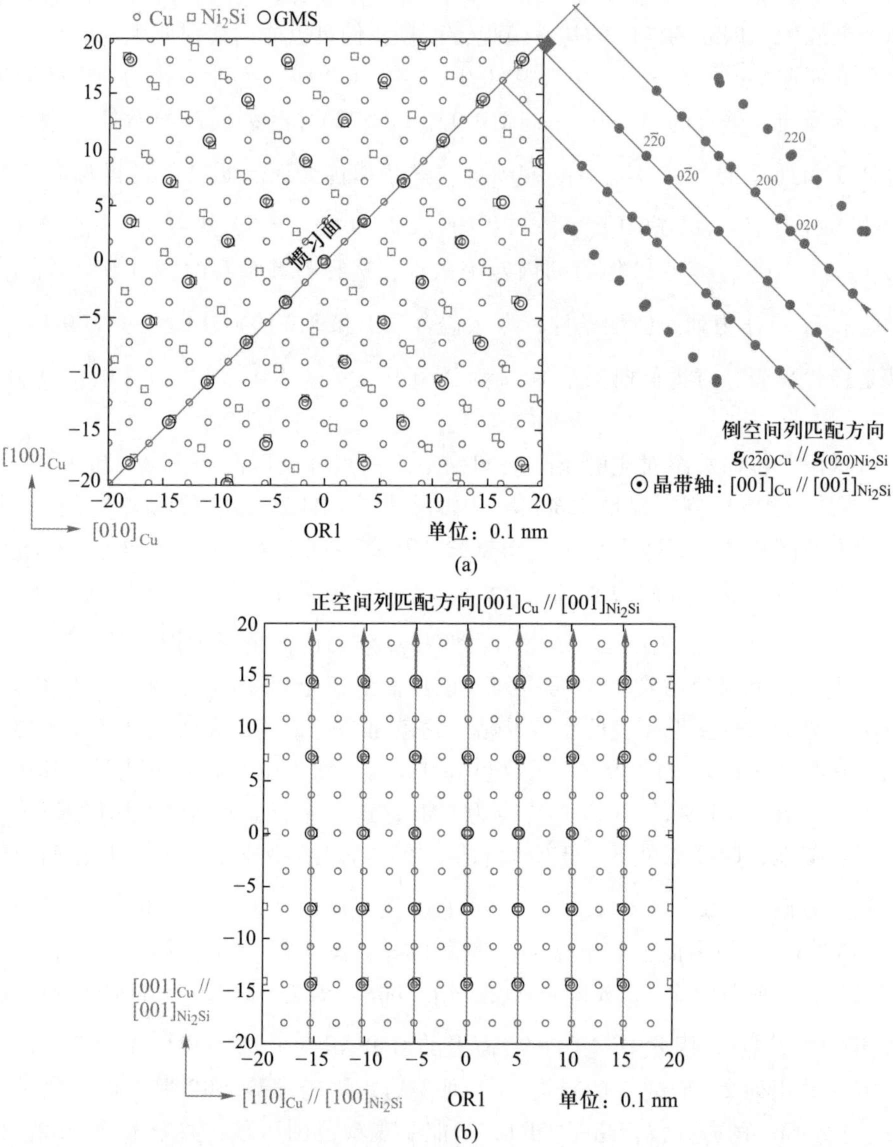

图 8.7　位向关系 OR1 下(参见书后彩图)：(a) 沿$[0\ 0\ 1]_{Cu}$ // $[0\ 0\ 1]_{Ni_2Si}$投影得到的正空间阵点分布(左图)和倒空间倒易点分布(右图)；(b) 惯习面$(1\ \bar{1}\ 0)_{Cu}$ // $(0\ \bar{1}\ 0)_{Ni_2Si}$上的点阵匹配情况

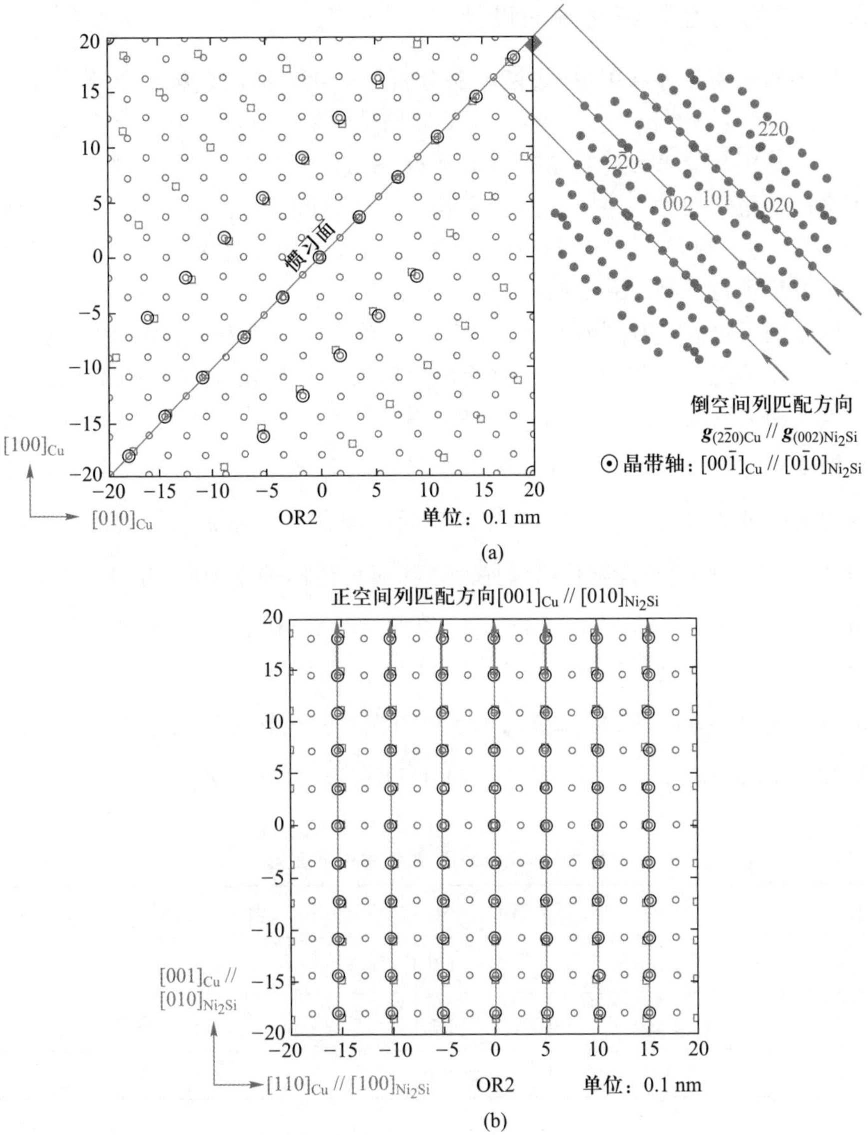

图 8.8　位向关系 OR2 下(参见书后彩图)：(a) 沿$[0\ 0\ 1]_{Cu}$ // $[0\ 1\ 0]_{Ni_2Si}$投影得到的正空间阵点分布(左图)和倒空间倒易点分布(右图)；(b) 惯习面$(1\ \bar{1}\ 0)_{Cu}$ // $(0\ 0\ 1)_{Ni_2Si}$上的点阵匹配情况

8.3.3　镁合金晶粒细化剂的设计

邱冬和张明星等利用边-边匹配法分析了 2 000 种化合物和单质，选择了 Mg 合金的晶粒细化剂。计算表明 Al_2Y 应该是效果最好的 Mg-Y 合金晶粒细化剂之一，其细晶效果与传统晶粒细化剂 Zr 相当，并且经过 Al_2Y 细化的晶粒具有更高的热稳定性[18]。Al_2Y 是 fcc 结构，点阵常数为 $a_{Al_2Y}=0.786\ 1$ nm。他们用边-边匹配法预测了 Al_2Y 与 Mg 之间的位向关系和择优界面。下面我们用近列匹配方法进行预测，并对两种方法进行比较。

这个例子也满足双列匹配条件，计算比较简单。因为期望界面上有较好的匹配，所以筛选列内和列间匹配时均用数值较小的判据。设定列内/间匹配的最大长度均为 $6a_{Mg}=1.926$ nm，且列内/间错配≤$10\%a_{Mg}$。表 8.9 中列出了满足条件的 3 对方向。若选择$\langle\bar{1}\,1\,0\,0\rangle_{Mg}//\langle 1\,0\,1\rangle_{Al_2Y}$作为列内匹配条件，选择垂直的方向$\langle 1\,1\,\bar{2}\,0\rangle_{Mg}//\langle\bar{1}\,\bar{2}\,1\rangle_{Al_2Y}$作为列间匹配条件，那么包含这两个方向的$\{0\,0\,0\,1\}_{Mg}//\{\bar{1}\,1\,1\}_{Al_2Y}$就是择优界面，相应地位向关系 OR1 为$\langle\bar{1}\,1\,0\,0\rangle_{Mg}//\langle 1\,0\,1\rangle_{Al_2Y}$，$\{0\,0\,0\,1\}_{Mg}//\{\bar{1}\,1\,1\}_{Al_2Y}$。若仍以$\langle\bar{1}\,1\,0\,0\rangle_{Mg}//\langle 1\,0\,1\rangle_{Al_2Y}$作为列内匹配条件，选择垂直的另一对晶向$\langle 0\,0\,0\,1\rangle_{Mg}//\langle 0\,1\,0\rangle_{Al_2Y}$作为列间匹配条件，那么包含这两个方向的$\{1\,1\,\bar{2}\,0\}_{Mg}//\{\bar{1}\,0\,1\}_{Al_2Y}$就是择优界面，相应地位向关系 OR2 为$\langle\bar{1}\,1\,0\,0\rangle_{Mg}//\langle 1\,0\,1\rangle_{Al_2Y}$，$\{1\,1\,\bar{2}\,0\}_{Mg}//\{\bar{1}\,0\,1\}_{Al_2Y}$。

表 8.9　Mg-Al_2Y 系统中的匹配对

序号	Mg	Al_2Y	错配度/%
1	$\langle\bar{1}\,1\,0\,0\rangle$	$\langle 1\,0\,1\rangle$	0.0016
2	$\langle 1\,1\,\bar{2}\,0\rangle$	$\langle\bar{1}\,\bar{2}\,1\rangle$	0.0028
3	$3\langle 0\,0\,0\,1\rangle$	$2\langle 0\,0\,1\rangle$	2.84

图 8.9a 是 OR1 的正空间和倒空间的阵点分布，可以清晰地看到列匹配特征。倒空间中的匹配列方向 $\boldsymbol{g}_{(0002)Mg}//\boldsymbol{g}_{(\bar{1}11)Al_2Y}$垂直于惯习面$(0\,0\,0\,1)_{Mg}//(\bar{1}\,1\,1)_{Al_2Y}$的迹线。在该惯习面上，每个 Al_2Y 阵点都是 GMS(见图 8.9b)，该界面匹配接近形成严格匹配的 CSL，因此 Al_2Y 的$\{\bar{1}\,1\,1\}_{Al_2Y}$表面能够有效促进 Mg 晶粒在凝固过程中形核，这个结果得到了实验证实[19]。OR2 的正空间和倒空间也都显现列匹配特征，倒空间中的匹配列方向 $\boldsymbol{g}_{(11\bar{2}0)Mg}//\boldsymbol{g}_{(\bar{2}02)Al_2Y}$垂直于惯习面

$(1\ 1\ \bar{2}\ 0)_{Mg}$ // $(\bar{1}\ 0\ 1)_{Al_2Y}$的迹线(见图 8.10a)。在该惯习面上仍然具有双列匹配特征，不过仅有一半的 Al_2Y 阵点是 GMS(见图 8.10b)，匹配程度明显低于 OR1 的惯习面，说明$\{\bar{1}\ 0\ 1\}_{Al_2Y}$表面也有助于形核，但作用会比$\{\bar{1}\ 1\ 1\}_{Al_2Y}$表面的低。液相中 Al_2Y 颗粒的实际表面法向也会影响择优位向关系的形成。

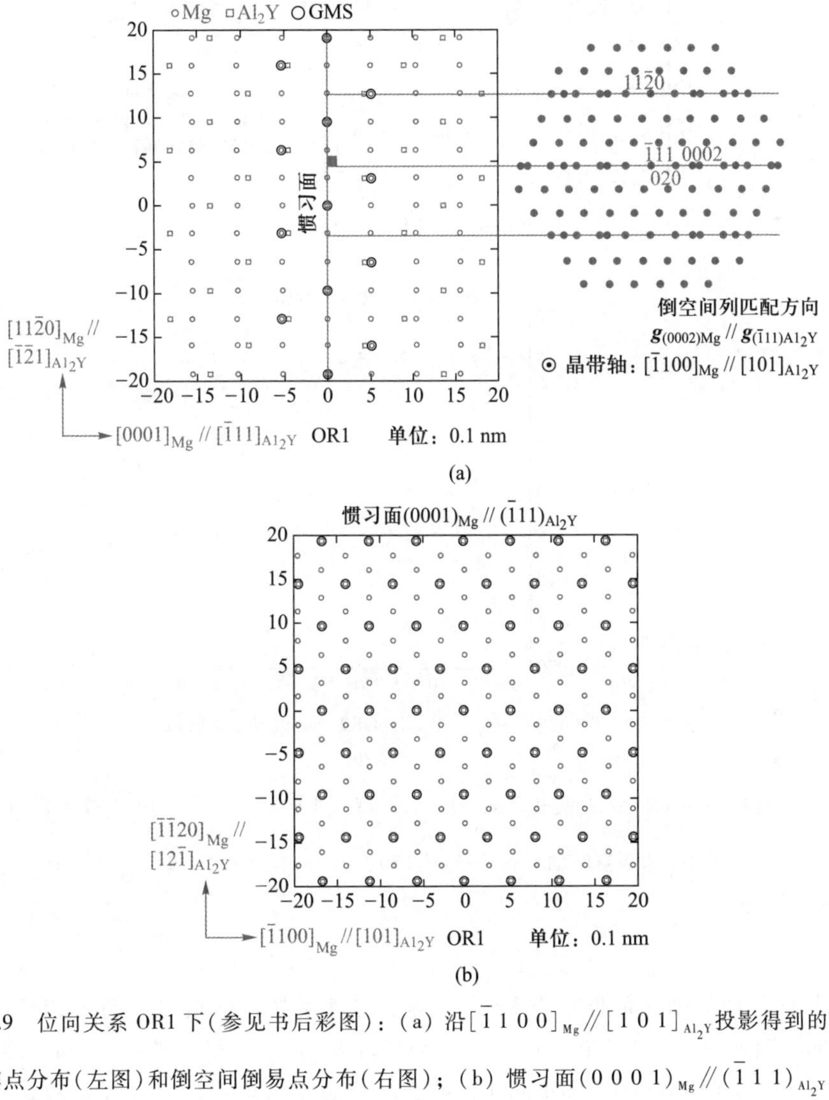

图 8.9 位向关系 OR1 下(参见书后彩图)：(a) 沿$[\bar{1}\ 1\ 0\ 0]_{Mg}$ // $[1\ 0\ 1]_{Al_2Y}$投影得到的正空间阵点分布(左图)和倒空间倒易点分布(右图)；(b) 惯习面$(0\ 0\ 0\ 1)_{Mg}$ // $(\bar{1}\ 1\ 1)_{Al_2Y}$上的点阵匹配情况

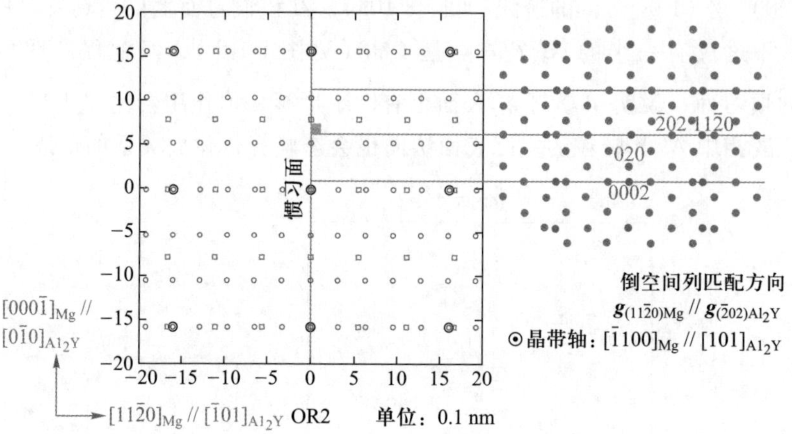

(a)

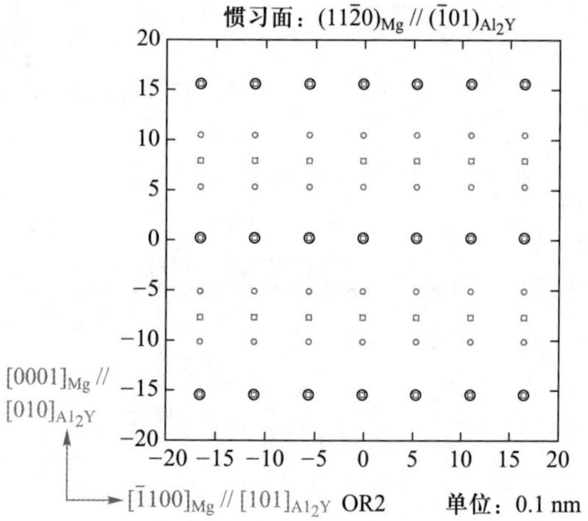

(b)

图 8.10　位向关系 OR2 下(参见书后彩图)：(a) 沿$[\bar{1}100]_{Mg}$ // $[101]_{Al_2Y}$投影得到的正空间阵点分布(左图)和倒空间倒易点分布(右图)，(b) 惯习面$(11\bar{2}0)_{Mg}$ // $(\bar{1}01)_{Al_2Y}$上的点阵匹配情况

其他常用的细化剂也有与 Mg 的点阵常数非常接近的情况。例如 ZnO 细化剂(hcp 结构，$a_{ZnO}=0.326\,5$ nm，$c_{ZnO}=0.521\,9$ nm)和 AlN 细化剂(hcp 结构，$a_{AlN}=0.312$ nm，$c_{AlN}=0.498\,8$ nm)。对于这种晶体结构相同、晶体常数接近的简单情况，我们同样可以预测会出现低指数晶向平行，界面上两相点阵一一匹配的结构。实验证实：ZnO 有利于 Mg 在凝固过程中异质形核，能够显著细化纯 Mg 和 Mg-Zn 合金的晶粒[20]；添加 0.5wt% AlN 可以将 Mg-3wt% Al 铸态合

金的晶粒尺寸从 450 μm 减小到 120 μm[21]。

比较上述近列匹配法与边-边匹配法[22]对晶粒细化剂界面结构的预测，可以看到，两种方法的第一步是相同的，都是找一对匹配好的矢量，而且这对矢量必须在择优界面上，但是后续步骤有差异，因此最后得到的择优界面和位向关系不完全相同。近列匹配法的目的是寻找含 GMS 团簇的界面，它强调含一对匹配列的界面为潜在择优界面，以便处理另一对匹配好的矢量不能同时平行的一般情况，最终得到的是有理位向关系。边-边匹配法的目标是晶面的准确边-边匹配，通常需要一个晶体转动来实现，从而可以得到无理位向关系[18]。

近列匹配法得到的位向关系是界面择优态决定的代表性初态位向关系。由于新相长大过程中界面奇异位错结构的要求可能要产生转动，因此稳态位向关系可能偏离有理位向关系。由于转动后的稳态位向关系一般服从 $\Delta\boldsymbol{g}$ 平行法则（见第 1 章），考虑到水纹面的性质（见第 5 章），其结果是有一些晶面会在择优界面上实现边-边匹配关系。

不过，上述 Mg-Al_2Y 体系的例子很特殊。Al_2Y 与 Mg 之间的 $\{0\,0\,0\,1\}_{Mg}$ // $\{\bar{1}\,1\,1\}_{Al_2Y}$ 的匹配接近完美，择优界面上不但可以出现互相垂直双匹配列，而且由于面上两个点阵都有六次对称花样（见图 8.9b），多对等价的匹配好的矢量可以同时平行。这种情况下，初态位向关系和界面取向会在新相长大过程中一直维持不变，这一结果已被实验证实[19]。

8.4 本章小结

本章初步探索了相变晶体学在预测合金第二相晶体学特征和指导合金设计方面的应用。不论形成弥散析出相以提高强化效果，还是提供形核剂以细化晶粒，都是材料工程上对合金中第二相的期望。得到接近完美的共格界面能够降低形核能垒，可以实现这些目的，而且用两相点阵常数之间的比较便可以预测界面的宏观几何。然而接近完美的共格界面毕竟有限，自然择优的界面还包括局部实现一一匹配的一次择优态结构或者非一一匹配的二次择优态结构的情况，并且匹配矢量未必是低指数方向。

本章介绍了近列匹配方法，用于计算局部可能实现上述择优态结构的界面宏观几何。近列匹配法预测的位向关系的数目与所采用的列内和列间匹配的判据有关。判据越宽松，则预测结果越多，判据的具体数值要根据相变系统及材料设计需求进行选择。

我们用近列匹配法计算了 Mg 和 Mg_2Sn 之间的晶体学特征，预测了这个系统已观察到的位向关系及相关择优界面。通过预测位向关系和择优界面的形成，可以指导材料设计。例如，能够成功预测 Mg 合金中沿$[0\,0\,0\,1]_{Mg}$生长的β-Mn 析出相、Cu 合金中惯习面为$\{1\,\bar{1}\,0\}_{Cu}$的 Ni_2Si 析出相以及镁合金的 Al_2Y 晶粒细化剂。前人已经分别用不同的界面匹配分析方法成功预测了这些结果，本章应用近列匹配法不仅预测了这些系统中的择优界面，而且在正空间和倒空间中揭示了这些择优界面共有的列匹配特征。

参考文献

[1] Jiang S, Wang H, Wu Y, et al. Ultrastrong steel via minimal lattice misfit and high-density nanoprecipitation. Nature, 2017, 544(2): 460-464.

[2] Wang F, Bhattacharyya J J, Agnew S R. Effect of precipitate shape and orientation on Orowan strengthening of non-basal slip modes in hexagonal crystals, application to magnesium alloys. Materials Science and Engineering A, 2016, 666(6): 114-122.

[3] 石章智，张敏，黄雪飞，等. 可时效强化 Mg-Sn 基合金的研究进展. 金属学报，2019，55(10): 1231-1242.

[4] Shi Z Z, Chen H T, Zhang K, et al. Crystallography of precipitates in Mg alloys. Journal of Magnesium and Alloys, 2021, 9(2): 416-431.

[5] Shi Z Z, Yu J, Ji Z K, et al. Influence of solution heat treatment on microstructure and hardness of as-cast biodegradable Zn-Mn alloys. Jouronal of Materials Science, 2018, 54 (2): 1728-1740.

[6] Chen H T, Shi Z Z. A new orientation relationship OR13 and irrational interfaces between Mg_2Sn phase and magnesium matrix in an aged Mg alloy. Materials Letters, 2020, 281 (12): 128648.

[7] Riontino G, Mengucci P, Abis S. Precipitation sequence in an Al-Cu-Mg-Ag-Zn alloy. Philosophical Magazine A, 2006, 72(3): 765-782.

[8] Shi Z Z, Dai F Z, Zhang M, et al. Secondary coincidence site lattice model for truncated triangular β-Mg_2Sn precipitates in a Mg-Sn-based alloy. Metallurgical and Materials Transactions A, 2013, 44(6): 2478-2486.

[9] Huang X F, Shi Z Z, Zhang W Z. Transmission electron microscopy investigation and interpretation of the morphology and interfacial structure of the ε′-$Mg_{54}Ag_{17}$ precipitates in an Mg-Sn-Mn-Ag-Zn alloy. Journal of Applied Crystallography, 2014, 47(5): 1676-1687.

[10] Huang X, Huang W. Irrational crystallography of the $\langle 11\bar{2}0\rangle_{Mg}$ Mg_2Sn precipitates in an aged Mg-Sn-Mn alloy. Materials Characterization, 2019, 151(5): 260-266.

[11] Zhang W Z, Sun Z P, Zhang J Y, et al. A near row matching approach to prediction of multiple precipitation crystallography of compound precipitates and its application to a Mg/Mg_2Sn system. Journal of Materials Science, 2017, 52(8): 4253-4264.

[12] Shi Z Z, Zhang W Z. Characterization and interpretation of twin related row-matching

orientation relationships between Mg_2Sn precipitates and the Mg matrix. Journal of Applied Crystallography, 2015, 48(6): 1745-1752.

[13] Zhang W Z, Purdy G R. O-lattice analyses of interfacial misfit. Ⅰ. General considerations. Philosophical Magazine A, 1993, 68(2): 279-290.

[14] Li Y J, Zhang W Z, Marthinsen K. Precipitation crystallography of plate-shaped Al_6(Mn, Fe) dispersoids in AA5182 alloy. Acta Materialia, 2012, 60(17): 5963-5974.

[15] Nie J F. Effects of precipitate shape and orientation on dispersion strengthening in magnesium alloys. Scripta Materialia, 2003, 48(8): 1009-1015.

[16] 石章智，张文征. 用相变晶体学指导 Mg-Sn-Mn 合金优化设计. 金属学报，2011，47(1)：41-46.

[17] Fujiwara H. Designing high-strength copper alloys based on the crystallographic structure of precipitates. Furukawa Review, 2004, 26: 37-43.

[18] Qiu D, Zhang M X, Taylor J A, et al. A new approach to designing a grain refiner for Mg casting alloys and its use in Mg-Y-based alloys. Acta Materialia, 2009, 57(10): 3052-3059.

[19] Qiu D, Zhang M X. The nucleation crystallography and wettability of Mg grains on active Al_2Y inoculants in an Mg-10wt%Y alloy. Journal of Alloys and Componds, 2014, 586(2): 39-44.

[20] Fu H M, Qiu D, Zhang M X, et al. The development of a new grain refiner for magnesium alloys using the edge-to-edge model. Journal of Alloys and Componds, 2008, 456(1-2): 390-394.

[21] Fu H M, Zhang M X, Qiu D, et al. Grain refinement by AlN particles in Mg-Al based alloys. Journal of Alloys and Componds, 2009, 478(1-2): 809-812.

[22] Zhang M X, Kelly P M. Edge-to-edge matching and its applications: Part Ⅰ. Application to the simple HCP/BCC system. Acta Materialia, 2005, 53(4): 1073-1084.

附录 1

位移矩阵分解和位移空间应用

邱冬　顾新福

在 4.3 节介绍位移矩阵时提到了位移空间的概念。Bollmann 在建立 O 点阵理论时[1,2]，特别强调了位移空间和晶体空间之间的关系。厘清这两个空间之间的关系有助于深入理解 O 点阵理论，但是假想的位移空间及其与晶体空间的联系可能令一些初学者感到复杂，因此我们在第 4 章提供了利用 O 点阵分析界面错配位错的简单物理图像。为了帮助感兴趣的读者进一步理解位移矩阵和位移空间在描述错配位移场中的意义和应用，下面我们从位移空间和晶体空间两个方面的关系和应用介绍对位移空间的分析和拓展。

A1.1　位移空间和晶体空间的连续型关系和应用

读者不难发现，当我们在应用 O 点阵模型定量分析界面结构的每个步骤中，无论是计算主 O 点阵矢量、主 O 点阵面还是计算 O 胞壁的法向都离不开位移矩阵 **T** 的参与。由于位移矩阵携带了错配位移场的重要信息，对其性质的进一步分析，有助于深入理解自然择优的相变晶体学特征。根据式(4.2)，如果我们将位移矩阵作用于单位矢量，就可以得到与该矢量相联系的相对位移矢量的大小和方向。从这个意义上讲，我们可以把位移矩阵的作用理解成一种映射，把名义点阵(通常选取新相 β 点阵)中的每一个单位矢量映射到与之联系的相对位移矢量，那么所有这些相对位移矢量及其线性组合的集合就构成了位移空间。

让我们先来考察正空间下的相对位移矢量

$$\Delta \boldsymbol{x}_{\beta}=\mathbf{T}\boldsymbol{x}_{\beta} \tag{A1.1}$$

式中，$\boldsymbol{x}_\beta$ 是名义点阵 β 中的一个单位矢量，满足 $|\boldsymbol{x}_\beta|=1$，所有 $\boldsymbol{x}_\beta$ 的集合就构成了一个单位球，我们称之为 β 单位球。一般情况下，这个单位球在 **T** 的作用下映射为一个椭球，该椭球的三个主轴反映了错配位移场的特征。为了计算这三个主轴的方向，最方便的方法是对位移矩阵进行奇异值分解，即

$$\mathbf{T}=\mathbf{UDV}'=[\boldsymbol{u}_1\quad \boldsymbol{u}_2\quad \boldsymbol{u}_3]\begin{bmatrix}\sigma_1 & & \\ & \sigma_2 & \\ & & \sigma_3\end{bmatrix}\begin{bmatrix}\boldsymbol{v}_1'\\ \boldsymbol{v}_2'\\ \boldsymbol{v}_3'\end{bmatrix} \tag{A1.2}$$

式中，**D** 是一个对角矩阵，对角线上的元素 σ_1、σ_2 和 σ_3（$\sigma_1\geqslant\sigma_2\geqslant\sigma_3\geqslant 0$）称为 **T** 的奇异值；**U** 和 **V** 都是正交矩阵，矩阵 **U** 的三个列向量 $\boldsymbol{u}_1$、$\boldsymbol{u}_2$ 和 $\boldsymbol{u}_3$ 为相互正交的单位矢量，称为左奇异向量；矩阵 **V** 的三个列向量 $\boldsymbol{v}_1$、$\boldsymbol{v}_2$ 和 $\boldsymbol{v}_3$ 也是相互正交的单位矢量，称为右奇异向量。

当位移矩阵满秩时，单位矢量 $\boldsymbol{x}_\beta$ 可以表达为

$$\boldsymbol{x}_{\beta}=\mathbf{T}^{-1}\Delta \boldsymbol{x}_{\beta} \tag{A1.3}$$

将位移矩阵进行奇异值分解后的形式代入上式，则

$$\boldsymbol{x}_{\beta}=\mathbf{VD}^{-1}\mathbf{U}'\Delta \boldsymbol{x}_{\beta} \tag{A1.4}$$

由于 $\boldsymbol{x}_\beta$ 是单位矢量，所以

$$\boldsymbol{x}_{\beta}'\boldsymbol{x}_{\beta}=1 \tag{A1.5}$$

将式（A1.4）代入式（A1.5），则

$$(\Delta \boldsymbol{x}_{\beta}'\mathbf{UD}^{-1}\mathbf{V}')(\mathbf{VD}^{-1}\mathbf{U}'\Delta \boldsymbol{x}_{\beta})=1 \tag{A1.6}$$

根据正交矩阵的性质，$\mathbf{V}'\mathbf{V}=1$，所以上式可以简化为

$$\Delta \boldsymbol{x}_{\beta}'\mathbf{U}(\mathbf{D}^{-1})^{2}\mathbf{U}'\Delta \boldsymbol{x}_{\beta}=(\mathbf{U}'\Delta \boldsymbol{x}_{\beta})'(\mathbf{D}^{-1})^{2}(\mathbf{U}'\Delta \boldsymbol{x}_{\beta})=1 \tag{A1.7}$$

由于 **U** 也是正交矩阵，而且任何一个正交矩阵都可以看作一个坐标变换矩阵，所以上式中的 $\mathbf{U}'\Delta\boldsymbol{x}_\beta$ 实际上是 $\Delta\boldsymbol{x}_\beta$ 在以左奇异向量 $\boldsymbol{u}_1$、$\boldsymbol{u}_2$ 和 $\boldsymbol{u}_3$ 为坐标轴的公用直角坐标系中的表达。如果式（A1.7）中的 $\mathbf{U}'\Delta\boldsymbol{x}_\beta$ 用 $[x\ y\ z]$ 替换，并代入对角矩阵 **D** 的三个奇异值，则式（A1.7）可以改写为

$$\frac{x^{2}}{\sigma_1^{2}}+\frac{y^{2}}{\sigma_2^{2}}+\frac{z^{2}}{\sigma_3^{2}}=1 \tag{A1.8}$$

这个公式正好是一个椭球面的标准数学表达式，椭球面就是所有相对位移矢量 $\Delta\boldsymbol{x}_\beta$ 的集合，所以我们称之为位移椭球，或 D 椭球。这个椭球的三个主轴分别平行于左奇异向量 $\boldsymbol{u}_1$、$\boldsymbol{u}_2$ 和 $\boldsymbol{u}_3$，与之对应的椭球半径分别为奇异值 σ_1、σ_2 和

σ_3。这个 D 椭球就是我们要考察的位移空间在位移矩阵满秩时的表现形式。

由于位移矩阵可以看作从 β 单位球到 D 椭球的一个映射，我们也可以研究 D 椭球主轴对应的原始单位矢量，即对椭球主轴 $\sigma_i\boldsymbol{u}_i$ 进行位移矩阵的逆变换，即

$$\mathbf{T}^{-1}[\sigma_1\boldsymbol{u}_1 \quad \sigma_2\boldsymbol{u}_2 \quad \sigma_3\boldsymbol{u}_3] = \mathbf{T}^{-1}\mathbf{UD} = (\mathbf{VD}^{-1}\mathbf{U}')\mathbf{UD} = \mathbf{VD}^{-1}\mathbf{D} = \mathbf{V} = [\boldsymbol{v}_1 \quad \boldsymbol{v}_2 \quad \boldsymbol{v}_3] \tag{A1.9}$$

这个公式表明，位移椭球主轴 $\sigma_1\boldsymbol{u}_1$、$\sigma_2\boldsymbol{u}_2$ 和 $\sigma_3\boldsymbol{u}_3$ 所对应的原始单位矢量正是右奇异向量 $\boldsymbol{v}_1$、$\boldsymbol{v}_2$ 和 $\boldsymbol{v}_3$。表 A1.1 的上半部分给出了位移矩阵满秩的情况下，正空间中 β 单位球和 D 椭球的示意图。同理，在倒空间中，单位倒易矢量通过位移矩阵的映射也可以得到一个位移椭球，称为 D^* 椭球；椭球主轴的方向和长度，以及与之对应的原始倒易矢量所在的 α^* 单位球也可以通过类似的方法进行推导[3]，结果一并列在表 A.1 的下半部分，供读者参考。请注意，倒空间下的名义点阵换成了 α^*，而不是 β^*［参考式(4.12)］。

表 A1.1 位移矩阵满秩时正空间和倒空间中单位球与位移椭球之间的映射关系[3]

	名义点阵	位移空间
正空间	β 单位球	D 椭球
	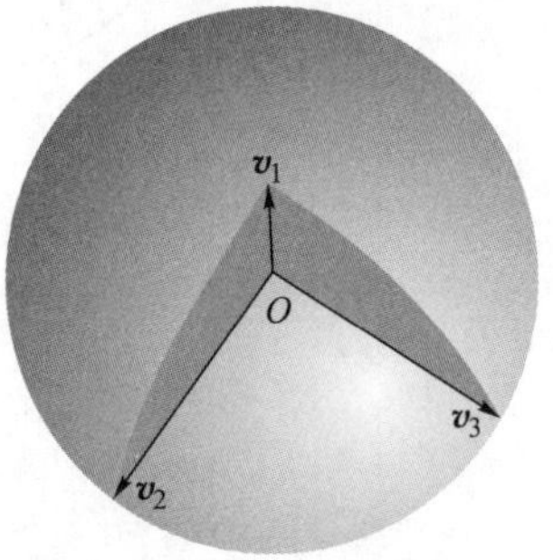	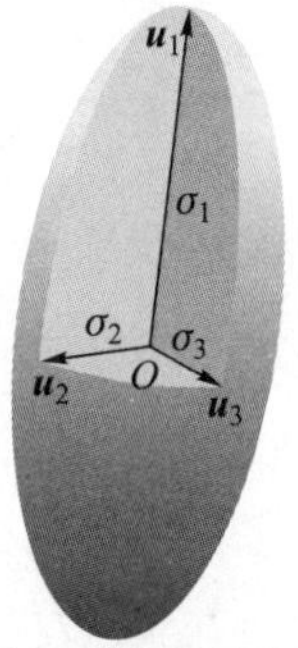
倒空间	α^* 单位球	D^* 椭球
	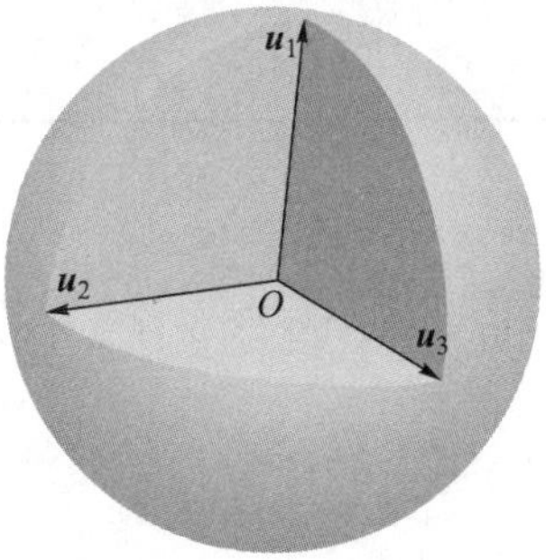	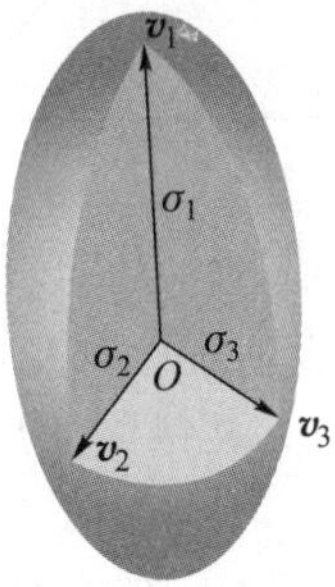

在位移椭球中，由于椭球径向的长度反映了位移矢量的大小，根据表 A1.1 所示，随着 σ_3 逐渐变小，D 椭球沿着主轴 $\boldsymbol{u}_3$ 方向越来越扁。当 $\sigma_3=0$ 时，根据式(A1.2)，位移矩阵 $\mathbf{T}$ 的秩降为 2。这时，将式(A1.2)表达的 $\mathbf{T}$ 作用于 $\boldsymbol{v}_3$ 可以得到

$$\mathbf{T}\boldsymbol{v}_3=\mathbf{0} \tag{A1.10}$$

表明当 $\sigma_3=0$ 时，$\boldsymbol{v}_3$ 是一个零位移的矢量。相应地，正空间的位移椭球退化为位移椭圆，称为 D 椭圆，椭圆的两个主轴分别为 $\sigma_1\boldsymbol{u}_1$ 和 $\sigma_2\boldsymbol{u}_2$，其原始矢量分别对应于 $\boldsymbol{v}_1$ 和 $\boldsymbol{v}_2$，它们定义了名义点阵中的一个单位圆，记为 β 单位圆(见表 A1.2)。

表 A1.2　位移矩阵秩为 2 时正空间和倒空间单位圆与位移椭圆之间的映射关系[3]

	名义点阵	位移空间
正空间	β 单位圆	D 椭圆
	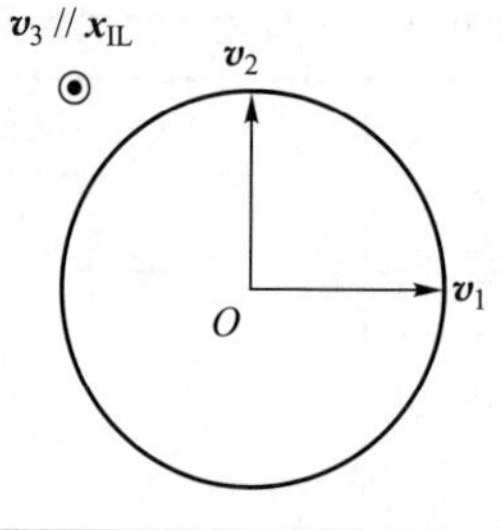	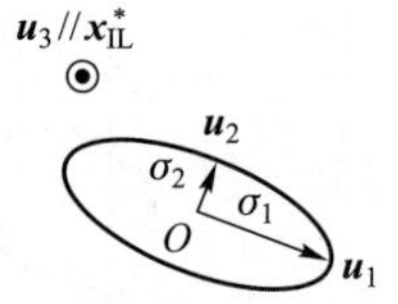
倒空间	α* 单位圆	D* 椭圆
	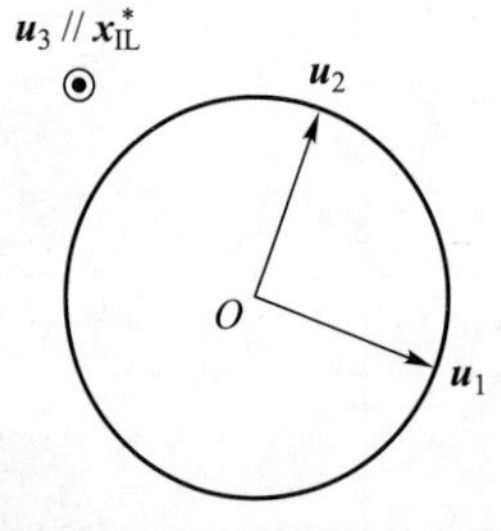	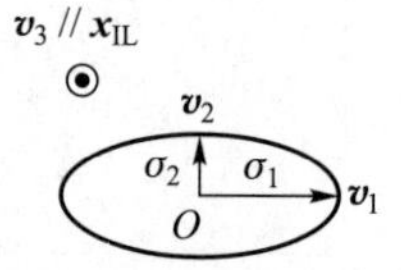

满足式(A1.10)的零位移矢量 $\boldsymbol{v}_3$ 定义了一根不变线，记为 $\boldsymbol{x}_{\mathrm{IL}}$，即相变前后长度和方向都不发生改变的矢量，对应的错配变形场称为不变线变形。根据式(A1.10)，其错配变形场矩阵满足

$$(\mathbf{I}-\mathbf{A}^{-1})\boldsymbol{v}_3=\mathbf{0} \tag{A1.11}$$

等式两侧同时左乘 $\mathbf{A}$ 可以得到

$$\mathbf{A}\boldsymbol{v}_3=\boldsymbol{v}_3 \tag{A1.12}$$

这就是第 5 章中介绍的所有含不变线的模型中对错配变形场 **A** 共有的约束。

同时，根据位移矩阵的奇异值分解，我们还可以发现与 $\boldsymbol{v}_3$ 相对应的左奇异向量 $\boldsymbol{u}_3$ 满足

$$\begin{aligned}\mathbf{T}'\boldsymbol{u}_3=\mathbf{VDU}'\boldsymbol{u}_3&=[\boldsymbol{v}_1\quad \boldsymbol{v}_2\quad \boldsymbol{v}_3]\begin{bmatrix}\sigma_1 & & \\ & \sigma_2 & \\ & & 0\end{bmatrix}\begin{bmatrix}\boldsymbol{u}_1'\\ \boldsymbol{u}_2'\\ \boldsymbol{u}_3'\end{bmatrix}\boldsymbol{u}_3\\ &=[\sigma_1\boldsymbol{v}_1\quad \sigma_2\boldsymbol{v}_2\quad \mathbf{0}]\begin{bmatrix}0\\ 0\\ |\boldsymbol{u}_3|^2\end{bmatrix}=\mathbf{0}\end{aligned} \tag{A1.13}$$

根据 **T** 与 **A** 的关系，上式可以改写为

$$(\mathbf{A}^{-1})'\boldsymbol{u}_3=\boldsymbol{u}_3 \tag{A1.14}$$

满足上式的矢量 $\boldsymbol{u}_3$ 定义了一根倒空间中的不变线(记为 $\boldsymbol{x}_{\mathrm{IL}}^*$)。

相应地，当位移矩阵的秩降为 2 时，在倒空间中单位倒易矢量通过位移矩阵的映射也会得到一个位移椭圆，记为 D* 椭圆，椭圆的主轴分别由 $\sigma_1\boldsymbol{v}_1$ 和 $\sigma_2\boldsymbol{v}_2$ 定义，椭圆平面垂直于不变线方向 $\boldsymbol{v}_3$，与之对应的原始倒易矢量所在的单位圆记为 α* 单位圆，单位圆所在的平面垂直于倒空间不变线 $\boldsymbol{u}_3$。D* 椭圆与 α* 单位圆的映射关系也列在表 A1.2 中。

当位移矩阵 **T** 的秩降为 1 时，σ_2 与 σ_3 同时为零，此时位移椭圆进一步退化成一根线段，长度为 $2\sigma_1$，相应地 β 单位圆也退化为单位线段。实际上，合金体系中出现位移矩阵 **T** 的秩为 1 的情况是比较罕见的，这里不再继续讨论。

在很多实际沉淀相变体系中，新相具有择优的生长方向，表现出针状，柱状或片条状的形貌。新相择优的生长方向往往是错配最小的方向。前人也曾试图根据错配的各向异性来解释新相形貌的各向异性[4]，也就是说，错配最小方向为形貌的生长方向，以最小错配的面为形貌上的最宽界面。在共格的情况下，这样考虑是合理的，而且近期模拟的共格析出相形状的确符合错配各向异性分布的结果[5]。然而，这是不受界面位错影响的情况。正如第 1 章所讨论的，半共格析出相的形貌受界面位错的影响较大，因此观察到的析出相最宽方向不一定由错配度决定。尽管如此，了解错配各向异性的情况，对分析析出相形貌仍然可以提供有益的启示。

上文中表 A1.1 和表 A1.2 给出了 D 椭球或 D 椭圆，但是名义点阵中对应的矢量落在单位球面或单位圆上，对分析析出相形貌不是很直观。如果我们反过来，即设定相对位移为单位矢量，做出 D 单位球或 D 单位圆，那么在名义点阵中必然存在对应相同位移的 β 椭球或 β 椭圆柱，如表 A1.3 所示。在 **T** 满秩

的情况下的 β 椭球面就是晶体空间内的等错配面，反映了晶体空间的错配分布，即错配越小落在 β 椭球面上的相应矢量越长。在 **T** 的秩为 2 的情况下，无错配的不变线方向 $\boldsymbol{v}_3$ 为椭圆柱的轴向，即析出相的最长方向；而 β 椭圆柱的截面，即 β 椭圆代表了等错配线，反映了垂直于不变线的方向上错配的各向异性。表 A1.3 中 $\sigma_2<\sigma_1$，β 椭圆上的 $\boldsymbol{v}_2$ 方向错配最小，而 $\boldsymbol{v}_1$ 方向错配最大。

表 A1.3　正空间中位移空间单位球（圆）与晶体空间椭球（椭圆）间的映射关系[3]，R（T）表示位移矩阵 T 的秩

<table>
<tr><td></td><td>名义点阵</td><td>位移空间</td></tr>
<tr><td rowspan="2">R（T）= 3</td><td>β 椭球</td><td>D 单位球</td></tr>
<tr><td>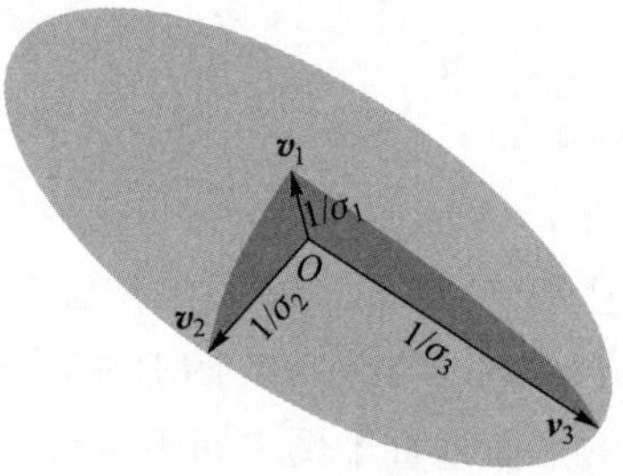
</td><td>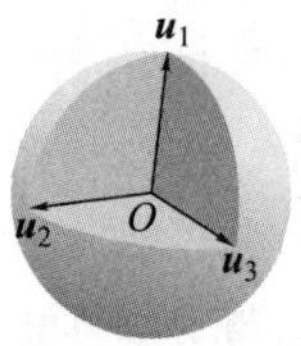
</td></tr>
<tr><td rowspan="2">R（T）= 2</td><td>β 椭圆柱（截面）</td><td>D 单位圆</td></tr>
<tr><td>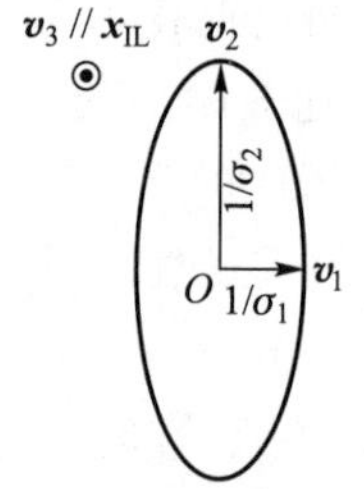
</td><td>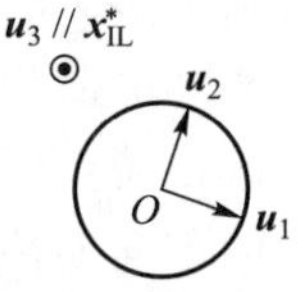
</td></tr>
</table>

A1.2　位移空间和晶体空间的离散型关系和应用

O 点阵的计算公式建立了位移空间中参考点阵与晶体空间中的 O 点阵之间的映射关系。当 **T** 为满秩矩阵时，上述映射的阵点位置是一一对应的。当 **T** 为降秩矩阵时，此时 O 单元拓展为线或者面，位移空间中参考点阵与晶体空间中的 O 点阵之间的映射关系仍然保持。因此，位移空间中是否存在参考点阵的阵点，决定了 O 点阵存在的状态。

当 **T** 的秩为 2 时，位移空间为二维平面，如果这个二维平面上含有周期性排列的、参考点阵的阵点，即位移空间平行于参考点阵的一个密排面(例如扭转晶界，这种情况在相界中很少见)，我们可以得到在三维空间周期性的 O 线与之对应。如果位移空间只含一个伯氏矢量，那么将得到一组且只有一组周期性 O 线，以及与 O 线间隔排列的一组错配位错。如果位移空间既不平行于参考点阵的密排面，也不含有任何伯氏矢量，而仅仅是平行于参考点阵的一个无理面，以至于不含或只含零星的参考点阵的阵点，那么我们将得不到以位错间隔的周期性 O 单元。

然而，实际界面只要能够自发弛豫为局域择优态，都会出现作为择优态区边界的错配位错。对于含不变线而不含 O 线的界面，仍然可能弛豫为共格区以及分割共格区的错配位错，此时错配位移要由多组平行于不变线的位错承担。根据第 1 章中的分析，择优态区由匹配好区弛豫后形成，在 O 单元没有解的情况下，尽管无法直接运用第 4 章介绍的 O 点阵模型计算位错结构，但是我们还是可以通过匹配好区的分布推导可能的位错结构。下面分析当 **T** 的秩为 2 的情况，这种情况经常出现在界面含不变线的柱状和片条状沉淀相中。当 **T** 的秩为 1 时，可以用同样的方法进行分析。

根据式(4.6)，主 O 点阵矢量的相对位移必须是一个参考点阵中的伯氏矢量 $\boldsymbol{b}_i$。当位移空间退化为一个 D 椭圆，如果系统有 O 线解，则伯氏矢量 $\boldsymbol{b}_i$ 必须在 D 椭圆所在的平面内。因为 D 椭圆以 $\sigma_1\boldsymbol{u}_1$ 和 $\sigma_2\boldsymbol{u}_2$ 为主轴，其所在平面法线为 $\boldsymbol{u}_3$，所以 O 线解存在的条件就等价于要求 $\boldsymbol{b}_i$ 垂直于 $\boldsymbol{u}_3$，即

$$\boldsymbol{u}_3'\boldsymbol{b}_i = 0 \tag{A1.15}$$

这就是第 5 章中 O 线模型对错配变形场 **A** 更进一步的约束。在含有 O 线的界面上(垂直于 $\Delta\boldsymbol{g}_{\mathrm{p}\text{-}i}$)，若主 O 点阵矢量为 $\boldsymbol{x}_i^{\mathrm{O}}$，O 线的方向平行于不变线的方向 $\boldsymbol{x}_{\mathrm{IL}}$，则界面内任意矢量 $\boldsymbol{x}_\beta$ 可以表达为

$$\boldsymbol{x}_\beta = m\boldsymbol{x}_i^{\mathrm{O}} + n\boldsymbol{x}_{\mathrm{IL}} \tag{A1.16}$$

式中，m 和 n 为任意实数。对应的相对位移矢量为

$$\Delta\boldsymbol{x}_\beta = \mathbf{T}(m\boldsymbol{x}_i^{\mathrm{O}} + n\boldsymbol{x}_{\mathrm{IL}}) = m\boldsymbol{b}_i^{\mathrm{L}} + \mathbf{0} = m\boldsymbol{b}_i \tag{A1.17}$$

因此，在有含 O 线的界面上，相对位移是平行于伯氏矢量的。当相对位移等于整数倍伯氏矢量时，界面上会出现以零错配的 O 线为中心的匹配好区，好区之间由周期性分布的错配位错分开。

实验发现，有些柱状或片条状析出相有不止一个平行于不变线的择优界面，除了含 O 线的界面垂直于 $\Delta\boldsymbol{g}_{\mathrm{p}\text{-}i}$ 以外，其他择优界面也通常垂直于一个 $\Delta\boldsymbol{g}_{\mathrm{p}\text{-}j}$。我们可以利用位移空间与晶体空间的映射关系评估该界面上匹配好区的

分布。对于垂直于 $\Delta\boldsymbol{g}_{\text{p-}j}$ 面上的任意点阵矢量 $\boldsymbol{x}_\beta$，与其相关的相对位移 $\Delta\boldsymbol{x}_\beta$ 虽然不平行于伯氏矢量 $\boldsymbol{b}_i$，但它一定躺在与 $\Delta\boldsymbol{g}_{\text{p-}j}$ 相关的密排面（或次密排面）$\boldsymbol{g}_{\text{p-}j}$ 上，这是因为

$$\boldsymbol{g}'_{\text{p-}j}\Delta\boldsymbol{x}_\beta=\boldsymbol{g}'_{\text{p-}j}\mathbf{T}\boldsymbol{x}_\beta=\Delta\boldsymbol{g}'_{\text{p-}j}\boldsymbol{x}_\beta=0 \tag{A1.18}$$

所以我们就可以在密排面（或次密排面）$\boldsymbol{g}_{\text{p-}j}$ 上分析与 $\boldsymbol{x}_\beta$ 相关的错配位移 $\Delta\boldsymbol{x}_{\beta\text{m}}$。同时，在出现不变线的条件下，因为位移空间所在平面垂直于 $\boldsymbol{u}_3$，所以相对位移 $\Delta\boldsymbol{x}_\beta$ 必须垂直于 $\boldsymbol{u}_3$。因此，对应给定体系和错配变形场，该界面上相对位移 $\Delta\boldsymbol{x}_\beta$ 的方向是固定的（由 $\boldsymbol{u}_3$ 和 $\boldsymbol{g}_{\text{p-}j}$ 的叉积决定），其大小正比于 $\boldsymbol{x}_\beta$ 的长度。对于一个任意长度的 $\Delta\boldsymbol{x}_\beta$，我们可以查看其按照点阵基矢分解后得到错配位移 $\Delta\boldsymbol{x}_{\beta\text{m}}$，如果错配位移量 $|\Delta\boldsymbol{x}_{\beta\text{m}}|$ 小于选定的好区判据，则在晶体空间对应这个位移的矢量 $\boldsymbol{x}_\beta$ 就落在一个匹配好区。

图 A1.1 给出了一个分析匹配好区的具体例子，其中 $\boldsymbol{g}_{\text{p-}j}$ 为 fcc 结构的（1 1 1）面，其相关界面垂直于 $\Delta\boldsymbol{g}_{(111)\text{f}}=\mathbf{T}'\boldsymbol{g}_{(111)\text{f}}$［式（4.12）］。通过在（1 1 1）面上寻找距离 $\Delta\boldsymbol{x}_\beta$ 端点最近的阵点，$\Delta\boldsymbol{x}_\beta$ 端点与这个阵点的距离就定义了错配位移量 $|\Delta\boldsymbol{x}_{\beta\text{m}}|$。这里采用匹配好区中的错配位移量不大于参考点阵伯氏矢量大小的 15% 的判据，即

$$|\Delta\boldsymbol{x}_{\beta\text{m}}|\leqslant 15\%|\boldsymbol{b}_i| \tag{A1.19}$$

在图 A1.1 中，为了方便考察，我们在（1 1 1）面上以所有阵点为中心，以 $15\%|\boldsymbol{b}_i|$ 为半径画一个圆，称为匹配圆。如果相对位移 $\Delta\boldsymbol{x}_\beta$ 的端点落在匹配圆内，那么其错配位移量 $|\Delta\boldsymbol{x}_{\beta\text{m}}|$ 小于圆的半径，满足式（A1.19），此时在晶体空间中与之相关的矢量 $\boldsymbol{x}_\beta$ 所定义的位置必然处于匹配好区内。图 A1.1 中沿着 $\Delta\boldsymbol{x}_\beta$ 方向与匹配圆相截得到的红色线段就对应着界面上沿点阵矢量 $\boldsymbol{x}_\beta$ 方向、处于匹配好区的那些格点。根据 $\Delta\boldsymbol{x}_\beta$ 能够截到的匹配圆的情况，不但可以得到匹配好区位置的分布，而且根据该方向是伯氏矢量的线性组合，可以得到相邻匹配好区之间位错的伯氏矢量，从而理解实验得到的位错结构[6]。如图 A1.1 所示，从原点出发沿 $\Delta\boldsymbol{x}_\beta$ 方向到相邻的匹配好区的位移矢量先后跨过了 7 个伯氏矢量，分别为 $\boldsymbol{b}_1$、$\boldsymbol{b}_1$、$\boldsymbol{b}_1$、$\boldsymbol{b}_2$、$\boldsymbol{b}_1$、$\boldsymbol{b}_1$、$\boldsymbol{b}_1$。此外，匹配好区的结果与匹配圆半径选取有关，并且界面实际弛豫结果也可能使界面包含更多的匹配好区。同样的界面位错结构也可以通过第 5 章和附录 2 中介绍的广义 O 点阵方法求解，该方法将 O 点阵从错配为零处拓展到错配最小的位置，而不是符合某个好区判据，其数学严谨，也更为普适。与广义 O 点阵方法比较，这里介绍的图形法比较直观，更易于理解界面出现的好区分布和伯氏矢量的选择。

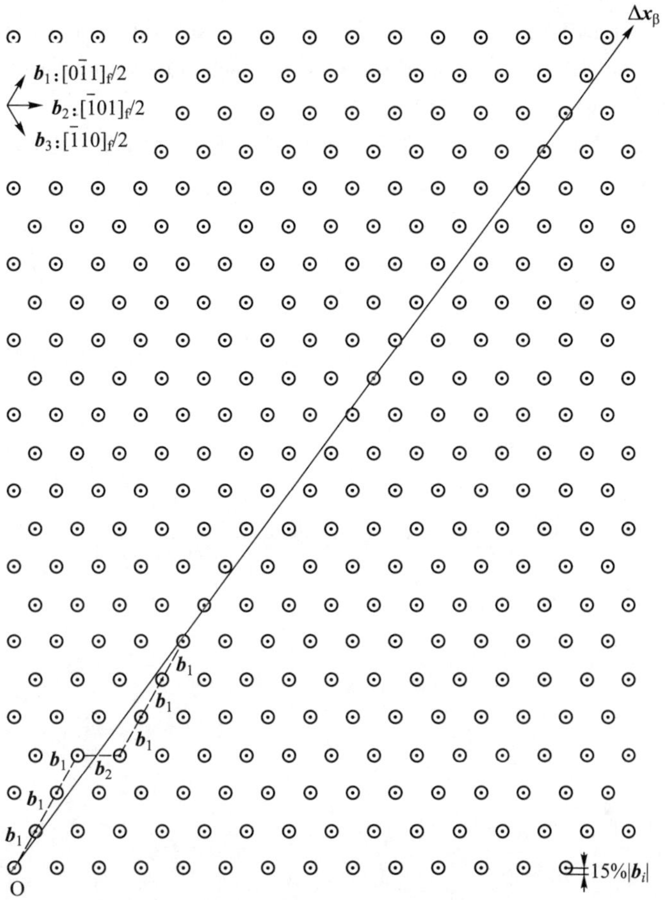

图 A1.1　在密排面 $g_{(111)f}$上分析垂直于 $\Delta g_{(111)f}$的界面上匹配好区分布的示意图(参见书后彩图)。黑色圆点代表密排面 $g_{(111)f}$上的阵点，蓝色圆圈代表匹配圆，红色线段代表该位置错配位移量 $|\Delta x_{\beta m}| \leqslant 15\% |b_i|$，相应界面上出现匹配好区。相邻匹配好区之间的位错伯氏矢量沿图中虚线逐个确定

参考文献

[1]　Bollmann W. Crystal defects and crystalline interfaces. Berlin: Springer, 1970.

[2]　Bollmann W. Crystal lattices, interfaces, matrices. Geneva: Bollmann, 1982.

[3]　Gu X F, Zhang W Z, Qiu D. A systematic investigation of the development of the orientation relationship in an fcc/bcc system. Acta Materialia, 2011, 59(12): 4944-4956.

[4]　Knowles K M, Smith D A. The application of surface dislocation theory to the f.c.c.-b.c.c.

interface. Acta Crystallographica，1982，38(1)：34-40.
[5] Sun Z P，Zhang J Y，Dai F Z，et al. A molecular dynamics study on formation of the self-accommodation microstructure during phase transformation. Journal of Materials Science and Technology，2019，35(11)：2638-2646.
[6] 邱冬. 双相不锈钢系统奥氏体沉淀相的相变晶体学研究. 博士学位论文. 北京：清华大学，2005.

附录 2

广义 O 单元方法及其应用

张金宇

A2.1 广义 O 单元方法

第 4 章中介绍的 O 点阵理论是计算界面位错结构的一种普适工具。在 O 点阵模型中，O 单元代表了两个点阵错配为零的位置，是界面上潜在的择优态区域；O 胞壁作为错配差的区域，其与界面的交线是界面位错的潜在位置。

当存在不变线或不变面时，经典 O 点阵理论计算所得到的 O 单元往往不是在三维空间中分布，因而不能给出三维空间中的错配分布。例如，当析出相的惯习面符合 O 线模型的特征时，我们可以计算得到平行排列的 O 线，用以解释惯习面上周期性分布的位错和共格区，但是不能直接得到析出相侧面和尖端等其他界面上的位错结构。产生这个问题的原因之一是，O 点阵理论严格计算出了错配位移为零的位置作为 O 单元的位置，限制了对局域错配最小位置的求解；而实验中观察的各个界面上，位错间共格区中心的错配位移不一定为零。

为了描述不同条件下所有界面上可能的位错结构，这里将介绍广义 O 单元的概念和基于这个概念建立的界面位错计算方法，称为广义 O 单元方法[1]。这个方法延续了传统 O 点阵理论中计算错配分布的基本思路，潜在的位错仍然处在错配最严重的位置。与传统 O 点阵理论不同的是，广义 O 单元定义为错配位移极小的位置，因此广义 O 单元既包含错配为零的严格 O 单元位置，也包括错配不严格为零的匹配好区中心位置，从而有效地给出三维空间中好区的分布，以及好区之间位错的可能位置。广义 O 单元方法可以在 O 点阵框架下解析地给出错配极小的位置，解决了不存在零错配的 O 单元时无法描述匹配好区的问题。

在第 4 章 O 点阵理论的介绍中，我们给出了错配位移矢量 $\Delta\boldsymbol{x}_{\beta\mathrm{m}}$ 的表达式为

$$\Delta\boldsymbol{x}_{\beta\mathrm{m}} = \boldsymbol{x}_{\beta} - \left(\boldsymbol{x}_{\alpha} + \sum_{i} k_i \boldsymbol{b}_{\alpha i}\right) = \mathbf{T}\boldsymbol{x}_{\beta} - \sum_{i} k_i \boldsymbol{b}_{\alpha i} \tag{A2.1}$$

式中，$\mathbf{T}$ 为位移矩阵；$\boldsymbol{x}_{\beta}$ 为 β 相中的任一矢量；系数 k_i 为整数；$\boldsymbol{b}_{\alpha i}$ 为 α 相的第 i 个伯氏矢量（$i=1$，2，…，n）。$\Delta\boldsymbol{x}_{\beta\mathrm{m}}$ 满足在 α 相的 Wigner-Seitz 原胞中。因为错配位移为零的位置定义了 O 单元的位置，所以根据式（A2.1），O 点阵矢量 $\boldsymbol{x}^0$ 必须满足

$$\mathbf{T}\boldsymbol{x}^0 = \sum_{i} k_i \boldsymbol{b}_{\alpha i} \tag{A2.2}$$

当位移矩阵的秩 R（$\mathbf{T}$）= 3 时，O 点阵矢量可以直接通过 $\mathbf{T}$ 的逆求出

$$\boldsymbol{x}^0 = \mathbf{T}^{-1} \sum_{i} k_i \boldsymbol{b}_{\alpha i} \tag{A2.3}$$

当 R（$\mathbf{T}$）= 2 时，$\mathbf{T}$ 矩阵不可逆。根据第 5 章的讨论，这时存在正空间不变线 $\boldsymbol{x}_{\mathrm{IL}}$ 和倒空间不变线 $\boldsymbol{x}^*_{\mathrm{IL}}$。沿不变线方向没有错配位移，即

$$\mathbf{T}\boldsymbol{x}_{\mathrm{IL}} = \mathbf{0} \tag{A2.4}$$

$$\mathbf{T}'\boldsymbol{x}^*_{\mathrm{IL}} = \mathbf{0} \tag{A2.5}$$

并且任何相变位移 $\mathbf{T}\boldsymbol{x}$ 必须垂直于 $\boldsymbol{x}^*_{\mathrm{IL}}$，即

$$\boldsymbol{x}^{*\prime}_{\mathrm{IL}}(\mathbf{T}\boldsymbol{x}) = (\boldsymbol{x}^{*\prime}_{\mathrm{IL}}\mathbf{T})\boldsymbol{x} = 0 \tag{A2.6}$$

根据这个公式和式（A2.2）可知，仅当 $\sum_{i} k_i \boldsymbol{b}_{\alpha i}$ 垂直于 $\boldsymbol{x}^*_{\mathrm{IL}}$ 时，式（A2.2）可解。特别地，当 $\boldsymbol{b}_{\alpha i}$ 垂直于 $\boldsymbol{x}^*_{\mathrm{IL}}$ 时，满足了 O 线解条件，式（A2.2）可以给出一组平行于不变线 $\boldsymbol{x}_{\mathrm{IL}}$ 的 O 线。含有周期性 O 线的面可以解释实验中观察到的析出相惯习面或宽面，周期性的 O 线和 O 线间的 O 胞壁可以解释惯习面上共格区和界面位错。然而，式（A2.2）不能得到其他界面上的 O 单元的分布。

为了按照错配极小的条件定量计算广义 O 单元的位置，下面引入矩阵 $\mathbf{T}$ 的 Moore-Penrose 广义逆 $\mathbf{T}^+$。$\mathbf{T}^+$ 可以在 $\mathbf{T}$ 的奇异值分解［式（A1.2）］基础上给出，表达为

$$\mathbf{T}^+ = \mathbf{V}\mathbf{D}^+\mathbf{U}' = [\boldsymbol{v}_1 \quad \boldsymbol{v}_2 \quad \boldsymbol{v}_3]\begin{bmatrix}\sigma_1^+ & & \\ & \sigma_2^+ & \\ & & \sigma_3^+\end{bmatrix}\begin{bmatrix}\boldsymbol{u}_1' \\ \boldsymbol{u}_2' \\ \boldsymbol{u}_3'\end{bmatrix} \tag{A2.7}$$

式中，对角矩阵 $\mathbf{D}^+$ 的非零元素为式(A1.2)中对角矩阵 $\mathbf{D}$ 中对应非零元素的倒数；$\mathbf{U}$ 和 $\mathbf{V}$ 与式(A1.2)中的相同，分别为含有左奇异向量 $\boldsymbol{u}_i(i=1, 2, 3)$ 和右奇异向量 $\boldsymbol{v}_i(i=1, 2, 3)$ 的旋转矩阵。利用式(A1.2)和式(A2.7)，可以推导出下面四个等式：

$$\mathbf{T}\mathbf{T}^+\mathbf{T} = \mathbf{T} \tag{A2.8}$$

$$\mathbf{T}^+\mathbf{T}\mathbf{T}^+ = \mathbf{T}^+ \tag{A2.9}$$

$$(\mathbf{T}\mathbf{T}^+)' = \mathbf{T}\mathbf{T}^+ \tag{A2.10}$$

$$(\mathbf{T}^+\mathbf{T})' = \mathbf{T}^+\mathbf{T} \tag{A2.11}$$

根据广义逆矩阵的性质，可以给出式(A2.2)的最小二乘解 $\boldsymbol{x}^g$，即为错配位移最小的位置

$$\boldsymbol{x}^g = \mathbf{T}^+ \sum_i k_i \boldsymbol{b}_{\alpha i} + (\mathbf{I} - \mathbf{T}^+\mathbf{T})\boldsymbol{w} \tag{A2.12}$$

式中，$\boldsymbol{w}$ 为三维空间中的任一矢量。上述表达式适用于任何矩阵 $\mathbf{T}$ 的秩 $\mathrm{R}(\mathbf{T})$ 的情况。当 $\mathrm{R}(\mathbf{T})=3$ 时，由式(A1.2)和式(A2.7)可得 $\mathbf{T}^+=\mathbf{T}^{-1}$ 和 $\mathbf{I}-\mathbf{T}^+\mathbf{T}=\mathbf{0}$，于是式(A2.12)中 $\boldsymbol{x}^g$ 的表达式等价于式(A2.2)；当 $\mathrm{R}(\mathbf{T})$ 等于 1 或 2 时，$\mathbf{I}-\mathbf{T}^+\mathbf{T}\neq\mathbf{0}$，式(A2.12)中右侧第二项$(\mathbf{I}-\mathbf{T}^+\mathbf{T})\boldsymbol{w}$ 满足 $\mathbf{T}(\mathbf{I}-\mathbf{T}^+\mathbf{T})\boldsymbol{w}=(\mathbf{T}-\mathbf{T}\mathbf{T}^+\mathbf{T})\boldsymbol{w}=\mathbf{0}$，因此$(\mathbf{I}-\mathbf{T}^+\mathbf{T})\boldsymbol{w}$ 定义了错配为零的一个方向。具体地，当 $\mathrm{R}(\mathbf{T})=2$ 时，可以得到 $\sigma_3=\sigma_3^+=0$，并且 $\boldsymbol{v}_3$ 和 $\boldsymbol{u}_3$ 分别定义了正空间和倒空间的不变线。这时

$$(\mathbf{I}-\mathbf{T}^+\mathbf{T})\boldsymbol{w}=\mathbf{V}(\mathbf{I}-\mathbf{D}^+\mathbf{D})\mathbf{V}'\boldsymbol{w}=[\boldsymbol{v}_1 \quad \boldsymbol{v}_2 \quad \boldsymbol{v}_3]\begin{bmatrix}0 & & \\ & 0 & \\ & & 1\end{bmatrix}\begin{bmatrix}\boldsymbol{v}_1' \\ \boldsymbol{v}_2' \\ \boldsymbol{v}_3'\end{bmatrix}\boldsymbol{w}=(\boldsymbol{v}_3'\boldsymbol{w})\boldsymbol{v}_3 \tag{A2.13}$$

因此$(\mathbf{I}-\mathbf{T}^+\mathbf{T})\boldsymbol{w}$ 定义了沿不变线 $\boldsymbol{v}_3$ 分布的点。类似地，当 $\mathrm{R}(\mathbf{T})=1$ 时，有 $\sigma_2=\sigma_2^+=0$ 和 $\sigma_3=\sigma_3^+=0$，这时$(\mathbf{I}-\mathbf{T}^+\mathbf{T})\boldsymbol{w}$ 定义了沿不变面分布的点，不变面含有 $\boldsymbol{v}_2$ 和 $\boldsymbol{v}_3$，并且垂直于 $\boldsymbol{v}_1$。

将式(A2.7)代入 $\boldsymbol{x}^g$ 右侧表达式第一项中，可以将这一项表达为

$$\mathbf{T}^+\sum_i k_i\boldsymbol{b}_{\alpha i}=\sigma_1^+\left(\boldsymbol{u}_1'\sum_i k_i\boldsymbol{b}_{\alpha i}\right)\boldsymbol{v}_1+\sigma_2^+\left(\boldsymbol{u}_2'\sum_i k_i\boldsymbol{b}_{\alpha i}\right)\boldsymbol{v}_2+\sigma_3^+\left(\boldsymbol{u}_3'\sum_i k_i\boldsymbol{b}_{\alpha i}\right)\boldsymbol{v}_3 \tag{A2.14}$$

当 $\mathrm{R}(\mathbf{T})=2$ 时，$\sigma_3=\sigma_3^+=0$，等式右侧矢量为 $\boldsymbol{v}_1$ 和 $\boldsymbol{v}_2$ 的线性组合，躺在垂直于不变线方向 $\boldsymbol{v}_3$ 的平面内；当 $\mathrm{R}(\mathbf{T})=1$ 时，$\sigma_2=\sigma_2^+=0$ 和 $\sigma_3=\sigma_3^+=0$，等式右侧矢量平行于 $\boldsymbol{v}_1$，垂直于含 $\boldsymbol{v}_2$ 和 $\boldsymbol{v}_3$ 方向的不变面。

根据对式(A2.12)的分析，可以看出，对任一点阵平移矢量 $\sum_i k_i\boldsymbol{b}_{\alpha i}$，通过

变化矢量 $\boldsymbol{w}$，在 R(**T**)分别为 3、2、1 的情况下，广义 O 单元 $\boldsymbol{x}^{g}$ 分别给出了一个 O 点、一个平行于不变线的方向以及一个平行于不变面的面。对应于全部的点阵平移矢量 $\sum_i k_i \boldsymbol{b}_{\alpha i}$，相应地，广义 O 单元的集合分别给出了 O 点阵(等价于 O 单元 $\boldsymbol{x}^{0}$ 的求解)、一系列平行于不变线的广义 O 线以及一系列平行于不变面的广义 O 面。利用式(A2.12)，三维空间中分布的广义 O 单元可以在不同的 R(**T**)下以统一的形式解析求解。

将式(A2.12)代入式(A2.1)，可以得到广义 O 单元处的错配位移 $\Delta\boldsymbol{x}_{\beta\mathrm{m}}$，即

$$\Delta\boldsymbol{x}_{\beta\mathrm{m}} = (\mathbf{T}\mathbf{T}^{+} - \mathbf{I})\sum_i k_i \boldsymbol{b}_{\alpha i} \tag{A2.15}$$

因为错配位移满足在 α 点阵的 Wigner-Seitz 原胞中，所以对 $\Delta\boldsymbol{x}_{\beta\mathrm{m}}$ 有

$$\left| \boldsymbol{b}_{\alpha j}^{*\prime}\Delta\boldsymbol{x}_{\beta\mathrm{m}} \right| \leqslant \frac{1}{2} \tag{A2.16}$$

式中，$\boldsymbol{b}_{\alpha j}^{*}$为倒易伯氏矢量，定义了一组 Wigner-Seitz 原胞的胞壁。对所有可能的倒易伯氏矢量 $\boldsymbol{b}_{\alpha j}^{*}$，要求式(A2.16)都成立。将式(A2.15)代入，可得

$$\left| \boldsymbol{b}_{\alpha j}^{*\prime}(\mathbf{T}\mathbf{T}^{+} - \mathbf{I})\sum_i k_i \boldsymbol{b}_{\alpha i} \right| \leqslant \frac{1}{2} \tag{A2.17}$$

式(A2.17)限制了可能的点阵平移矢量 $\sum_i k_i \boldsymbol{b}_{\alpha i}$。通过式(A2.17)和式(A2.12)可以给出所有广义 O 单元的位置，它们在几何上定义了错配位移极小的位置，代表匹配好区的中心。

A2.2　广义 O 单元方法应用实例

本节以 bcc-hcp 系统中界面位错结构为例，介绍广义 O 单元方法的应用。在钛合金和锆合金系统中，α 和 β 双相组织特征对其力学性能有重要的影响[2]，其中 α 相为 hcp 结构，β 相为 bcc 结构。实验确定了两相满足近伯格斯位向关系[3,4]，β 基体中的 α 析出相呈现板条状形貌，存在一个长轴方向，包含长轴方向主要存在惯习面和侧面两个平直刻面，在接近垂直于长轴的方向上，析出相存在一个弯曲的端面。惯习面[3,4]和侧面[5]分别含有一组和两组平行于长轴的周期性位错线，端面含有一个大间距的位错网络和一组小间距的位错线[3,5]。下面我们采用广义 O 单元方法，并结合第 7 章介绍的模拟方法，分析析出相各界面的位错结构。

首先采用第 5 章介绍的 O 线模型计算 bcc-hcp 系统的位向关系和析出相长轴方向、惯习面取向以及位错结构，具体的计算过程可参考文献[4]，也可直接使用 PTCLab 软件(见附录 4)的 O-line 计算模块求解[6]，以位错间距最大为

判据。然后将计算得到的位向关系和界面取向作为输入，构建 β 基体中 α 析出相的原子模型。最后采用分子动力学对原子模型进行弛豫，利用 Nye 张量的奇异值分解方法识别出不同伯氏矢量的界面位错(见附录 3)。计算模拟结果如图 A2.1 所示，表 A2.1 中列出了 bcc-hcp 系统中所有可能出现的伯氏矢量。模拟得到了含一组周期性位错 $\boldsymbol{b}_1$ 的惯习面、含两组周期性位错 $\boldsymbol{b}_2$ 和 $\boldsymbol{b}_3$ 的侧面，以及含由 $\boldsymbol{b}_1$、$\boldsymbol{b}_3$、$\boldsymbol{b}_4$ 构成的位错网络和一组小间距位错线 $\boldsymbol{b}_2$ 的端面，其他伯氏矢量的位错没有在界面上观察到。模拟得到的实验结果与 Ti-Cr 合金中 α 析出相的惯习面、侧面和端面的位错结构表征一致[4,5]。

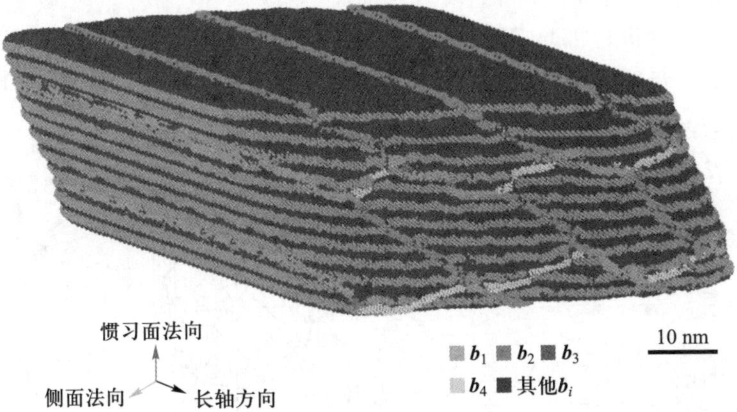

图 A2.1　bcc-hcp 系统中，α 析出相与 β 基体间界面位错结构[7](参见书后彩图)。图中没有显示 β 相原子，α 相原子为深蓝色，不同伯氏矢量位错的芯部原子由其他颜色表示

表 A2.1　bcc-hcp 系统中界面位错可能具有的伯氏矢量

位错	α 相中的伯氏矢量	β 相中的伯氏矢量
$\boldsymbol{b}_1$	$[2\bar{1}\bar{1}3]_\alpha/6$	$[1\bar{1}1]_\beta/2$
$\boldsymbol{b}_2$	$[11\bar{2}0]_\alpha/3$	$[111]_\beta/2$
$\boldsymbol{b}_3$	$[2\bar{1}\bar{1}0]_\alpha/3$	$[100]_\beta$
$\boldsymbol{b}_4$	$[2\bar{1}\bar{1}\bar{3}]_\alpha/6$	$[11\bar{1}]_\beta/2$
$\boldsymbol{b}_5$	$[01\bar{1}\bar{1}]_\alpha/2$	$[010]_\beta$
$\boldsymbol{b}_6$	$[01\bar{1}1]_\alpha/2$	$[001]_\beta$
$\boldsymbol{b}_7$	$[\bar{1}2\bar{1}0]_\alpha/3$	$[\bar{1}11]_\beta/2$

下面采用广义 O 单元方法解释模拟和实验观察到的界面位错结构。广义 O 单元计算的结果如图 A2.2a 所示。因为 O 胞壁平行于不变线，所以从不变线方

向观察时，O 胞壁退化为线段。图 A2.2a 所示的点阵和网络对应垂直于不变线的端面与广义 O 单元和 O 胞壁的截线。将这张图与图 A2.1 中端面的位错网络对比，可以看出，计算得到的好区与模拟得到的共格区分布一致，但是计算得到的位错结构更加复杂，多出了 $\boldsymbol{b}_5$、$\boldsymbol{b}_6$、$\boldsymbol{b}_7$ 三组位错。为了理解模拟中这三组位错没有出现的原因，我们模拟了相变位移沿 $\boldsymbol{b}_5$ 方向的 O 线界面，发现 $\boldsymbol{b}_5$ 位错并不稳定，会分解为一对 $\boldsymbol{b}_1$ 和 $\boldsymbol{b}_2$ 位错，即 $\boldsymbol{b}_5=\boldsymbol{b}_2-\boldsymbol{b}_1$。$\boldsymbol{b}_6$ 位错也会发生类似的分解，$\boldsymbol{b}_6=\boldsymbol{b}_2-\boldsymbol{b}_4$。因此，$\boldsymbol{b}_5$ 和 $\boldsymbol{b}_6$ 可能无法成为界面位错的伯氏矢量[7]。$\boldsymbol{b}_7$ 与相变位移矢量所在的面夹角较大，无法有效抵消错配[7]。因此，界面上的错配主要靠 $\boldsymbol{b}_1$~$\boldsymbol{b}_4$ 四种位错抵消。

根据上述分析，将 bcc 参考点阵中 Wigner-Seitz 原胞(图 A2.2b)修改为只含四对胞壁，每对胞壁对应一种位错伯氏矢量(图 A2.2d)。根据新的 bcc 单胞

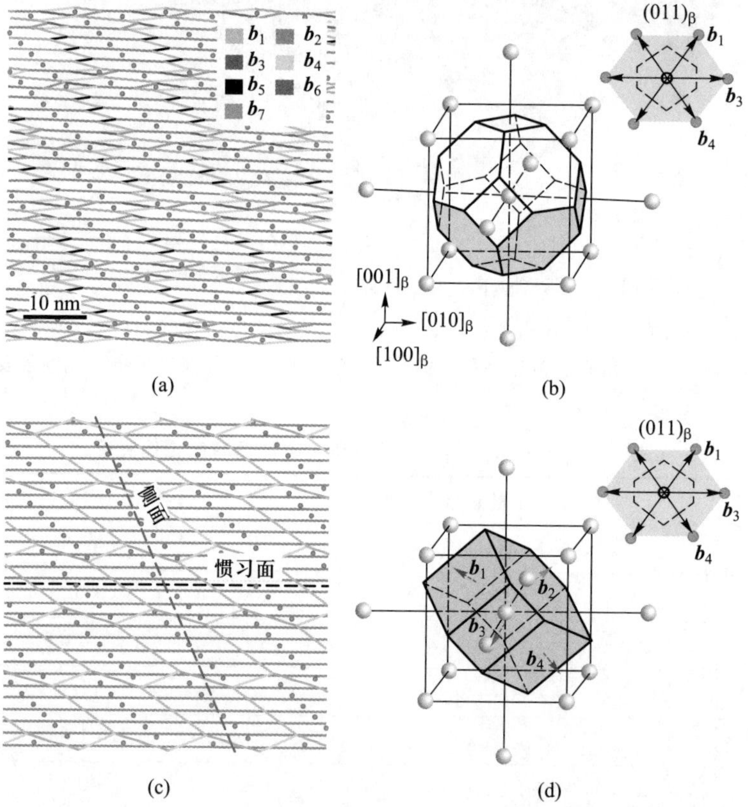

图 A2.2　两种 bcc 单胞和通过广义 O 单元方法计算得到的端面位错网络结构，沿不变线方向观察[7](参见书后彩图)：(a) 对应 Wigner-Seitz 原胞的位错网络；(b) bcc 点阵的 Wigner-Seitz 原胞；(c) 对应六棱柱单胞的位错网络，虚线表示侧面和惯习面的迹线；(d) bcc 点阵的一种六棱柱单胞

的约束条件，计算得到的 O 胞壁结构如图 A2.2c 所示。由图 A2.2 可知，O 胞壁的迹线分布与模拟得到的端面位错结构一致。此外，惯习面和侧面的迹线与 O 胞壁相交，可分别得到惯习面上一组 $\boldsymbol{b}_1$ 位错和侧面上 $\boldsymbol{b}_2$ 和 $\boldsymbol{b}_3$ 两组位错，也与模拟和实验观察的结果一致。

参考文献

[1] Zhang J Y, Gao Y, Wang Y, et al. A generalized O-element approach for analyzing interface structures. Acta Materialia, 2019, 165(2): 508-519.

[2] Banerjee D, Williams J C. Perspectives on titanium science and technology. Acta Materialia, 2013, 61(3): 844-879.

[3] Furuhara T, Ogawa T, Maki T. Atomic structure of interphase boundary of an α precipitate plate in a β Ti-Cr alloy. Philosophical Magazine Letters, 1995, 72(3): 175-183.

[4] Ye F, Zhang W Z, Qiu D. A TEM study of the habit plane structure of intragranular proeutectoid α precipitates in a Ti-7.26wt%Cr alloy. Acta Materialia, 2004, 52(8): 2449-2460.

[5] Ye F, Zhang W Z. Dislocation structure of non-habit plane of α precipitates in a Ti-7.26wt%Cr alloy. Acta Materialia, 2006, 54(4): 871-879.

[6] Gu X F, Furuhara T, Zhang W Z. PTCLab: free and open-source software for calculating phase transformation crystallography. Journal of Applied Crystallography, 2016, 49(3): 1099-1106.

[7] Zhang J Y, Dai F Z, Sun Z P, et al. Structures and energetics of semicoherent interfaces of precipitates in hcp/bcc systems: A molecular dynamics study. Journal of Materials Science and Technology, 2021, 67(3): 50-60.

附录 3

原子尺度模拟中的位错识别方法

戴付志

A3.1　Nye 张量奇异值分解识别位错方法

位错是原子尺度模拟中的重要研究对象。因此，自动识别原子尺度模拟中的位错信息对分析和理解模拟结果至关重要。

Nye 于 1953 年首先提出 Nye 张量[1]，该张量常被称为位错密度张量。这里介绍一种基于 Nye 张量奇异值分解自动识别位错的方法。

A3.1.1　用 Nye 张量积分表示伯氏回路

伯氏回路是表示位错最基本且最直观的方式。可以用 FS/RH 方式画伯氏回路，其中 RH 为“right hand”，表示右手系；F 为“finish”，表示终点；S 为“start”，表示起点。在实际晶体中的闭合回路中 F-S 重合，由于回路中包含位错，在完整晶体中 F-S 不重合，回路的缺口由 F 到 S 的矢量定义，即为伯氏矢量。

用 $\mathrm{d}\boldsymbol{x}^{\mathrm{d}}$ 表示实际晶体中的矢量微元，$\mathrm{d}\boldsymbol{x}^{\mathrm{p}}$ 表示完整晶体中的矢量微元，两者之间的变形由局部形变张量 $\mathbf{G}$ 表示，则 $\mathrm{d}\boldsymbol{x}^{\mathrm{d}}$ 和 $\mathrm{d}\boldsymbol{x}^{\mathrm{p}}$ 之间满足如下关系：

$$\mathrm{d}\boldsymbol{x}^{\mathrm{p}}=\mathrm{d}\boldsymbol{x}^{\mathrm{d}}\cdot\mathbf{G} \tag{A3.1}$$

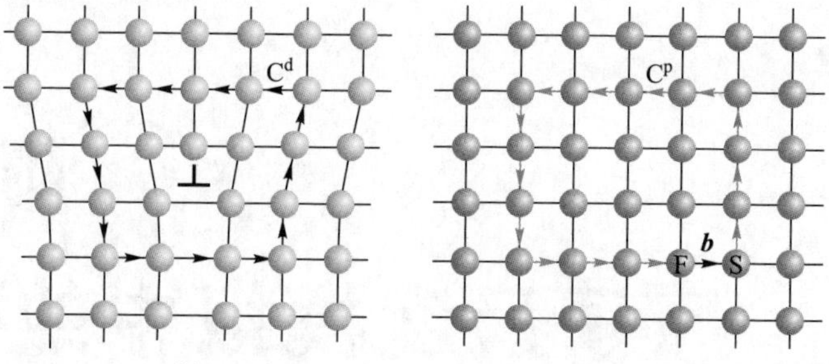

图 A3.1　FS/RH 伯氏回路示意图(参见书后彩图)：(a) 含位错晶体；(b) 完整晶体

在图 A3.1a 中，实际晶体中的闭合回路 C^d 可以表达为：

$$\sum_{C^d} d\boldsymbol{x}^d = \boldsymbol{0} \tag{A3.2}$$

由于回路中包含位错，于是回路 C^d 在参考晶体中的映射回路 C^p 将不再闭合，缺口对应 $-\boldsymbol{b}$(见图 A3.1(b))，即

$$\boldsymbol{b} = -\sum_{C^p} d\boldsymbol{x}^p = -\sum_{C^d} d\boldsymbol{x}^d \cdot \mathbf{G} \tag{A3.3}$$

将式(A3.3)中的求和用积分代替，可以得到

$$\boldsymbol{b} = -\int_{C^d} d\boldsymbol{x}^d \cdot \mathbf{G} \tag{A3.4}$$

根据 Stocks 定律，式(A3.4)等价于

$$\boldsymbol{b} = -\iint_A \boldsymbol{n} \cdot (\nabla \times \mathbf{G}) dS \tag{A3.5}$$

式中，dS 为面积微元；$\boldsymbol{n}$ 为平行于位错线的单位矢量；A 为 C^d 所围成的面积。根据 Bilby 的定义[2]，伯氏矢量微元 $d\boldsymbol{b}$ 与 Nye 张量 $\mathbf{N}$ 之间关系为

$$d\boldsymbol{b} = \boldsymbol{n} \cdot \mathbf{N} dS \tag{A3.6}$$

由式(A3.5)和式(A3.6)可知，Nye 张量 $\mathbf{N}$ 为[3,4]

$$\mathbf{N} = -\nabla \times \mathbf{G} \tag{A3.7}$$

因此，可以根据局部形变张量 $\mathbf{G}$ 计算 Nye 张量 $\mathbf{N}$。

A3.1.2　Nye 张量的计算

式(A3.7)是利用原子坐标数据计算 Nye 张量的基础。局部的形变张量可以通过最小二乘法计算，即

$$\mathbf{G} = \mathbf{Q}^{+}\mathbf{P} \tag{A3.8}$$

式中，$\mathbf{Q}^{+}$ 为矩阵 $\mathbf{Q}$ 的 Moore-Penrose 广义逆，表达为

$$\mathbf{Q}^{+} = (\mathbf{Q}'\mathbf{Q})^{-1}\mathbf{Q}' \tag{A3.9}$$

式中，**P** 和 **Q** 均为 $\gamma\times3$ 矩阵；γ 为实际晶体和参考晶体中被判定为对应点阵矢量的数目。点阵矢量在实际晶体和参考晶体中的坐标分别存储于 **P** 和 **Q** 的同一行中。确定实际晶体和参考晶体中点阵矢量是否为对应点阵矢量的条件在不同情况下会有所差异。

根据式(A3.7)，可以得到 Nye 张量的计算表达式

$$N_{ij}=-\varepsilon_{imn}\partial_m G_{nj} \tag{A3.10}$$

该式采用了爱因斯坦求和约定，其中 ε_{imn} 为置换张量，$\partial_m G_{nj}$ 也可通过最小二乘计算，即

$$\mathbf{A}=\mathbf{Q}^{+}\Delta\mathbf{G}_{nj} \tag{A3.11}$$

式中，**A**、**Q** 和 $\Delta\mathbf{G}_{nj}$ 分别为 3×1，$\lambda\times3$ 和 $\lambda\times1$ 矩阵，并且

$$A_m=\partial_m G_{nj} \tag{A3.12}$$

若 $\Delta G_{nj}^{\eta}(\eta=1,2,\cdots,\lambda)$ 是第 η 个原子的 G_{nj}(记作 G_{nj}^{η})与中心原子的 G_{nj}(记作 G_{nj}^{0})的差，则

$$\Delta G_{nj}^{\eta}=G_{nj}^{\eta}-G_{nj}^{0} \tag{A3.13}$$

根据式(A3.8)～式(A3.13)，利用原子坐标数据就可以计算局部形变张量 **G** 和 Nye 张量 **N**。下面介绍如何通过 **N** 的奇异值分解获得位错的信息。

A3.1.3　Nye 张量的奇异值分解

对一给定的体积单元，根据 Nye 张量的定义，**N** 可以由该体积单元中包含的位错几何信息获得，即

$$\mathbf{N}=\sum_{\zeta=1}^{n}\rho_{\zeta}\boldsymbol{t}_{\zeta}\boldsymbol{b}_{\zeta} \tag{A3.14}$$

式中，ρ_{ζ}、$\boldsymbol{t}_{\zeta}$ 和 $\boldsymbol{b}_{\zeta}$ 分别为该体积单元内第 ζ 根位错的位错密度、位错方向和伯氏矢量。$\boldsymbol{t}_{\zeta}\boldsymbol{b}_{\zeta}$ 为并矢式，即表示 $\boldsymbol{t}_{\zeta}$ 和 $\boldsymbol{b}_{\zeta}$ 的张量积。

式(A3.14)从形式上看与矩阵的奇异值分解非常相似，**N** 的奇异值分解为

$$\mathbf{N}=\sum_{\xi=1}^{3}\sigma_{\xi}\boldsymbol{u}_{\xi}\boldsymbol{v}_{\xi} \tag{A3.15}$$

式中，$\sigma_1\geqslant\sigma_2\geqslant\sigma_3\geqslant0$，并且 $\boldsymbol{u}_i\cdot\boldsymbol{u}_j=\delta_{ij}$，$\boldsymbol{v}_i\cdot\boldsymbol{v}_j=\delta_{ij}$，即奇异矢量之间满足正交归一化条件。不过，式(A3.14)中的 $\boldsymbol{t}_{\zeta}$ 和 $\boldsymbol{b}_{\zeta}$ 并不需要满足正交归一化条件。

对一个原子而言，其奇异值可能存在下面四种情况[5,6]：

(1) $\sigma_1\approx\sigma_2\approx\sigma_3\approx0$，意味着原子远离任何位错的位错芯。

(2) $\sigma_1>\sigma_2\approx\sigma_3\approx0$，意味着原子恰好落在某个位错的位错芯位置。

(3) $\sigma_1\geqslant\sigma_2>\sigma_3\approx0$，此时 $\boldsymbol{t}_{\zeta}$ 或者 $\boldsymbol{b}_{\zeta}$ 至少有一组是共面的。可能情况有很多，如体积元内包含两条位错，此时 $\boldsymbol{t}_{\zeta}$ 和 $\boldsymbol{b}_{\zeta}$ 均为共面矢量组。对于三根位错相交的结点，根据伯氏矢量守恒，$\boldsymbol{b}_{\zeta}$ 一定是共面矢量组，而 $\boldsymbol{t}_{\zeta}$ 可以不是共面

矢量组，并且 $\boldsymbol{v}_3$ 垂直于所有的 $\boldsymbol{b}_\zeta$。当然，理论上还可以存在更复杂的位错组态，难以一一列举。

(4) $\sigma_1 \geqslant \sigma_2 \geqslant \sigma_3 > 0$，意味着体积元内包含的 $\boldsymbol{t}_\zeta$ 和 $\boldsymbol{b}_\zeta$ 均为不共面矢量组。例如，不同滑移面内的位错在此处相交。

总结这四种情况可知，$\sigma_1>0$ 意味着原子处于位错芯位置，无论是单个位错还是多个位错相交；$\sigma_2>0$ 意味着原子处于多组位错相交的地方，即可以用来表征位错结点；$\sigma_3>0$ 表明 $\boldsymbol{t}_\zeta$ 和 $\boldsymbol{b}_\zeta$ 均为不共面矢量组。

当给定的体积元内仅包含一根位错时，很容易证明，$\boldsymbol{u}_1$ 和 $\boldsymbol{v}_1$ 分别平行于 $\boldsymbol{t}_1$ 和 $\boldsymbol{b}_1$。此时，根据式(A3.14)，任意矢量 $\boldsymbol{p}$ 从左侧点乘 Nye 张量，结果平行于 $\boldsymbol{b}_1$，即 $\boldsymbol{p}\mathbf{N} /\!/ \boldsymbol{b}_1$；而利用式(A3.15)可得 $\boldsymbol{p}\mathbf{N} /\!/ \boldsymbol{v}_1$。因此，$\boldsymbol{v}_1 /\!/ \boldsymbol{b}_1$。类似地，可以证明 $\boldsymbol{u}_1 /\!/ \boldsymbol{t}_1$。因此，Nye 张量的奇异向量可以用来表征位错的伯氏矢量和位错方向。根据式(A3.6)，给定原子的伯氏矢量含量可以表示为

$$\mathrm{d}\boldsymbol{b} = \boldsymbol{n} \cdot \mathbf{N}\mathrm{d}S = \boldsymbol{u}_1 \cdot \sigma_1 \boldsymbol{u}_1 \boldsymbol{v}_1 \mathrm{d}S = \sigma_1 \boldsymbol{v}_1 \mathrm{d}S \tag{A3.16}$$

式中，$\boldsymbol{n}$ 为平行于位错线的单位矢量，即 $\boldsymbol{u}_1$。为了使用方便，可以根据式(A3.16)定义量纲为一的奇异值 Σ_i，表示局部伯氏矢量含量与点阵伯氏矢量的比值，即

$$\Sigma_i = \frac{|\mathrm{d}\boldsymbol{b}|}{|\boldsymbol{b}_r|} = \frac{\sigma_i \mathrm{d}S}{|\boldsymbol{b}_r|} \tag{A3.17}$$

式中，$\boldsymbol{b}_r$ 为点阵中的伯氏矢量，例如 fcc 结构中的 $\langle 1\ 1\ 0\rangle_\mathrm{f}/2$、bcc 结构中的 $\langle 1\ 1\ 1\rangle_\mathrm{b}/2$ 等。

综上所述，Nye 张量的奇异值分解可以用来标识原子尺度模拟中的位错信息。σ_1 显示非零值表示原子处于位错芯，σ_2 显示非零值表示原子处于位错结点。位错的伯氏矢量方向和位错线方向可以分别由 $\boldsymbol{v}_1$ 和 $\boldsymbol{u}_1$ 表示。

A3.2　Nye 张量奇异值分解方法的应用

这里将通过三个例子来说明该方法的有效性，分别为 Fe 中 $4°(1\ \bar{1}\ 0)_\mathrm{b}$ 扭转晶界、Cu 中 $4°(1\ 1\ \bar{1})_\mathrm{f}$ 扭转晶界以及 Cu 中 $51.13°(0\ 0\ 1)_\mathrm{f}$ 扭转晶界。三个例子分别对应全位错、分位错和二次位错的情况。例 1 和例 2 中点阵矢量之间对应关系的确定需要满足如下三个条件：

(1) 点阵矢量的长度需要小于给定的值 l，即仅考虑近邻或者次近邻之间的点阵矢量；

(2) 实际点阵矢量长度与参考点阵矢量长度之间差异不大于 30%；

(3) 实际点阵矢量与参考点阵矢量之间夹角不大于 25°。

对于例 3，更进一步要求条件(2)中矢量长度差异小于 15%，而条件(3)中夹角小于 10°。

例 1：Fe 中 4°$(1\,\bar{1}\,0)_b$ 扭转晶界。

参考点阵选择为扭转前的 bcc 单晶体，式(A3.16)中 dS 选为$\{1\ 1\ 0\}_b$面上单个原子平均占有面积$\sqrt{2}/2a_b^2$，$\boldsymbol{b}_r$ 选为$\langle 1\ 1\ 1\rangle_b/2$。图 A3.2a 所示为界面原子的 Σ_1 分布。根据式(A3.16)和式(A3.17)可知，Σ_1 正比于原子邻域空间中包含的伯氏矢量含量。对于位错，伯氏矢量含量分布往往呈现 δ 函数形式，仅仅是在位错芯处显示非零值，因此图 A3.2a 中 Σ_1 显示非零值的地方为位错芯。从图 A3.2a 中可以明显看到，界面包含三组位错(分别标识为位错 1、2 和 3)，

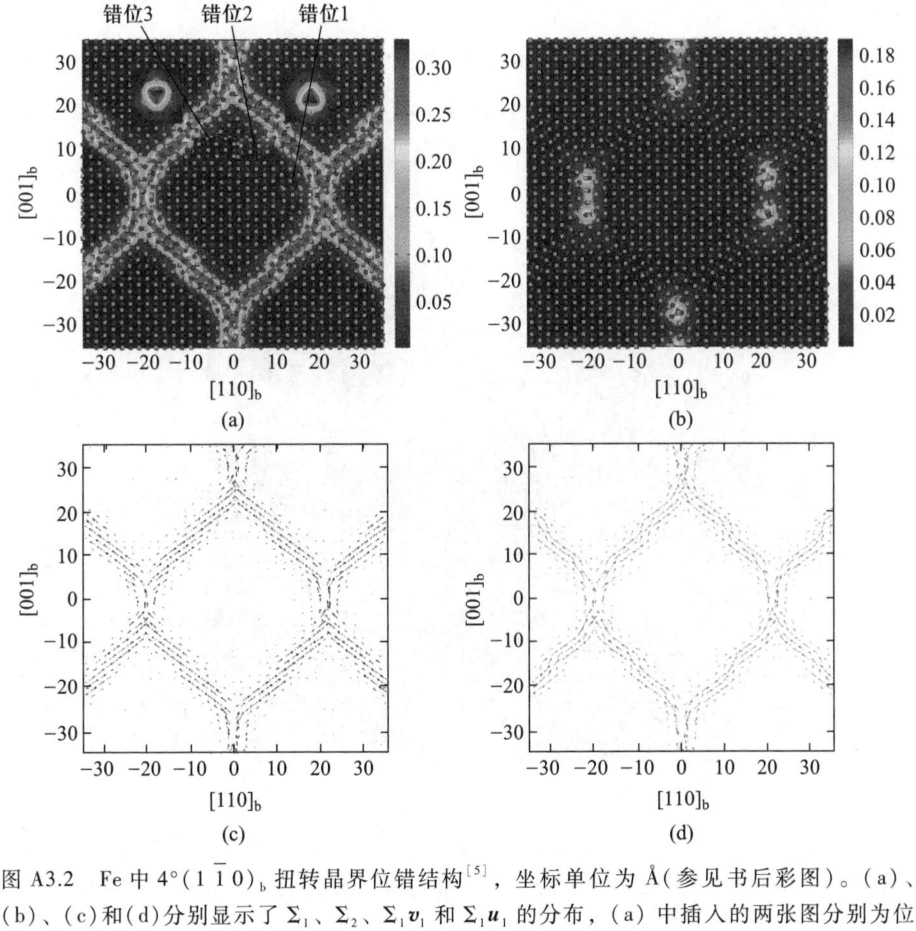

图 A3.2　Fe 中 4°$(1\,\bar{1}\,0)_b$ 扭转晶界位错结构[5]，坐标单位为 Å(参见书后彩图)。(a)、(b)、(c)和(d)分别显示了 Σ_1、Σ_2、$\Sigma_1\boldsymbol{v}_1$ 和 $\Sigma_1\boldsymbol{u}_1$ 的分布，(a) 中插入的两张图分别为位错 2(右)和 3(左)截面的 Σ_1 分布。(a)和(b)中■和●分别表示界面上下两个$(1\,\bar{1}\,0)_b$ 面上的原子

组成六边形网状结构。在这些网状结构的顶点处，即位错结点处，Σ_2 显示非零值，如图 A3.2b 所示。图 A3.2c 和图 A3.2d 分别显示了利用 $\Sigma_1 \boldsymbol{v}_1$ 和 $\Sigma_1 \boldsymbol{u}_1$ 得到的位错伯氏矢量和位错线方向。位错 1 的伯氏矢量近似平行于$[0\ 0\ 1]_b$，并且 $\boldsymbol{v}_1$ 平行于 $\boldsymbol{u}_1$，即位错近似为右螺型位错。位错 2 和位错 3 类似，其伯氏矢量分别平行于$[\bar{1}\ \bar{1}\ 1]_b/2$ 和$[\bar{1}\ \bar{1}\ \bar{1}]_b/2$，位错方向也近似平行于伯氏矢量方向，即位错也近似为右螺型位错。

例 2：Cu 中 4°$(1\ 1\ \bar{1})_f$ 扭转晶界。

参考点阵选择为扭转前的 fcc 单晶体，式(A3.16)中 dS 选为$\{1\ 1\ 1\}_f$ 面上单个原子平均占有面积$\sqrt{3}/4a_f^2$，$\boldsymbol{b}_r$ 选为$\langle 1\ 1\ 0\rangle_f/2$。计算得到的位错结构如图 A3.3 所示。

由图 A3.3 可见，界面被分割成了两种三角形区域，其中倒立的三角形为层错区。界面位错的伯氏矢量和位错线方向平行，并且都近似平行于$(1\ 1\ \bar{1})_f$ 面内的$\langle 1\ 1\ 2\rangle_f$ 方向。因此，界面的位错为三组 Shockley 右螺型分位错。

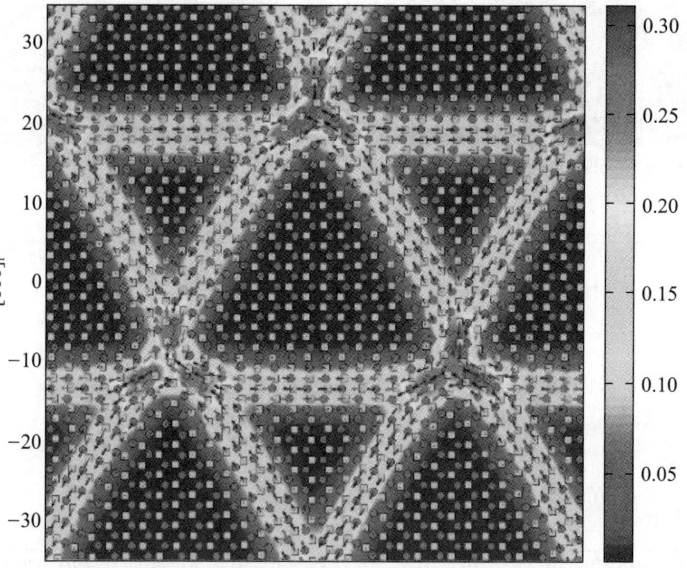

图 A3.3　Cu 中 4° $(1\ 1\ \bar{1})_f$ 扭转晶界上的位错结构，坐标单位为 Å(参见书后彩图)。彩色背底为 Σ_1 的分布，黑色和红色箭头分别表示 $\Sigma_1 \boldsymbol{v}_1$ 和 $\Sigma_1 \boldsymbol{u}_1$ 的分布，■和●分别表示界面上下两个$(1\ 1\ \bar{1})_f$ 面上的原子

例 3：Cu 中 51.13°(0 0 1)$_f$ 扭转晶界。

参考晶体选择为满足 Σ5 关系的双晶体，位向差为 53.13°。位向差很大，因此参考态为重位共格态，界面偏离参考位向关系-2°。式(A3.16)中 dS 选为 $\{1\ 1\ 1\}_f$ 面上单个原子平均占有面积$\sqrt{3}/4a_f^2$，$\boldsymbol{b}_r$ 选为$\langle 1\ 1\ 0\rangle_f/2$。计算得到的位错结构如图 A3.4 所示。

由图 A3.4 可见，界面错配由两组位错抵消，位错的伯氏矢量分别近似平行于$[1\ \bar{3}\ 0]_b$ | $[3\ \bar{1}\ 0]_t$ 和$[\bar{3}\ \bar{1}\ 0]_b$ | $[\bar{1}\ \bar{3}\ 0]_t$(指数的下标 b 和 t 分别表示下面和上面的晶体)，并且每一处位错线方向反平行于伯氏矢量方向。因此，界面包含两组左螺型位错。几何计算表明，界面错配应该由间距为 32.8 Å 的两组左螺型位错抵消，位错的伯氏矢量分别为$[1\ \bar{3}\ 0]_b/10$ | $[3\ \bar{1}\ 0]_t/10$ 和$[\bar{3}\ \bar{1}\ 0]_b/10$ | $[\bar{1}\ \bar{3}\ 0]_t/10$，因此计算模拟得到的结果与几何模型计算结果一致。与前两个示例相比，当前界面上位错为左螺型，位向偏离参考结构的旋转角度为-2°；而前面两个示例中位错为右螺型，旋转角度为+4°。

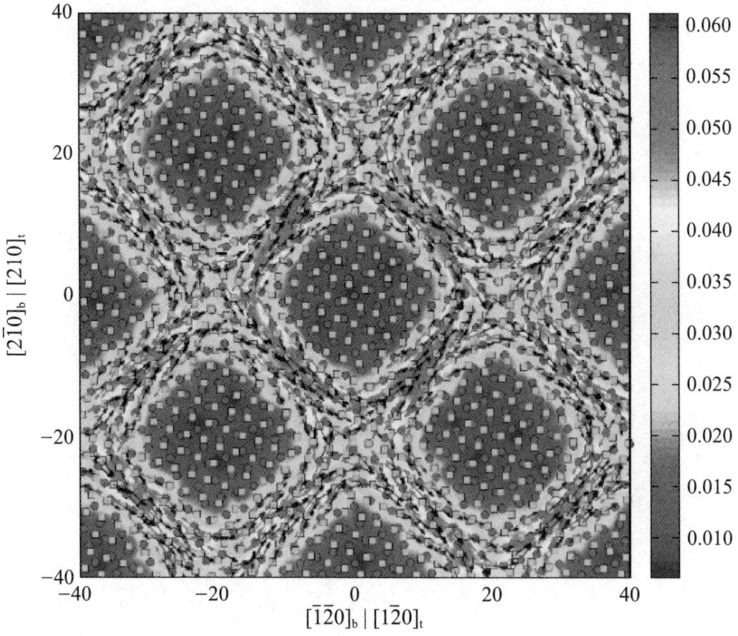

图 A3.4 Cu 中 51.13° (0 0 1)$_f$ 扭转晶界位错结构，坐标单位为 Å(参见书后彩图)。彩色背底为 Σ_1 的分布，黑色和红色箭头分别表示 $\Sigma_1\boldsymbol{v}_1$ 和 $\Sigma_1\boldsymbol{u}_1$ 的分布，■和●分别表示界面上下两个(0 0 1)$_f$ 面上的原子

参考文献

[1] Nye J F. Some geometrical relations in dislocated crystals. Acta Metallurgica, 1953, 1(2): 153-162.

[2] Bilby B A, Bullough R, Smith E. Continuous distributions of dislocations: A new application of the methods of non-Riemannian geometry. Proceedings of the Royal Society of London(Series A): Mathematical and Physical Sciences, 1955, 231(1185): 263-273.

[3] Hartley C, Mishin Y. Characterization and visualization of the lattice misfit associated with dislocation cores. Acta Materialia, 2005, 53(5): 1313-1321.

[4] Hartley C S, Mishin Y. Representation of dislocation cores using Nye tensor distributions. Materials Science and Engineering(A), 2005, 400(7): 18-21.

[5] Dai F Z, Zhang W Z. An automatic and simple method for specifying dislocation features in atomistic simulations. Computer Physics Communications, 2015, 188(3): 103-109.

[6] Dai, F Z, Zhang W Z. Identification of secondary dislocations by singular value decomposition of the Nye tensor. Acta Metallurgica Sinica (English Letters), 2014, 27(6): 1078-1082.

附录 4

PTCLab 软件及其应用

顾新福

A4.1 PTCLab 软件简介

相变前后的新相与母相之间经常存在特定的晶体学关系，例如可重复的位向关系、界面取向等。这些择优的晶体学关系可以通过分析两晶体之间的匹配来解释。基于界面匹配分析的几何模型，仅仅需要输入点阵常数或者位向关系，即可解释多种实验中观察到的现象。本书正文部分为解释或预测这类晶体学特征奠定了理论基础。作者基于同行多年发展的相变晶体学理论编写了开源的免费计算软件 PTCLab（Phase Transformation Crystallography Lab）[1]。PTCLab 软件适用于任意晶体结构的计算，旨在帮助更多相变晶体学入门者熟悉并利用前人发展的理论成果。PTCLab 用 Python 语言编写，支持目前主流的桌面操作系统，包括 Windows、Mac OS 和 Ubuntu。该软件的下载地址为 https://sourceforge.net/projects/tclab/。下面简单介绍 PTCLab 的主要功能，具体使用方法及操作请参考软件自带的说明书。

图 A4.1 是 PTCLab 软件的功能结构图，这些功能实现的主界面如图 A4.2 所示。晶体结构信息是 PTCLab 软件计算的重要输入参数。晶体结构可以通过软件创建或者直接读入 CIF（Crystallographic

Information File）文件获取。晶体结构文件可以从晶体结构数据库获得，如美国矿物学家晶体结构数据库（American Mineralogist Crystal Structure Database），网址为 http：//rruff.geo.arizona.edu/AMS/amcsd.php。PTCLab 支持所有常规和非常规设定的空间群信息，这些信息对于处理对称性或者模拟晶体衍射花样很重要。在输入晶体结构后，可以应用软件的所有功能，例如画极射投影图，模拟或标定衍射花样，计算相变晶体学等。极射投影图和衍射花样模拟可以帮助人们在实验上表征两相间相变晶体学特征。值得注意的是，PTCLab 计算结构矩阵所选的直角坐标系如图 A4.3b 所示。在相变晶体学计算中，也有人偏向使用图 A4.3c 中的直角坐标系设置。这些坐标系之间是简单的旋转关系，不会影响晶向长度和夹角的计算结果，但是会影响欧拉角的描述。

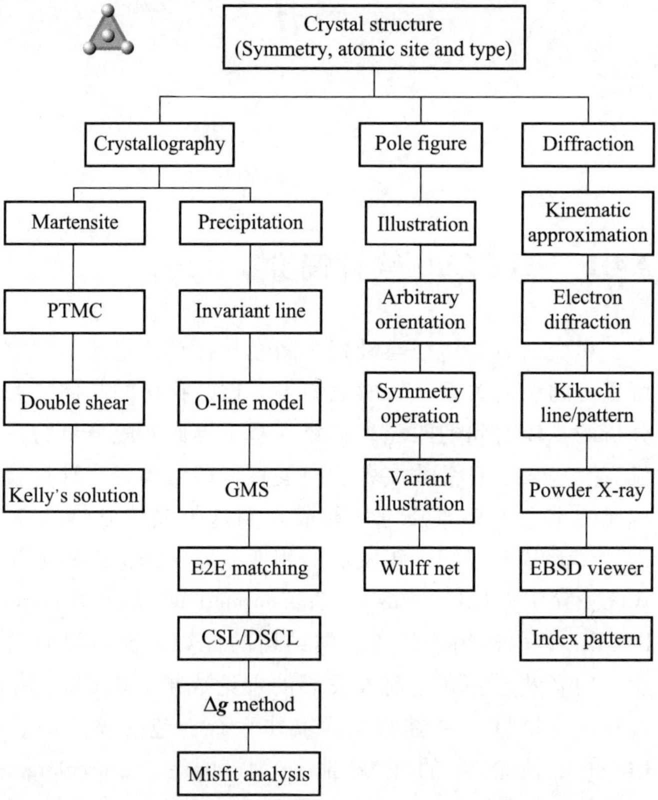

图 A4.1　PTCLab 软件的功能结构图

PTCLab 软件的核心功能是相变晶体学计算。该软件目前包含马氏体表象理论（phenomenological theory of martensite crystallography，PTMC）、双切变模

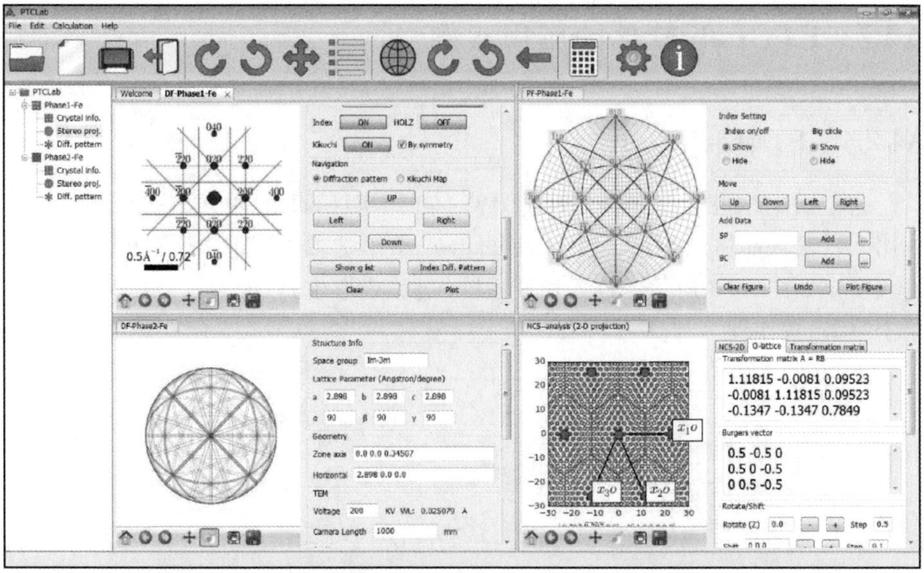

图 A4.2 PTCLab 软件的主界面(参见书后彩图)

型、O 点阵模型、不变线模型、O 线模型、匹配好位置(good matching sites, GMS)模型、三维近重合位置(near coincidence site, NCS)模型、边-边匹配模型等。PTCLab 软件还可用于相变变体的选择和分析。本书所涉及的晶体学计算方法大多可以通过本软件实现。下面仅以 PTMC 和 O 线模型为例，介绍 PTCLab 软件的使用。

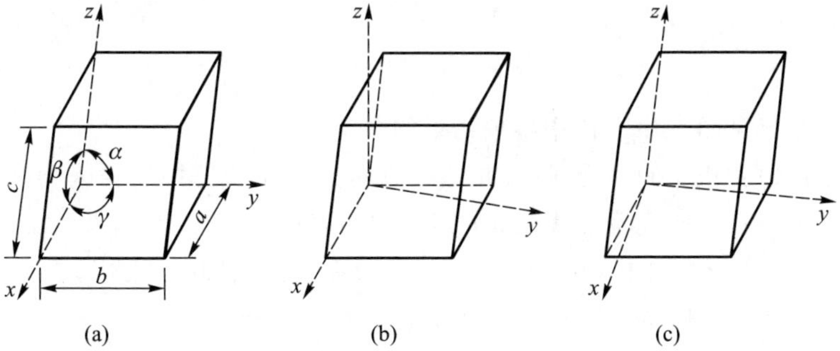

图 A4.3 直角坐标系的选择：(a) 一般晶体的六个点阵常数和晶体坐标系；(b) 直角坐标系，x 重合于 a 轴，z 垂直于 a 轴和 b 轴的平面；(c) 直角坐标系，z 重合于 c 轴，x 垂直于 b 轴和 c 轴的平面

A4.2　PTCLab 软件的应用实例

A4.2.1　PTMC 计算

这里以 5.2.4 节的 fcc-bcc 系统为例，介绍 PTCLab 软件在 PTMC 求解中的应用。在输入晶体结构后，从“Calculation”菜单选取“PTMC”计算模块，弹出输入窗口如图 A4.4 所示。输入切变系统(滑移或孪生)以及点阵对应关系矩阵，单击“OK”按钮即可计算。

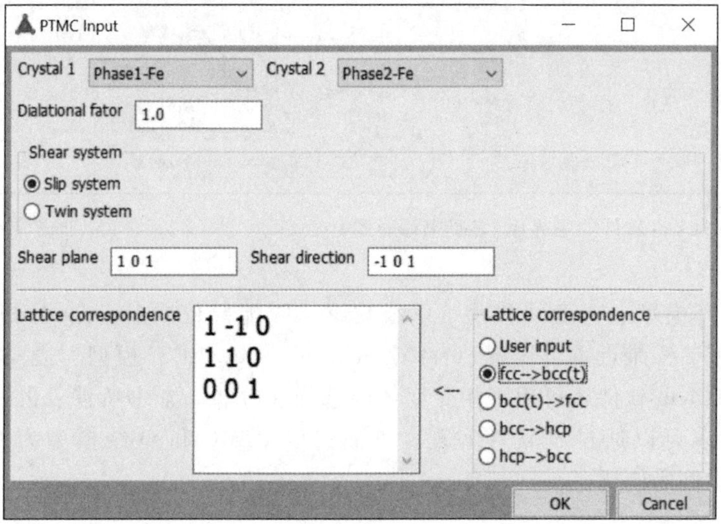

图 A4.4　PTMC 计算的输入窗口

输出结果见图 A4.5，图中各项结果的含义如下：

IL (in 1)：正空间不变线(即位错线方向)在 fcc 点阵中的表达。

IL (in 2)：正空间不变线在 bcc 点阵中的表达。

IL*(in 1)：倒空间不变线(即不变法线)在 fcc 点阵中的表达。

IL*(in 2)：倒空间不变法线在 bcc 点阵中的表达。

RB：错配变形场矩阵(即相变矩阵)。

OR Mat.：位向关系矩阵(从 fcc 晶体坐标系到 bcc 晶体坐标系)。

HP (in 1)：惯习面在 fcc 点阵中的表达。

HP (in 2)：惯习面在 bcc 点阵中的表达。

Macro s：宏观切变方向。

Macro m：宏观切变量。

F：宏观不变平面切变矩阵。

LIS m：点阵不变切变量。

OR：位向关系，用对应晶面和对应晶向间的夹角表达。

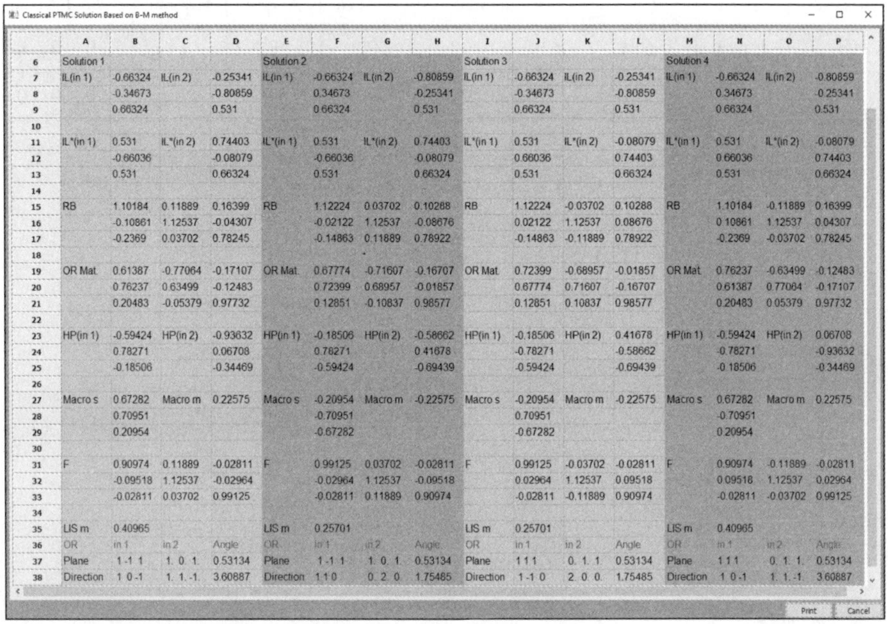

Classical PTMC Solution Based on B-M method

	A	B	C	D	E	F	G	H
6	Solution 1				Solution 2			
7	IL(in 1)	-0.66324	IL(in 2)	-0.25341	IL(in 1)	-0.66324	IL(in 2)	-0.80859
8		-0.34673		-0.80859		0.34673		-0.25341
9		0.66324		0.531		0.66324		0.531
10								
11	IL*(in 1)	0.531	IL*(in 2)	0.74403	IL*(in 1)	0.531	IL*(in 2)	0.74403
12		-0.66036		-0.08079		-0.66036		-0.08079
13		0.531		0.66324		0.531		0.66324
14								
15	RB	1.10184	0.11889	0.16399	RB	1.12224	0.03702	0.10288
16		-0.10861	1.12537	-0.04307		-0.02122	1.12537	-0.08676
17		-0.2369	0.03702	0.78245		-0.14863	0.11889	0.78922
18								
19	OR Mat	0.61387	-0.77064	-0.17107	OR Mat	0.67774	-0.71607	-0.16707
20		0.76237	0.63499	-0.12483		0.72399	0.68957	-0.01857
21		0.20483	-0.05379	0.97732		0.12851	-0.10837	0.98577
22								
23	HP(in 1)	-0.59424	HP(in 2)	-0.93632	HP(in 1)	-0.18506	HP(in 2)	-0.58662
24		0.78271		0.06708		0.78271		0.41678
25		-0.18506		-0.34469		-0.59424		-0.69439
26								
27	Macro s	0.67282	Macro m	0.22575	Macro s	-0.20954	Macro m	-0.22575
28		0.70951				-0.70951		
29		0.20954				-0.67282		
30								
31	F	0.90974	0.11889	-0.02811	F	0.99125	0.03702	-0.02811
32		-0.09518	1.12537	-0.02964		-0.02964	1.12537	-0.09518
33		-0.02811	0.03702	0.99125		-0.02811	0.11889	0.90974
34								
35	LIS m	0.40965			LIS m	0.25701		
36	OR	in 1	in 2	Angle	OR	in 1	in 2	Angle
37	Plane	1 -1 1	1. 0. 1.	0.53134	Plane	1 -1 1	1. 0. 1.	0.53134
38	Direction	1 0 -1	1. 1. -1.	3.60887	Direction	1 1 0	0. 2. 0.	1.75485

	I	J	K	L	M	N	O	P
6	Solution 3				Solution 4			
7	IL(in 1)	-0.66324	IL(in 2)	-0.25341	IL(in 1)	-0.66324	IL(in 2)	-0.80859
8		-0.34673		-0.80859		0.34673		-0.25341
9		0.66324		0.531		0.66324		0.531
10								
11	IL*(in 1)	0.531	IL*(in 2)	-0.08079	IL*(in 1)	0.531	IL*(in 2)	-0.08079
12		0.66036		0.74403		0.66036		0.74403
13		0.531		0.66324		0.531		0.66324
14								
15	RB	1.12224	-0.03702	0.10288	RB	1.10184	-0.11889	0.16399
16		0.02122	1.12537	0.08676		0.10861	1.12537	0.04307
17		-0.14863	-0.11889	0.78922		-0.2369	-0.03702	0.78245
18								
19	OR Mat	0.72399	-0.68957	-0.01857	OR Mat	0.76237	-0.63499	-0.12483
20		0.67774	0.71607	-0.16707		0.61387	0.77064	-0.17107
21		0.12851	0.10837	0.98577		0.20483	0.05379	0.97732
22								
23	HP(in 1)	-0.18506	HP(in 2)	0.41678	HP(in 1)	-0.59424	HP(in 2)	0.06708
24		-0.78271		-0.58662		-0.78271		-0.93632
25		-0.59424		-0.69439		-0.18506		-0.34469
26								
27	Macro s	-0.20954	Macro m	-0.22575	Macro s	0.67282	Macro m	0.22575
28		0.70951				-0.70951		
29		-0.67282				0.20954		
30								
31	F	0.99125	-0.03702	-0.02811	F	0.90974	-0.11889	-0.02811
32		0.02964	1.12537	0.09518		0.09518	1.12537	0.02964
33		-0.02811	-0.11889	0.90974		-0.02811	-0.03702	0.99125
34								
35	LIS m	0.25701			LIS m	0.40965		
36	OR	in 1	in 2	Angle	OR	in 1	in 2	Angle
37	Plane	1 1 1	0. 1. 1.	0.53134	Plane	1 1 1	0. 1. 1.	0.53134
38	Direction	1 -1 0	2. 0. 0.	1.75485	Direction	1 0 -1	1. 1. -1.	3.60887

Print Cancel

图 A4.5 PTMC 计算的输出窗口

图 A4.5 中显示的软件计算结果与 5.2.4 节给出的结果一致。注意，PTMC 计算给出了四组可能解，需要人为确定最终的解。我们一般选择切变量最小的那组解，这是因为应变能与切变量的平方呈正比。例如，图 A4.5 中可以选择第 2 组解或第 3 组解，两组解等价。

从这个示例可以看到，PTMC 计算输入简单，输出结果丰富，但是切变系统需要进行人为假设和试探。利用该软件，读者可以很方便地尝试输入不同的切变系统，从而系统地分析不同切变系统对计算结果的影响。

A4.2.2 O 线模型计算

对于 O 线模型，计算时需要输入两相点阵常数、点阵对应关系、伯氏矢量以及经验判据。本节示例所使用的晶体结构信息见表 A4.1，与邱冬和张文征在双相不锈钢系统分析中所使用的数据相同[2]。在输入晶体结构后，从“Calculation”菜单中选取“O-line”计算模块，会弹出图 A4.6 所示的对话框，输入选项包括点阵结构、点阵对应关系、伯氏矢量以及各种经验判据。选取常用的 fcc-bcc 点阵对应关系，或输入对应关系矩阵[见式(5.4)]。

表 A4.1　O 线模型计算输入的 fcc 及 bcc 相的晶体结构

相结构	a/Å	b/Å	c/Å	α/(°)	β/(°)	γ/(°)	空间群	原子位置
fcc	3.614	3.614	3.614	90	90	90	$Fm\bar{3}m$	(0, 0, 0)
bcc	2.879	2.879	2.879	90	90	90	$Im\bar{3}m$	(0, 0, 0)

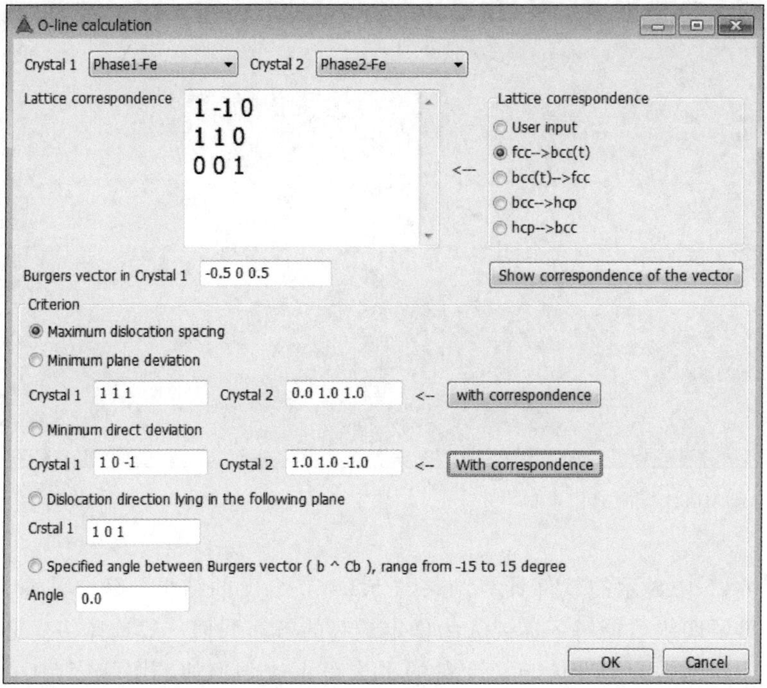

图 A4.6　PTCLab 中 O 线模型计算输入窗口

对于给定 fcc 点阵中的伯氏矢量，各变体(即等价方向)对应的 bcc 点阵中的矢量可以通过单击图 A4.6 中"Show correspondence of the vector"求得。例如，对于晶向$\langle\bar{1}\,0\,1\rangle_f/2$，等价的方向有 6 个，每个方向对应的 bcc 点阵中的矢量如图 A4.7 所示。由图 A4.7 可以看出，对应关系可分为两类，第一类为$\langle\bar{1}\,0\,1\rangle_f/2\,|\,\langle\bar{1}\,\bar{1}\,1\rangle_b/2$，第二类为$\langle 1\,\bar{1}\,0\rangle_f/2\,|\,\langle 1\,0\,0\rangle_b$，符号"|"表示符号两边的矢量满足点阵对应关系。每一类中的伯氏矢量对应的 O 线解均等价。因此，对于 fcc-bcc 系统的 O 线模型计算[3-5]，通常根据伯氏矢量的类型分两类计算。

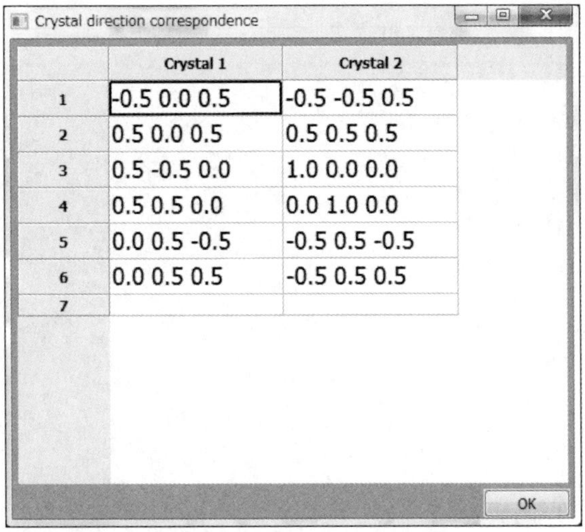

	Crystal 1	Crystal 2
1	-0.5 0.0 0.5	-0.5 -0.5 0.5
2	0.5 0.0 0.5	0.5 0.5 0.5
3	0.5 -0.5 0.0	1.0 0.0 0.0
4	0.5 0.5 0.0	0.0 1.0 0.0
5	0.0 0.5 -0.5	-0.5 0.5 -0.5
6	0.0 0.5 0.5	-0.5 0.5 0.5
7		

图 A4.7 $\langle \bar{1}\,0\,1\rangle_f/2$ 对应的 bcc 点阵中的矢量

此处以伯氏矢量$[\bar{1}\,0\,1]_f/2$为例计算，经验判据选择位错间距最大。按图 A4.6 中的“OK”按钮后开始计算。计算完成后自动弹出结果输出窗口，如图 A4.8 所示。其中给出了各种晶体学参量，包括：

IL (in 1)：正空间不变线在 fcc 点阵中的表达。

IL (in 2)：正空间不变线在 bcc 点阵中的表达。

IL^*(in 1)：倒空间不变线在 fcc 点阵中的表达。

IL^*(in 2)：倒空间不变线在 bcc 点阵中的表达。

RB：错配变形场矩阵。

OR Mat.：位向关系矩阵(从 fcc 晶体坐标系到 bcc 晶体坐标系)。

HP (in 1)：O 线界面在 fcc 点阵中的表达。

HP (in 2)：O 线界面在 bcc 点阵中的表达。

Disl. spc. (Angstrom)：O 线界面的位错间距(单位为 Å)。

OR：位向关系，用对应晶面和对应晶向间的夹角表达。

图 A4.8 中显示了两组等价解。这是因为对于给定伯氏矢量，在求解倒空间不变线(不变法线)的过程中，与伯氏矢量垂直的面与倒空间不伸长圆锥有两个交点，即有两个解，因此最终可获得两个 O 线解。由于这两个解等价，可以任意选取其中之一作为最终计算结果。计算获得的位向关系、不变线方向(析出相长轴方向)、界面取向、位错间距等与实验结果基本一致[2]。有时实验结果与计算结果选取的变体不同，为了方便比较，需要根据对称关系进行等价变换，参见第 2 章。

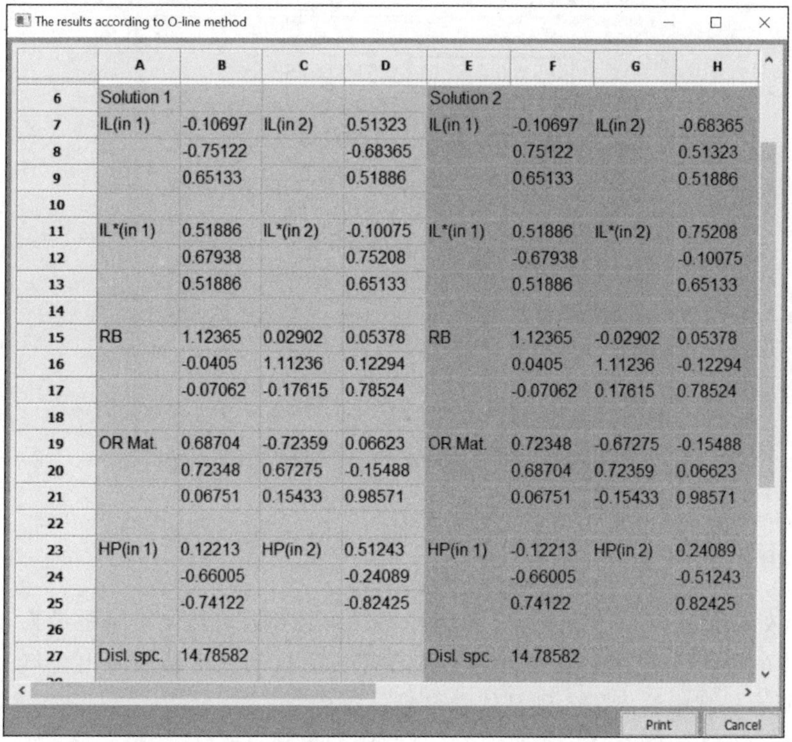

	A	B	C	D	E	F	G	H
6	Solution 1				Solution 2			
7	IL(in 1)	-0.10697	IL(in 2)	0.51323	IL(in 1)	-0.10697	IL(in 2)	-0.68365
8		-0.75122		-0.68365		0.75122		0.51323
9		0.65133		0.51886		0.65133		0.51886
10								
11	IL*(in 1)	0.51886	IL*(in 2)	-0.10075	IL*(in 1)	0.51886	IL*(in 2)	0.75208
12		0.67938		0.75208		-0.67938		-0.10075
13		0.51886		0.65133		0.51886		0.65133
14								
15	RB	1.12365	0.02902	0.05378	RB	1.12365	-0.02902	0.05378
16		-0.0405	1.11236	0.12294		0.0405	1.11236	-0.12294
17		-0.07062	-0.17615	0.78524		-0.07062	0.17615	0.78524
18								
19	OR Mat.	0.68704	-0.72359	0.06623	OR Mat.	0.72348	-0.67275	-0.15488
20		0.72348	0.67275	-0.15488		0.68704	0.72359	0.06623
21		0.06751	0.15433	0.98571		0.06751	-0.15433	0.98571
22								
23	HP(in 1)	0.12213	HP(in 2)	0.51243	HP(in 1)	-0.12213	HP(in 2)	0.24089
24		-0.66005		-0.24089		-0.66005		-0.51243
25		-0.74122		-0.82425		0.74122		0.82425
26								
27	Disl. spc.	14.78582			Disl. spc.	14.78582		

图 A4.8 O 线模型计算输出窗口

参考文献

[1] Gu X F, Furuhara T, Zhang W Z. PTCLab: free and open-source software for calculating phase transformation crystallography. Journal of Applied Crystallography, 2016, 49(3): 1099-1106.

[2] Qiu D, Zhang W Z. A TEM study of the crystallography of austenite precipitates in a duplex stainless steel. Acta Materialia, 2007, 55(20): 6754-6764.

[3] Qiu D, Shen Y X, Zhang W Z. An extended invariant line analysis for fcc/bcc precipitation systems. Acta Materialia, 2006, 54(2): 339-347.

[4] Qiu D, Zhang W Z. A systematic study of irrational precipitation crystallography in fcc-bcc systems with an analytical O-line method. Philosophical Magazine, 2003, 83(27): 3093-3116.

[5] Gu X F, Zhang W Z. Analytical O-line solutions to phase transformation crystallography in fcc/bcc systems. Philosophical Magazine, 2010, 90(34): 4503-4527.

附录 5

相变晶体学数据库

谢睿勋

A5.1 相变晶体学数据库简介

在第 3 章已经阐述了如何从实验中获取相变晶体学数据。随着测试技术的发展和普及，以及研究者对相变晶体学关注度的不断提升，相变晶体学的测试结果不断增加。这些结果是定量描述相变组织的基本信息，也是理解相变过程并建立工艺-组织-性能定量关系的重要依据。遗憾的是，目前这些相变晶体学数据散落在众多的文献中，并且缺少统一的格式，导致检索和使用都十分不便。

为方便相变晶体学信息的查询，我们从大量文献中收集了数百条相变晶体学数据，形成了据我们所知的首个相变晶体学数据库。同时，初步建议了相变晶体学信息的数据标准，以促进今后的共享和使用。数据库已经以网站形式免费发布，网址为 http://www.ptcdb.org/。截至 2021 年 7 月，本数据库已收集了包括镁、铝、钛、镍、铁等合金系在内的数据，共有超过 500 张卡片供查询。

数据库仍然在不断完善中，欢迎读者贡献有关相变晶体学的数据。希望有一天相变晶体学数据库能够像相图和晶体结构数据库一样，成为材料科学研究和材料工程应用的基本数据库。

A5.2　相变晶体学数据库的使用方法

打开数据库网站，显示的就是查询界面，如图 A5.1 所示。首先选择查询条件和相变系统中涉及的合金元素，然后选择母相和析出相。提交这些数据后，即可得到查询结果。

例如，图 A5.1 中显示查询条件为“My search will AT LEAST CONTAIN the elements selected.”(至少包含选择的元素)，在下方元素周期表中选择 Mg 元素，点击“Submit”(提交)。然后，在图 A5.2a 所示的下一个页面中选择母相为“α-Mg(Hexagonal Compact Packing)”，点击“Confirm Matrix”(确认母相)。在图 A5.2b 所示页面中选择析出相为“β-Mg(Face Centred Cubic)”，点击“Submit Search”(提交检索)，即可得到图 5.3 所示的检索结果。

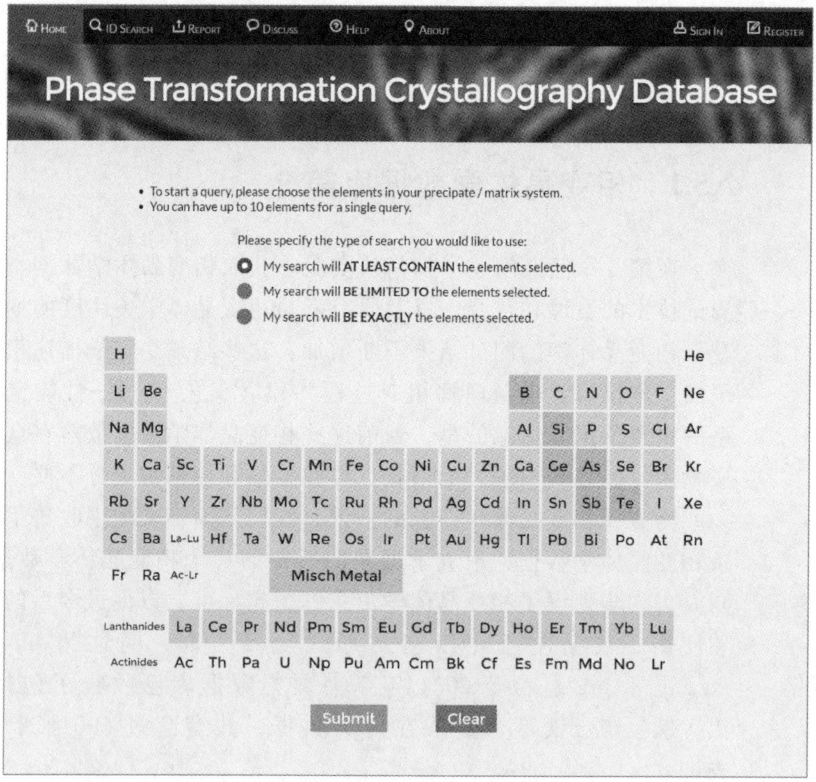

图 A5.1　相变晶体学数据库的查询界面(参见书后彩图)

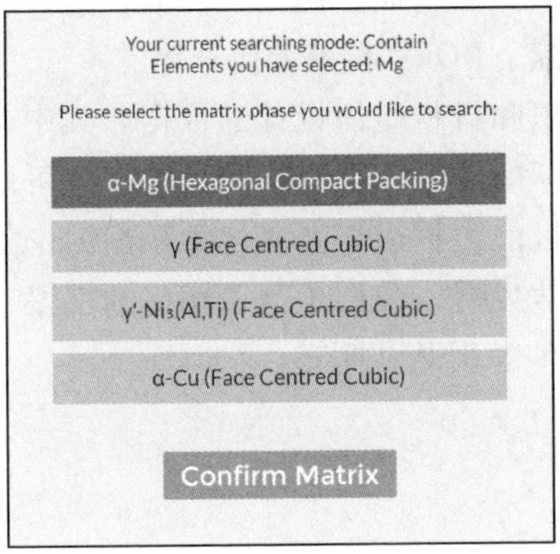

(a)

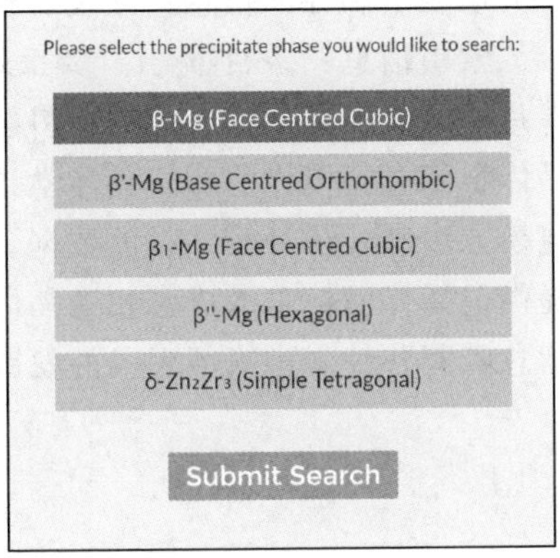

(b)

图 A5.2 设置系统中的母相(a)和析出相(b)

Entry ID: 6627d0698a2b1670158d3f116825e9f4

Matrix	**Precipitate**		**System**		**Composition**		
$\alpha-$Mg	$\beta-$Mg		Gd $-$ Mg $-$ Y $-$ Zr				
Matrix Structure	α	β	γ	a	b	c	Structure Comment
Hexagonal Compact Packing	90°	90°	120°	0.32 nm	0.32 nm	0.52 nm	
Precipitate Structure	α	β	γ	a	b	c	Structure Comment
Face Centred Cubic	90°	90°	90°	2.2 nm	2.2 nm	2.2 nm	
Orientation Relationship	**Precipitation Morphology**				**Interphase Dislocation**		
$(1\bar{1}00)$ (M)// $(\bar{1}12)$ (P)	Long Axis	Habit Plane	Side Faces	Shape	Spacing & Directions	Burgers Vectors	
[0001] (M)// [110] (P)	(M)	$\{1\bar{1}00\}$ (M)	(M)	coarse plate		(M)	
(M)// (P)	(P)	(P)	(P)			(P)	
DOI		**Collected by**		**Reviewed by**			
10.1016/j.jallcom.2005.11.046		C3					
Reference	He, S. M., et al. "Precipitation in a Mg-10Gd-3Y-0.4 Zr (wt%) alloy during isothermal ageing at 250 °C." Journal of Alloys and Compounds 421.1 (2006): 309-313.						
Comments							

图 A5.3 检索结果界面

在图 A5.3 中可以看到，数据库中的相变晶体学数据卡片包含如下信息：

(1) 成分和相：母相、析出相、合金系统。

(2) 基本相变晶体学信息：两相晶体结构、位向关系。

(3) 形貌学和界面信息：形貌、长轴、惯习面、侧面、界面位错。

(4) 索引信息：条目编号、参考文献、DOI、收集者代号等。

卡片中的数据可以作为理解材料组织和材料组织设计的依据。其中，基本相变晶体学信息可以作为相变晶体学计算的输入，形貌学和界面信息可以作为指导建模方法和验证计算结果的数据。目前，报道相变晶体学数据的论文大多不能提供包括界面信息的成套相变晶体学数据，我们预留了相应的字段，以备这些信息随着各种先进表征手段的发展和普及得以补充。

索　引

B

C

D

E

F

G

J

K

L

M

N

O

P

Q

S

W

X

Y

Z

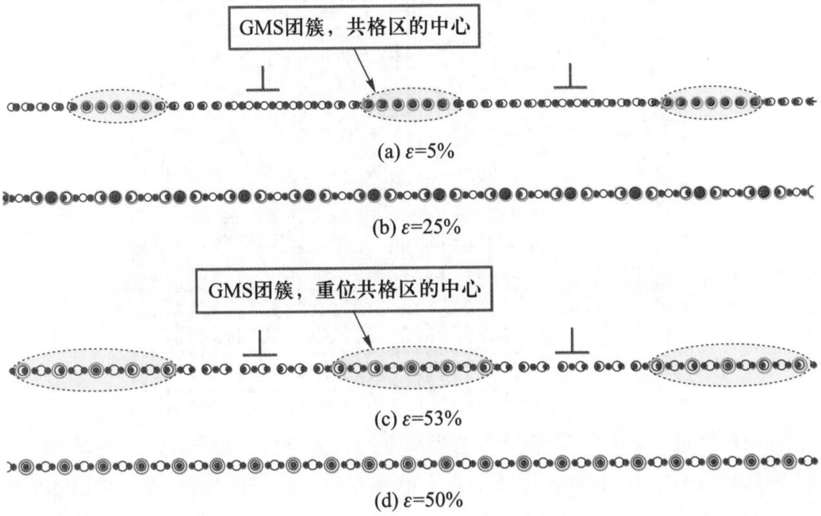

图 1.1　GMS 分布随错配度变化的一维示意图。实心圆和空心圆表示的一维点阵的点阵常数分别为 a_α 和 a_β，$a_\beta > a_\alpha$，较大空心圆为 GMS：(a) $\varepsilon=5\%$，$k=15\%$，GMS 形成局部团簇，其内部形成 1∶1 匹配关系，为潜在的一次择优态区，团簇间为潜在的位错；(b) $\varepsilon=25\%$，$k=25\%$，两个点阵间形成 4∶5 匹配关系，可以获得具有 1∶1 匹配关系的两个周期结构单元的团簇，界面是否弛豫形成位错取决于具体材料；(c) $\varepsilon=53\%$，$k=15\%$，GMS 形成团簇，其内部形成 2∶3 匹配关系，为潜在二次择优态区，团簇间为潜在二次位错的位置；(d) $\varepsilon=50\%$ 的情况，两个点阵间形成理想的 2∶3 匹配关系，相当于存在无限大的非一一匹配的 GMS 团簇，可能弛豫形成完美的二次择优态结构

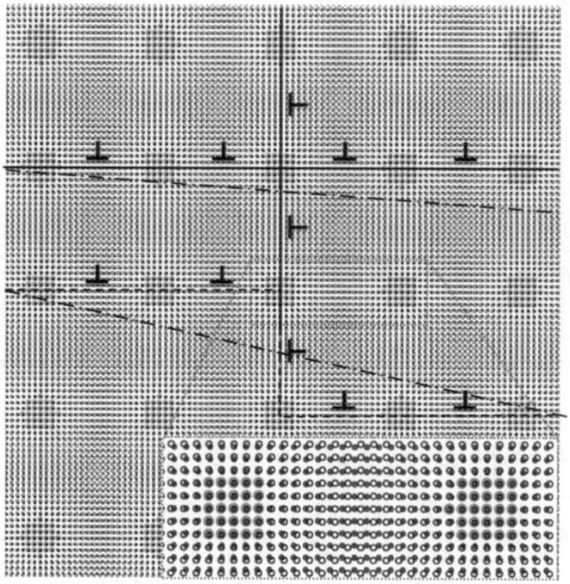

图 1.2　各向同性错配的 GMS 团簇分布与界面奇异性关系的示意图。$\varepsilon = 5\%$，$k = 15\%$，点阵和 GMS 标识与图 1.1 中的相同。假设垂直于纸面方向没有错配，图上的一条线代表一个直立界面

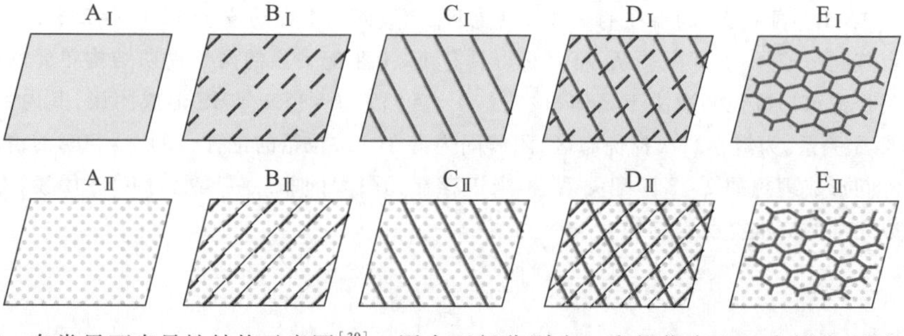

图 1.3　各类界面奇异性结构示意图[39]。图中两行分别为一次择优态和二次择优态界面，由符号中下标 Ⅰ 和 Ⅱ 区分。虚线代表台阶，实线代表位错，二次择优态界面上的台阶与细实线重合（B_{II}、D_{II}）代表二次择优态在台阶位置中断，台阶可能携带二次位错

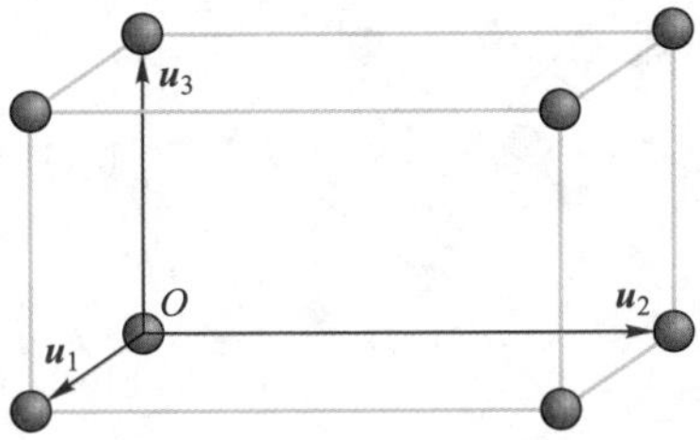

图 2.1　长石的三斜晶胞和晶体坐标系。点阵常数为 $a=8.178$ Å，$b=12.870$ Å，$c=7.102$ Å，$\alpha=93.36°$，$\beta=116.18°$，$\gamma=90.40°$

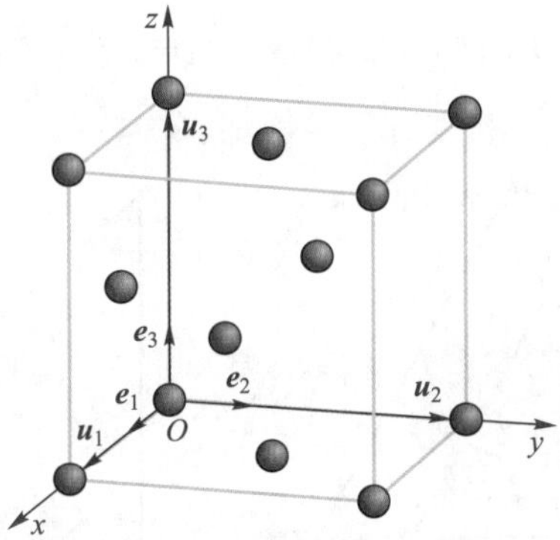

图 2.3　Cu 的晶胞与直角坐标系和晶体坐标系

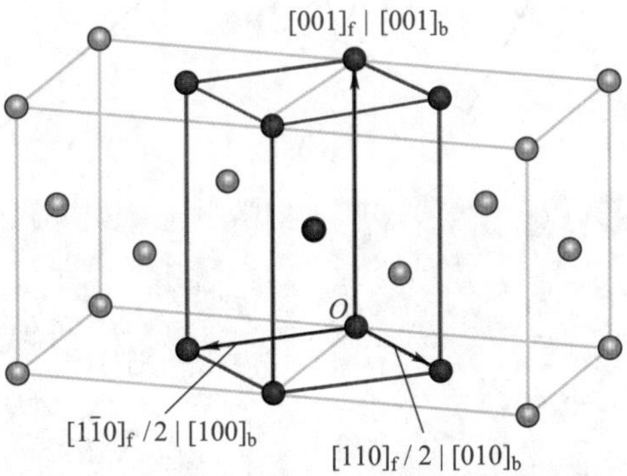

图 2.10　Bain 应变中 fcc 和 bcc 结构的点阵对应关系示意图

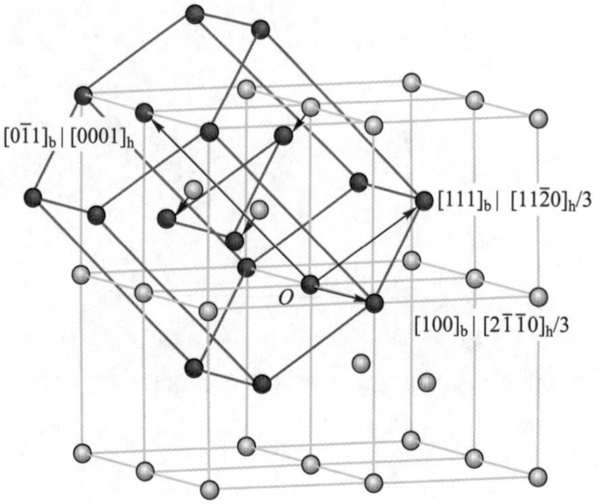

图 2.11　伯格斯位向关系下 bcc 和 hcp 结构的点阵对应关系示意图

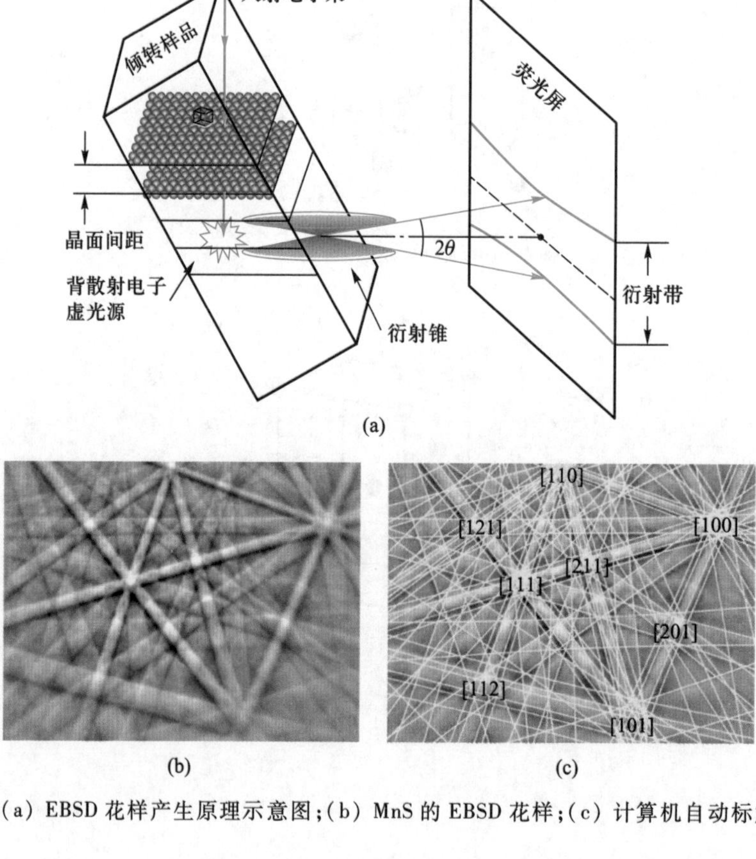

图 3.3　(a) EBSD 花样产生原理示意图;(b) MnS 的 EBSD 花样;(c) 计算机自动标定结果

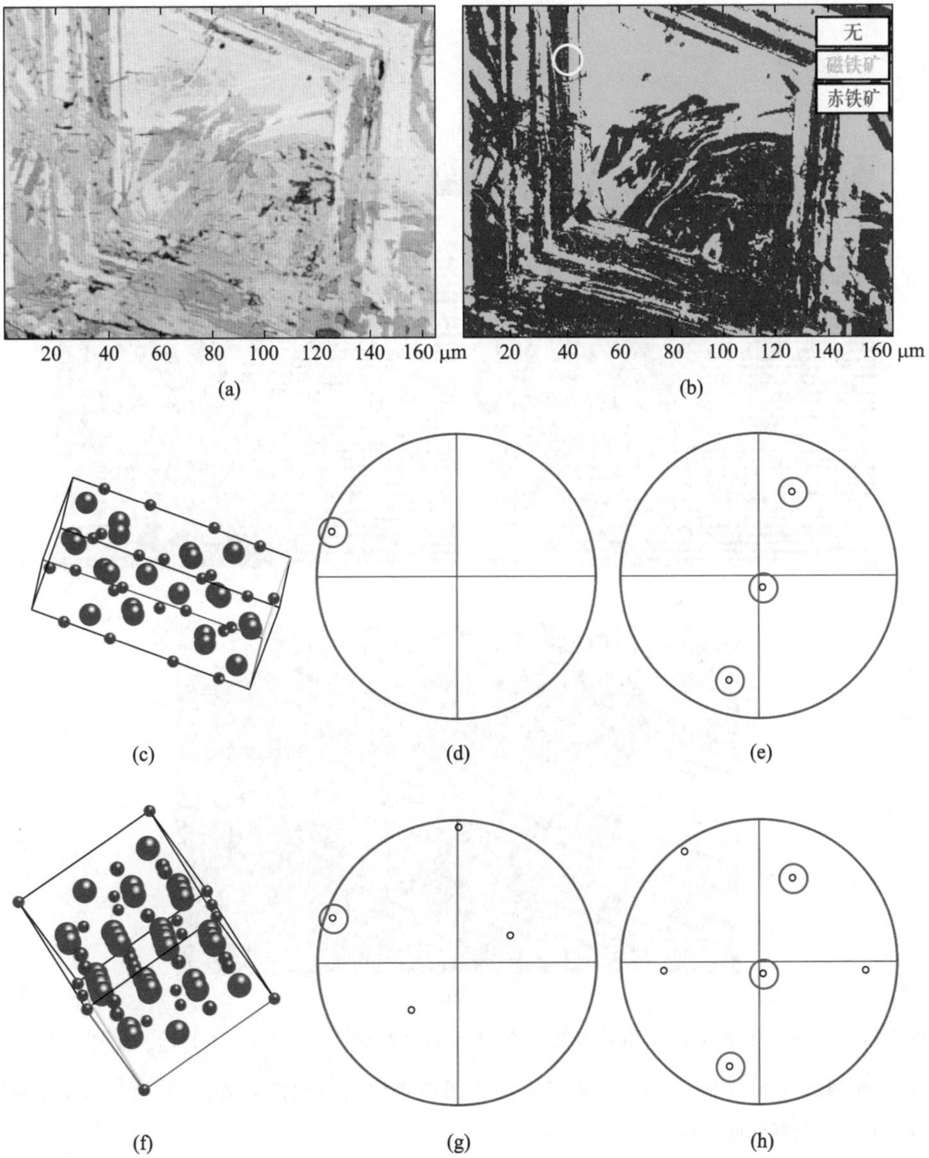

图 3.4　(a)和(b)分别为铁矿样品的 EBSD 花样质量图和相分布图；(c)H 相的晶体结构；(d)和(e)为 H 相的极图，分别显示$\{0\ 0\ 1\}_H$面法线极点和$\langle 2\ 1\ 0\rangle_H$晶向极点；(f) M 相的晶体结构；(g)和(h)为 M 相的极图，分别显示$\{1\ 1\ 1\}_M$面法线极点和$\langle 1\ 1\ 0\rangle_M$晶向极点

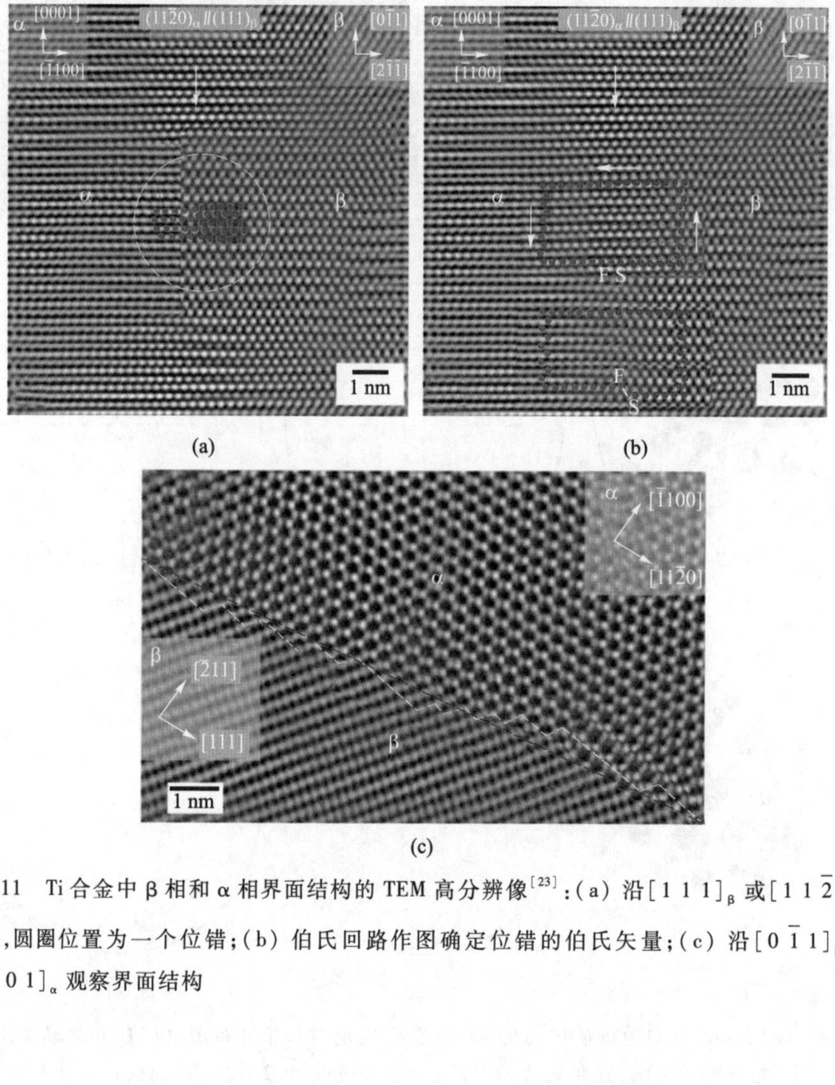

图 3.11　Ti 合金中 β 相和 α 相界面结构的 TEM 高分辨像[23]：(a) 沿 $[1\ 1\ 1]_{\beta}$ 或 $[1\ 1\ \bar{2}\ 0]_{\alpha}$ 观察，圆圈位置为一个位错；(b) 伯氏回路作图确定位错的伯氏矢量；(c) 沿 $[0\ \bar{1}\ 1]_{\beta}$ 或 $[0\ 0\ 0\ 1]_{\alpha}$ 观察界面结构

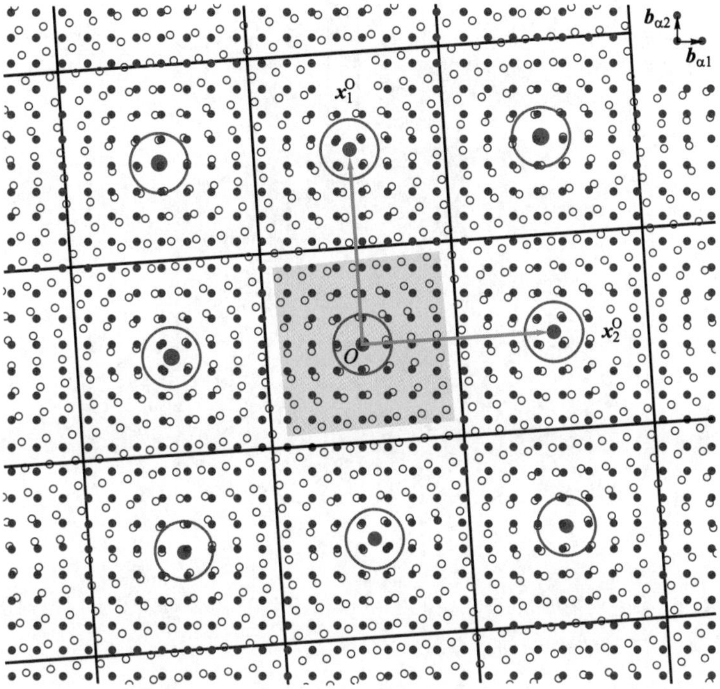

图 4.1　一个简单二维 O 点阵的示意图。图中蓝色实心圆圈代表母相阵点，蓝色空心圆圈代表新相阵点，两相具有同样的简单立方结构，但存在一个绕[0 0 1]方向旋转 7.5°的位向差。红色实心圆代表 O 单元的位置，黑色实线代表 O 胞壁的位置。母相沿水平和竖直方向的伯氏矢量分别为 $\boldsymbol{b}_{\alpha1}$ 和 $\boldsymbol{b}_{\alpha2}$，与之相对应的主 O 点阵矢量分别为 $\boldsymbol{x}_1^O$ 和 $\boldsymbol{x}_2^O$。紫色圆圈内的区域代表匹配好区，中间浅绿色阴影区域代表原点附近弛豫后形成的以匹配好区为中心的共格区

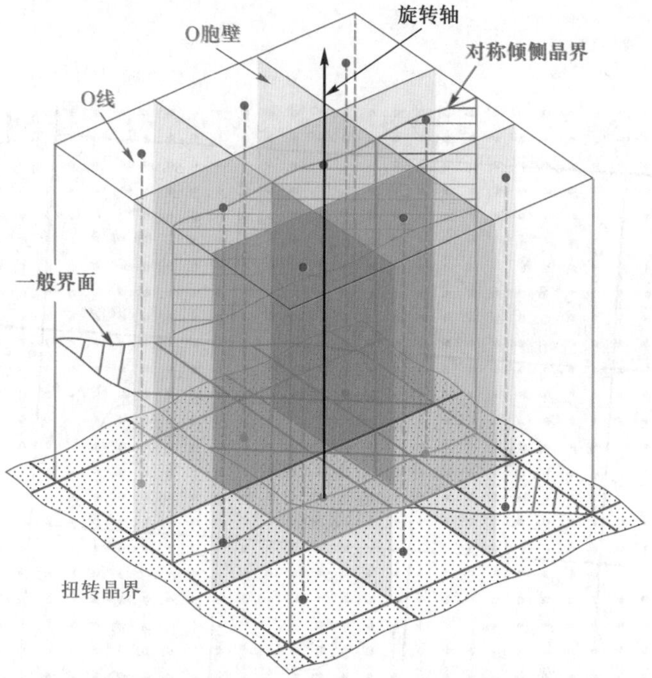

图 4.2　由图 4.1 衍生出来的，在三维空间中 O 线与 O 胞壁的分布以及不同取向的界面与 O 胞壁相截后形成不同位错组态的示意图[4]

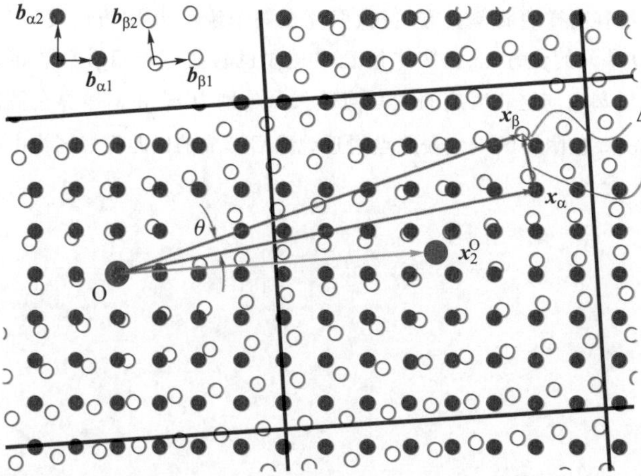

图 4.3　相对位移 Δx 以及错配位移 $\Delta x_{\beta m}$ 之间的几何关系。图中 θ 为 α 相与 β 相在(0 0 1)面内的位向差，其他标记的意义与图 4.1 中的相同

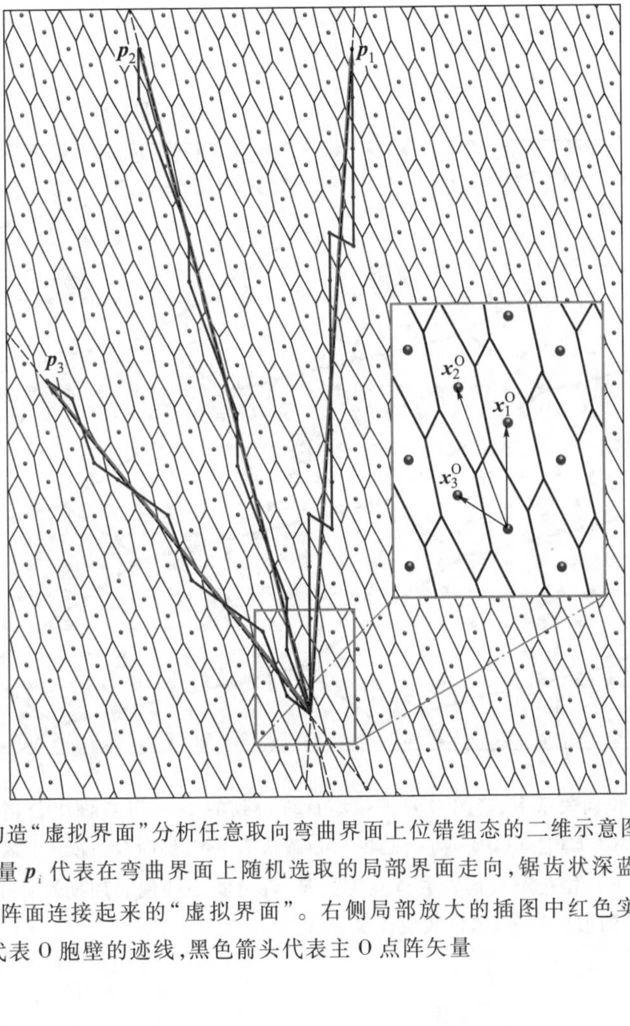

图 4.8　通过构造"虚拟界面"分析任意取向弯曲界面上位错组态的二维示意图[8]。图中蓝色箭头定义的矢量 $\boldsymbol{p}_i$ 代表在弯曲界面上随机选取的局部界面走向,锯齿状深蓝色线段代表由一系列主 O 点阵面连接起来的"虚拟界面"。右侧局部放大的插图中红色实心圆点代表 O 点,黑色线段代表 O 胞壁的迹线,黑色箭头代表主 O 点阵矢量

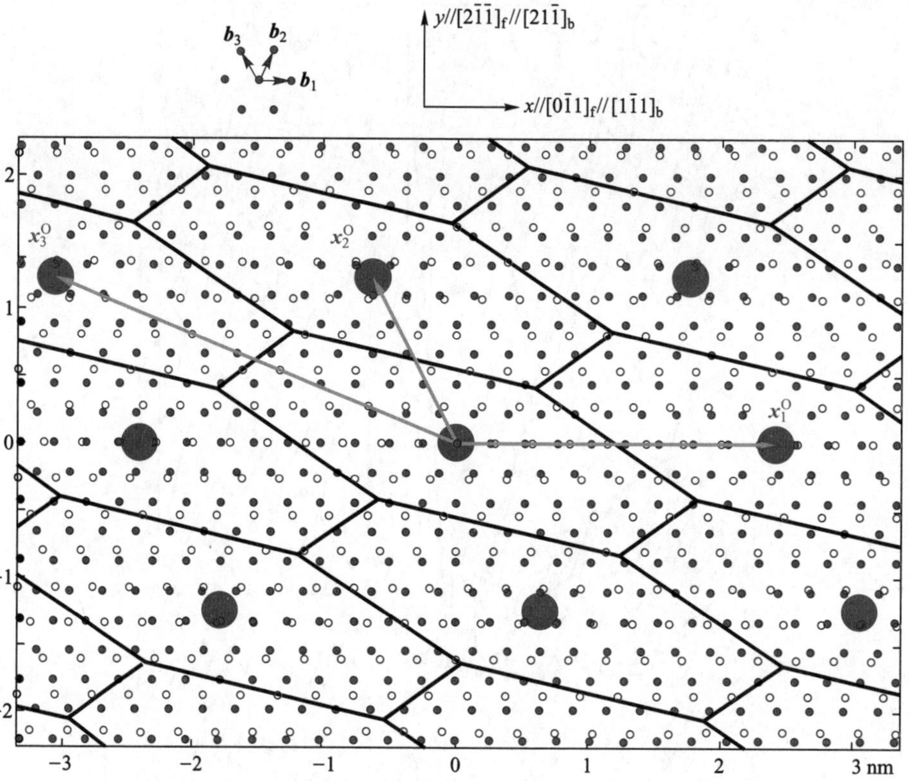

图 4.9 在 K-S 位向关系下，应用 O 点阵模型计算得到的 Cu-Nb 界面上位错网的形态和分布。界面平行于$(1\ 1\ 1)_f // (0\ 1\ 1)_b$。蓝色实心圆代表 fcc 点阵（Cu 原子），蓝色空心圆代表 bcc 点阵（Nb 原子），橙色箭头代表主 O 点阵矢量，红色实心圆代表周期性分布的 O 单元，蓝色箭头代表位错的伯氏矢量，黑色实线代表位错线

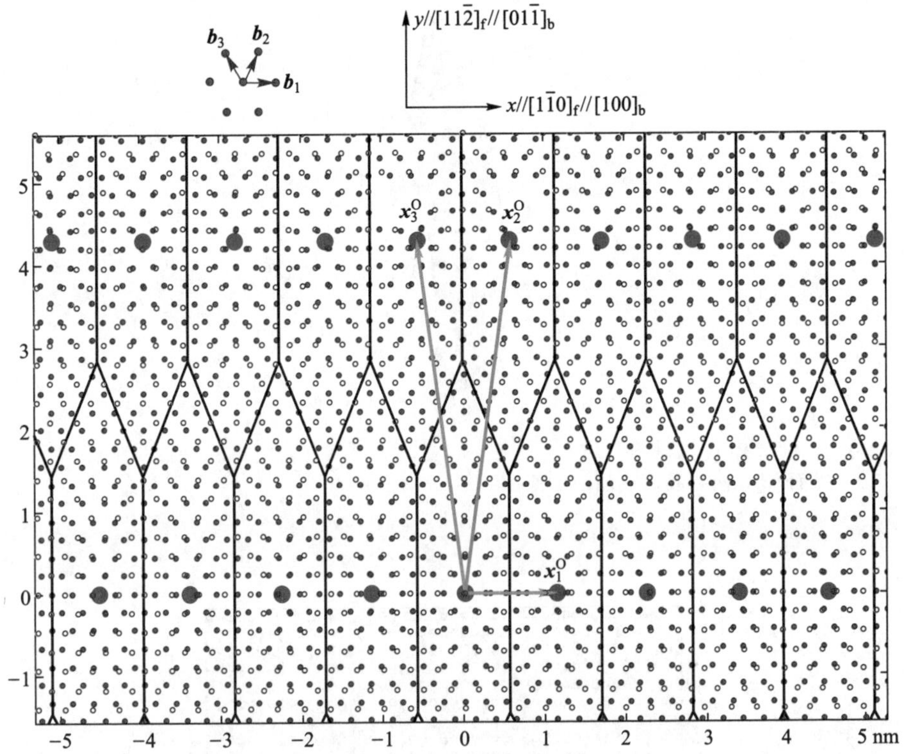

图 4.10　在 N-W 位向关系下，应用 O 点阵模型计算得到的 Cu-Nb 界面上位错网的形态和分布。图中符号意义与图 4.9 中的一致

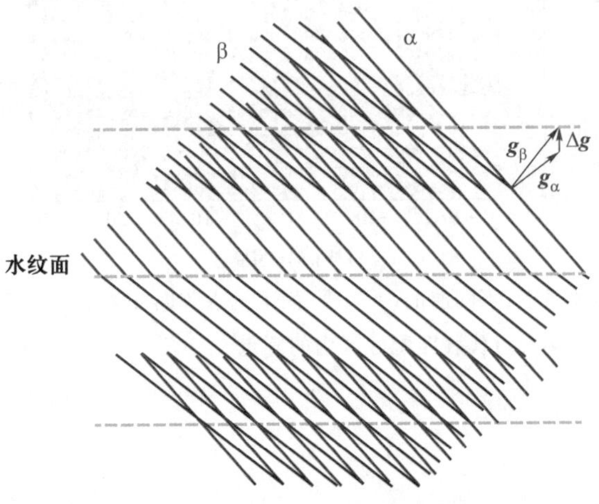

图 5.4　α 相和 β 相中两组垂直于纸面的晶面重叠形成水纹面，并在水纹面位置一一匹配

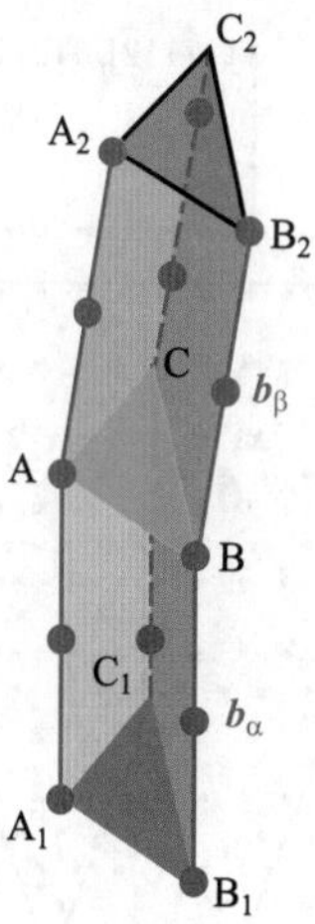

图 5.6　界面 ABC 两侧晶面或晶向的匹配

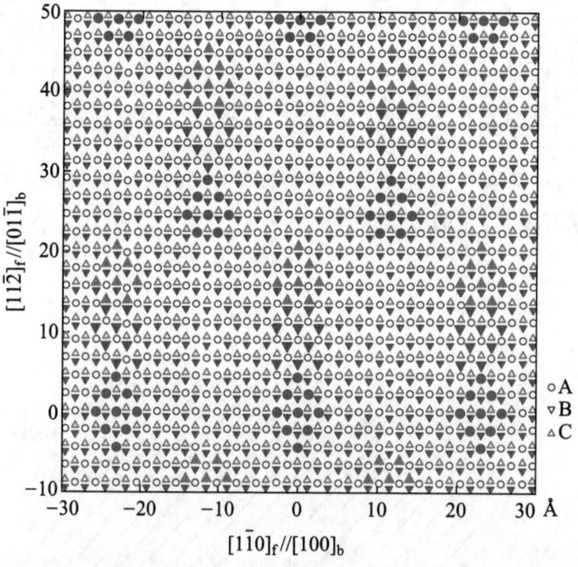

图 5.10　N-W 位向关系下，不同层的$(1\ 1\ 1)_f$面上的点阵匹配。不同形状的点分别代表不同$(1\ 1\ 1)_f$层上的阵点，实心点代表匹配好区内的阵点

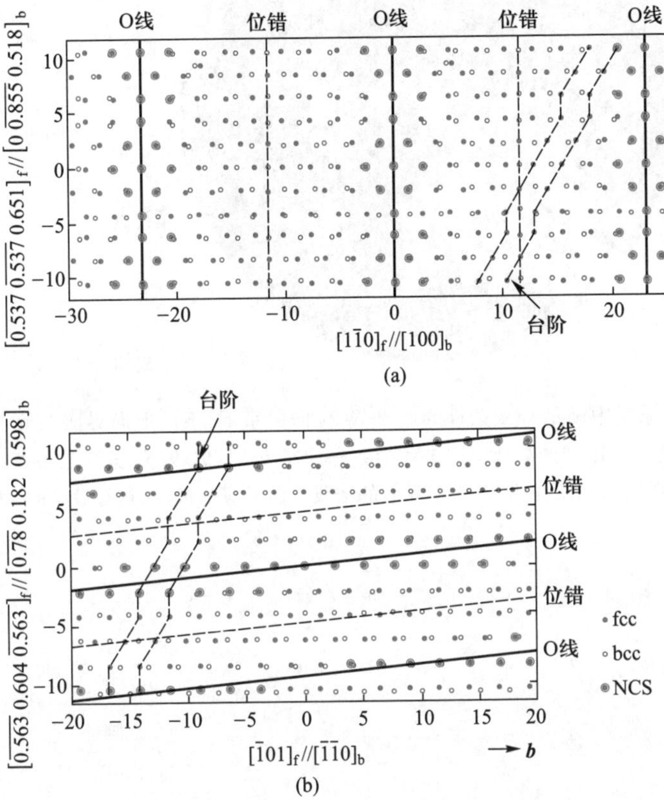

图 5.11　O 线位向关系下界面附近 NCS 分布投影图：(a) 近 N-W 位向关系，界面为 $(0.46\ 0.46\ 0.76)_f // (0\ 0.52\ 0.86)_b$，位错线方向为 $[0.54\ 0.54\ \overline{0.65}]_f$，与伯氏矢量垂直；(b) 近 K-S 位向关系，界面为 $(0.43\ 0.80\ 0.43)_f // (\overline{0.24}\ 0.80\ 0.56)_b$，位错线方向为 $[\overline{0.76}\ 0.057\ 0.65]_f$，与伯氏矢量夹角约 5.4°。由于界面取向偏离低指数晶面，界面包含结构台阶

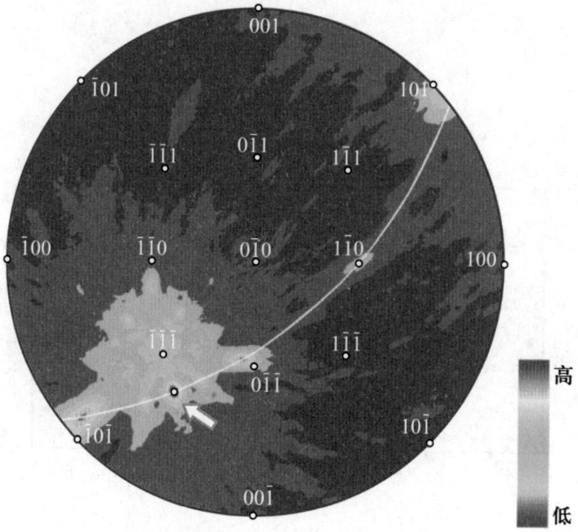

图 5.12 fcc-bcc 系统中满足 O 线条件的近 N-W 位向关系下，不同取向界面上的 NCS 分布比例，用不同颜色表示比例的高低。图中各指数标注了 fcc 相的极点，实线是不变线方向的极点所对应的大圆，箭头指示位置为 O 线界面的法线方向对应的极点，具有最高的 NCS 比例

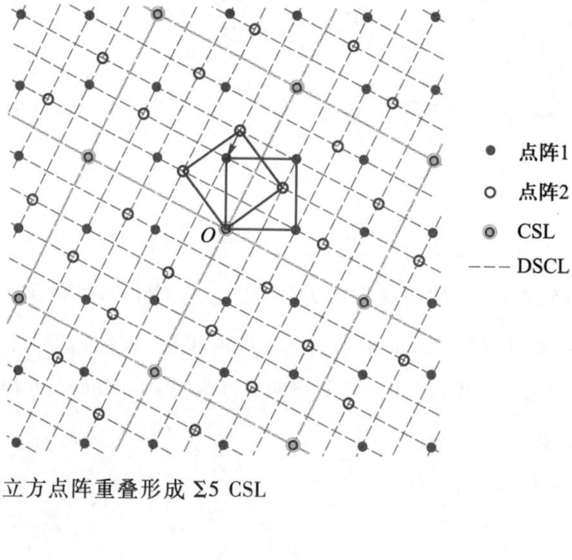

图 6.1 两个简单立方点阵重叠形成 Σ5 CSL

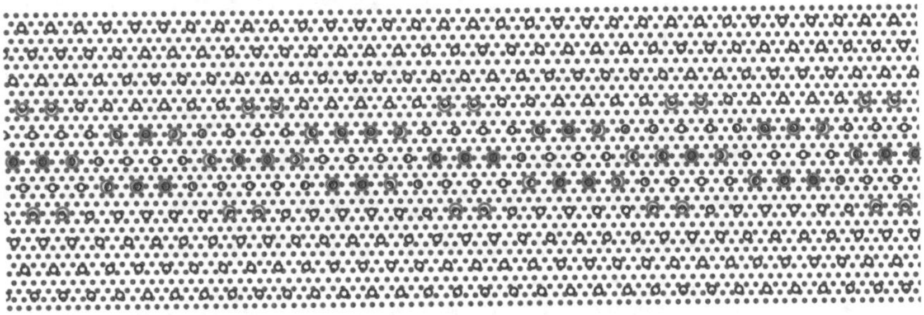

图 6.2　伯格斯位向关系下$(0\ 1\ 1)_{\beta}$和$(0\ 0\ 0\ 1)_{\alpha}$晶面点阵重叠得到的 GMS 团簇的结构

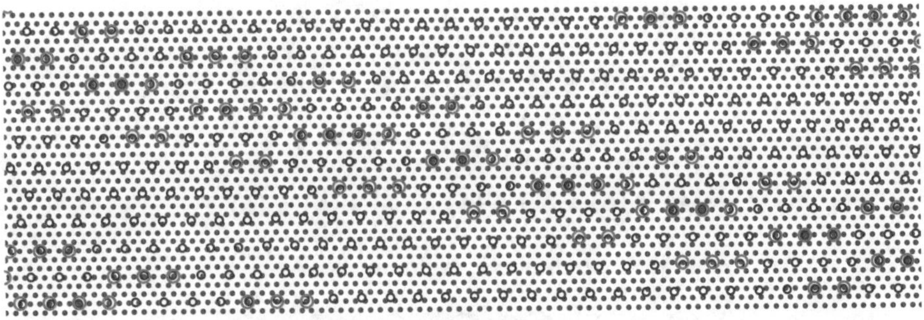

图 6.7　位向关系满足 $\Delta \boldsymbol{g}$ 平行法则时$(0\ 1\ 1)_{\beta}$ // $(0\ 0\ 0\ 1)_{\alpha}$面上 GMS 团簇的分布

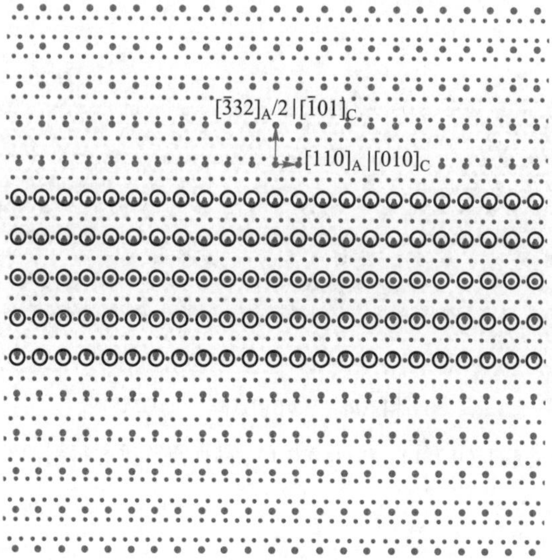

(a)

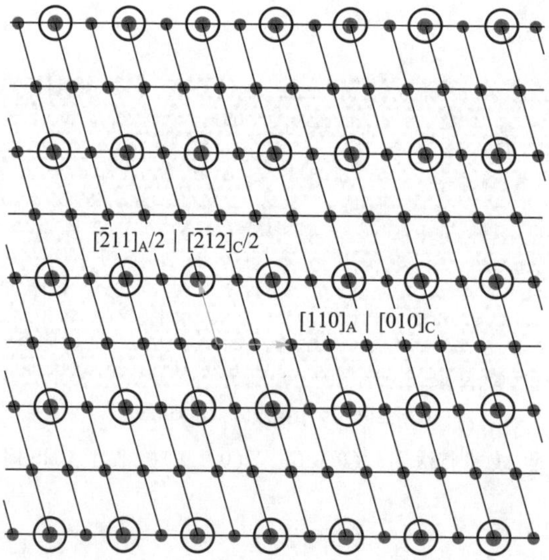

(b)

图 6.9 (a) Pitsch 位向关系下奥氏体和渗碳体点阵在$(1\ \bar{1}\ 3)_A // (1\ 0\ 1)_C$晶面上 GMS 的分布;(b) 根据图(a)中 GMS 团簇中两相阵点的匹配对渗碳体点阵强制变形后得到的二维 CCSL/CDSCL 点阵

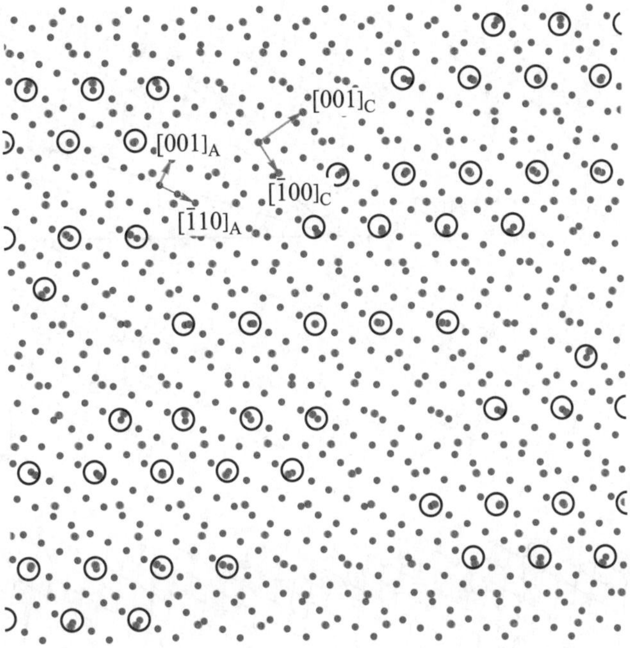

(a)

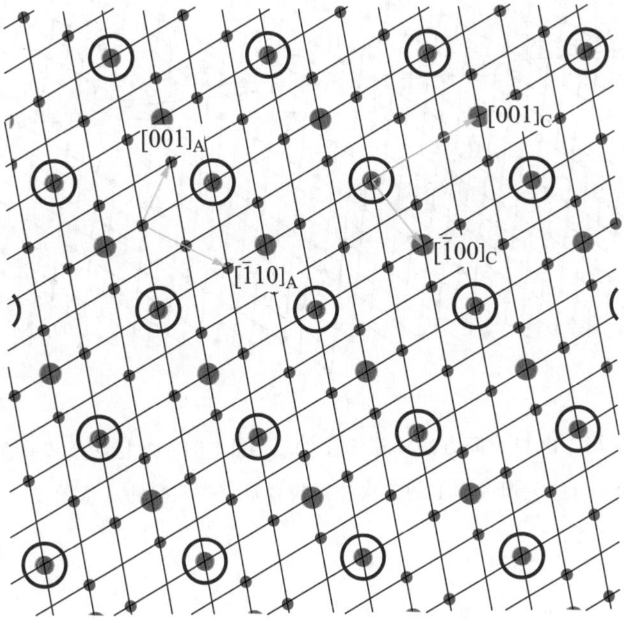

(b)

图 6.10　(a) Pitsch 位向关系下奥氏体和渗碳体点阵在$(1\ 1\ 0)_A // (0\ 1\ 0)_C$晶面上 GMS 的分布；(b) 根据图(a)中 GMS 团簇中两相阵点的匹配对渗碳体点阵强制变形后得到的 CCSL/CDSCL 点阵

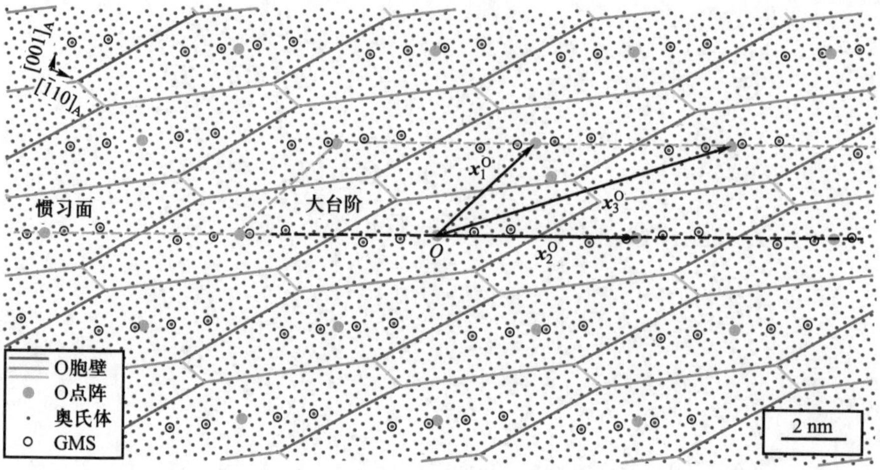

(a)

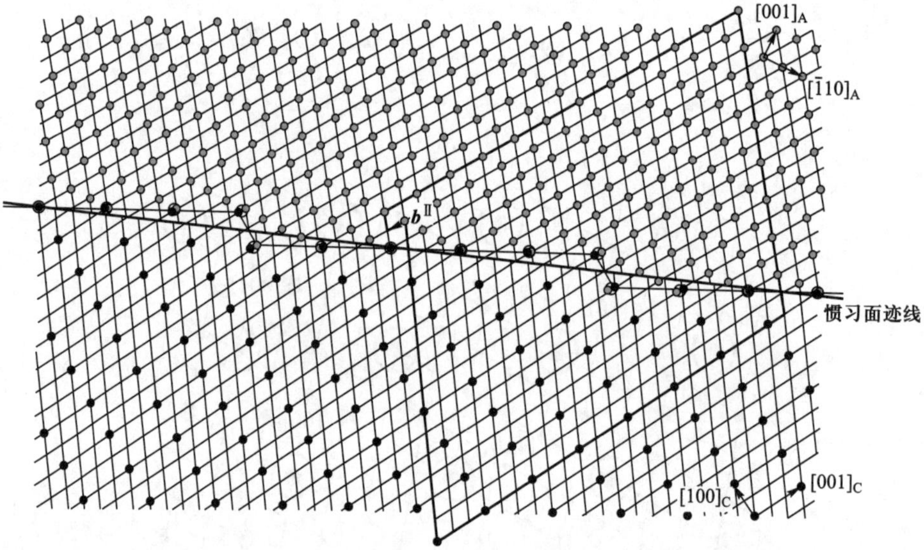

(b)

图 6.12 (a) 应用二次 O 点阵方法计算$(1\,1\,0)_A /\!/ (0\,1\,0)_C$面上 O 点和 O 胞壁的构型以及惯习面位错组态[13]；(b) 惯习面上的二次位错与台阶一一匹配的示意图[14]

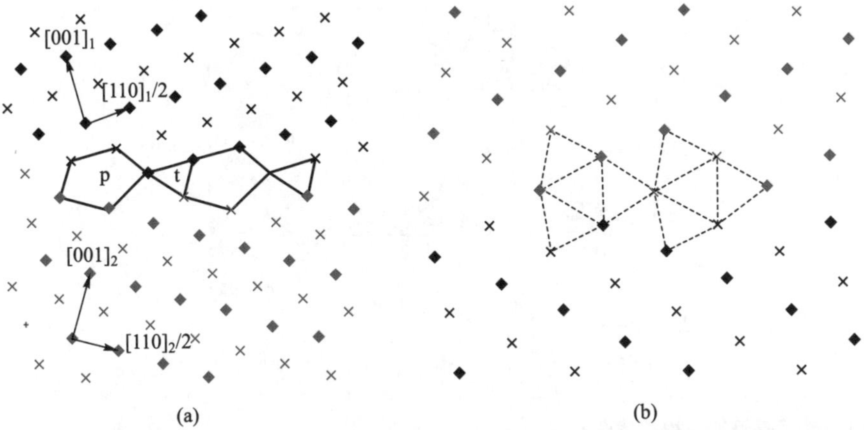

图 6.17　铝中旋转轴为[1 $\bar{1}$ 0] 的倾侧晶界结构的原子模拟计算结果：(a) Σ27 (1 1 5)晶界由晶界结构单元 A 构成；(b) Σ11 (1 1 3)晶界由结构单元 B 构成。方形和十字形符号区分了(2 $\bar{2}$ 0)面不同堆垛层上的原子

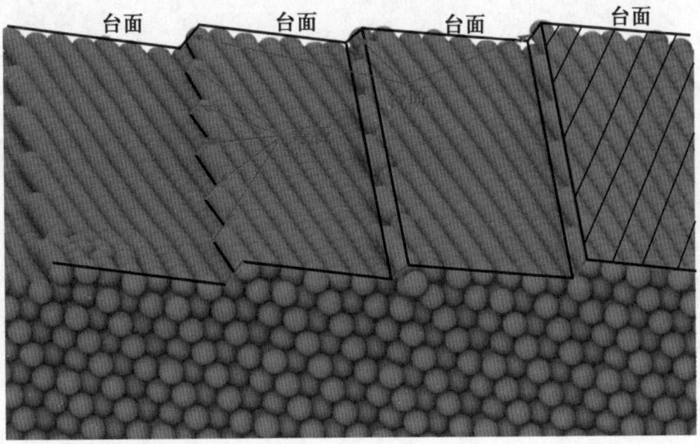

图 7.1　无理表面的“台面-台阶-弯折”结构

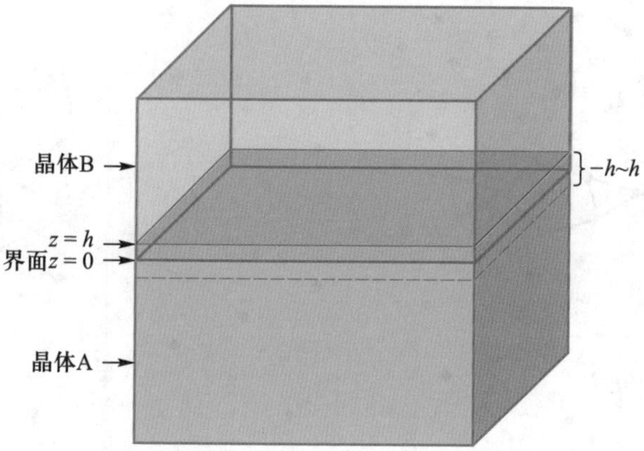

图 7.3　界面原子结构构造方法示意

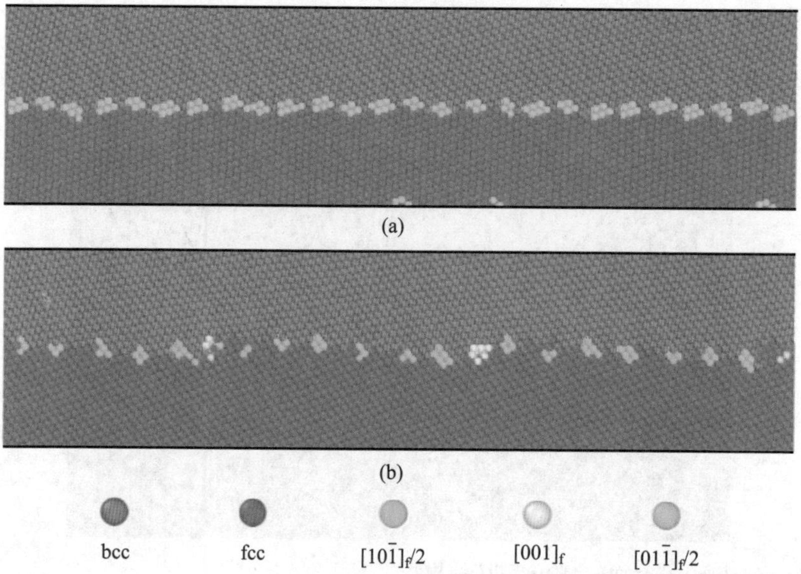

图 7.7　O 线界面(a)和法向为 $\Delta \boldsymbol{g}_1$ 的择优界面(b)的结构。位错芯原子根据其伯氏矢量进行着色

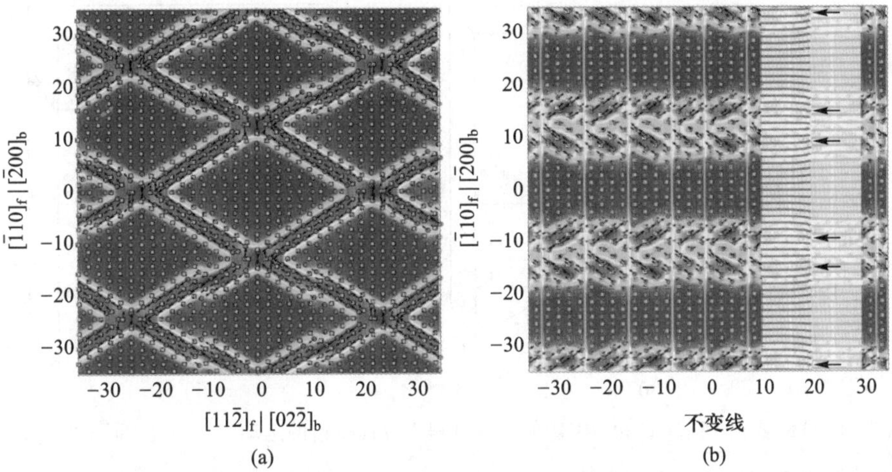

图 7.8　N-W 位向关系下的平直界面(a)和含台阶界面的位错结构(b)。“■”和“●”分别表示 bcc 和 fcc 的原子，小箭头显示了位错的伯氏矢量，(b)中的竖线为结构台阶位置，插入的图像显示了位错芯与多余原子面之间的关系

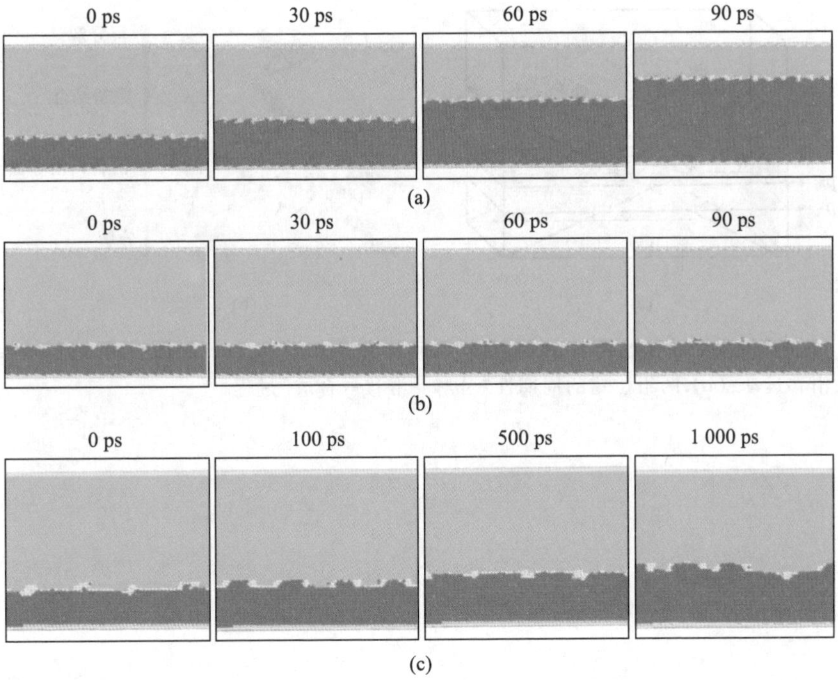

图 7.9　O 线界面 OIF4(a)、OIF5(b)、OIF8(c)的迁移过程[31]。绿色、蓝色、红色分别为 fcc、bcc、hcp 原子，白色为无法识别结构的原子

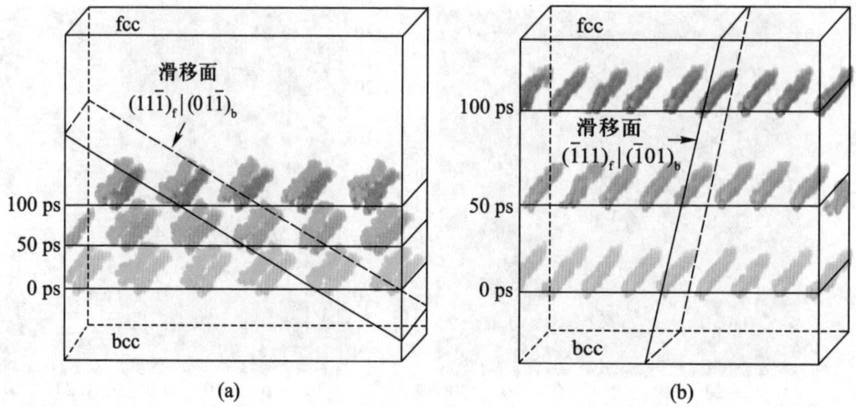

图 7.10　O 线界面 OIF2(a)和 OIF4(b)迁移过程中界面位错的运动[31]。橙色为$[1\ 0\ 1]_f/2\ |\ [1\ 1\ 1]_b/2$位错芯部原子,绿色为$[0\ 1\ 1]_f/2\ |\ [\bar{1}\ 1\ 1]_b/2$位错芯部原子

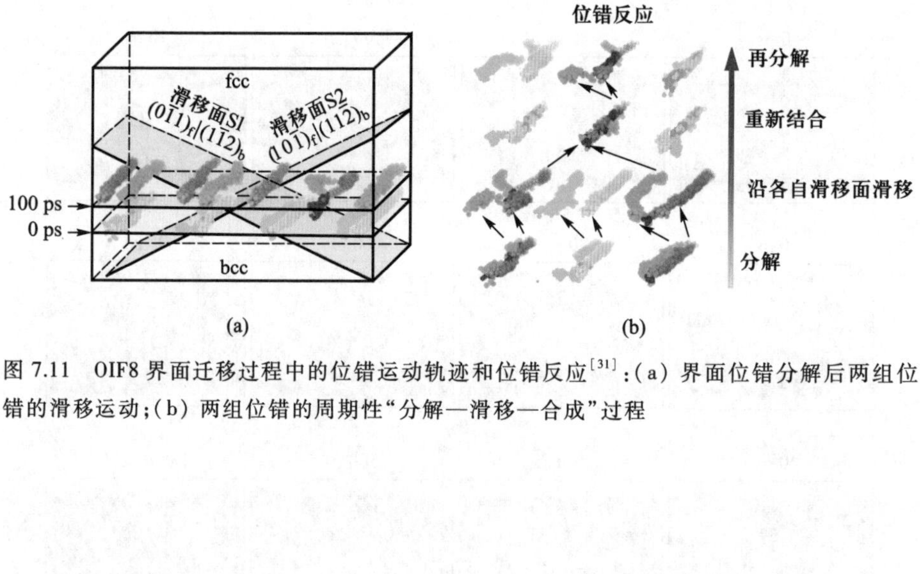

图 7.11　OIF8 界面迁移过程中的位错运动轨迹和位错反应[31]:(a) 界面位错分解后两组位错的滑移运动;(b) 两组位错的周期性“分解—滑移—合成”过程

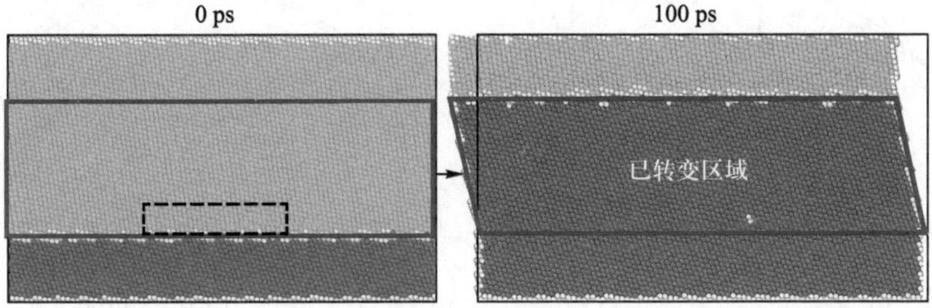

图 7.12　OIF4 界面迁移过程中伴随的迁移-切变耦合现象(沿 x 轴方向投影)[31]

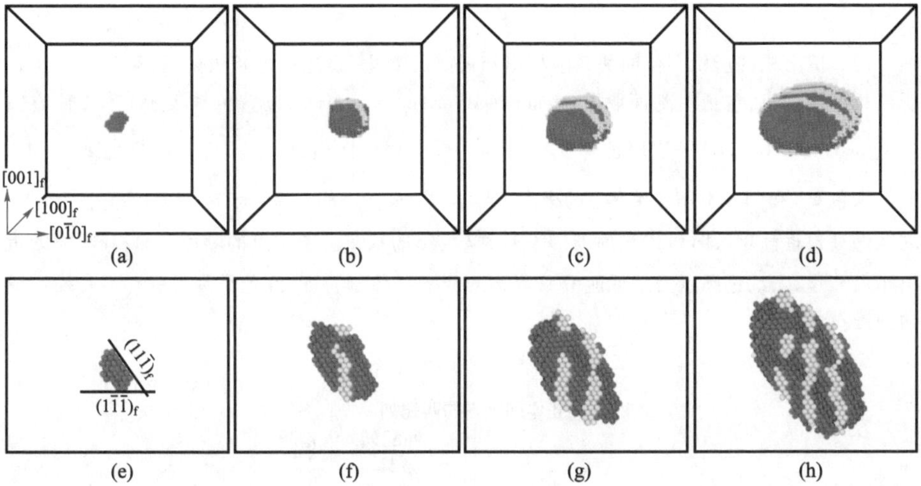

图 7.13　(a)～(d)不同尺寸析出相的平衡形貌;(e)～(h)与(a)～(d)相对应沿$[1\ 0\ 1]_f$方向的投影图[35]。随着析出相长大,析出相中 Cr 原子数分别为 206(a)、1 058(b)、3 154(c)、7 844(d)。蓝色为 Cr 原子,黄色和紫色分别为$[1\ 1\ 1]_b/2 \mid [1\ 0\ 1]_f/2$ 和$[1\ 0\ 0]_b \mid [1\ \bar{1}\ 0]_f/2$ 位错的芯部原子

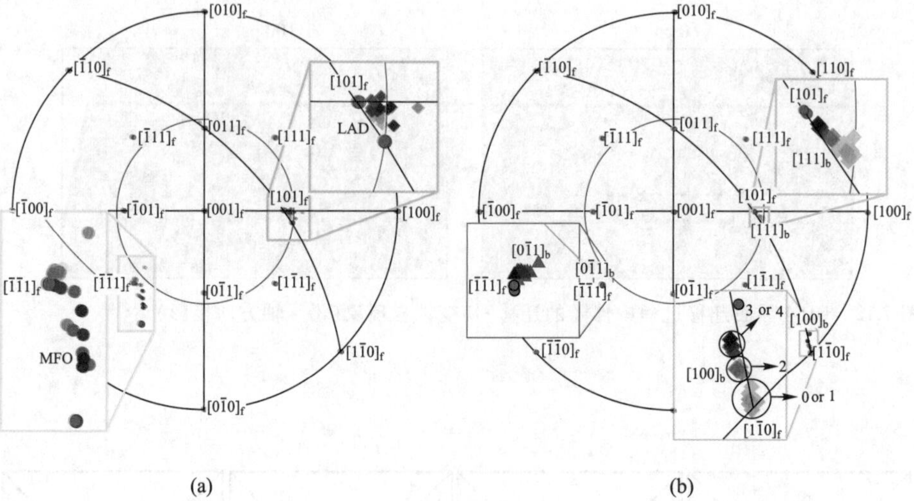

图 7.14　析出相的形貌和位向关系随析出相尺寸的变化，表达在母相极射投影图中[35]：(a) 析出相形貌信息，包括主刻面取向(major facet orientation, MFO，以黄色●表示)和长轴方向(long axis direction, LAD，以绿色◆表示)；(b) 析出相位向信息，用$[0\,\bar{1}\,1]_b$(粉色▲)、$[1\,0\,0]_b$(绿色◆)和$[1\,1\,1]_b$(蓝色◆)的极点位置表达，右下方的数字表示随$[1\,0\,0]_b$与$[1\,\bar{1}\,0]_f$之间的夹角逐渐增大时析出相周围$[1\,0\,1]_f/2$位错的数量。图中点的颜色越深，其对应的析出相尺寸越大，红色圆点为最低能 O 线界面对应的晶体学特征，红色小圆为所有不变线形成的圆锥投影

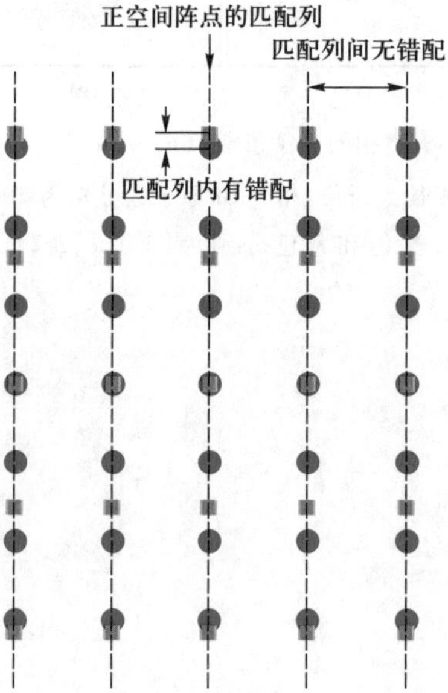

图 8.1　列匹配示意

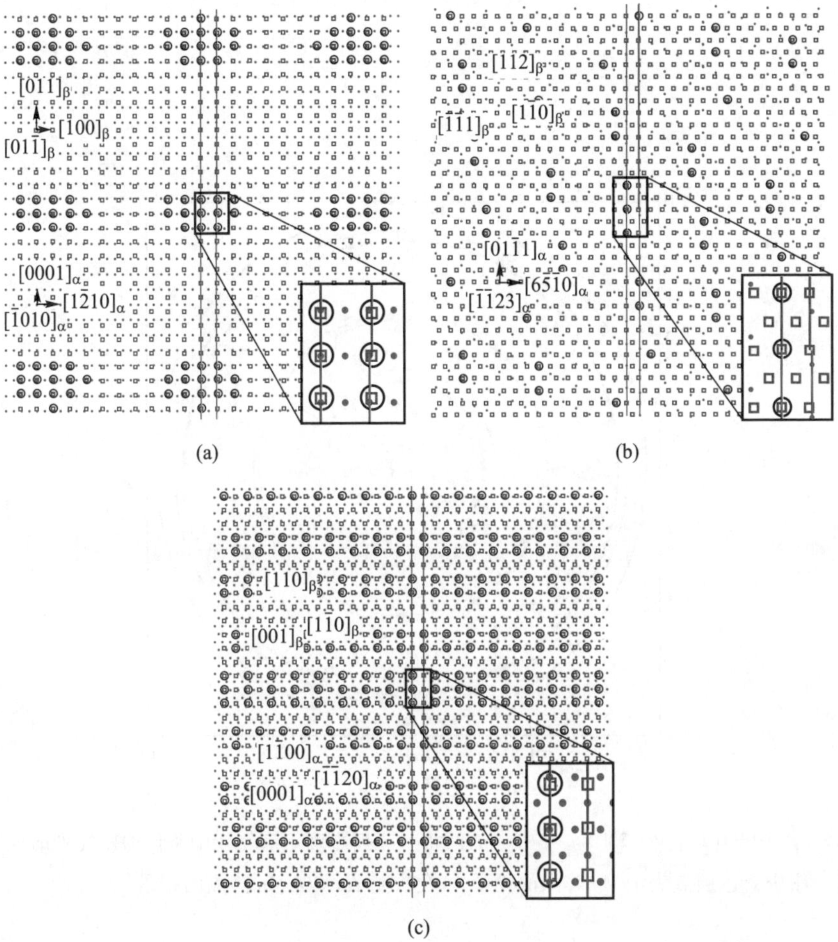

图 8.2　三种近列匹配界面 GMS 分布：(a) 界面$(0\,1\,\bar{1})_{\beta} /\!/ (\bar{1}\,0\,1\,0)_{\alpha}$，匹配列方向$[0\,1\,1]_{\beta} /\!/ [0\,0\,0\,1]_{\alpha}$；(b) 界面$(\bar{1}\,\bar{1}\,1)_{\beta} /\!/ (\bar{1}\,\bar{1}\,2\,3)_{\alpha}$，匹配列方向$[1\,1\,2]_{\beta} /\!/ [0\,1\,\bar{1}\,1]_{\alpha}$；(c) 界面$(0\,0\,1)_{\beta} /\!/ (0\,0\,0\,1)_{\alpha}$，匹配列方向$[1\,1\,0]_{\beta} /\!/ [1\,\bar{1}\,0\,0]_{\alpha}$。图中小点表示 Mg 点阵，方形表示 Mg_2Sn 点阵，圆圈表示 GMS。匹配列用沿竖直方向的直线标出，上方蓝色直线表示 Mg_2Sn 点阵列，下方红色直线表示 Mg 点阵列

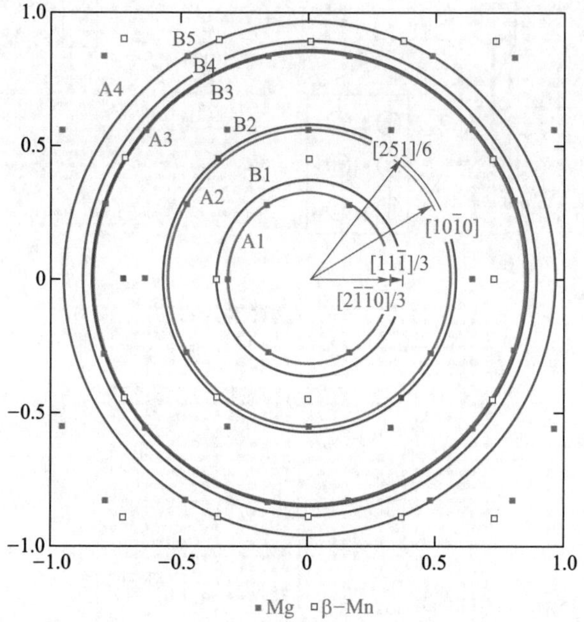

图 8.5　沿$\langle 0\,0\,0\,1\rangle_{Mg}$//$\langle 2\,\bar{1}\,1\rangle_{\beta\text{-}Mn}$方向的两相点阵投影确定满足匹配条件的匹配列的列间距矢量。图中蓝色圆点表示 Mg 阵点的投影，红色方点表示 β-Mn 阵点的投影

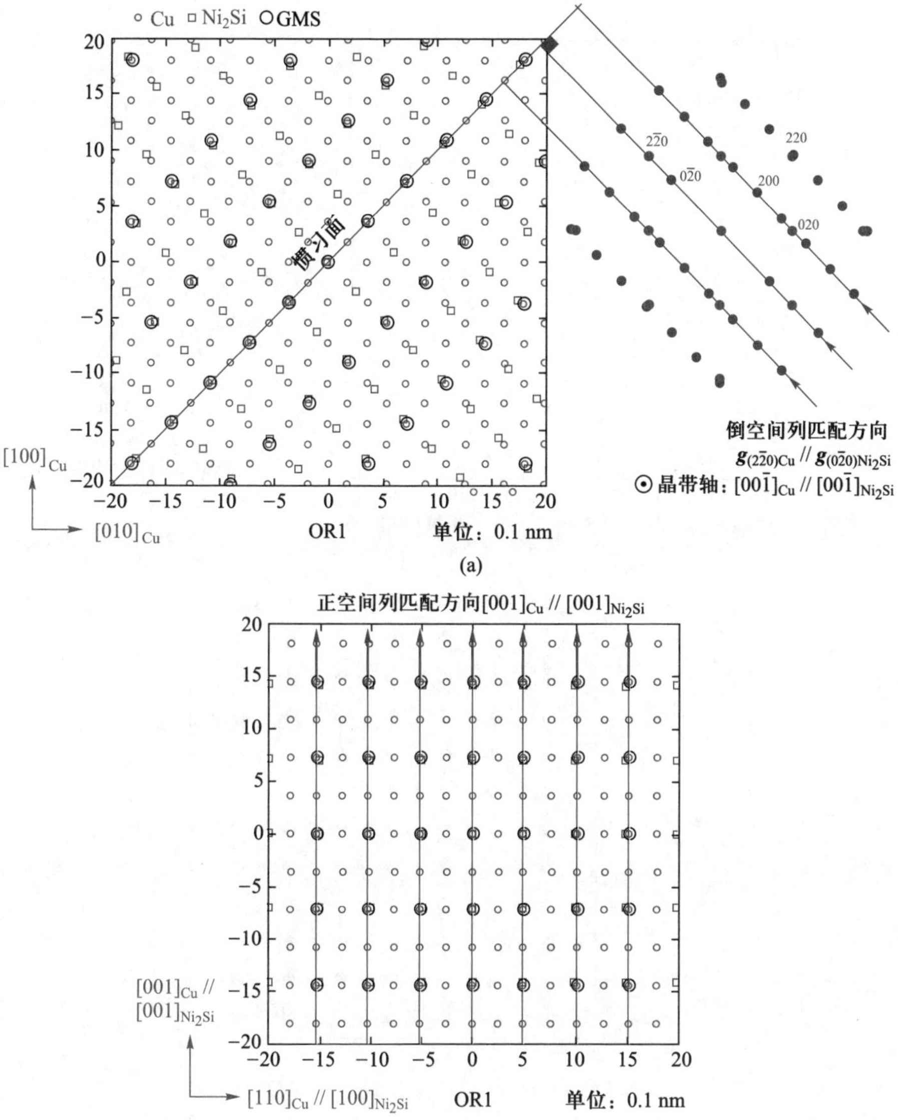

图 8.7 位向关系 OR1 下:(a) 沿$[0\ 0\ 1]_{Cu}$ // $[0\ 0\ 1]_{Ni_2Si}$投影得到的正空间阵点分布(左图)和倒空间倒易点分布(右图);(b) 惯习面$(1\ \bar{1}\ 0)_{Cu}$ // $(0\ \bar{1}\ 0)_{Ni_2Si}$上的点阵匹配情况

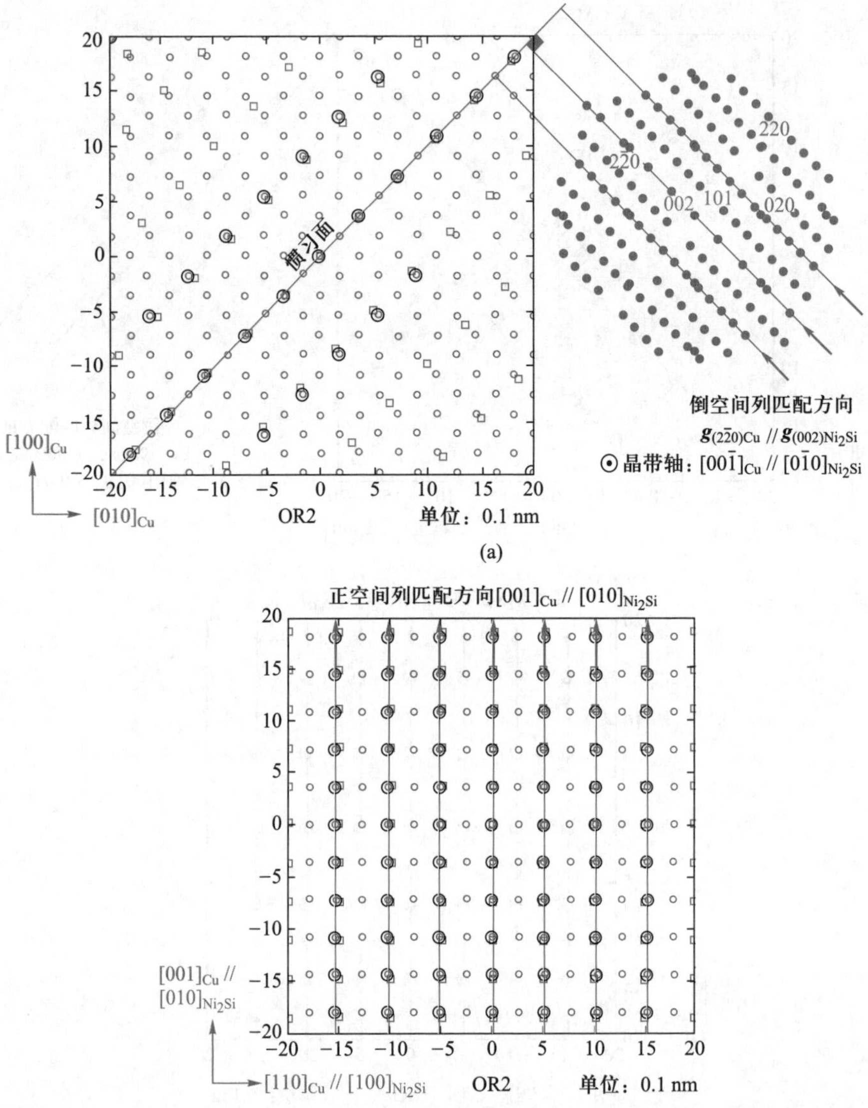

图 8.8　位向关系 OR2 下：(a) 沿 $[0\,0\,1]_{Cu}$ // $[0\,1\,0]_{Ni_2Si}$ 投影得到的正空间阵点分布（左图）和倒空间倒易点分布（右图）；(b) 惯习面 $(1\,\bar{1}\,0)_{Cu}$ // $(0\,0\,1)_{Ni_2Si}$ 上的点阵匹配情况

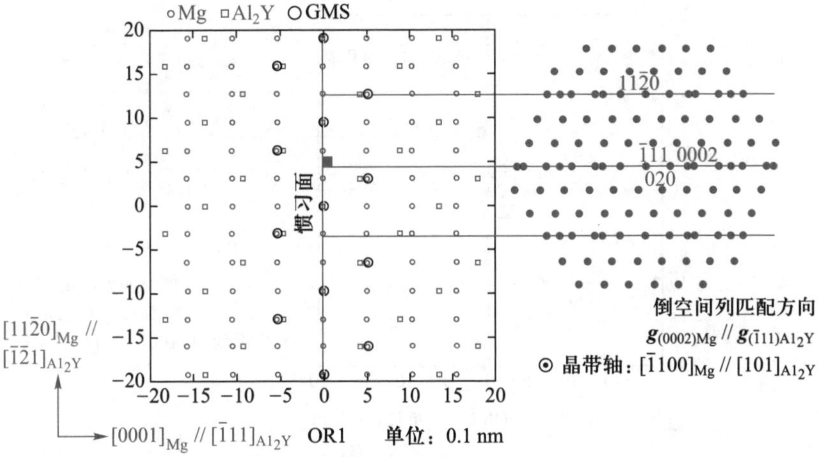

(a)

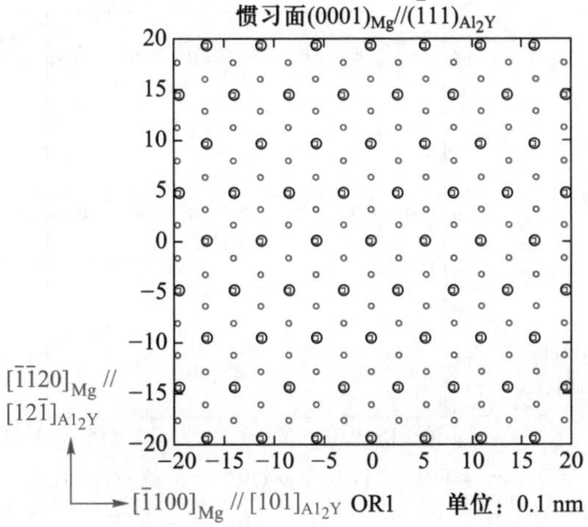

(b)

图 8.9 位向关系 OR1 下：(a) 沿$[\bar{1}\,1\,0\,0]_{Mg}$ // $[1\,0\,1]_{Al_2Y}$投影得到的正空间阵点分布（左图）和倒空间倒易点分布（右图）；(b) 惯习面$(0\,0\,0\,1)_{Mg}$ // $(\bar{1}\,1\,1)_{Al_2Y}$上的点阵匹配情况

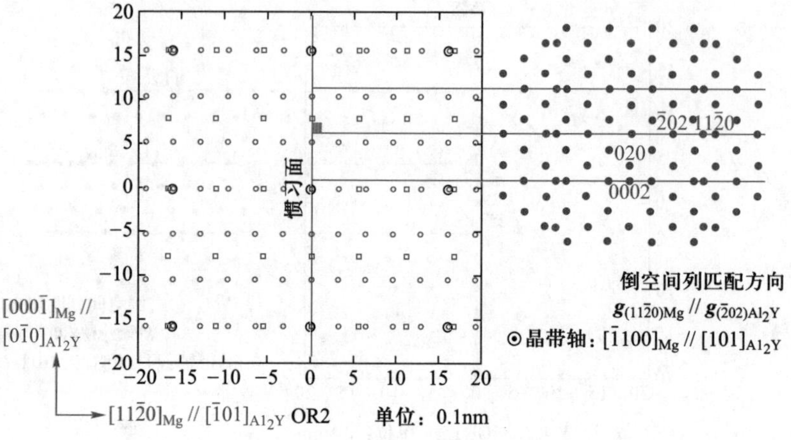

(a)

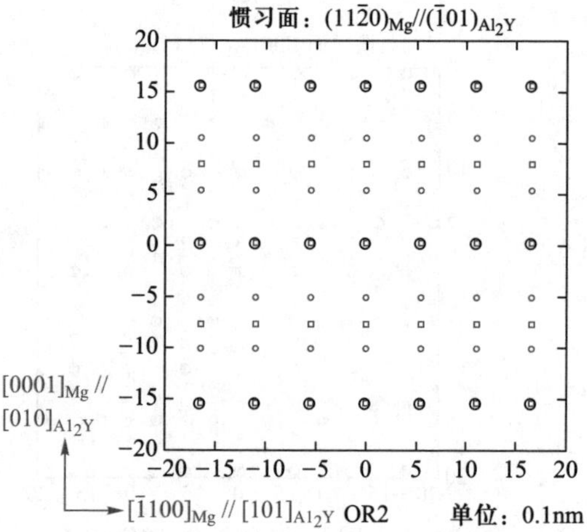

(b)

图 8.10　位向关系 OR2 下：(a) 沿$[\bar{1}100]_{Mg}$ // $[101]_{Al_2Y}$投影得到的正空间阵点分布（左图）和倒空间倒易点分布（右图），(b) 惯习面$(11\bar{2}0)_{Mg}$ // $(\bar{1}01)_{Al_2Y}$上的点阵匹配情况

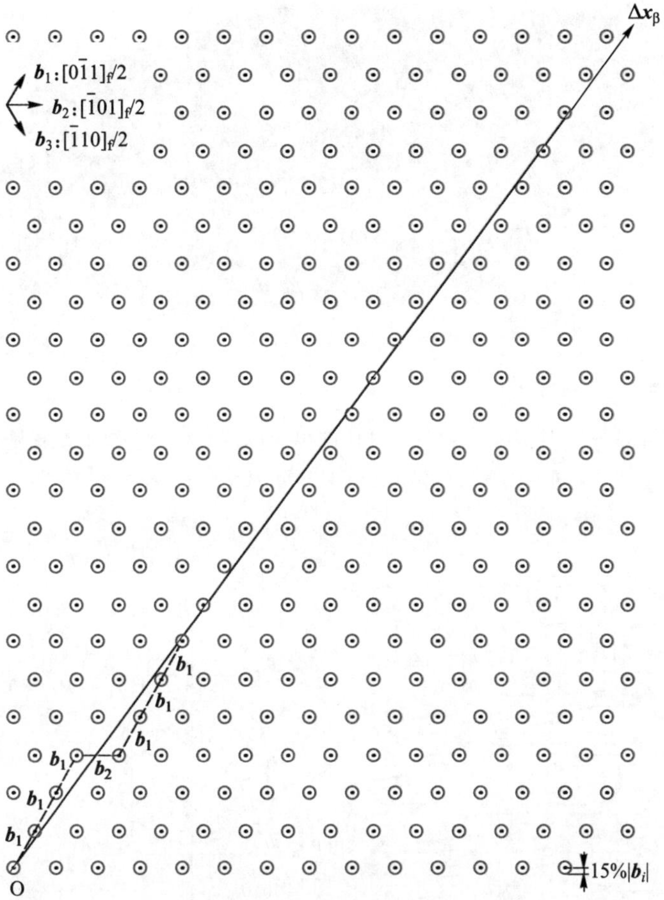

图 A1.1　在密排面 $g_{(111)f}$上分析垂直于 $\Delta g_{(111)f}$的界面上匹配好区分布的示意图。黑色圆点代表密排面 $g_{(111)f}$上的阵点，蓝色圆圈代表匹配圆，红色线段代表该位置错配位移量 $|\Delta x_{\beta m}| \leqslant 15\%|b_i|$，相应界面上出现匹配好区。相邻匹配好区之间的位错伯氏矢量沿图中虚线逐个确定

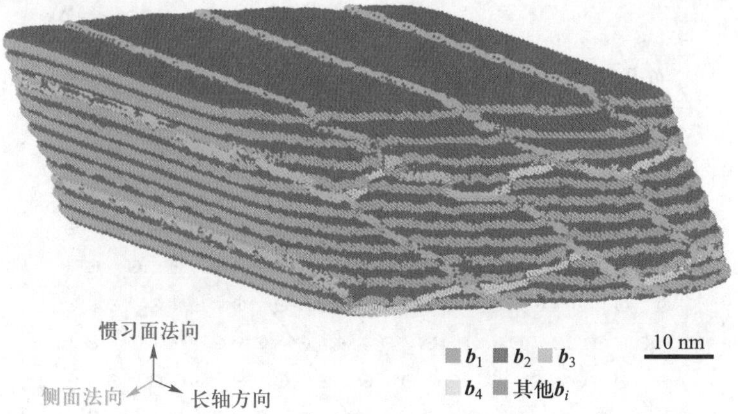

图 A2.1 bcc-hcp 系统中,α 析出相与 β 基体间界面位错结构[7]。图中没有显示 β 相原子,α 相原子为深蓝色,不同伯氏矢量位错的芯部原子由其他颜色表示

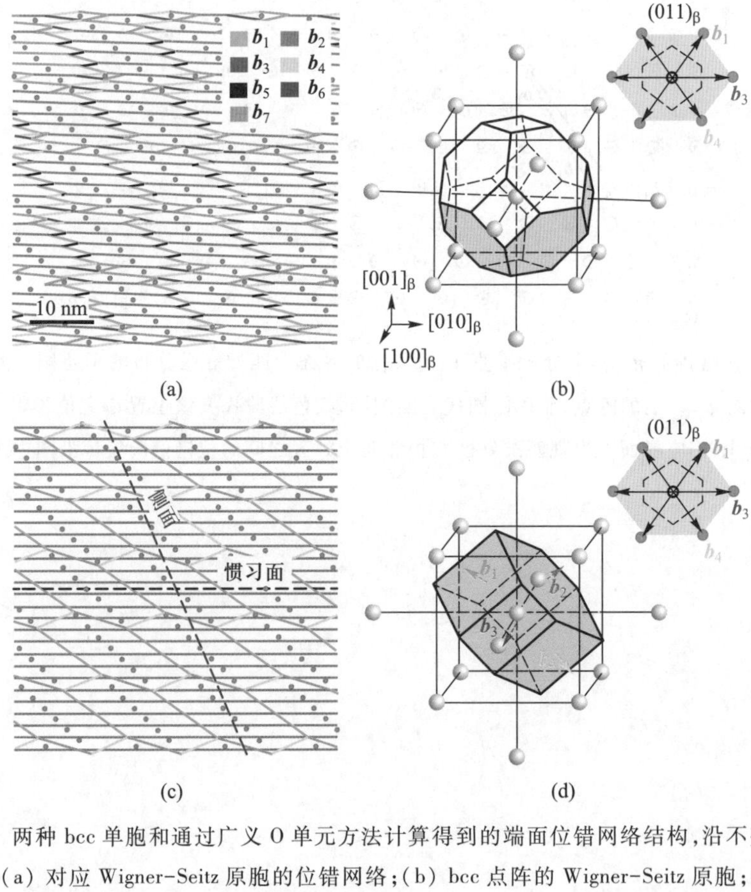

图 A2.2 两种 bcc 单胞和通过广义 O 单元方法计算得到的端面位错网络结构,沿不变线方向观察[7]:(a) 对应 Wigner-Seitz 原胞的位错网络;(b) bcc 点阵的 Wigner-Seitz 原胞;(c) 对应六棱柱单胞的位错网络,虚线表示侧面和惯习面的迹线;(d) bcc 点阵的一种六棱柱单胞

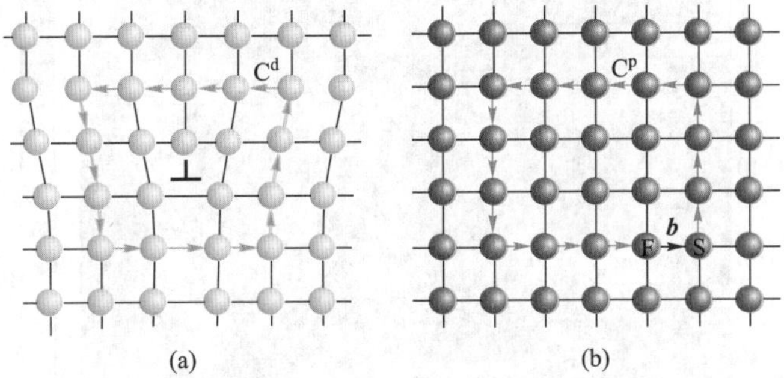

图 A3.1　FS/RH 伯氏回路示意图:(a) 含位错晶体;(b) 完整晶体

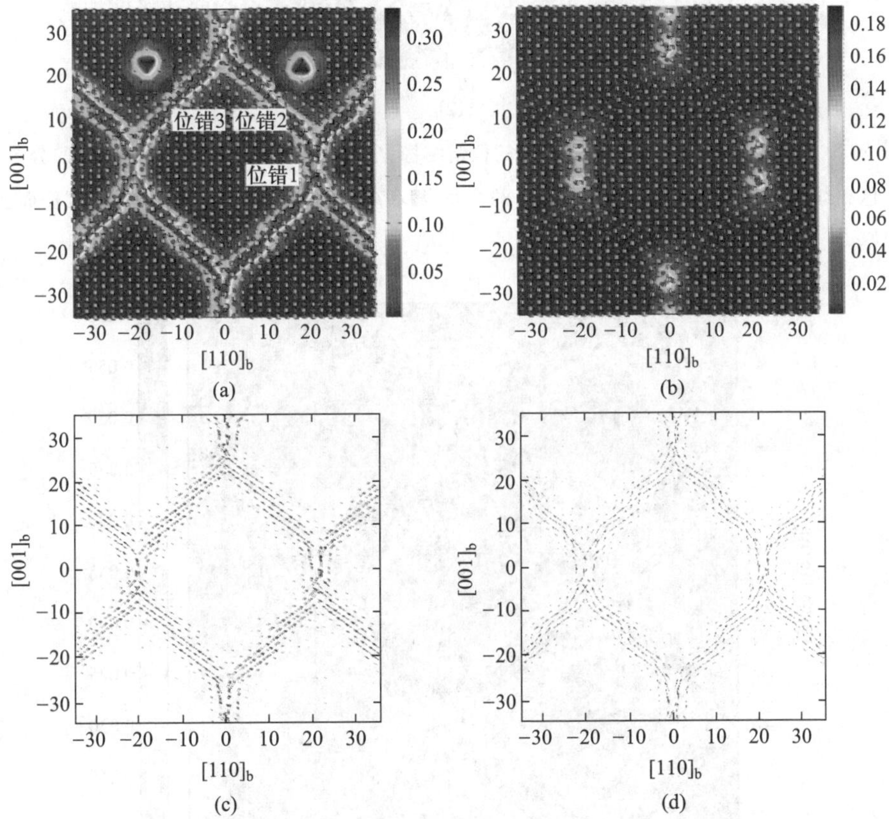

图 A3.2　Fe 中 4°$(1\bar{1}0)_b$ 扭转晶界位错结构[5],坐标单位为 Å。(a)、(b)、(c)和(d)分别显示了 Σ_1、Σ_2、$\Sigma_1 \boldsymbol{v}_1$ 和 $\Sigma_1 \boldsymbol{u}_1$ 的分布,(a) 中插入的两张图分别为位错 2(右)和 3(左)截面的 Σ_1 分布。(a)和(b)中■和●分别表示界面上下两个$(1\bar{1}0)_b$ 面上的原子

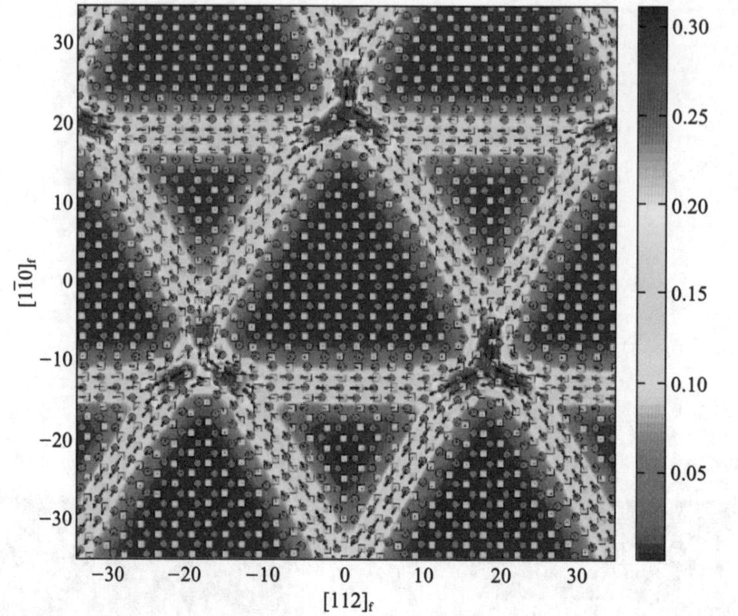

图 A3.3　Cu 中 4° $(1\ 1\ \bar{1})_f$ 扭转晶界上的位错结构，坐标单位为 Å。彩色背底为 Σ_1 的分布，黑色和红色箭头分别表示 $\Sigma_1 \boldsymbol{v}_1$ 和 $\Sigma_1 \boldsymbol{u}_1$ 的分布，■和●分别表示界面上下两个 $(1\ 1\ \bar{1})_f$ 面上的原子

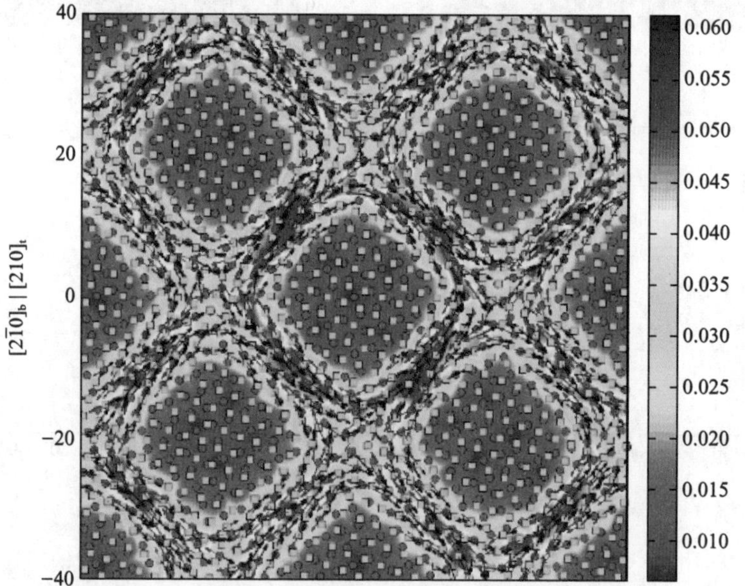

图 A3.4　Cu 中 51.13° $(0\ 0\ 1)_f$ 扭转晶界位错结构，坐标单位为 Å。彩色背底为 Σ_1 的分布，黑色和红色箭头分别表示 $\Sigma_1 \boldsymbol{v}_1$ 和 $\Sigma_1 \boldsymbol{u}_1$ 的分布，■和●分别表示界面上下两个 $(0\ 0\ 1)_f$ 面上的原子

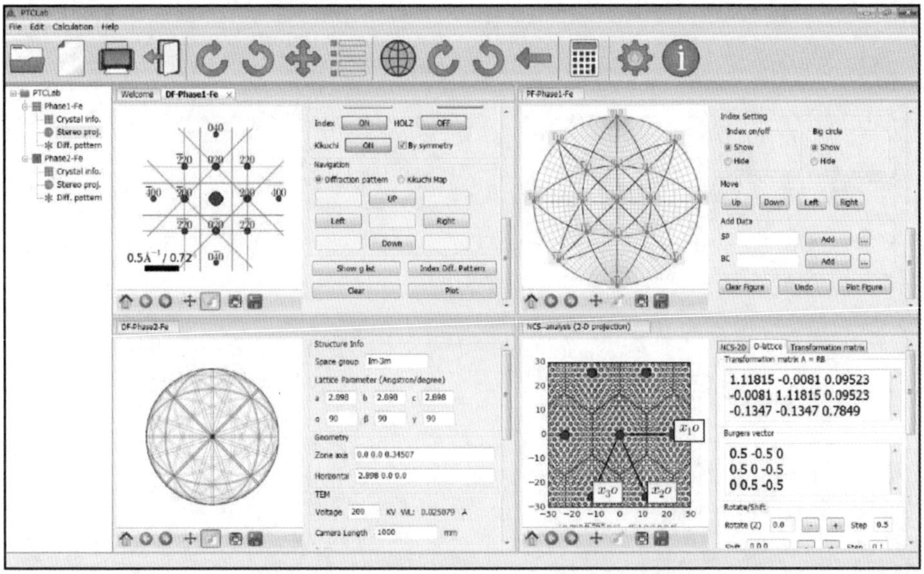

图 A4.2 PTCLab 软件的主界面

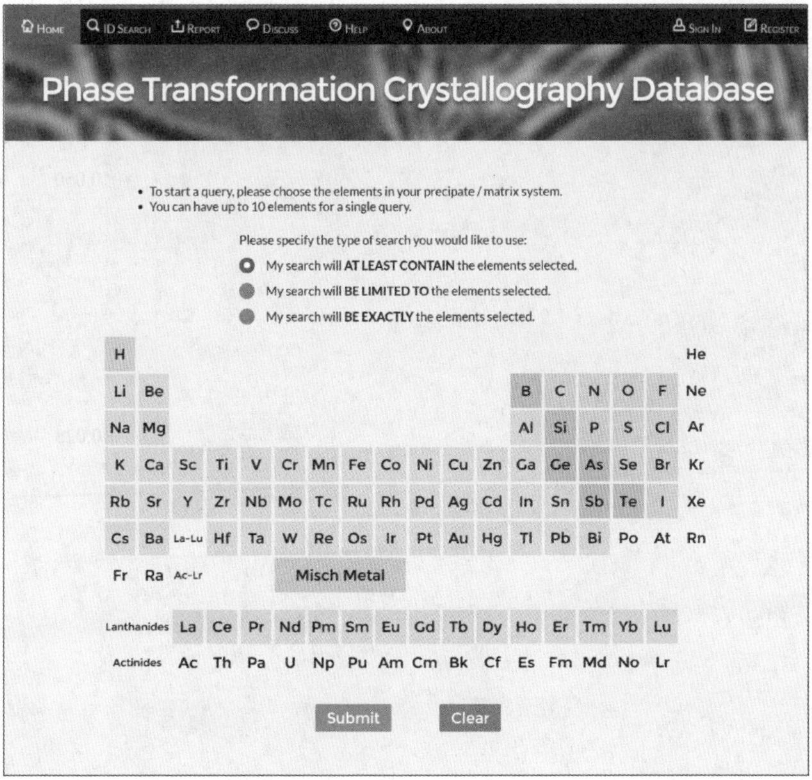

图 A5.1 相变晶体学数据库的查询界面

HEP MSE 材料科学与工程著作系列
HEP Series in Materials Science and Engineering

已出书目－1

□ 省力与近均匀成形——原理及应用
王仲仁、张琦 著
ISBN 978-7-04-030091-8

□ 材料热力学（英文版，与Springer合作出版）
Qing Jiang，Zi Wen 著
ISBN 978-7-04-029610-5

□ 微观组织的分析电子显微学表征（英文版，与Springer合作出版）
Yonghua Rong 著
ISBN 978-7-04-030092-5

□ 半导体材料研究进展（第一卷）
王占国、郑有炓 等 编著
ISBN 978-7-04-030699-6

□ 水泥材料研究进展
沈晓冬、姚燕 主编
ISBN 978-7-04-033624-5

□ 固体无机化学基础及新材料的设计合成
赵新华 等 编著
ISBN 978-7-04-034128-7

□ 磁化学与材料合成
陈乾旺 等 编著
ISBN 978-7-04-034314-4

□ 电容器铝箔加工的材料学原理
毛卫民、何业东 著
ISBN 978-7-04-034805-7

□ 陶瓷科技考古
吴隽 主编
ISBN 978-7-04-034777-7

□ 材料科学名人典故与经典文献
杨平 编著
ISBN 978-7-04-035788-2

□ 热处理工艺学
潘健生、胡明娟 主编
ISBN 978-7-04-022420-7

□ 铸造技术
介万奇、坚增运、刘林 等 编著
ISBN 978-7-04-037053-9

□ 电工钢的材料学原理
毛卫民、杨平 编著
ISBN 978-7-04-037692-0

□ 材料相变
徐祖耀 主编
ISBN 978-7-04-037977-8

已出书目－2

□ 材料分析方法
董建新
ISBN 978-7-04-039048-3

□ 相图理论及其应用（修订版）
王崇琳
ISBN 978-7-04-038511-3

□ 材料科学研究中的经典案例（第一卷）
师昌绪、郭可信、孔庆平、马秀良、叶恒强、王中光
ISBN 978-7-04-040190-5

□ 屈服准则与塑性应力－应变关系理论及应用
王仲仁、胡卫龙、胡蓝 著
ISBN 978-7-04-039504-4

□ 材料与人类社会：材料科学与工程入门
毛卫民 编著
ISBN 978-7-04-040807-2

□ 分析电子显微学导论（第二版）
戎咏华 编著
ISBN 978-7-04-041356-4

□ 金属塑性成形数值模拟
洪慧平 编著
ISBN 978-7-04-041234-5

□ 工程材料学
堵永国 编著
ISBN 978-7-04-043938-0

□ 工程材料结构原理
杨平、毛卫民 编著
ISBN 978-7-04-046434-4

□ 合金钢显微组织辨识
刘宗昌 等 著
ISBN 978-7-04-046868-7

□ 光电功能材料与器件
周忠祥、田浩、孟庆鑫、宫德维、李均 编著
ISBN 978-7-04-047315-5

□ 工程塑性理论及其在金属成形中的应用（英文版）
王仲仁、胡卫龙、苑世剑、王小松 著
ISBN 978-7-04-050587-0

□ 先进高强度钢及其工艺发展
戎咏华、陈乃录、金学军、郭正洪、万见峰、王晓东、左训伟 著
ISBN 978-7-04-051837-5

□ 粉末冶金学（第三版）
黄坤祥 著
ISBN 978-7-04-049362-7